Anonymus

Tableau Encyclopédique et Methodique des trois Régnes de la Nature

Anonymus

Tableau Encyclopédique et Methodique des trois Régnes de la Nature

ISBN/EAN: 9783741194368

Manufactured in Europe, USA, Canada, Australia, Japa

Cover: Foto ©Klaus-Uwe Gerhardt /pixelio.de

Manufactured and distributed by brebook publishing software
(www.brebook.com)

Anonymus

Tableau Encyclopédique et Methodique des trois Régnes de la Nature

TABLEAU
ENCYCLOPÉDIQUE
ET MÉTHODIQUE
DES TROIS RÈGNES DE LA NATURE.

BOTANIQUE.
PREMIERE LIVRAISON.

Par M. le Chevalier de la Marck *de l'Académie Royale des Sciences.*

A PARIS,

Chez PANCKOUCKE, Libraire, Hôtel de Thou, rue des Poitevins.

M. DCC. XCI.

Avec Privilège du Roi.

AVIS.

LES Souscripteurs ne doivent point faire relier aucune des parties de ces planches d'Histoire Naturelle. Les discours qui accompagnent plusieurs livraisons déjà publiées, ne sont pas même terminés. Lorsque les planches qui représentent les animaux seront finies, & nous espérons qu'elles le seront cette année, nous indiquerons toutes celles qui doivent aller de suite, pour ne former qu'un volume à l'*instar* de ceux des Arts & Métiers mécaniques. Le discours doit être aussi relié séparément & dans l'ordre que nous indiquerons.

ILLUSTRATION DES GENRES.

DU SYSTÉME SEXUEL DE LINNÉ.

Obs. Quoique le Systême sexuel de Linné soit affez généralement connu de ceux qui ont étudié la Botanique, nous croyons malgré cela devoir ou moins placer ici le caractère des classes qui composent ce syftême, pour le faire connoître à ceux qui voudront faire ufage de cet ouvrage, dans lequel ce fyftême est adopté.

CARACTÈRES DES CLASSES

DU SYSTÊME SEXUEL DE LINNÉ.

Les 13 premières claffes comprennent les plantes qui ont des fleurs vifibles, hermaphrodites; doxt les étamines ne font réunies par aucunes de leurs parties, & n'obfervent entr'elles aucune proportion de grandeur. Ces claffes font divifées par le nombre des étamines.

CLASSE I.   Fleur à une feule étamine............................MONANDRIE.
II.   Fleur à deux étamines..............................DIANDRIE.
III.   Fleur à trois étamines.............................TRIANDRIE.
IV.   Fleur à quatre étamines............................TETRANDRIE.
V.   Fleur à cinq étamines..............................PENTANDRIE.
VI.   Fleur à fix étamines...............................HEXANDRIE.
VII.   Fleur à fept étamines..............................HEPTANDRIE.
VIII.   Fleur à huit étamines..............................OCTANDRIE.
IX.   Fleur à neuf étamines..............................ENNEANDRIE.
X.   Fleur à dix étamines...............................DECANDRIE.
XI.   Fleur ayant 12 à 19 étamines.......................DODECANDRIE.
XII.   Fleur ayant 20 étamines ou davantage, qui tiennent au calice..ICOSANDRIE.
XIII.   Fleur ayant 20 étamines ou davantage, qui ne tiennent pas
          au calice...POLYANDRIE.

Dans la quatorzième & la quinzième claffe, on admet toutes les plantes qui ont les fleurs vifibles; hermaphrodites, & dont les étamines font libres, mais d'inégale longueur, deux de ces étamines étant toujours plus courtes que les autres.

XIV.   Fleur à quatre étamines, dont deux petites & deux plus grandes.DIDYNAMIE.
XV.   Fleur à fix étamines, dont deux petites oppofées, & quatre
          plus grandes..TETRADYNAMIE.

Les cinq claffes fuivantes renferment les plantes qui ont les fleurs vifibles, hermaphrodites, & dont les étamines, au lieu d'être libres comme dans les quinze claffes précédentes, font réunies par quelques-unes de leurs parties.

XVI.   Fleur à plufieurs étam. réunies par leurs filets en un feul corps. MONADELPHIE.
XVII.   Fleur à plufieurs étam. réunis par leurs filets en deux corps..DIADELPHIE.
XVIII.   Fleur à plufieurs étamines réunies par leurs filets en plus de
          deux corps..POLYADELPHIE.
XIX.   Fleur à plufieurs étamines réunies par leurs anthères en forme
          de cylindre...SYNGENESIE.
XX.   Fleur à plufieurs étamines réunies & attachées au piftil.....GYNANDRIE.

Les trois classes qui suivent comprennent les plantes dont les fleurs sont visibles , mais qui ne sont point toutes hermaphrodites.

CLASSE XXI.   *Fleurs mâles & fl. femelles séparées , sur un même individu.*...MONOECIE.

XXII.   *Fleurs mâles & fl. femelles séparées , sur des individus différens.*DIOECIE.

XXIII.   *Fleurs mâles & fleurs femelles sur le même ou sur différens individus, qui portent aussi des fleurs hermaphrodites.*....POLYGAMIE.

La dernière classe renferme les plantes qui n'ont point de fleurs visibles ou faciles à distinguer ; de sorte que dans ce qui tient lieu des parties de la fructification de ces plantes, on ne distingue pas les étamines & les pistils d'une manière évidente , comme dans les fl. des plantes des 24 classes qui précèdent.

XXIV.   *Fleurs ou presqu'invisibles & indistinctes , ou renfermées dans le fruit*................................CRYPTOGAMIE.

DES ORDRES.

Dans ce système fondé sur la considération des parties sexuelles des plantes , les classes , comme on vient de le voir, sont déterminées en général d'après la considération des parties mâles, qui sont les étamines. Or, les ordres ou les subdivisions des classes dans ce système, sont établis, aussi en général, sur les parties femelles qui sont les pistils.

Ainsi dans les classes, par exemple , où la considération du nombre des étamines sert à la détermination de la classe, les ordres sont distingués d'après le nombre des pistils, ou au moins des styles ; de sorte que le premier ordre comprend les fleurs qui n'ont qu'un pistil. Le second ordre, celles qui ont deux pistils , &c.

ORDRE I.   *Fleur n'ayant qu'un pistil ou qu'un style*................MONOGYNIE.

II.   *Fleur ayant 2 pistils ou 2 styles*...................DIGYNIE.

III.   *Fleur ayant 3 pistils ou 3 styles*....................TRIGYNIE.

IV.   *Fleur ayant 4 pistils ou 4 styles*....................TETRAGYNIE.

V.   *Fleur ayant 5 pistils ou 5 styles*...................PENTAGYNIE.

*   *Ainsi de suite jusqu'à dix styles*......................

* *   *Fleur ayant plus de dix pistils*................POLYGYNIE.

(*La dodécandrie dodécagynie change cette détermination suivie ailleurs.*)......................

Mais dans les classes qui ne sont point déterminées par le nombre des étamines, les ordres sont établis sur des considérations différentes, & même qui n'ont point de rapports entr'elles. Ainsi, dans la quatorzième classe, les ordres qui la subdivisent sont tirés de la considération des semences, qui sont ou nues ou enfermées dans un péricarpe. Dans la quinzième classe, c'est la figure du péricarpe qui sert à la distinction des ordres. Dans la 16, 17, 18, 20, 21, 22 & 23e classe, c'est le nombre même des étamines, ou leur réunion quelconque, qu'on emploie à la formation des ordres. Enfin , dans la 19e classe, le principe qui sert à la distinction des ordres, est tiré de la considération des sexes réunis ou séparés, ou même nuls, dans les fleurettes aggrégées qui composent ce qu'on appelle la fleur dans les plantes de cette classe. Quant aux ordres de la 24e classe, ce ne sont que des distinctions de famille.

ILLUSTRATION DES GENRES,

O U

Exposition des caractères de tous les genres de plantes établis par les Botanistes, rangés suivant l'ordre du système sexuel de Linnæus ; avec des figures pour l'intelligence des caractères de ces genres ; & le tableau de toutes les espèces connues qui s'y rapportent & dont on trouve la description dans le Dictionnaire de Botanique de l'Encyclopédie.

Par M. de Lamarck.

L'INTÉRÊT maintenant presque généralement senti de l'étude de la Botanique; son utilité réelle relativement aux arts, à la médecine, & à l'économie domestique; enfin, l'agrément même que cette étude procure à ceux qui s'y livrent avec quelqu'activité, font que les ouvrages, soit généraux, soit particuliers, qui traitent de cette belle partie de l'histoire naturelle, se multiplient considérablement tous les jours, quoiqu'ils soient déjà très-nombreux. Aussi de tout ce qui a été fait jusqu'à présent à ce sujet, il en est résulté pour la science intéressante dont il s'agit, des progrès qui ne sont nullement douteux, & qui, sur-tout depuis un demi-siècle, ont été rapides & même considérables.

Cependant d'une part l'étendue de chacune des parties de cette belle science, & de l'autre l'immense quantité d'objets qu'elle comprend, sont telles que de long-temps encore nos connoissances en ce genre n'atteindront, j'ose le dire, la perfectibilité qu'elles sont susceptibles d'acquérir.

En effet, que de travaux nous restent à exécuter pour achever la juste détermination des caractères distinctifs des plantes, même de celles que nous regardons déjà comme connues, parce qu'elles sont mentionnées dans les ouvrages des Botanistes! Que de recherches & d'observations nous serons encore obligés de faire sur ces mêmes plantes pour parvenir à fixer convenablement les genres qu'elles doivent composer, & pour assurer la distinction précise de toutes les espèces qu'elles constituent! Quoiqu'on ait beaucoup fait à cet égard, on est encore bien éloigné d'avoir fait tout ce qu'il est essentiel de faire pour la parfaite connoissance Botanique des plantes déjà observées. En effet, plus j'étends mes recherches sous ce point de vue, plus j'ai occasion de me convaincre chaque jour du fondement de ce que je viens d'avancer, même à l'égard des plantes d'Europe qui sont les mieux & les plus anciennement connues.

Cependant les végétaux déjà observés ne sont peut-être pas encore la moitié du nombre de ceux qui existent à la surface du globe, sur la terre & dans les eaux. L'Europe, seule à cet égard, commence à la vérité à être assez connue; mais l'intérieur des trois autres parties du monde, & en général la plupart des isles éloignées de l'Europe recèlent sans doute des milliers de plantes entièrement inconnues aux Botanistes. J'ai vu des herbiers faits depuis peu à Madagascar, dont presque tous les objets étoient nouveaux.

Ces considérations prouvent combien il reste encore à faire pour perfectionner nos connoissances sur les végétaux qui existent; pour déterminer avec précision la distinction bien tranchée des genres qu'il faut établir, & des espèces qui sont dans la nature; pour indiquer les rapports prochains ou éloignés que les différens végétaux ont entr'eux, ce qui intéresse fortement le naturaliste; enfin, pour en donner une notion exacte, relativement à l'histoire de leur découverte, au lieu qu'ils habitent, au climat qui leur convient, au sol qui leur

est nécessaire, au temps de leur floraison & de la maturation de leurs fruits ; à leur durée ; & sur tout aux applications utiles qu'on en peut faire ; or, à toutes ces considérations je dois ajouter, ce que je ne croyois pas autrefois, mais ce que le travail & l'expérience m'ont enfin appris, c'est qu'il existe une grande imperfection dans les meilleurs ouvrages que nous possédons sur la Botanique, principalement dans les ouvrages généraux. Je dois ajouter encore que dans la foule d'ouvrages sur la Botanique qui paroissent dans le cours d'un siècle, il n'y en a toujours qu'un petit nombre qui soient originaux & qui avancent réellement la science.

Ce ne peut donc être qu'avec le temps & par de bons ouvrages offrant dans un ordre convenable, des observations & des descriptions originales, & partout une détermination exacte & précise, que la plus intéressante & la plus utile des parties l'histoire naturelle pourra acquérir la perfection dont elle est susceptible & qu'il nous importe tant de lui faire avoir.

Les ouvrages particuliers en Histoire Naturelle (comme monographies, les décades, les centuries, les fascicules, &c.) sont infiniment utiles, parce qu'ils offrent communément avec les plus grands détails, les caractères des objets dont ils traitent, & qu'ils servent à la composition des ouvrages généraux. Mais ceux-ci seulement établissent l'ensemble des connoissances acquises, en ce genre, constituent le vrai fondement de la science, & sont en outre de la plus grande nécessité, puisqu'ils lui procurent l'intérêt & toute l'utilité dont elle peut être susceptible.

En Botanique, les ouvrages généraux sont nécessairement de deux sortes, si l'on sépare ; comme l'a fait Linné, l'exposition des genres qu'il a été nécessaire d'établir, de celle des espèces dont la distinction fait le sujet du plus grand travail des Botanistes.

Ainsi un ouvrage général présentant l'exposition de tous les genres de plante déterminés par les Botanistes, doit être regardé comme un ouvrage fondamental sur la science dont il traite ; car, il est certain que sans l'établissement des genres, la distinction des espèces ne pourroit jamais avoir lieu.

Or, c'est un ouvrage de cette nature que nous offrons maintenant au public ; & nous osons le donner pour le plus étendu & le plus complet qui ait encore paru sur cette matière ; nous osons même l'annoncer comme étant ce qu'on a fait de plus convenable & de plus avantageux jusqu'à ce jour, pour étendre la connoissance de tous les genres établis par les Botanistes. Mais aussi c'est là seulement où se borne toute la prétention de notre travail ; car nous sommes bien éloignés de le donner comme étant ce que l'on pourroit faire de mieux à cet égard, vu que nous sommes très-convaincus du contraire, & que nous mêmes nous eussions pû beaucoup mieux faire si les circonstances nous eussent plus favorisés.

En effet, il eût été sans doute infiniment à désirer que les caractères de tous les genres compris dans ce grand ouvrage eussent pu être tous figurés d'après la nature même & sur le vivant, avec tous les détails propres à les faire parfaitement connoître. C'eut été sans doute la plus belle entreprise qu'on eût jamais faite pour la Botanique, & nous avions déjà assez médité sur cet objet pour en sentir pleinement l'intérêt & l'utilité. Mais l'exécution d'une pareille entreprise trouvoit dans la dépense même qu'elle exigeoit un obstacle insurmontable

à notre égard. Auſſi malgré nos vœux ne formâmes-nous jamais de projets au ſujet d'une entreprife de cette nature.

Nous en étiom à-peu-près vers la moitié de la compofition de notre Dictionnaire de Botanique, lorfque, fans que nous nous y fuffions attendu, & fans avoir fait aucuns préparatifs à ce fujet, l'on vint nous propofer de nous charger du travail à faire pour publier un *genera plantarum* avec des fignres correfpondantes aux caractères indiqués, les entrepreneurs fe chargeant de toute la dépenfe d'un pareil ouvrage.

A cette occafion nous dirons que notre defir de contribuer aux progrès de la Botanique eſt trop ardent pour que nous ayons héfité un inſtant à accepter la propofition dont il s'agit; & le lecteur qui aura pris la peine de fuivre & de bien connoître nos travaux, n'aura certainement nul doute fur le véritable motif qui nous a déterminé à entreprendre ce nouvel ouvrage.

En effet, cet ouvrage, malgré fon étendue, malgré la dépenfe qu'il devoit occafionner, pouvoit fe trouver d'un intérêt prefque nul pour la fcience, s'il eût été confié à des perfonnes tout-à-fait fans expérience; car il exige un choix éclairé & une grande intelligence de la chofe. M. l'Abbé Bonnaterre devoit d'abord s'en charger, & perfonne n'étoit plus propre que lui à remplir ce travail d'une manière digne du public. Mais occupé de toute la partie des animaux, des minéraux, & ces planches de Botanique étant relatives au Dictionnaire dont je fuis occupé, il a confenti que je fuffe chargé de ce nouveau travail.

Cependant lorfque nous eûmes fait l'examen des moyens d'exécution qui furent mis en notre pouvoir, du nombre fixé des planches que doit comprendre tout l'ouvrage, & fur-tout de la célérité avec laquelle les deffins devoient être exécutés, célérité qui ne pouvoit prefque jamais permettre de faire des détails fur le vivant (1); lorfqu'enfin nos recherches nous apprirent que la fructification d'un grand nombre de genres conftitués même par des plantes communes (2), n'avoit pas encore été figurée; que celle de quelques-uns ne fe trouvoit que dans certains ouvrages fort rares, qu'on ne pouvoit fe procurer à temps; alors les efpérances que nous avions d'abord conçues relativement au grand intérêt & à la beauté de notre nouvelle entreprife s'évanouirent prefqu'entièrement.

---

(1) Dans un ouvrage comme celui-ci, où la promptitude d'exécution devient néceffairement une des promptes conditions impofées par ceux qui en font la dépenfe, la néceffité d'abord de donner à la gravure un grand nombre de planches à la fois, & enfuite de les donner fans interruption de l'ordre qu'elles doivent conferver dans l'ouvrage même, ne permet pas d'attendre la floraifon des plantes que l'on pourroit faire deffiner fur le vivant. En effet, les floraifons particulières ne s'accordant point avec l'ordre fyftématique fuivi dans l'ouvrage, les plantes fleuriffent en général tantôt avant qu'on foit arrivé à leur genre, & tantôt beaucoup après; ajoutez à cela que la mauvaife faifon furvenant, l'exécution de l'ouvrage n'en eft pas néanmoins interrompue.

(2) Les détails de la fructification de *Erunkumum, Ortegia, Laflingia, Quaria, Lechea, Ho'eftum, Eriocaulon, Camphorofma, Blaria, Penæa, Elliſia, &c. &c.,* ne font pas encore donnés; on n'a pas même figuré le port ou les parties du port de *Olax, Roœla, Krameria, diana, Crajert, Mœnis, L'inæum, & de tant d'autres* dont, par cette raifon, nous n'avons pu rien donner, parmi les objets figurés dans cet ouvrage.

On nous objectoit qu'en nous réduisant à copier des figures déjà publiées, & qu'en donnant les détails de tous les genres qui ont été figurés dans les ouvrages des Botanistes, en prenant pour bafe de ce travail les figures des *Inftitutiones rei herbariæ* de Tournefort, nous pouvions avec ce moyen former un corps d'ouvrage d'un très-grand intérêt pour ceux qui étudient la Botanique.

Cette confidération eft affurément très-fondée : mais quoiqu'il y eût une utilité évidente pour l'étude de la Botanique à redonner dans un même ouvrage tous les détails figurés & publiés fur les genres, détails difperfés dans beaucoup d'ouvrages différens ; cette utilité feroit moindre fans contredit qu'on ne l'imagine d'abord. La raifon en eft, qu'un grand nombre de ces figures de détails, même celles de Tournefort, font très-défectueufes ; outre que la plupart ne repréfentent pas les étamines des fleurs, ou qu'elles n'expriment pas leur véritable forme, & fur-tout leur infertion.

Convaincu de la vérité de cette obfervation, & fur-tout perfuadé que pour donner un *genera plantarum* avec des détails figurés dans le degré de précifion & de perfection qu'exige l'état actuel de nos connoiffances, il feroit indifpenfable de faire deffiner de nouveau fur le vivant, la fructification de la plupart des genres établis par les Botaniftes ; enfuite confidérant que cette entreprife (que peut-être on n'exécutera jamais à caufe de fa difficulté) exigeroit, outre une très-grande dépenfe, l'emploi d'un temps extrêmement long, dont il n'eft pas en notre pouvoir de difpofer ; nous avons penfé que fi nous ne pouvions donner à notre ouvrage fur l'*Illuftration des Genres*, ce haut degré de perfection que nous venons d'indiquer & dont nous favons apprécier tout le mérite ; il nous étoit poffible néanmoins de lui donner un grand intérêt, & même de le rendre bien fupérieur en utilité pour l'étude de la Botanique, à tous ceux qu'on a exécutés pour le même objet jufqu'à ce jour.

Pour y parvenir, nous avons confidéré que puifqu'il ne nous étoit pas toujours poffible de donner pour tous les genres connus des détails figurés avec la précifion & les développemens néceffaires pour l'intelligence parfaite de ces détails, nous devions fuppléer ou compenfer cette efpèce d'imperfection par un autre genre d'intérêt.

En conféquence, nous avons penfé qu'aux meilleurs détails qu'il nous feroit poffible de donner fur la fructification de chaque genre de plante, fi nous y joignions l'inflorefcence & même une partie du port d'une ou plufieurs efpèces de chacun de ces genres ; nous rendrions alors cet ouvrage infiniment utile aux progrès de la Botanique, & nous lui afforerions par ce moyen une grande fupériorité fur tous les autres ouvrages qui exiftent & qui ont en vue le même objet. Nous douions même, à caufe de l'étendue de l'ouvrage & des frais confidérables que fon exécution doit exiger, nous doutons que l'on faffe jamais pour la Botanique une plus grande & à la fois une plus belle entreprife.

Pour trouver les détails dont nous avions befoin, nous avons puifé dans les meilleures fources ; nous avons mis à contribution tous les ouvrages que nous avons pu nous procurer ; & nulle part nous n'avons adopté les figures de détails que ces ouvrages nous offroient, fans faire fur leur convenance toutes les recherches qu'il nous étoit poffible de faire, & fans mettre une attention particulière, foit dans le choix ou l'admiffion de ces figures, foit dans

les développemens, les additions & les corrections que nous devions y faire, & dont la richesse de notre herbier nous fournissoit souvent les moyens.

Une autre sorte d'intérêt que nous avons encore tâché de donner à notre nouvel ouvrage, c'est que, dans les genres qui comprennent plusieurs espèces, après avoir donné pour premier exemple du genre une espèce bien connue; nous avons très souvent ajouté comme autre exemple du même genre, une ou plusieurs espèces très-rares, tantôt tout-à-fait nouvelles, & tantôt déjà connues, mais qui n'étoient encore figurées nulle part. Cette considération, à ce qu'il nous semble, ne peut que rendre l'ouvrage dont il s'agit, précieux aux yeux de ceux qui aiment véritablement la Botanique.

Nous devons convenir que la disposition des premières planches se ressent beaucoup de l'influence produite par la célérité d'exécution qu'on nous a demandé particulièrement en commençant cet ouvrage, par le peu d'habitude que les artistes employés avoient de ce genre de travail, ce qui est cause que beaucoup de détails n'ont été copiés ou rendus qu'avec beaucoup d'imperfection; enfin par l'espèce d'incertitude que nous fûmes d'abord forcés d'éprouver nous mêmes, sur la nature & le mode d'emploi des objets que nous devons embrasser. Mais nous espérons qu'on s'appercevra que notre plan devenant ensuite plus régulier, plus soutenu; qu'en outre les artistes employés se mettant insensiblement plus au fait de ce qui doit fixer principalement leur attention, l'ouvrage dont il s'agit ne peut qu'augmenter d'intérêt; & nous espérons qu'il acquerra celui que les circonstances qui précèdent à son exécution lui permettront d'obtenir.

Si les genres sont présentés & distribués dans cet ouvrage selon l'ordre du système sexuel de Linné, ce n'est point parce que nous regardons cet ordre comme étant le meilleur de ceux qu'on a imaginés jusqu'à ce jour, car nous sommes bien éloigné de le penser (*Voyez le discours préliminaire de notre Dict. de Botanique*, p. 16.) ; mais c'est parce qu'étant le seul auquel on ait rapporté en général presque tous les végétaux connus, il est par là presque généralement suivi de tous ceux qui étudient actuellement la Botanique. Ainsi quoiqu'il eût pu être infiniment avantageux de conserver dans cet ouvrage l'ordre des rapports les plus avoués, & de ne point déchirer par des séparations révoltantes les familles les plus naturelles, comme le système de Linné l'exige presque par-tout; nous nous sommes rendus au désir qu'on nous a témoigné à cet égard, & sur-tout à celui de rendre cet ouvrage le plus commode qu'il seroit possible, pour l'usage du plus grand nombre de ceux qui étudient maintenant la Botanique.

D'ailleurs la plupart des ouvrages de Botanique les plus modernes présentent les végétaux dont ils traitent, rangés selon le système de Linné; & en effet ce système est le plus commode de tous pour favoriser la publication de quantité d'ouvrages d'un intérêt médiocre, (comme des catalogues, &c.) dans lesquels souvent on ne trouve pas une observation originale, & pour autoriser même les prétentions de ceux qui, habitués à suivre une routine aveugle, sont incapables de concevoir eux-mêmes aucune vue nouvelle.

Un pareil ordre a donc dû nécessairement obtenir une préférence presque générale sur tous les autres, & devenir pour ainsi dire à la mode. Aussi on nous eût accusé d'une partialité condamnable, quelque raisonnable qu'elle pût être dans son principe, si dans la composition

& la difposition de cet ouvrage, nous n'euffions pas eû principalement en vue, la plus grande commodité de ceux auxquels l'ufage en eft deftiné.

A la fin de l'ouvrage même on trouvera un tableau général préfentant tous les genres mentionnés dans cet ouvrage, & difpofés felon l'ordre des rapports naturels les plus reconnus, afin que ceux qui favent apprécier ces belles connoiffances, puiffent juger de l'état où elles font actuellement, & des progrès qu'il leur refte à faire pour acquérir le fondement & toute l'étendue dont elles font fufceptibles.

Comme à mefure que nous travaillons, les découvertes fe multiplient, que nos connoiffances propres augmentent prefque proportionellement à la durée de nos travaux, & qu'il réfulte des circonftances où nous nous trouvons, que nous poffédons maintenant un grand nombre de plantes que nous ne connoiffions pas lorfque nous avons été obligé d'en traiter dans notre Dictionnaire; le nouvel ouvrage que nous publions actuellement offrira des augmentations nombreufes, & en outre la correction de plufieurs erreurs qui nous ont échappées dans l'expofition des caractères foit génériques, foit fpécifiques. Nous ne donnons ici fous chaque genre, que le tableau des efpèces en renvoyant pour leur defcription & leur fynonymie générale à notre Dictionnaire même où nous en avons fait l'expofition; & pour les efpèces oubliées ou nouvellement découvertes, au Supplément qui doit terminer ce grand ouvrage. Cependant lorfqu'une plante très-rare ou même qui étoit nouvelle au moment où nous l'avons décrite, aura été figurée depuis la publication que nous en avons faite; alors nous citons ici cette figure, fans donner aucune autre fynonymie à fon égard.

Les Botaniftes inftruits qui auront occafion, par des travaux fuivis, de fe former une jufte idée de l'étendue de nos recherches pour contribuer aux progrès d'une fcience que nous aimons infiniment, daigneront fûrement nous accorder leur eftime. Elle nous dédommagera amplement de toutes les peines que nous nous fommes donnés & que nous ne cefferons de prendre pour l'avancement de la Botanique, autant que nos moyens & nos facultés nous le permettront. Elle nous dédommagera auffi des traits envenimés que l'on a injuftement lancés contre nous, & defquels nous croyons ne devoir autrement nous venger, qu'en engageant tous nos lecteurs d'en prendre eux-mêmes connoiffance.

C'eft pourquoi nous les prions inftamment de fe donner la peine de lire la Préface du fecond Fafcicule de l'ouvrage de M. Smith, qui a pour titre: *Plantarum icones hactenus ineditæ*; de lire enfuite l'avertiffement placé en tête du troifième vol. de notre Dict. de Botanique, & de juger eux-mêmes fi nous avons obtenu de cet auteur la juftice qui nous eft due: enfin de juger fi l'un des deux auteurs, aveuglé par une prévention peu honorable, a eû la foibleffe d'éprouver quelque fentiment d'envie; quel eft celui des deux qui eft véritablement dans ce cas; & quel eft celui qui pouvoit avoir des motifs pour y être.

INTRODUCTION.

LA Botanique est la science qui embrasse la connoissance générale & particulière des végétaux; celle de leur nature, de leur organisation, & du méchanisme de leurs développemens; celle des rapports prochains ou éloignés qu'on remarque entre les uns & les autres; enfin celle des formes infiniment variées de leurs différentes parties dans toutes les espèces qui existent, de la durée de chacune de ces espèces, du temps de sa floraison, du sol & du climat qu'elle habite, & des qualités qui lui sont propres. Un des principaux objets de cette belle partie de l'Histoire Naturelle est surtout la détermination bien précise des espèces, par l'indication des caractères constans qui les distinguent les unes des autres. C'est de cette juste détermination que dépend la principale utilité de la science intéressante dont il s'agit, parce qu'elle a le précieux avantage d'assurer à jamais à l'homme toutes les découvertes relatives aux propriétés des plantes & à leurs divers genres d'utilité.

Or, on ne peut véritablement parvenir à la connoissance particulière des végétaux, c'est-à-dire, à la détermination bien exacte des espèces observées, qu'en partageant l'ensemble des végétaux connus en plusieurs sortes de divisions artificielles, subordonnées les unes aux autres, & disposées méthodiquement. Aussi les naturalistes convaincus de la vérité de ce principe, ont-ils établi dans les distributions méthodiques ou systématiques qu'ils ont publiées, trois sortes de divisions principales dans chaque règne de la nature, afin de faciliter par ce moyen la parfaite connoissance des espèces, qui est le vrai terme auquel on doit chercher à parvenir : ces divisions sont les classes, les ordres, & les genres. Ce sont en quel-

que sorte des points de repos pour l'imagination qui ne pourroit, sans eux, saisir toutes les portions d'un règne entier, ni l'embrasser dans son ensemble. En outre, ces points de repos aident singulièrement pour l'intelligence des différens caractères que l'on est obligé d'employer pour parvenir à l'établissement de la distinction des espèces; caractères les uns plus généraux, les autres plus particuliers, & qui semblent aussi subordonnés les uns aux autres.

Le moins générale des trois sortes de divisions établies par les naturalistes, celle qui constitue ce qu'on nomme les genres, en un mot celle qui sous-divise les ordres & les classes, est assurément la plus importante à connoître, lorsqu'on étudie quelque partie de l'Histoire Naturelle; ou à bien déterminer, lorsqu'on s'occupe des progrès de cette science, soit en général, soit en particulier. Cette importance est fondée sur ce que c'est cette même sorte de division qui influe le plus immédiatement sur la connoissance même des espèces, & sur ce que c'est celle qui fixe les dénominations qui leur sont nécessairement appliquées.

Des genres.

Les genres (genera) sont des assemblages particuliers d'espèces comprises sous une dénomination commune, liées toutes entr'elles par les rapports naturels les plus évidens, & réunies nécessairement sous la considération d'un caractère commun bien circonscrit, choisi principalement dans les parties de leur fructification.

Si l'on donnoit un nom particulier à chacune des plantes qui existent dans la nature, la prodigieuse multiplicité des noms que l'on seroit con-

traint d'employer, & leur indépendance absolue nuiroit tellement à l'étude des espèces, que l'homme le plus laborieux & en même temps doué de la mémoire la plus heureuse, ne pourroit jamais parvenir à les connoître, ni même à en connoître un nombre un peu considérable.

C'est sans doute ce dont furent pénétrés les premiers Botanistes qui commencèrent à travailler avec succès à la distinction des plantes. Ils s'apperçurent en outre, que plusieurs, plantes quoique différentes les unes des autres à certains égards, se ressembloient néanmoins en beaucoup de leurs parties ou au moins dans leurs parties les plus essentielles. En conséquence ils firent alors des assemblages particuliers en comprenant sous une dénomination commune, un certain nombre de plantes qui avoient entr'elles beaucoup de ressemblance dans la plupart ou dans certaines de leurs parties; & par là, ils diminuèrent considérablement la quantité des noms dont l'étude des plantes rendoit nécessairement à charger la mémoire.

Telle fut apparemment la cause de l'origine & de la formation des genres : d'abord ils ne purent être que des assemblages grossièrement composés ou mal assortis; par la suite on les composa beaucoup mieux, mais on négligea d'en déterminer avec précision les caractères essentiels & distinctifs; enfin, depuis on les a considérablement perfectionnés à tous ces égards, quoiqu'il reste encore beaucoup à faire (à notre avis) pour les mettre dans un tel état de convenance, que les Botanistes soient vraiment fondés à les adopter universellement.

Pour donner au lecteur une juste idée des assemblages particuliers que les naturalistes appellent genres, de l'intérêt & sur-tout de l'utilité indispensable de ces assemblages pour l'étude de l'Histoire Naturelle, des principes que l'on doit avoir en vue en les composant; de ce qui reste à faire pour les porter au point de perfection qu'il importe de leur donner, & enfin des préjugés qui s'opposent à ce qu'ils acquièrent ce degré de perfection; nous ne pouvons que rapporter ici les consi-

dérations essentielles que nous avons déjà publiées à ce sujet dans notre Flore françoise & dans notre Dictionnaire de Botanique, en y ajoutant quelques développemens que l'objet qui nous occupe actuellement nous permet d'embrasser.

C'est assurément Tournefort qui a la gloire d'avoir établi le premier, & d'après de vrais principes Botaniques, des genres de plantes bien distingués entr'eux, & fondés principalement sur la considération de la fleur & du fruit. Mais on peut lui reprocher de n'avoir pas employé dans l'exposition des caractères des genres, les expressions propres à faire sentir ce qui les distinguoit les uns des autres, & de n'avoir qu'imparfaitement décrit les parties sur la considération desquelles ses genres sont fondés. Sa manière défectueuse de s'exprimer dans l'exposition des genres, fut suivie par le P. Plumier & divers autres Botanistes à-peu-près de son temps.

Ce que Tournefort ne fit point pour la perfection des genres, Linné enfin sut le faire; & l'on peut dire qu'il a considérablement perfectionné cette partie de la Botanique, en exprimant avec une précision que personne n'avoit mise avant lui, tous les caractères de chaque genre, en fixant & en circonscrivant la limite de ces genres (l'entends de la plupart) de manière à les rendre très-distincts les uns des autres.

Mais si Tournefort ne s'est exprimé qu'imparfaitement dans l'exposition de ses genres, & s'il a dit trop peu, ou donné trop peu de détails sur leurs caractères; nous croyons pouvoir avancer que Linné, qui a mis une précision admirable dans les expressions dont il s'est servi, a trop dit de & est entré dans de trop grands détails en les caractères de ses genres de plantes.

Sur l'exposition des genres.

Linné, dans l'exposition d'un genre, décrit dans un ordre convenable, six parties de la fructification; savoir, 1°. le calice, 2°. la corolle,

5°. les étamines, 4°. le pistil, 5°. le péricarpe, 6°. la semence.

On ne sauroit assurément mieux faire pour donner une idée complette de la fructification commune aux espèces d'un genre ; mais dans ce cas, il y a une attention à avoir, & qui paroit avoir échappé à Linné. En effet, il nous semble que dans l'exposition d'un genre, on ne doit que déterminer le caractère principal de chacune des six parties de la fructification que nous venons de citer, & ne point entrer dans des détails sur les proportions & les considérations de leur forme, de leur grandeur, de leur direction, &c, comme Linné l'a fait. La raison en est que l'application des caractères d'un genre devant être faite communément à plusieurs espèces ; alors les détails dans les proportions de grandeur, de direction, & de forme des six parties de la fructification, se trouvent, à la vérité, fort justes dans certaines espèces sur la considération desquelles on les aura pris ; mais sont communément très-faux dans la plupart des autres.

En décrivant un calice, dans l'exposition d'un genre, je puis dire qu'il est (je suppose) monophylle, persistant, & à cinq divisions ; mais je cours les risques de tromper, si j'ajoute que ces divisions sont droites, lancéolées, aiguës, chargées de poils, &c. &c. Parce que d'autres espèces véritablement de même genre, peuvent avoir les divisions de leur calice ouvertes, ovales ou arrondies, glabres, &c. &c. La même chose a lieu à l'égard des cinq autres parties de la fructification, & l'on doit éviter le plus qu'il est possible, selon nous, d'entrer à leur sujet dans des détails trop précis. Il nous arrive aussi cependant de donner des détails dans l'exposition des genres ; mais nous tâchons de les borner le plus qu'il est possible, & nous les modifions par ces mots, ordinairement, le plus souvent, la plupart, &c., mots qui évitent la précision exclusive & trompeuse dont nous venons de parler.

Considérations sur les genres.

S'il fut nécessaire d'établir des divisions dans le tableau des végétaux comme, pour en faciliter l'étude, ce que nous avons fait voir à l'article BOTANIQUE, p. 44), en parlant des méthodes, systèmes, genres, & autres moyens propres à faciliter la connoissance des plantes ; il falloit aussi en former de plusieurs ordres, afin de moins multiplier les premières coupes, & de les rendre par là plus distinctes, plus faciles à saisir & plus propres à servir de points de repos à notre imagination. Ainsi la série des plantes observées par les Botanistes, ayant été divisée, 1°. en classes ; 2°. en ordres ou sections ou familles ; 3°. en genres ; ces trois sortes de divisions bien établies, satisfont à l'objet essentiel qu'on se propose dans une méthode de Botanique bien entendue.

Mais nous répétons ici ce que nous avons dit par-tout dans nos ouvrages : ces trois sortes de divisions, sans en excepter aucune ; ces coupes si utiles & même si nécessaires pour nous aider dans l'étude des plantes, ne sont assurément point l'ouvrage de la nature : elles sont très-artificielles ; & ce sera toujours une prétention fort vaine, que de vouloir les donner comme naturelles, de quelque manière qu'on parvienne à les former.

Cependant Linné voulant apparemment donner aux genres une considération qui ne leur appartient pas, a prononcé l'anathème contre ceux qui assureroient que les genres ne sont point dans la nature. Il a sans doute trouvé plus de facilité à étayer ainsi son opinion par une décision tranchante, & par de prétendus axiomes & des maximes fort laconiques dont il a rempli son Philosophia & son Critica Botanica, que par des preuves solides qui seules peuvent convaincre ceux que l'autorité n'entraîne point, preuves qu'il a toujours oublié d'établir.

Linné, ainsi que bien d'autres, a cependant dit dans ses ouvrages que la nature ne faisoit point de sauts ; ce qui signifie, si je ne me trompe, que la

férie de fes productions doit être liée & nuancée dans toute fon étendue. Or, cette feule confidération anéantit la poffibilité de trouver la totalité des productions de la nature divifée par elle en quantité de grouppes particuliers bien détachés les uns des autres, tels que doivent être les genres ; car les limites de chacun de ces grouppes feroient précifément les fauts qu'on reconnoît que la nature ne fait pas. Ce feroit la même chofe, ou pis encore, fi l'on attribuoit auffi à la nature les autres fortes de divifions dont les méthodes & les fyftèmes de Botanique offrent néceffairement des exemples.

On connoît, il eft vrai, un affez grand nombre de genres nombreux en efpèces, & qui paroiffent d'autant plus naturels, qu'on les voit très détachés les uns des autres par des caractères qui leur font propres ; mais le nombre des genres qui font dans ce cas diminue tous les jours, parce que les nouvelles plantes que l'on découvre continuellement dans diverfes parties du globe, effacent par leurs caractères mi-partis les limites tranchées des genres dont il eft queftion ; & comme il eft vraifemblable qu'il refte encore beaucoup de plantes à découvrir, il eft très poffible que les interruptions encore nombreufes que l'on remarque dans les végétaux rangés felon l'ordre de leurs rapports, s'évanouiffent fucceffivement dans leur totalité, de manière qu'on ne puiffe plus en diftinguer d'autres que celles qui conftituent très-naturellement les limites des efpèces elles-mêmes.

En attribuant les genres à la nature, Linné fe trouvoit excufable dans l'arbitraire dont il s'eft fouvent fervi en les établiffant, & dans les exceptions nombreufes au caractère effentiel, dont un grand nombre de fes genres offrent des exemples. Ce moyen enfin l'autorifoit à vouloir faire adopter quantité d'affemblages inconvenables qu'il a formés.

Relativement à l'arbitraire dont nous venons de parler, nous citerons feulement en exemples les genres genifta, fpartium & cytifus qu'il a établis. Sous ces trois noms génériques, Linné a expofé des caractères propres à chacun d'eux, & enfuite il a rapporté très-arbitrairement à chacun de ces genres, des efpèces qui tantôt n'ont pas le caractère générique énoncé, & tantôt ont en même-temps celui de l'un des deux autres genres. Ses aſpalathus, borbonia, & fes liparia qu'il a eû foin d'écarter beaucoup des deux premiers (comme il a fait à l'égard de fes cytifus qu'il a éloignés de fes fpartium), font dans le même cas. Vicia & ervum, pifum & lathyrus, aftragalus & phaca, orobus & turritis, thlafpi & lepidium, lychnis & agroftema, mentha & fatureia, leontodon & hieracium, baccharis & conyza, jufticia & dianthera, bidens & fpilanthus, &c. &c., font des exemples de genres fans détermination précife, ou fans diftinction fondée : genres auxquels on a rapporté arbitrairement des efpèces, & qu'on admet affez généralement fur l'autorité de Linné.

Si je voulois confidérer feulement les ombellifères, combien je trouverois d'efpèces rapportées arbitrairement (je ne dis pas par erreur, mais je dis arbitrairement & avec connoiffance de la chofe) à des genres dont elles n'ont point le caractère effentiel ! Combien de tordylium font de véritables caucalis ! Combien d'athamanta font peu différens des felinum ! Le genre entier peucedanum n'eft diftingué des felinum que par le nom & l'habitude, à moins qu'on n'emploie pour caractère la couleur jaunâtre des pétales. Divers ligufticum font des angelica ; quelques angelica font des imperatoria ; le phellandrium eft un œnanthe ; l'ægopodium un pimpinella, le feum un fefeli ; divers daucus font des ammi, &c. &c. Un coup d'œil femblable fur chacune des autres familles pourroit nous mener fort loin ; ainfi paffons à des confidérations d'un autre ordre.

Détermination des genres.

Le caractère naturel d'un genre, ce que nous nommons caractère générique dans notre Dictionnaire, doit affurément porter fur la confidération de la fleur & du fruit ; & il convient pour l'exprimer, de préfenter dans un ordre méthodique, comme Linné l'a fait, l'expofition du caractère

de chacune des fix parties suivantes de la fructification, qui font le *calice*, la *corolle*, les *étamines*, le *piftil*, le *péricarpe* & la *femence*; pourvu qu'on n'entre point dans des détails trop précis, fur les proportions de grandeur & de forme ainfi que fur les directions de ces fix parties; parce qu'elles fe trouvent très-rarement les mêmes dans toutes les efpèces d'un même genre.

Mais à ce caractère générique ou *naturel*, il eft abfolument néceffaire de joindre un caractère *effentiel* ou diftinctif du genre. Or, ce caractère diftinctif que Linné a employé le premier dans fon *fyftema natura*, qui fe retrouve dans le *fyftema plantarum* de Reichard, dans le *fyftème végétabilium* de M. Murrai, & que Linné fils a nommé caractère effentiel, doit être fort abrégé, & ne porter que fur un petit nombre de confidérations. De cette manière il fera comparable avec les caractères effentiels ou diftinctifs des autres genres, & tous les genres mieux détachés les uns des autres par ce moyen, feront mieux connus, & pourront fe fixer plus aifément dans la mémoire.

Quant à ce qui concerne le choix des parties propres à fournir les caractères effentiels ou diftinctifs des genres, Linné prétend qu'on ne doit jamais tirer ces caractères que de la confidération de quelques-unes des parties de la fructification. Nous fommes moi-même fait dans la même opinion, s'il eft vrai que la chofe foit toujours praticable; mais dans le cas où elle ne le feroit pas, c'eft-à-dire dans ceux où ce moyen fe trouveroit abfolument infuffifant, nous ne voyons pas bien clairement l'inconvénient qui réfulteroit de tirer des diftinctions génériques fecondaires bien tranchées, de quelques parties du port, lorfque la férie dans laquelle on auroit des divifions génériques à tracer, feroit préalablement difpofée dans l'ordre des rapports les plus naturels, & que les lignes de féparation que l'on établiroit ne déplaceroient point les plantes déjà rapprochées par la confidération de leurs plus grands rapports.

Dans les familles qu'on regarde comme les plus

naturelles, & qui ne font que de grandes portions non interrompues de la férie des végétaux, telles que les labiées, les crucifères, les ombellifères, les légumineufes, les graminées, &c. On poffède de grandes quantités d'efpèces qui ont toutes à peu près la même fructification. Or, établir parmi ces grandes quantités d'efpèces des divifions génériques, en on mot, des lignes de féparation dont les caractères diftinctifs feroient pris uniquement de la fructification, laquelle offre dans ces plantes très-peu de différences à faifir; c'eft s'expofer à n'avoir pour caractère générique diftinctif, que des remarques minutieufes; fouvent trompeufes, communément très peu reconnoiffables, & nullement dignes d'infpirer de l'intérêt pour une fcience qui cependant, en peut offrir par-tout. En effet, quel cas peut on faire des caractères génériques diftinctifs des *lamurus* & des *ftachys* de Linné, dans les labiées; de fes *alyffum*, dans les crucifères; de fes *fifon* & de fon *ægopodium*, dans les ombellifères; de fon *comarum*, dans les rofacées; de fes *glycine*, *æfchinomene*, *indigofere*, & *ebenus*, dans les légumineufes; de fes *prenanthes*, dans les chicoracées; de fes *enicus* & *flahteline*, dans les cynatocéphales; de fes *erigeron*, *inula*, *cineraria*, *matricaria*, *filago*, &c., dans les corymbifères; de fes *lunofarum* & *epidendrum* dans les orquides; de fes *tragia*, *acalypha*, *croton*, & *jatropha*, dans les euphorbes; de fes *volantia*, dans les rubiacées; de fes *milium*, *agroftis*, *feftuca*, *poa*, *uniola*, dans les graminées, &c. &c.

Pour fe tirer d'embarras dans la gêne où le mettroit fon principe de ne prendre conftamment que dans les parties de la fructification, fes caractères génériques diftinctifs; principe qui, dans ce qu'on nomme *familles très-naturelles*, le furepoint à n'admettre pour caractères de fes genres, que la citation de particularités minutieufes, trompeufes, & le plus fouvent fujettes à quantité d'exceptions, Linné imagina d'établir un autre principe affez fingulier; favoir, que c'eft le genre qui conftitue le caractère, & non pas le caractère qui fait le genre. (*Scias characterem non conftituere genus*,

sed genus characterem. Philof. Bot. p. 115, n°. 169.

Linné comptoit fans doute que d'après fon autorité, ce prétendu principe ne feroit jamais foumis à aucun examen : il prévoyoit même qu'il fe trouveroit des auteurs qui en feroient l'éloge, comme d'une belle découverte ; & qu'en conféquence toutes les affociations qu'il lui plaifoit de former, devoient paffer fans exception pour l'ouvrage même de la nature.

Nous allons rapporter ici l'addition imprimée à la fin du premier volume de notre Flore Françoife (p. 151.), & dans laquelle notre fentiment fur les moyens de parvenir à établir des diftinctions génériques convenables & bien tranchées, fe trouve exprimé d'une manière affez claire.

Quand je dis qu'il ne faut pas avoir égard aux rapports des plantes dans la formation des genres, qui, felon moi, ne peuvent être qu'artificiels ; je ne prétends pas pour cela donner comme genres, des affortimens bizarres où la loi des rapports fe trouveroit entièrement violée ; je veux dire feulement que les caractères à l'aide defquels on tracera les limites qui détermineront les genres, ne doivent être gênés par aucune des confidérations qui entrent dans la formation d'un rapprochement de rapports, c'eft-à-dire d'un ordre naturel. Mais bien loin que les efpèces qui composeront un même genre foient difparates, le caractère artificiel qui les unira, fera choifi de manière à leur conferver les unes à l'égard des autres, le rang même qu'elles occuperont dans la férie naturelle des plantes.

Ainfi, après avoir formé cette férie d'après les principes qui feront expofés dans la dernière partie de ce difcours, il faudra tirer de diftance en diftance des limites artificielles, qui détacheront autant de petits grouppes, dont les plantes feront liées à l'aide d'un caractère fimple, ou d'un petit nombre de caractères combinés que l'on ne tirera point exclufivement des parties de la fructification (mais de toute partie quelconque qui en offrira de convenables). Ces grouppes feront les genres

dont nous avons parlé, genres qui fe rapprocheront de la nature autant que le peut l'ouvrage de l'art.

Si l'on faifit bien notre idée, on ne croira pas que nous prétendions que les limites véritablement artificielles qu'il convient de tracer dans la férie des végétaux rapprochés d'après leurs rapports naturels, doivent fe tirer à l'aide de caractères pris librement dans les parties du port des plantes ; nous fommes au contraire très-convaincus que, tant qu'on le pourra, l'on devra tâcher d'obtenir les caractères diftinctifs des genres uniquement des parties de la fructification. Mais dans les cas où (comme dans les familles très-naturelles) ces parties n'offriroient point de différences dignes d'être employées comme caractères, ou n'en offriroient que de minutieufes & d'infuffifantes ; nous penfons qu'alors feulement on peut leur adjoindre comme caractères fecondaires, des confidérations prifes dans quelques parties du port, fi ces confidérations offrent des caractères bien tranchés, & furtout fi elles n'exigent aucun déplacement des efpèces convenablement rapprochées d'après leurs plus grands ports.

Un exemple fuffira pour donner tout l'éclairciffement néceffaire à l'intelligence & au fondement de cette opinion.

Linné, dans fon genre *trifolium* qui eft déjà très-nombreux en efpèces, y comprend encore tous les *melilots* que nous diftinguons comme appartenant à un genre particulier, que nous nommons *melilotus*, & auquel nous attribuons le caractère fuivant.

Flores trifolii ; legumen calyce longius, non tectum.

Folia ternata : foliolo impari petiolato.

Le caractère fecondaire que nous ajoutons à celui de la fructification, eft conftant dans toutes les efpèces de mélilot, & ne fe rencontre dans aucun trèfle, ceux-ci ayant tous les trois foliolles

de leurs feuilles également sessiles ou presque sessiles.

Nous terminerons ces réflexions par une remarque fort importante, & à laquelle on doit avoir nécessairement égard, si l'on veut contribuer à l'avancement de la Botanique : elle est composée des considérations suivantes.

Si Linné, au lieu d'attribuer les genres à la nature, eût considéré les genres comme devant être des assemblages d'espèces rapprochées d'après leurs plus grands rapports, & en même-temps des assemblages bien détachés les uns des autres par des limites artificielles (comme le sont même celles qu'on obtient des parties de la fructification) ; il eût prescrit les loix convenables pour guider dans l'établissement des limites de ces assemblages. Par ces loix, il eût prévenu & modéré l'arbitraire qui existe chez presque tous les auteurs modernes de Botanique, qui, sans autre règle que leur bon plaisir, innovent continuellement, quelquefois en réunissant plusieurs genres en un seul, mais plus souvent en formant avec les espèces d'un genre déjà établi, plusieurs genres qu'ils distinguent par certaines considérations choisies pour cela.

L'objet essentiel de la formation des genres est absolument de diminuer la quantité de noms principaux à retenir dans la mémoire, quantité qui seroit énorme, si l'on donnoit un nom simple à chaque plante. On peut dire en quelque sorte qu'il en est des genres en Botanique, comme des constellations en Astronomie : celles-ci dispensent de donner un nom simple à chaque étoile visible ; or, le nombre des constellations admises étant beaucoup moindre que celui des étoiles connues, on le retient plus facilement par cœur, & l'on descend plus facilement ensuite dans le détail des étoiles de chacune de ces constellations.

D'après cette considération, il est évident qu'il y a nécessairement deux sortes d'égards à avoir dans l'établissement des genres, c'est-à-dire dans la distribution des lignes de séparation que l'on choisit pour les former.

1°. Il importe que les genres ne soient pas trop nombreux en espèces : en effet des genres qui comprennent un très-grand nombre d'espèces, comme celui du geranium qui en a maintenant 131, celui du lichen qui en a plus de 160, &c. &c., sont défectueux en ce que les caractères & les noms des espèces se retiennent fort difficilement. Dans des cas semblables nous regardons comme très-utiles les changemens que feront les Botanistes, lorsqu'ils réduiront ces grands genres, qu'ils les diviseront, & formeront d'un seul d'entr'eux, deux ou trois genres particuliers, bien distingués par des limites tracées d'après telle considération que ce soit, pourvu que les caractères adoptés soient constans & circonscrits.

2°. Il est ensuite fort nécessaire que les genres ne soient pas trop réduits, & qu'en général ils comprennent, autant qu'il est possible, un certain nombre d'espèces ; car l'inconvénient d'en avoir trop peu, est aussi nuisible à la connoissance des plantes, que celui d'en avoir un trop grand nombre. Il résulte de ce principe, qu'il est fort condamnable de saisir toutes les différences que l'on peut trouver dans la fructification des plantes qui composent un genre trop nombreux en espèces (sur-tout lorsque ces espèces sont bien liées ensemble par un caractère commun, & que leur assemblage ne répugne point à l'ordre des rapports) pour détacher quelques espèces de ces petits genres, & en former de plus petits encore. Ce n'est point là travailler utilement pour la science, & cependant cet abus devient tous les jours plus commun chez les Botanistes.

Nous concluons des deux considérations dont nous venons de parler, qu'il est avantageux de diviser & réduire les trop grands genres lorsqu'on trouve des moyens convenables pour le faire ; & qu'il est fort inutile, & même nuisible aux progrès de la Botanique de détacher les espèces des petits genres pour en constituer des genres à part, lors même qu'il se présente de bons moyens pour le faire. Dict. vol. 2, p. 611, &c.

Dans l'ouvrage que nous donnons maintenant au public sous le titre d'*Illustration des Genres*, on sent bien que nous n'avons pas eu pour objet d'entreprendre les réformes & les changemens que nous prévoyons, d'après les principes ci-dessus, qu'on sera forcé de faire un jour, lorsqu'on voudra mettre les genres dans le cas de pouvoir être adoptés & conservés par tous les Botanistes.

Cet état convenable des genres, & l'adoption qu'alors on en pourra faire généralement, n'auront jamais lieu tant que les Botanistes ne seront pas convaincus que les espèces étant rapprochées & liées entr'elles par les plus grands rapports pris essentiellement dans leur fructification, doivent former des assemblages assurément très-naturels; mais circonscrits par des limites artificielles qui ne déplacent point les espèces; & tant qu'ils ne sentiront point que les limites des genres pouvant être & étant réellement artificielles, l'intérêt de la science exige que ces limites pour chaque genre soient assujetties à certaines règles de convention qui auront en vue les objets suivans. Elles tendront à empêcher la formation des genres trop nombreux en espèces, ainsi que celles des genres qui ont trop peu d'espèces, lorsqu'il sera possible de les instituer autrement; & elles s'opposeront à l'arbitraire par lequel presque tous les naturalistes se laissent actuellement dominer lorsqu'ils s'occupent d'instituer des genres.

ILLUSTRATION

ILLUSTRATION DES GENRES.

CLASSE I.

MONANDRIE MONOGYNIE.

Fl. à une étamine & un seul style.

Tableau des genres.	Conspectus generum.
I. BALISIER.	**I. CANNA.**
Cal. 3-phylle; cor 3-pétale, 6-fide, à deux bifide, [roulée en-dehors.	Cal. 3-phyllus. cor. 3-petala , 6-fida : labio bifido ; revoluto.
2. AMOME.	**2. AMOMUM.**
Cor. 3-pétale à limbe double : l'ext. divisé en trois, l'int. bilabié. Anthère plié en deux.	Cor. 3-petala, limbo duplici, ext. 3-partitus , int. bilabiatus. Anthera conduplicata.
3. ZEDOAIRE.	**3. KÆMPFERIA.**
Cor. 3-pétale à limbe double, l'ext. trifide, très-étroit : l'int. inégal, partagé en quatre div.	Cor. 3-petala , limbo duplici. ext. 3-partitus , angustissimus ; int. inaequalis 4-partitus.
4. MYROSME.	**4. MYROSMA.**
Cal. supérieur, double : l'ext. 3-phylle ; l'int. à 3 divisions. Cor. irrég. à 5 découpures.	Cal. superus duplex : ext. 3-phyllus ; int. 3-partitus. cor. irregul. 5-partita.
5. GALANGA.	**5. MARANTA.**
Cal. supérieur, 3-phylle. Cor. irrég. fendue. Drupe à noyau 1 ou 2-sperme.	Cal. superus , 3-phyllus. cor. inaequalis , 5-fida. Drupa nucleo 1. f. 2-sperma.
6. TASSOLE.	**6. BŒRHAVIA.**
Cal. o. cor. 1-pétale , campanulée , inf. , resserrée au-dessus de l'ovaire. 1 sem. recouverte par la base de la corolle.	Cal. o. cor. 1-petala , campanulata , 'infera , supra germen coarctata. sem. 1. intus basi corollae.
7. QUALIER.	**7. QUALEA.**
Cal. à 4 divisions, deux plus grandes. le supérieur cornicule postérieurement.	Cal. 4-partitus. Petala 2. inaequalia : sup. postice corniculato.
8. PHILYDRE.	**8. PHILYDRUM.**
Cal. o. 4 pétales : 2 ext. plus grands. caps. sup. à trois loges.	Cal. o. pet. 4. 2 exterioribus majoribus. caps. sup. trilocularis.
9. SALICORNE.	**9. SALICORNIA.**
Cal. entier. cor. o. 1. semence recouverte par le calice entier.	Cal. integer. cor. o. sem. 1. calyce inflato tectum.

10. PESSE

Cal. o. cor. o. ovgire inf. 1. femgrow.

11. POLLIQUE.

Cal. à 5 dents. cor. o. sem. 1. écailles charnues du res. enveloppant les fruits.

DIGYNIE.

12. CORISPERME.

Cal. 2-phylle. cor. o. sem. 1 comprimée.

13. CALLITRIC.

Cal. 2-phylle. cor. o. caps. comprimée, 4-angulaire, 2-loculaire, 4-sperme.

14. BLETE.

Cal. 3 fide. cor. o. sem. 1. recouverte par le cal. épaissi en baie.

15. MNIAR.

Cal. sup. 4-fide. cor. o. 1. sem. recouverte par le calice.

10. HIPPURIS.

Cal. o. cor. o. germen inf. sem. 1.

11. POLLICHIA.

Cal. 5-dentatus. Cor. o. sem. 1. Rec. squamae carnosae frуct. includentes.

DIGYNIA.

12. CORISPERMUM.

Cal. 2-phyllus. cor. o. sem. 1. compressum.

13. CALLITRICHE.

Cal. 2-phyllus. cor. o. caps. compressa, 4 angularis. 2. locularis, 4 sperma.

14. BLITUM.

Cal. 3-fidus. cor. o. sem. 1. calyx baccato cinctum.

15. MNIARUM.

Cal. superus, 4 fidus. cor. o. sem. 1. calyx vestitum.

ILLUSTRATION DES GENRES.

CLASSE I.

MONANDRIE MONOGYNIE.	**MONANDRIA MONOGYNIA.**
I. BALISIER.	**I. CANNA.**

Caract. essent.

CALICE 3-phylle; corolle monopétale, 6-fide, droite, à lèvre bifide, roulée en dehors; style lancéolé, adné à la corolle. Capsule couronnée, scabre.

Charact. essent.

CALYX tri-phyllus; corolla monopetala, fex fida erecta; labio bipartito revoluto. Stylus lanceolatus, corollæ adnatus. Capsula coronata scabra.

Caract. natur.

Cal. Triphylle, persistant; à folioles lancéolées, colorées, droites.

Cor. Monopétale, fendue; à découpures lancéolées, dont trois extérieures droites, plus grandes que le calice; & trois intérieures plus grandes que les extérieures (deux droites et une réfléchie), formant comme un masque à deux lèvres.

Etam. Un filament membraneux, pétaliforme, bifide; à découpure supérieure droite, anthérifère; & l'inférieure roulée en dehors. Une anthère linéaire, adnée au bord de la découpure supérieure du filament.

Pist. Un ovaire inférieur, arrondi, scabre: un style ensiforme, pétaloïde, cohérent inférieurement au filament de l'étamine; un stigmate linéaire, adné au bord du style.

Per. Capsule inférieure, couronnée, ovale-arrondie, hérissée de pointes molles, triloculaire, trivalve, à loges polyspermes.

Sem. Plusieurs semences globuleuses, attachées à un placenta central.

Charact. nat.

Cal. Triphyllus, persistens; foliolis lanceolatis coloratis erectis.

Cor. Monopetala, sexpartita: laciniis lanceolatis, quarum tres exteriores erectæ, calyce majores; tres interiores exterioribus majores (duæ erectæ, unica revoluta), labia quasi constituentes.

Stam. Filamentum petaloideum bipartitum: lacinia superiore erecta antherifera; inferiore revoluta. Anthera linearis, adnata margini filamenti laciniæ superioris.

Pist. Germen inferum, subrotundum, scabrum; stylus unicus, ensiformis petaloïdeus, filamento stamhnis basi cohærens; stigma lineare, margini styli adnatum.

Per. Capsula infera, ovato-subrotunda, coronata, scabra, trisulca, trilocularis, trivalvis, loculis polyspermis.

Sem. Plura, globosa, receptaculo centrali affixa.

Tableau des espèces.

1. BALISIER d'inde. dict. n°. 1.

Bal. à feuilles ovales, pointues aux deux bouts, nerveuses.

Lieu nat. les Indes, entre les tropiques. ♃

2. BALISIER à feuilles étroites. Dict. n°. 2.

Conspectus specierum.

1. CANNA indica. Tab. 1.

Can. foliis ovatis utrinque acuminatis nervosis.

In Indiis, inter tropicos. ♃

2. CANNA angust-folia.

A ij

Bal. à feuilles lanceolées , pétiolées, nerveuses.
Lieu nat. l'Amérique, entre les tropiques. ♃
3. BALISIER *glauque.* Dict. n°. 3.
Bal. à feuilles pétiolées, lanceolées , non
nerveuses.
Lieu nat. la Caroline.

Can. foliis lanceolatis petiolatis nervosis.

Ex América, inter tropicos. ♃
3. CANNA *glauca.*
Can. follis petiolatis lanceolatis enervibus.

Ex Carolina. ♃

Explication des fig.

Tab. 1. BALISIER *inde.* (a) Fleur entière. (b) Fleur
dépourvue de l'ovaire & du calice. (c) Étamine.
(d) Ovaire et calice. (e) Capsule entière. (f) Capsule
coupée en travers. (g) Semence.

Explicatio iconum.

Tab. 1. CANNA *indica.* (a) Flos integer. (b) Flos a
calyce germineque separatus. (c) Stamen. (d) Germen
calyx. (e) Capsula integra.(f) Capsula transverse scissa.
(g) Semen. Fig. ex Tournef.

2. A M O M E.

Caract. essent.

Corolle monopétale à limbe double ı l'extérieur
partagé en trois, l'intérieur bilabié. Une anthère pliée en deux. Un style dont le sommet
est enfermé dans le pli de l'anthère. Capsule
inférieure à trois loges polyspermes.

Caract. nat.

Cal. Supérieur , monophylle, trifide , souvent
inégal en ses découpures.
Cor. monopétale irrégulière , tubuleuse inférieurement, ayant un limbe double ; le limbe
extérieur à trois découpures lancéolées, presqu'égales : l'intérieur plus grand, tubuleux
à sa base, bilabié supérieurement ı lèvre supérieure petite , anthérifère , courbée en dedans ; lèvre inférieure grande , fort large ,
arrondie, légèrement trilobée.
Étam. Aucun filament. Une anthère comme
double , linéaire, adnée à la lèvre supérieure
du limbe intérieur de la corolle, pliée en
deux longitudinalement, formant une petite
gaine demi-fermée.
Pist. Un ovaire inférieur , ovale-arrondi ; un
style filiforme, s'élevant à la hauteur de l'anthère , et traversant la demi-gaine que forme
sa duplicature. Stigmate en massue, entier
ou obscurément bilobé.
Per. Capsule inférieure, ovale ou oblongue ,
trigone , triloculaire, à cloisons membraneuses & à loges polyspermes un peu pulpeuses.

2. A M O M U M.

Charact. essent.

COROLLA 1-petala, limbo duplici ; exteriore tripartito, interiore subbilabiato. Anthera conduplicata. Stylus superne intra antheram in-
clusus. Capsula infera , trilocularis , polysperma.

Charact. nat.

Cal. superus, monophyllus , trifidus , sub-inae-
qualis.
Cor. monopetala , irregularis, basi tubulosa ;
limbo duplici. Limbus exterior tripartitus ,
laciniis lanceolatis subaequatibus; Interior major, inferne tubulosus , superne bilabiatus e
labio superiore parvo antherifero incumben-
te; inferiore maximo latissimo rotundato sub-
trilobo,
Stam. filamentum nullum. Anthera subgemina ,
linearis, adnata labio superiori limbi interioris , longitudinaliter conduplicata , vaginu-
lam semi-clausam simulans.
Pist. germen inferum ovato-subrotundum. Stylus filiformis, altitudine antherae intra quam
transit. Stigma clavatum retusum subbilo-
bum.
Per. capsula infera, ovato-oblonga , trigona ;
trilocularis; loculis subpulposis polyspermis;
dissepimentis membranaceis maturitate ali-
quando evanescentibus.

Tableau des espèces.

* Hampe nue & radicale.

4. AMOME de *Madagascar.* Dict. n°. 1.
Am. à tiges stériles fort hautes , hampe

Conspectus specierum.

* Scapus nudus radicalis.

4. AMOMUM *Madagascariense.* Tab. 2. f. 1.
Amomum caulibus flexilibus altissimis ;

coulle, terminé par un épi pauciflore ; cap-
fules pointues.
Zingiber meleguetta. Gœrtn 34, t. 12 ; f. 1.
Lieu nat. l'ifle Madagafcar. ♃

fcapo brevi fpica pauciflora terminato, cap-
fulis acutis.
Zingiber meleguetta. Gœrtn. 34. t. 12, f. 1.
Ex Madagafcaria. ♃

5. AMOME *des Indes.* Dict. no. 2.
Am. à feuilles étroites, hampe nue ter-
minée par un épi en maffue.
Lieu nat. les Indes. ♃

5. AMOMUM *zingiber.*
Am. foliis anguftis, fcapo nudo, fpica
clavata terminato.
Ex Indiis. ♃

6. AMOME *fauvage.* Dict. n°. 3.
Am. à feuilles lancéolées, hampe nue,
épi ovale-oblong, obtus.
Lieu nat. l'Inde. ♃

6. AMOMUM *zerumbet.* Tab. 1, f. 3.
Am. foliis lanceolatis, fcapo nudo, fpica
ovato-oblonga, obtufa.
Ex India. ♃

7. AMOME *à feuilles larges.* Dict. n°. 4.
Am. à feuilles ovales acuminées, hampe
fimple, épi oblong.
Lieu nat. les Indes orientales.

7. AMOMUM *latifolium.*
Am. foliis ovatis acuminatis, fcapo fim-
plici, fpica oblonga.
Ex indiis orientalibus.

8. AMOME *racine jaune.*
Am. à feuilles lancéolées, épi oblong,
lâche, radical, fortant d'entre les feuilles.
Curcuma long. Dict. n°. 2.
Lieu nat. les Indes orientales. ♃

8. AMOMUM *curcuma.* Jacq
Am. foliis lanceolatis, fpica oblonga laxa
radicali ex centro foliorum.
Curcuma longa.
Ex Indiis orientalibus ♃

9. AMOME *à grappes.* Dict. n°. 5.
Am. à hampes longues, rameufes, ram-
pantes ; grappes latérales alternes.
Lieu nat. les Indes orientales. ♃

9. AMOMUM *racemofum.* Tab. 1, f. 2.
Am. fcapis longis ramofis repentibus ;
racemis lateralibus alternis.
Ex Indiis orientalibus. ♃

* * *Tige feuillée, florifère au fommet.*

* * *Caulis foliofus, apice floriferus.*

10. AMOME *velu.* Dict. n°. 6.
Am. à tige feuillée florifère, feuilles velues en deffous, épi terminal feffile embriqué lâche.
Lieu nat. les Indes orient. & occid. ♃

10. AMOMUM *hirfutum.* Tab. 3.
Am. caule foliofo florifero, foliis fubtus hirfutis, fpica feffili terminali laxe
imbricata.
Ex Indiis utrifque. ♃ Coftus. Lin.

11. AMOME *pétiolé.* Dict. n°. 7.
Amome à feuilles un peu pétiolées, glabres des deux côtés, épi conique embriqué
ferré.
Lieu nat. la Martinique. ♃

11. AMOMUM *petiolatum.*
Amomum foliis fubpetiolatis utrinque glabris, fpica conica arcte imbricata.

È Martinica. ♃

12. AMOME *pyramidale.* Dict. n°. 8.
Am. à feuilles lancéolées, glabres des
deux côtés ; grappe terminale, compofée,
pyramidale.
Obs. Les cloifons s'évanouiffent par la maturation des fruits, alors les capfules paroiffent
uniloculaires.
Lieu nat. la Martinique & la Guadeloupe. ♃

12. AMOMUM *pyramidale.*
Am. foliis lanceolatis utrinque glabris ;
racemo terminali pyramidali compofito.

Obs. Diffepimenta maturatione fructus eva-
nefcunt, tunc capfula fiunt uniloculares.

È Martinica & Guadelupa. ♃

13. AMOME *arborefcent.* Dict. Suppl.
Am. à tige fort élevée arborescente,
grappe terminale penchée.

13. AMOMUM *renealmia.*
Am. caule arborefcente altiffimo, racemo terminali nutante.

Obs. La petiteffe de la lèvre anthérifère, fait croire que l'anthère eſt libre, quoiqu'elle foit réellement adnée à cette lèvre.

Lieu nat. Surinam. ♄

Renealmia exaltata. L. f. ſuppl. 79.
Obs. Parvitate labii antheriferi, anthera labio ſuperiori adnata, an.heram liberam mentitur.

È Surinamo. ♄

Explication des fig.

Explicatio iconum.

Tab. 1. f. 1. Amome de Madagaſcar. (a) Deux cap-
ſules enveloppées à leur baſe par ... es écailles ſpathu-
cées. (b) Capſule coupée en travers.

Tab. 2. f. 2. Amome à grappes.(a) Rameau florifère & fructifère avec ſes écailles ſpathacées. (b) Fleur
ſortant de ſa ſpathe. (c) Capſule entière. (d) Capſule ouverte.

Tab. 2, f. 3. Amome ſauvage. (a) Epi entier.
(b) Une fleur vue de côté. (c) La même dépourvue
du limbe intérieur de ſa corolle. (d) Le limbe intérieur de la corolle. (e) L'étamine. (f) Le piſtil.

Tab. 4. Amome velu. (a) Partie ſupérieure de la
plante avec l'épi qui la termine. (b) Le limbe extérieur de la corolle. (c) La corolle entière. (d) L'étamine, le ſty'e, le ſtigmate. (e) La capſule couronnée
par le calice, & s'ouvrant par ſes angles (f) Le calice
avec les deux écailles ſpathacées propres à chaque
fleur. (g) Le calice avec l'écaille intérieure. (h) Le
calice nud couronnant l'ovaire.

Tab. 1. f. 1. Amomum Madegaſcarienſe. (a) Capſulæ
duæ ſquamis ſpathaceis baſi obvolutæ. (b) Capſula tranſ-
verſè ſectæ in ſum.

Tab. 2. f. 2. Amomum racemoſum. (a) Ramulus
floriferus & fructiferus cum ſquamis ſpathaceis. (b) Flos
è ſpatha prorumpens. (c) Capſula integra. (d) Capſula
aperta. ſix flverd.

Tab. 2, f. 3. Amomum permunde. (a) Spica integra.
(b) Flos ſeparatus è latere viſus. (c) Idem limbo interiore corollæ ſoluto. (d) Corol æ limbus interior.
(e) Stamen. (f) Piſtillum. Eti D. Jacq.

Tab. 3. Amomum hirſutum. (a) Pars ſuperior plantæ
cum ſpica terminali. (b) Corollæ limbus externer.
(c) Corolla integra. (d) Stamen, ſtylus, ſtigma.
(e) Capſula calyce coronata, angulis deliiſcens. (f) Calyx cum ſquamis ſpathaceis duabus cuique flori propriis. (g) Calyx cum ſquama interiore. (h) Calyx denudatus germen coronans. Fig. ex D. Jacq.

3. ZEDOAIRE.

3. KŒMPFERIA.

- Caract. eſſent.

Charact. eſſent.

Corolle monopétale à limbe double : l'extérieur partagé en trois découpures fort étroites ; l'intérieur irrégulier, partagé en quatre
découpures, dont une droite & étroite, &
les trois autres fort larges, ayant l'intermédiaire bifide.

Corolla monopetala, limbo duplici : exteriore tripartito anguſtiſſimo ; interiore inæquali quadripartito ; lacinia unica anguſta
erecta ; aliis tribus latiſſimis, intermedia bifida.

Caract. nat.

Charact. nat.

Cal. ſupérieur, monophylle, tubuleux, tranſ-
parent, ouvert obliquement au ſommet.

Cor. Monopétale, tubuleuſe à limbe double :
le limbe extérieur partagé en trois découpures preſqu'égales & fort étroites ; l'intérieur irrégulier, diviſé en quatre parties,
dont une eſt droite, étroite, anthérifère,
les trois autres ſont fort larges, ouvertes,
à découpure intermédiaire bifide, ce qui
leur donne l'aſpect d'une corolle à quatre
pétales.

Etam. Aucun filament (à moins qu'on ne
prenne pour un filament membraneux la
découpure étroite du limbe Intérieur) ; une
anthère linéaire, géminée, adnée à la découpure droite du limbe intérieur.

Cal. Superus monophyllus tubuloſus pellucidus
apice oblique fiſſus.

Cor. Monopetala tubuloſa limbo duplici : limbus exterior tripartitus, ſubæqualis, laciniis
anguſtiſſimis ; interior inæqualis quadripartitus : lacinia ſuperior erecta anguſta an-heri-
fera ; tres inferiores patentes latiſſimi. Intermedia bipartita, corollam tetrapetalam
mentientes.

Stam. Filamentum nullum (niſi laciniam erec-
tam limbi interioris proſilimento membranaceo habeas) ; anthera linearis, geminata,
lacinia erectæ limbi Interioris adnata.

Pist. Un ovaire inférieur arrondi : style de la longueur du tube ; stigmate obtus à deux lames.

Peric. Capsule arrondie, trigone, triloculaire, trivalve. Plusieurs semences.

Pist. Germen inferum subrotundum ; stylus longitudine tubi ; stigma obtusum bilamellatum.

Peric. Capsula subrotunda trigona uniloculari trivalvis. Semina plura.

Tableau des espèces.   *Conspectus specierum.*

14. ZEDOAIRE à *feuilles arrondies.* Dict.
Zed. à feuilles arrondies-ovales mucronées presque sessiles.
Lieu nat. les Indes orientales. ⚥

14. KŒMPFERIA *galanga.* Tab. 1, f. 1;
Kæmp. foliis subrotundo ovalibus mucronatis subsessilibus.
En Indiis orientalibus. ⚥

15. ZEDOAIRE *bulbeuse.* Dict.
Zed. à feuilles lancéolées, pétiolées.
Lieu nat. l'Inde. ⚥

15. KŒMPFERIA *rotunda.* Tab. 1. f. 2.
Kæmp. foliis lanceolatis petiolatis.
En Indiis. ⚥

16. ZEDOAIRE *canéfienne.*
Zed. à tige feuillée spiciflore, feuilles oblongues lancéolées.
Gandasuli à bouquet. Dict.
Lieu nat. l'Isle de Java.

16. KŒMPFERIA *hedychium.* Tab. 1. f. 3.
Kæmp. caule folioso spicifero, follis oblongo-lanceolatis.
Hedychium coronarium.
En Java.

Explication des figures. ▇

Explicatio iconum.

Tab. 1. (après le Buisson) f. 1. ZEDOAIRE à *feuilles arrondies.* ( ) Plante entière, réduite de sa grandeur naturelle. ( ) Fleur séparée de la plante. (c) L'robe extérieur de la corolle, avec la découpure anthérifère du limbe intérieur. Fig. 2. Fleur de la Zedoaire bulbeuse. Fig. 3. Fleur de la Zedoaire canéfienne.

Tab. 1. (post. Commun) fig. 1. KŒMPFERIA *galanga.* (a) Planta integra, magnitudine naturali minor. (b) Flos integer separatus. (c) Limbus exterior corollæ, adjuncta lacinia anantherifera limbi interioris. Icon. ex tom. Fig. 2. Kœmpferia rotunda flos. ic. ex Rheede. Fig. 3. Kœmpferia hedychia flos. ic. ex Herbario sicco.

4 MYROSME

4 MYROSMA

Caract. essent.

Charact. essent.

CALICE *supérieur*, double : l'extérieur de trois follioles, l'intérieur à trois divisions. Corolle irrégulière, partagée en cinq découpures.

CALYX *superus*, duplex : exterior triphyllus ; interior tripartitus. Corolla irregularis, quinquepartita.

Caract. nat.

Charact. nat.

Cal. supérieur, double : l'extérieur de trois folioles oblongues, canaliculées, entières, égales, membraneuses ; l'intérieur divisé profondément en trois découpures oblongues, entières, égales, ouvertes, tachées de brun à leur sommet.

Cor. monopétale irrégulière à tube très-court et à limbe partagé en cinq découpures ; deux découpures supérieures, plus courtes, oblongues, inégales, échancrées ; les trois autres inférieures, plus longues, trifides au sommet ; l'intermédiaire plus courte.

Etam. un seul filament libre ou attaché au bord de la découpure intermédiaire inférieure,

Cal. superus, duplex : exterior triphyllus ; foliolis oblongis canaliculatis integris æqualibus membranaceis ; interior tripartitus (vix triphyllus), laciniis æqualibus patentibus oblongis integerrimis apice macula fusca notatis.

Cor. monopetala inæqualis. Tubus brevissimus : limbus quinquepartitus : laciniis duabus superioribus brevioribus oblongis inæqualiter emarginatis ; tribus inferioribus longioribus apice trifidis inæqu. : intermedia breviore.

Stam. filamentum unicum, liberum C margini laciniæ intermediæ inferioris adnatum, basi

membraneux à fa bafe, fubulé : une anthére ovale, comprimée.

Piff. un ovaire inférieure, trigone ; ftyle court, épais, trigone, courbé, fendu longitudinalement, ayant un côté velu. Stigmate vulviforme, ouvert, à orifice dilaté.

Peric. Capfule trigone, triloculaire, trivalve. Plufieurs femences anguleufes.

Tableau des efpèces.

17. MYROSME *à fueilles de Baliffer.* Diɑ.
Lieu nat. Surinam. ♄

5. GALANGA.

Caraɑ. effent.

CALICE fupérieur, triphylle. Corolle irrégulière à fix divifions. Drupe à noyau monofperme ou difperme.

Caraɑ. nat.

Cal. fupérieur, triphylle ; à follioles lancéolées, petites, membraneufes.

Cor. monopétale, tubuleufe à fa bafe ; à limbe Irrégulier, partagé en fix découpures, dont trois extérieures plus grandes & prefqu'égales.

Etam. un filament membraneux, pointu Inferré au tube. Une anthère en maffue, adné à la partie fupérieure du filament.

Piff. un ovaire inférieur arrondi ; ftyle fimple, courbé à fon fommet. Stigmate obtus, incliné.

Peric. drupe arrondi ou ovale, uniloculaire ; à noyau uniloculaire ou biloculaire (la troifième loge avortant le plus fouvent); loges monofpermes.

Tableau des efpèces.

18. GALANGA *officinal.* Diɑ. n°. 1.
Gal. à tige fimple, à panicule oblongue en grappe, drupe ayant deux ou trois femences.
Lieu nat. les Indes orientales. ♃

19. GALANGA *à feuilles de Baliffer.* Dic. n°. 1.
Gal. à tige rameufe, à rameaux noueux, coudés, drupe contenant un noyau ridé, monofperme.
Lieu nat. les climats chauds de l'Amérique. ♃

membranaceum, fubulatum : anthera ovata compreffa.

Piff. germen inferum triquetrum. Stylus craffus, deflexus, brevis, trigonus, longitudinaliter fiffus, parte priore hiefuta. Stigma vulviforme, apertum, labio dilatato.

Peric. Capfula trigona, trilocularis, trivalvis. Semina plura, angulata.

Confpectus fpecierum.

17. MYROSMA *cannæfolia.* I. I.
E Surinamo. ♄

5. MARANTA.

Charaɑ. effent.

CALYX fuperus, triphyllus. Corolla Inæqualis, fexfida. Drupa nucleo 1 f. 1-fpermo.

Charaɑ. nat.

Cal. fuperus, triphyllus ; foliolis lanceolatis parvis membranaceis.

Cor. monopetala, bafi tubulofa; limbo fexpartito, Inæquali ; lacinils exterioribus majoribus, fubæqualibus.

Stam. filamentum membranaceum, acutum tubo Infertum, Anthera clavata, adnata parte fuperiori filamenti.

Piff. germen inferum, fubrotundum. Stylus fimplex, apice inflexur, Stigma obtusum, cernuum.

Peric. drupa fubrotunda f. ovata, unilocularis ; nucleo uniloculari f. biloculari (loculo tertio fæpius abortivo) ; loculis monofpermis.

Confpectus fpecierum.

18. MARANTA *galanga.*
Mar. culmo fimplici, panicula oblonga racemofa, drupa di f. trifperma.

Ex India orientali. ♃

19. MARANTA *arundinacea.*
Mar. culmo ramofo, ramis nodofis flexuofis, drupa nucleo rugofo monofpermo.

Ex America calidiore. ♃

GALANGA

20. GALANGA *spicata* Dict. n°. 4.
Gal. à tige étalée, nue inférieurement,
feuilles caulinaires pétiolées, pédoncules couverts d'écailles embriquées & conniventes.
Lieu nat. les Antilles, la Guiane.

21. GALANGA *jaune*. Dict. n°. 5.
Gal. à feuilles radicales, ovales-lancéo-
lées, droites, portées sur de longs pétioles;
épis embriqués d'écailles.
La Marante fourchue. Buch. fig. col. 1. 156.
Lieu nat. les Antilles, la Guiane.

22. GALANGA *tubéreux*.
Gal. à racines tubéreuses, tige simple,
feuillée au sommet, à épi oval embriqué ter-
minal.
Curcuma d'Amérique. Dict. n°. 3.
Lieu nat. la Martinique, S. Domingue.

23. GALANGA *géniculé*. Suppl.
Gal. à tige feuillée, pétioles munis d'une
articulation, spathes glumacées, tubes des
corolles très-courts.
Cornsa, plum. & thalia geniculata. L.
Lieu nat. l'Amérique méridionale. ♃ La
corolle très fugace n'a ses pétales ondulés que
lorsqu'ils commence à se faner. C'est apparemment l'état où se trouvoit cette corolle pendant
que Plumier la dessinoit.

Explication des fig.

Tab. 1. (après le Zédoaire) f. 1. GALANGA à
feuilles de Bobier, (*a*) Fleur entière. (*b*) Corolle séparée. (*c*) Calice couronnant l'ovaire. (*d*) Drupe couronné par le calice. (*e*) Drupe nud. (*f*) Noyau
séparé.
Fig. 2. GALANGA géniculé. (*a*) Spathe en forme
de balle; enveloppant deux fleurs. (*b*) Fleur sortant de
la spathe, (*c*) La même vue en devant. (*d*) Fleur couronnant l'ovaire. (*e*) Drupe. (*f*) Drupe dont le brou
est coupé en travers pour laisser voir le noyau. (*g*) Noyau nud, coupé en travers.

Obs. Il faut supprimer de notre dictionnaire
le genre Curcuma.

6. TASSOLE.

Caract. essent.

Calice nul. Corolle monopétale, campanulée,
inférieure, retrécie au-dessus de l'ovaire. Une
à trois étamines. Une seule semence, recouverte par la base anguleuse de la Corolle.

Caract. nat.
Cal. nul.

Botanique. Tom. I.

MONANDRIA MONOGYNIA. 9

20. MARANTA *juncea*.
Mar. caule virgato inferne nudo, foliis
caulinis petiolatis, pedunculis squamoso-lori-
catis.
Ex Insulis Caribæis, Guiana.

21. MARANTA *lutea*.
Mar. foliis radicalibus ovato-lanceola-
tis erectis longe petiolatis, spica squamoso-
imbricata.
An Maranta dilicha. Buchoz. fc. col. 1. 156.
Ex inf. Caribæis, Guiana.

22. MARANTA *allouya*.
Mar. radicibus tuberosis, culmo simplici
apice folioso, spica ovata imbricata terminali.
Curcuma Americana. Dict. n°. 3.
E Martinica & Domingo.

23. MARANTA *geniculata*.
Mar. caule folioso, petiolis geniculo inf-
trudis, spathis glumæ formibus, corollis tubo
brevissimo.
Thalia geniculata. Linn.
Ex America meridionali. ♃ Petala aresuo-
tione incipiente (nec naturaliter) undulata.

Explicatio iconum.

Tab. 1. (post Kæmpferium) f. 1. MARANTA
arundinacea. (*a*) Flos integer. (*b*) Corolla seiregata.
(*c*) Calyx germen coronans. (*d*) Drupa calyce coronata. (*e*) Drupa nuda. (*f*) Nucleus separatus.

Fig. 2. MARANTA geniculata. (*a*) Spatha glumæfor-
mis, flores duos complectens. (*b*) Flores è Spatha erum-
pens. (*c*) Idem antice visus. (*d*) Flos germen coronans.
(*e*) Drupa. (*f*) Drupa putamine transverse fcisso, nu-
cleum ostendens. (*g*) Nucleus sparatus transverse sectus.

Obs. Curcuma genus totum è dictionario nostro
excluditur.

6. BOERHAVIA.

Charact. essen.

Calyx nullus. Corolla monopetala, campanulata, infera, supra germen coarctata. Stam.
1-3. Semen 1. tectum corollæ basi angulata.

Charact. nat.
Cal. nullus.

B

Cor. monopétale, campanulée, plissée, droite; inférieure, rétrécie au-deſſus de l'ovaire, obſcurément quinquefide.

Etam. un ou deux ou trois filamens capillaires, inſérés dans la baſe de la Corolle, à-peu-près de la longueur de la Corolle même. Anthères globuleuſes, didymes.

Piſt. un ovaire ſupérieur, enfermé dans la baſe de la Corolle. Un ſtyle filiforme, auſſi long (ou plus long) que les étamines. Stigmate en tête.

Péric. une ſemence oblongue, obtuſe, un peu anguleuſe, recouverte par la baſe perſiſtante de la Corolle.

Cor. monopetala, campanulata, erecta, plicata; infera, ſupra germen coarctata, obſoletè quinquefida.

Stam. filamentum unum, duo ſ. tria, baſi Corollæ inſerta, capillaria, longitudine circiter Corollæ. Antheræ globoſæ didymæ.

Piſt. germen ſuperum baſi Corollæ inclaſum: ſtylus filiformis, longitudine ſtaminum. Stigma capitatum.

Peric. ſemen unicum oblongum obtuſum ſuban-gulatum baſi perſiſtente corollæ tectum.

Tableau des eſpèces.　　### *Conſpectus ſpecierum.*

24. TASSOLE *paniculée.* Dict.
　Taf. à tige droite, feuilles ovales pointues, panicule nue filiforme très viſqueuſe.
　Lieu nat. l'Amérique méridionale. ♃

24. BŒRHAVIA *paniculata.*
　Bœr. caule erecto, foliis ovatis acutis, pa-nicula nuda filiformi viſcoſiſſima.
　Ex América meridionali. ♃

25. TASSOLE *droite.* Dict.
　Taf. à tige droite, glabre; feuilles poin-tues, fleurs pédicellées, lâches, preſque ter-minales.
　Bœrhavia diandra. burm. fl. Ind. 3. t. 1. f. 1.

25. BŒRHAVIA *erecta.*
　Bœr. caule erecto glabro, foliis acutis, floribus pedicellatis laxis ſubterminalibus.
　Bœrhavia diandra burm. Ind. 3. t. 1. f. 1.

26. TASSOLE *diffuſe.* Dict.
　Taf. à tige couchée, diffuſe; feuilles ova-vales ondées; ombellules pédonculées laté-rales.

26. BŒRHAVIA *diffuſa.*
　Bœr. caule procumbente diffuſo, foliis ovatis repandis, umbellulis pedunculatis la-teralibus.
　Bœr. diffuſa ? hirſuta, repens Linnæi ; etiam b. curibæa Jacquini.
　Ex Indiis orientalibus & occidentalibus. ♃

　Lieu nat. les Indes orient. & occid. ♃

27. TASSOLE *à feuilles obtuſes.* Dict.
　Taf. à tige couchée diffuſe pubeſcente viſ-queuſe ; feuilles ovales obtuſes ; ombelles petites, preſqu'en tête latérales.
　Lieu nat. l'Amérique méridionale. ♃

27. BŒRHAVIA *obtuſifolia.*
　Bœr. caule procumbente diffuſo viſcoſo-pubeſcente, foliis ovatis obtuſis, umbellis parvis ſubcapitatis lateralibus.
　Ex America meridionali. ♃

28. TASSOLE *ſarmenteuſe.* Dict.
　Taf. glabre, à tige fruteſcente ſarmenteuſe, feuilles en cœur pointues, fleurs diandriques.
　Lieu nat. les Antilles. ♄

28. BŒRHAVIA *ſcandens* T. 4.
　Bœr. glabra, caule fruteſcente ſarmemoſo, foliis cordatis acutis, floribus diandris.
　Ex inſulis caribæis ♄

29. TASSOLE *tubéreuſe.* Dict.
　Taf. glabre, à tige droite fruteſcente, feuilles en cœur, racine tubéreuſe.
　Lieu nat. le Pérou. ♄ Racine groſſe, tubé-reuſe, bonne à manger. Feuilles plus larges que dans la précédente.

29. BŒRHAVIA *tuberoſa.*
　Bœr. glabra, caule erecto fruteſcente, fo-liis cordatis; radice tuberoſa.
　Herba purgationis. Few. per. 3. t. 18.
　E Peru. ♄ Radix craſſa tuberoſa eſculenta. Folia præcedenti latiora.

Explication des fig.　　### *Explicatio iconum.*

Tab. 4. TASSOLE *ſarmenteuſe.* (a) Sommité d'un

Tab. 4 BŒRHAVIA *ſcandens.* (a) Summitas ra-

rameau floriflre. (*b*) Partie supérieure d'un pédoncule commun, portant une petite ombelle de fleurs. (*c*) Fleur entière avec son pédoncule propre. (*d*) Fruit. (*e*) Fruit de la Tassole diffuse. (*f*) Fruit de la Tassole paniculée. Ces fruits sont mal rendus.

muli floriferi. (*b*) Pars pedunculi communis cum umbella florum (*c*) Flos integer cum pedunculo proprio. (*d*) Fructus. (*c*) Boerhavia diffusa fructus. (*f*) Boerhaviæ paniculatæ fructus. Hi (*e*, *f*) tuberculo glutinosi scabri, non bene expressi sunt.

7. QUALIER.

Caract. essent.

CALICE Irrégulier ; partagé en quatre découpures. Deux pétales inégaux : le supérieur muni à la base d'un éperon court ; l'inférieur plus grand & incliné. Fruit supérieur, globuleux, polysperme.

Carast. nat.

Cal. divisé profondément en quatre découpures ovales, coriaces, concaves, inégales ; les deux inférieures plus grandes.

Cor. deux pétales inégaux, attachés au calice : le supérieur relevé, arrondi, échancré, se terminant à la base en un éperon court, obtus, saillant entre les deux découpures supérieures du calice ; l'inférieur plus grand & penché.

Etam. un seul filament, court, montant, opposé au pétale inférieur, & inféré sous l'ovaire. Une anthère oblongue, recourbée, partagée par un sillon.

Pist. un ovaire supérieur, globuleux ; un style filif. montant, de la longueur de l'étamine ; un stigmate obtus.

Péric. une baie uniloculaire. Des semences nombreuses nichées dans une pulpe.

Tableau des espèces.

10. QUALIER rouge. Did.
Qua. à fleurs roses, ayant le pétale inférieur entier.
Lieu nat. la Guiane. ♄

31. QUALIER bleu. Did.
Qua. à fleurs bleuâtres intérieurement, ayant le pétale inférieur échancré.
Lieu nat. la Guiane. ♄

Explication des figures.

Tab. 4. QUALIER rose. (*a*) Rameau fleuri. (*b*) Fleur vue en devant. (*c*) Fleur vue de côté. (*d*) Calice & pistil. (*e*) Fleur non épanouie. (*f*) Étamine & pistil.

I. PHILYDRE.

Caract. essent.

SPATHE florale monophylle. Calice nul. Quatre

7. QUALEA.

Charact. essent.

CALYX quadripartitus, inæqualis. Petala duo inæqualia : superius basi breviter corniculatum ; inferius majus declive. Fructus globosus superus polyspermus.

Charact. nat.

Cal. profunde quadripartitus : laciniis ovatis ; coriaceis, concavis, inæqualibus ; duobus inferioribus majoribus.

Cor. petala duo, inæqualia, calyci inserta : superius erectum, subrotundum, emarginatum, desinens basi in corniculum, breve, obtusum, inter lacinias superiores calycis prominens ; inferius majus declive.

Stam. filamentum unicum, breve, adscendens ; petalo infimo oppositum, sub germine insertum. Anthera oblonga, sulcata, recurva.

Pist. germen superum, globosum. Stylus filiformis adscendens, longitudine staminis. Stigma obtusum.

Peric. bacca, unilocularis. Semina plurima in pulpa nidulantia.

Conspectus specierum.

10. QUALEA rosea. T. 4.
Qua. floribus roseis, petalo infimo integro.
E Gulana. ♄

31. QUALEA cærulea.
Qua. floribus intus subcæruleis, petalo infimo emarginato.
E Guiana. ♄

Explicatio iconum.

Tab. 4. QUALEA rosea. (*a*) Ramulus florifer. (*b*) Flos antice visus (*c*) Flos à latere expositus. (*d*) Calyx & pistillum. (*e*) Flos clausus. (*f*) Stamen & pistillum. Fig. ex cavl.

I. PHILYDRUM.

Charact. essent.

SPATHA floralis monophylla ; calyx nullus;

B ij

pétales, dont deux extérieurs plus grands.
Une capsule supérieure, triloculaire, polysperme.

Caract. nat.

Spathe florale monophylle, ovale-acuminée,
concave, plus longue que la corolle.
Cal. nul.
Cor. quatre pétales jaunes: deux pétales extérieurs plus grands & ovales; deux intérieurs
une fois plus petits & lancéolés.
Etam. un seul filament libre; une anthère géminée ou comme double, presque globuleuse,
attachée un peu au-dessus de la partie moyenne du filament.
Pist. un ovale supérieure... un seul style,
Péric. capsule supérieure, oblongue, obscurément trigone, laineuse, triloculaire,
trivalve; à valves divisées dans leur milieu
par une cloison. Semences nombreuses, très-
petites, presque cylindriques, tuberculeuses.

Tableau des espèces.

12. PHILYDRE laineux. Dict.
     Lieu nat....

Explication des fig.

Tab. 4. PHYLIDRE. (*a*) Corolle ouverte laissant
voir l'étamine, & la capsule. (*b*) Capsule dans sa maturité, entr'ouverte par la fleur & par la spathe. (*c*) Capsule s'ouvrant. (*a*) Capsule coupée en travers, montrant l'insertion des semences. (*e, g, h*) Semences de
grandeur naturelle & grossies. (*i, f*) Une semence
coupée longitudinalement & transversalement, montrant l'embryon & son périsperme.

9. SALICORNE.

Caract. essent.

CALICE, ventru, entier. Corolle nulle. Stigmate
bifide. Une semence recouverte par le calice.

Caract. nat.

Cal. ventru, entier, persistant, constitué par
le bord en écaille des articulations.
Cor. nulle.
Etam. un filament plus long que le calice; une
anthère droite, didyme, tétragone.
Pist. un ovaire supérieur, ovale oblong; un
style très court; stigmate bifide.
Péric. nul e. Une semence recouverte par le calice ventru, & comme enfoncée dans la
substance de la tige.

MONANDRIA MONOGYNIA.

petala quatuor; duobus exterioribus majoribus. Capsula supera, trilocularis, polysperma.

Charact. nat.

Spatha floralis monophylla, ovato-acuminata;
concava, corolla longior.
Cal. nullus.
Cor. tetrapetala, flava: petalis duobus exterioribus majoribus ovalis; interioribus duplo minoribus, lanceolatis.
Stam. filamentum unicum liberum, supra medium antheris geminis subg.obosis.

Pist. germen superum... stylus unicus...
Peric. capsula supera, oblonga, obsolete trigona
lanata, tr locularis, trivalvis; valvulis medio
septigeris. Semina plurima, minutissima, teretiuscula, tuberculis scabrata.

Conspectus specierum.

12. PHILYDRUM lanuginosum. T. 4.
     Philyd. Garin, p. 61.

Explicatio iconum.

Tab. 4. PHYLIDRUM (*a*) Corolla dilatata stamen
& capsulam ostendens. (*b*) Capsula matura, spatha
atque flore obrutam. (*c*) Capsula dehiscens. (*a*) Eaf-
dem sectio transversalis cum seminum insertione. (*e,
g, h*) Semina natura & aucta in granudine (*i, f*) Semen longitudinaliter & transverse sectum, embryo-
nem cum perispermo exhibens. *Fig. ex D. Garin.*

9. SALICORNIA.

Charact. essent.

CALYX ventricosus, integer. Corolla nulla. Stigma bifidum. Semen 1. Calyce inflato tectum.

Charact. nat.

Cal. ventricosus, integer, persistens, margine
squamaeformi articulorum efformatus.
Cor. nulla.
Stam. filamentum unicum, calyce longius;
anthera didyma, tetragona, erecta.
Pist. germen superum, ovato-oblongum; stylus
brevissimus; stigma bifidum.
Peric. nullum, semen unicum, calyce ventricoso
tectum, & in substantia caulis veluti demersum

|

Tableau des espèces.

33. SALICORNE *herbacée.* Dié.
Sal. herbacée étalée, à articulations comprimées au sommet, échrancrées bifides.
Lieu nat. les rivages maritimes de l'Europe. ☉

34. SALICORNE *ligneuse.* Dié.
Sal. à tige droite & ligneuse.
Lieu nat. les lieux maritimes de l'Europe. ♄

35. SALICORNE *de Virginie.* Dié.
Sal. herbacée, droite, à rameaux très simples.
Lieu nat. la Virginie.

36. SALICORNE *d'Arabie.* Dié.
Sal. à articulations obtuses, épaissies à leur base; épis ovales.
Lieu nat. l'Arabie. ♄

37. SALICORNE *Caspienne.* Dié.
Sal. ligneuse, à articulations cylindriques; épis filiformes.
Lieu nat. les bords de la mer Caspienne & de la mer Noire. ♄

38. SALICORNE *feuillée.* D'â.
Sal. à feuilles alternes, cylindriques, charnues, courtes; épis axillaires sessiles.
Lieu nat. la Sibérie. ♄

Explication des fig.

Tab. 4, fig. 1. SALICORNE *herbacée.* (a) Partie supérieure de la plante garnie d'épis. (b) Rameau spinifère grossi. (c) Epi séparé, grossi ensemble établement. (d) Et ainsi c. (e) Partie de la même ne dans leur situation naturelle. (f) Pistillon. (g, h) Epi fleuri & épi fructifère, grossis, à séparés en travers. (i) Semence.
Fig. 2. SALICORNE *ligneuse.*

Conspectus specierum.

33. SALICORNIA *herbacea.* T. 4, f. 1.
Sal. herbacea patula, articulis apice compressis emarginato bifidis. L.
Ex Europæ littoribus maritimis. ☉

34. SALICORNIA *fruticosa.*
Sal. caule erecto fruticoso. L.
Ex Europæ maritimis. ♄

35. SALICORNIA *Virginica.*
Sal. herbacea erecta, ramis simpliciſſimis. L.
E Virginia.

36. SALICORNIA *Arabica.*
Sal. articulis obtusis basi incraſſatis, spicis ovatis. L.
Ex Arabia. ♄

37. SALICORNIA *Caspica.*
Sal. fruticosa, articulis cylindricis, spicis filiformibus.
Ex littoribus & squallidis maris Caspii & Pontii Euxini. ♄

38. SALICORNIA *foliata.*
Sal. foliis alternis teretibus brevibus carnosis, spicis axillaribus sessilibus.
E Siberia. ♄

Explicatio iconum.

Tab. 4, f. 1. SALICORNIA *herbacea.* (a) Pars superior plantæ spicis ornata. (b) Ramulus cum spicis ampliatus. (c) Spica separata insigniter aucta. (d) Semen. (e) Pistillum & stamen in situ naturali. (f) Pistillum. (g, h) Spica florida, fructifera, amplius, transversa sectu. (i) Semen. Fig. ex baut, & poſt.
Fig. 2. SALICORNIA *fruticosa.* Fig. ex Tournef.

---

10. PESSE.

Caract. essen.

CALICE nul. Corolle nulle. Ovaire Inférieur; stigmate simple. Une seule semence.

Caract. nat.

Cal. nul. si ce n'est le bord peu saillant qui couronne l'ovaire.
Cor. nulle.
Etam. un filament droit, court; une anthère arrondie, partagée d'un côté par un filon.
Pist. un ovaire inférieur, oblong; un style subulé, droit, plus long que l'étamine; un stigmate aigu.

---

10. HIPPURIS.

Charact. essent.

CALYX nullus. Corolla nulla. Germen Inferum. Stigma simplex. Semen unicum.

Charact. nat.

Cal. nullus, nisi margo germen coronans.
Cor. nulla.
Stam. filamentum unicum, erectum, breve; anthera subrotunda, hinc sulcata.
Pist. germ. inferum oblongum. Stylus unicus, subulatus, erectus, stamine longior; stigma acutum.

Péric. nul. Une feule femence nue, arrondie.

Tableau des especes.

39. PESSE *commune.*
Pef. à feuilles linéaires-fubulées, verticillées huit à dix enfemble.
Lieu nat. les foffes aquatiques de l'Europe. ♃

40. PESSE à *quatre feuilles.*
Pef. à fenilles lancéolées, verticillées quatre ou cinq enfemble.
Lieu nat. la Finlande.

Explication des fig.

Tab. 5, f. 1. PESSE *commune.* (a a) Portion de la tige ayant un verticille de feuilles. (b, c) Fleur montrant l'ovaire, le ftyle & l'anthere, antérieurement & poftérieurement. (d) Piftil. (e) Anthère. (f) Semence émue. (g) Semence dépouillée fupérieurement de fon écorce par une fection tranfverfale. (h) Semence toute-à-fait dépouillée de fon écorce.
Fig. 2. PESSE à *quatre feuilles.* (a) Portion de la tige avec fes feuilles. (b) Fleur féparée & groffie.

11. POLLIQUE.

Caract. effent.

CALICE monophylle, à cinq dents. Corolle nulle. Une feule femence enveloppée dans la bafe épaiffie du calice. Fruits renfermés dans les écailles charnues de réceptacle.

Caract. nat.

Cal. monophylle, prefque campanulé, à cinq dents.
Cor. nulle.
Etam. un feul filament filiforme, de la longueur du calice; anthère arrondie, didyme.
Pift. un ovaire fupérieur, ovale, enfoncé dans la bafe du calice; un ftyle filiforme, de la longueur de l'étamine, ftigmate bifide.
Péric. nul, fi ce n'eft une membrane mince.
Sem. une feule, enfermée dans la bafe épaiffe du calice, & attachée au milieu d'une écaille charnue & fucculente qui conftitue fon réceptacle.

Tableau des especes.

41. POLLIQUE *des champs.*
Lieu nat. le Cap-de-Bonne efpérance. ♂

Peric. nullum. Semen unicum, fubrotundum; nudum.

Confpectus fpecierum.

39. HIPPURIS *vulgaris.* T. 5, f. 1.
Hip. foliis octonis denifve lineari-fubulatis.

Ex Europa foffis aquofis. ♃

40. HIPPURIS *tetraphylla.* T. 5. f. 2.
Hip. foliis quaternis quinifve lanceolatis.

E Finlandia.

Explicatio iconum.

Tab. 5, fig. 1. HIPPURIS *vulgaris.* (a a) Pars caulis cum foliorum verticillo. (b, c) Flos germen, ftylum & antherum, antice pofticeque, exhibens. (d) Piftillum. (e) Anthera. (f) Semen integrum. (g) Idem fuperne denudatum, auillo tranfverfe fecto. (h) Idem arillo foluto nudum. *Fig. ea voill.*

Fig. 2. HIPPURIS *tetraphylla.* (a) Pars caulis foliis ornata. (b) Flos fegregatus. *Fig. ea D. Renz.*

11. POLLICHIA.

Charact. effent.

CALYX monophyllus, quinquedentatus. Corolla nulla. Semen unicum bafi calicis incraffati inclufum. Squamæ carnofæ receptaculi fructus includunt.

Charact. nat.

Cal. monophyllus, fubcampanulatus, quinquedentatus.
Cor. nulla.
Stam. filamentum unicum, filiforme, longitudine calycis; anthera fubrotunda, didyma.
Pift. germen fuperum, fundo calycis immerfum, ovatum; ftylus filiformis, longitudine flaminis; ftigma bifidum.
Peric. nullum, vel membrana tenuis.
Sem. unicum, fundo calycis incraffati inclufum, medio fquamæ carnofæ receptaculi affixum.

Confpectus fpecierum.

41. POLLICHIA *campeftris.* Hort. Kew.
È Capite Bonæ fpei. ♂

11. CORISPERME.

Caraĉl. effent.

CALICE de deux folioles. Corolle nulle. Une feule femence elliptique, applatie d'un côté, convexe de l'autre, entourée d'un bord tranchant.

Caraĉl. nat.

Cal. diphylle ; à folioles oppofées, comprimées, acuminées courbées en-dedans.
Cor. nulle.
Etam. un feul filament (mais fouvent deux à cinq dans les fleurs inférieures), filiforme ; anthère arrondie.
Pifl. un ovaire fupérieur, ovale, comprimé : deux ftyles capillaires ; ftigmates aigus.
Péric. nul.
Sem. une feule, elliptique, comprimée, plane ou un peu concave d'un côté, légèrement convexe de l'autre, entourée d'un bord mince & tranchant.

Tableau des efpèces.

42. CORISPERME à feuilles d'Hyfope. D. n°. 1.
  Corif. à fleurs latérales, bractées linéaires glabres fur le dos, femences échancrées au fommet.
Lieu nat. les régions métrid. de la France. ☉

43. CORISPERME à épis rudes. Diĉt. n°. 2.
  Corif. ayant des épis latéraux & terminaux, rudes ; & des bractées courtes ovales, mucronnées, un peu velues.
Lieu nat. la Tartarie, la Sibérie. ☉

44. CORISPERME du Levant. Diĉt. n°. 3.
  Corif. à feuilles linéaires, étroites ; fommités fleuries, un peu paniculées & pubefcentes.
Lieu nat. le Levant. ☉

Explication des fig.

Tab. 1. CORISPERME à feuilles d'Hyfope. (a) Portion de la tige montrant une fleur axillaire. (b) Fleur f parée. (c) Semence. (a) Semence, felon M. Gærtn. (e) La même coupée en travers. (g) Noyau de la femence dépouillé de fon enveloppe. (f) Embrion entourant le périperme. (h) Le même féparé.

13. CALLITRIC.

Caraĉl. effent.

CALICE diphylle. Corolle nulle. Capfule qua-

---

12. CORISPERMUM,

Charaĉl. effent.

CALYX diphyllus. Corolla nulla. Semen unicum, ellipticum, plano-convexum, marginé acuto.

Charaĉl. nat.

Cal. diphyllus; foliolis oppofitis, compreffis ; acuminatis, incurvis.
Cor. nulla.
Stam. filamentum unicum (at in floribus infimis fæpe 1 ad 5), filiforme ; anthera fubrotunda.
Pifl. germen fuperum, ovatum, compreffum : ftyli duo capillares ; ftigmata acuta.
Peric. nullum.
Sem. unicum, ellipticum, compreffum, hinc planum aut fubconcavum, Inde læviter convexum, acuto margine cinĉtum.

Confpeĉtus fpecierum.

42. CORISPERMUM Hyffopifolium, T. 3.
  Corif. floribus lateralibus, braĉteis linearibus dorfo glabris, feminibus apice émarginatis.
E gallia auftrali. ☉

43. CORISPERMUM fquarrofum.
  Corif. fpicis lateralibus & terminalibus fquarrofis, braĉteis, brevibus, ovatis, mucronatis, fubvillofis.
E Tartaria, Sibiria. ☉

44. CORISPERMUM Orientale.
  Corif. foliis linearibus anguftis, fummitatibus floriferis, fubpaniculatis, pubefcentibus,
Ex Oriente. ☉ *D. Michaux.*

Explicatio iconum.

Tab. 1. CORISPERMUM Hyffopifolium. (a) Pars caulis florem axillarem exhibens. (b) Flos feparatus. (c) Semen. (a) Semen fecundum D. Gærtn. (e) Idem tranfverfe feĉtum. (g) Nucleus denudatus. (f) Embryo albumen & perifpermum cingens. (h) Idem fulutus.

13. CALLITRICHE.

Charaĉl. effent.

CALYX. diphyllus. Corolla nulla. Capfula qua-

drangulaire, comprimée, biloculaire, à quatre femences.

Caract. nat.

Cal. diphylle: à folioles oppofées, canaliculées, acuminées, courbées en-dedans.
Cor. nulle.
Etam. un feul filament, long, courbé; une anthère arrondie.
Pift. un ovaire fupérieur, arrondi: deux ftyles capillaires, recourbés; ftigmates aigus.
Péric. une capfule arrondie, quadrangulaire, comprimée, biloculaire, & à quatre femences.

Tableau des efpèces.

45. **CALLITRIC** printannier. Dict. n°. 1.
Cal. à feuilles fupérieures ovales; fleurs androgynes.
Lieu nat. les foffés aquatiques de l'Europe. ⊙
46. **CALLITRIC** d'automne. Dict. n°. 2.
Cal. à feuilles toutes linéaires & bifides au fommet; fleurs hermaphrodites.
Lieu nat. les foffés aquatiques de l'Europe. ⊙

Explication des fig.

Tab. 5. CALLITRIC printannier. (a) Partie fupérieure de la plante, montrant un rameau feuillé & floulère. (b) Fleur femelle. (c) Fleur mâle (d, e) Fruit groffi & de grandeur naturelle. (f) Fruit coupé en travers. (g) Portion du tiffu que M. Gœttner regarde comme une femence féparée. (h) Embryon détaché.

14. BLÈTE.

Caract. effent.

CALICE trifide. Corolle nulle. Une feule femence recouverte par le calice devenu fucculent & bacciforme.

Caract. nat.

Cal. trifide, ouvert, perfiftant; à découpures ovales, égales, mais dont deux font plus ouvertes.
Cor. nulle.
Etam. un filament fetacé, plus long que le calice, droit, s'élevant entre fes découpures les plus ouvertes. Anthère didyme.
Pift. un ovaire fupérieur, ovale; deux ftyles droits, ouverts; ftigmates fimples.
Péric. nul. Une feule femence, prefque globuleufe, comprimée, & recouverte par le calice qui eft devenu coloré fucculent & bacciforme.

---

d-angularis, compreſſa, biloculatis, tetraſperma.

Charact. nat.

Cal. diphyllus: foliolis oppofitis, canaliculatis, acuminatis, incurvis.
Cor. nulla.
Stam. filamentum unicum, longum, recurvum; anthera fubrotunda.
Pift. germen fuperum, fubrotundum. Styli duo, capillares, recurvi; ftigmata acuta.
Peric. capfula fubrotunda, quadrangula:is, compreſſa, tetrafperma.

Confpectus fpecierum.

45. **CALLITRICHE** verna. T. 5.
Cal. foliis fuperioribus ovalibus, floribus androgynis. l.
Et Europæ foffis aquofis. ⊙
46. **CALLITRICHE** autumnalis.
Cal. foliis omnibus linearibus apice bifidis, floribus hermaphroditis. l.
Et Europæ foffis aquofis. ⊙

Explicatio iconum.

Tab. 5. CALLITRICHE verna (a) Pars fuperior plantæ, ramulum folio um & floriſ. exhibens. (b) Flos femineus. (c) Flos mafculus. (d, e) Fructus auctus & magn tudine naturali. (f) Fructus tranſverſe fectus. (g) Pars fructus, vel femen feparatam fecundum Gœttnerum. (h) Embryo feparatus.

14. BLITUM.

Charact. effent.

CALYX trifidus. Corolla nulla. Semen unicum calyce baccato tectum.

Charact. nat.

Cal. trifidus, patens, perfiftens; laciniis ovatis æqualibus, duabus magis dehifcentibus.
Cor. nulla.
Stam. filamentum fetaceum, calyce longius, inter calycis lacinias dehifcentes, erectum. Anthera didyma.
Pift. germen fuperum, ovatum; ftyli duo, erecti, dehifcentes; ftigmata fimplicia.
Peric. nullum. Semen unicum, fubglobofum, compreſſum, calyce colorato fucculento baccaroque tectum.

Tableau

Tableau des espèces.   *Conspectus specierum.*

47. BLÉTE *capité*. Dict. n°. 1.
Bléte à petites têtes en épi & terminales.
Lieu nat. l'Europe australe. ☉

48. BLÉTE *effé*. Dict. n°. 2.
Blé. à petites têtes éparses & latérales.
Lieu nat. l'Europe. ☉

49. BLÉTE *à feuilles d'anférine*. Dict. n°. 3.
Blé. à petites têtes verticillées, non suc-
culentes.
Lieu nat. la Tartarie. ☉

Explication des fig.

Tab. 5. BLÉTE *effé*. (*a*) Partie supérieure de la
tige avec les paquets de fleurs latéraux & f. ailes.
(*b*, *c*, *d*, *e*) Fleurs séparées. (*i*, *t*) Calices. (*f*) Étamine. (*m*, *n*) Pistil. (*g*, *h*) Paquet de fleurs. (*o*, *p*)
Petites têtes de fruits. (*q*, *r*) Fruit séparé. (*s*, *t*)
Semence séparée & nue.

15. MNIAR.

Caract. essent.

Calice supérieur, quadrifide. Corolle nulle.
Une seule semence recouverte par le calice.

Caract. nat.

Cal. supérieur, petit, quadrifide : à découpures égales, droites, pointues, roides.
Cor. nulle.
Étam. un seul filament capillaire, droit, à peine
plus long que le calice. Inséré à sa base.
Une anthère arrondie, divisée par un sillon.
Pist. un ovaire inférieur, ovale, à peine anguleux, dur, plus long que le calice qui
le couronne. Deux ailes filiformes, de la
longueur du calice; stigmates simples.
Péric. l'ovaire vû avant sa maturité a offert
une semence recouverte par le calice (le
tout devient peut-être une capsule couronnée & monosperme.
Sem. oblongue, très-petite.

Tableau des espèces.

50. MNIAR *bisètre*.
Lieu nat. la Nouvelle Zélande.

Explication des fig.

Tab. 6. MNIAR *bisètre*. (*a*, *b*) Fleur entière (*c*) Calice. (*d*, *e*) Étamine. (*f*, *g*) Pistil. (*h*) Fruit non mur.
(*i*) Le même coupé verticalement. (*l*) Semence séparée.

Conspectus specierum.

47. BLITUM *capitatum*.
Bli. capitellis spicatis terminalibus. L.
Ex Europa australi. ☉

48. BLITUM *virgatum*. T. 5.
Bli. capitellis sparsis lateralibus. L.
Ex Europa. ☉

49. BLITUM *chenopodioides*.
Bli. capitellis verticillatis exsuccis. L.
E Tartaria. ☉

Explicatio iconum.

Tab. 5. BLITUM *virgatum*. (*a*) Pars superior caulis, cum glomerulis florum lateralibus & fissilibus.
(*b*, *c*, *d*, *e*) Flores segregati (*i*, *t*) Calyx. (*f*) Stamen. (*m*, *n*) Pistillum. (*g*, *h*) Florum glomeruli.
(*o*, *p*) Fructuum capitelli. (*q*, *r*) Fructus separatus.
(*s*, *t*) Semen denudatum. Fig. sæ mill. illustr.

15. MNIARUM.

Charact. essent.

Calyx quadrifidus, superus. Corolla nulla. Semen unicum calyce vestitum.

Charact. nat.

Cal. superus, parvus, quadrifidus: laciniis æqualibus, erectis, acutis, rigidis.
Cor. nulla.
Stam. filamentum unicum, capillare, erectum,
calyce vix longius, basi calycis insertum.
Anthera subrotunda, sulco divisa.
Pist. germen inferum, ovale, vix angulatum,
durum, calyce longius. Styli duo filiformes,
longitudine calycis, stigmata simplicia.

Peric. germen immaturum, calyce vestitum
(an capsula coronata, monosperma).

Sem. unicum, oblongum, minimum.

Conspectus specierum.

50. MNIARUM *bisetum*. T. 6. Forst. gen. 1:
E nova Zelandia.

Explicatio iconum.

Tab. 6. MNIARUM *bisetum*. (*a*, *b*) Flos integer.
(*c*) Calyx. (*d*, *e*) Stamen. (*f*, *g*) Pistillum (*h*) Fructus immaturus, (*i*) Idem verticaliter sectus. (*l*) Semen
separatum.

C

ILLUSTRATION DES GENRES.

CLASSE II.

DIANDRIE MONOGYNIE.

Fl. à deux étamines & un seul style.

Tableau des genres.	Conspectus generum.
16. NICTANTE.	**16. NYCTANTHES.**
Cal. entier, cor. 5-fide ; à découp. échancrées. caps. comprimée, 1-loculaire.	Cal. integer. cor. 5 fidæ : laciniis emarginatis. caps. compressa, 1-locularis.
17. MOGORI.	**17. MOGORIUM.**
Cal. 8-fide. cor. 8-fide. baie 2-loculaire, 2-sperme.	Cal. 8-fidus. cor. 8-fida. bacca 2 locularis, 2-sperma.
18. JASMIN.	**18. JASMINUM.**
Cal. à 5 dents, cor. 5-fide. baie à 1 ou 2 loges monospermes.	Cal. 5-dentatus. cor. 5-fida. bacca 1 s. 2 locularis : loc. 1-spermis.
19. LILAS.	**19. LILAC.**
Cal. à 4 dents. cor. 4-fide. caps. comprimée, biloculaire.	Cal. 4-dentatus. cor. 4-fida. caps. compressa, 2-locularis.
20. TROENE.	**20. LIGUSTRUM.**
Cal. à 4 dents, cor. 4-fide. baie à 4 semences.	Cal. 4-dentatus. cor. 4 fida. bacca 4-sperma.
21. FILARIA.	**21. PHILLYREA.**
Cal. à 4 dents. cor. courte , 4-fide. baie à une sem.	Cal. 4-dentatus, cor. brevis , 4-fida. bacca 1-sperma.
22. OLIVIER.	**22. OLEA.**
Cal. à 4 dents, cor. 4-fide : à déc. ovales. drupe à noyau 1 ou 2-sperme.	Cal. 4-dentatus. cor. 4-fida ; lac. subovatis. drupa nucleo 1 s. 2-sperma.
23. CHIONANTE.	**23. CHIONANTHUS.**
Cal. à 4 dents. cor. 4-fide : à déc. très-longues. drupe à noyau strié.	Cal. 4-dentatus. cor. 4-fida : lac. longissimis. drupa nucleo striato.
24. PIMELÉE.	**24. PIMELEA.**
Cal. 0. cor. tubuleuse, 4-fide. noix velue, 1-sperme.	Cal. 0. cor. tubulosa, 4 fida. nux villosa , 1-sperma.
25. DIALI.	**25. DIALIUM.**
Cal. 0. 5 pétales, étam. fixées au côté supérieure du récept.	Cal. 0. cor. 5 petala, stam. ad latus superius receptaculi.

26. AROUNIER.	**26. ARUNA.**
Cal. à 5 divisions. cor. o. caps. supérieure, 1-loculaire, pulpeuse intérieurement.	Cal. 5-partitus. cor. o. caps. supera, 1-locularis, intus pulposa.
27. RAPUTIER.	**27. RAPUTIA.**
Cal. 5-fide. cor. 5-fide, irrégulière. 5 étam. stériles. 5 capsules réunies.	Cal. 5 fidus. cor. 5-fida, inaequalis. Stam. 5 sterilis. caps. 5 coalita.
28. GALIPIER.	**28. GALIPEA.**
Col. tubuleux à 4 ou 5 dents. cor. à 4 ou 5 découpures un peu inégales. 2 étam. stériles.	Cal. tubulosus, 4 f. 5-dentatus. cor. 4 f. 5 fida, subaequalis. stam. 2 sterilia.
29. CYRTANDRE.	**29. CYRTANDRA.**
Cal. 5-fide. cor. irrégul. à 5 lobes. 2 étam. stériles. baie 2-loculaire.	Cal. 5 fidus. cor. irregul. 5-loba. stam. 2 sterilia. bacca bi-locularis.
30. VOCHY.	**30. VOCHISIA.**
Cal. à 4 divisions. 4 pét. inégaux : le supérieur cornu à l'extrémité. Filam. à 2 anthères.	Cal. 4-partitus. petala 4, inaequalia : superiora postice corniculato. filam. 2-exserum.
31. CARMANTINE.	**31. JUSTICIA.**
Cal. à 5 div. cor. ringente. caps. 2-loculaire, s'ouvrant avec élasticité.	Cal. 5-partitus. cor. ringens. caps. 2-local. 2-valv. elastice dehiscens.
32. VÉRONIQUE.	**32. VERONICA.**
Cal. à 4 ou 5 div. cor. presque régulière à limbe partagé en 4 dents. caps. accordée, 2 local.	Cal. 4 f. 5 partitus. cor. subaequalis : limbo 4 partito. caps. accordata, 2-locularis.
33. PEDEROTE.	**33. PÆDEROTA.**
Cal. à 5 divisions. cor. tubuleuse à limbe bilabié, baillant. caps. 2-loculaire.	Cal. 5-partitus. cor. tubulosa : limbo bilabiato hiante. caps. 2-locularis.
34. GRASSETE.	**34. PINGUICULA.**
Cal. 5 fide. cor. ringente, à éperon à sa base. caps. 1 loculaire.	Cal. 5-fidus. cor. ringens, basi calcarata. caps. 1 locularis.
35. UTRICULAIRE.	**35. UTRICULARIA.**
Cal. 2-phylle. cor. ringeuse à éperon à sa base. caps. 1-loculaire.	Cal. 2 phyllus. cor. ringens basi calcarata. caps. 1-locularis.
36. CALCEOLAIRE.	**36. CALCEOLARIA.**
Cal. à 4 divisions. cor. ringeuse : à lèvre inférieure enflée, concave. caps. 2 local.	Cal. 4-partitus. cor. ringens : labio inf. inflato concavo. caps. 2-locularis.
37. BÉOLE.	**37. BÆA.**
Cal. à 5 divisions. cor. ringente : à limbe ouvert. caps. coriacée, 4-valve.	Cal. 5 partitus. cor. ringens : limbo patente. caps. coriacea, 4-valvis.
38. GRATIOLE.	**38. GRATIOLA.**
Cal. à 7 folioles : 2 extérieures. cor. irrégulière. 2 étam. stériles. caps. 2-loculaire.	Cal. 7-phyllus : foliolis 2 exterioribus. cor. irregularis. stam. 2 sterilia. caps. 2-locularis.
39. SCHOUENKE.	**39. SCHWENKIA.**
Cor. presque régul. plissé, glanduleuse à son orifice. 5 étam. stériles. caps. 2-loculaire.	Cor. subaequalis, fauce plicata, glandulosa. stam. 5 sterilia. caps. 2-locularis.

C ij

40. CIRCÉE.

Cal. 2-phyllé, supérieur, cor. à 2 pétales, caps. inférieure, hispide, 2-loculaire.

41. VERVEINE.

Cal. à 5 dents, cor. infundib. un peu irrégul. courbée. étam. didynam. 4 sem. nues.

42. ZAPANE.

Cal. à 4 dents, cor. tubuleuse : limbe irrégulier, à 5 lobes. 2 ou 4 étam. 2 sem. nues.

43. ERANTHEME.

Cal. 5-fide. cor. 5-fide : à tube filiforme. stigm. simple.

44. LYCOPE.

Cal. 5-fide, cor. 4-fide : une découpure échancrée. étam. distantes.

45. AMÉTHYSTÉE.

Cal. un peu campanulé. cor. 5-fide : à découpure inf. plus ouverte. étam. rapprochées.

46. ZIZIPHORE.

Cal. cylindrique, strié, cor. ringente : à lèvre supérieure entière.

47. CUNILE.

Cor. ringente : à lèvre sup. droite, plane. 2 étam. stériles. 4 sem.

48. MONARDE.

Cal. cylindrique. cor. bilabiée : à lèvre sup. entière, enveloppant les étam. 4 sem.

49. ROMARIN.

Cor. bilabiée : à lèvre sup. bifide. étam. longs, courbés, simples avec une dent.

50. SAUGE.

Cor. ringente. étam. des étam. attachés transversalement sur un pédicule.

51. COLLINSONE.

Cor. irrégulière : à lèvre inf. multifide, capillaire. une seule sem. mûre.

52. MORINE.

Cal. double : l'ext. inférieur ; l'int. supérieur, bifide. cor. tubuleuse : à limbe labié. 1. sem. couronnée par le cal. intérieur.

53. ANCISTRE.

Cal. à 4 barbes glochidifères au sommet. 4 pétales, une sem. recouverte par le calice épaissi.

---

40. CIRCÆA.

Cal. 2 phyllus, superus, cor. 2-petala, caps. infero, hispida, 2-loculari.

41. VERBENA.

Cal. 5 dentatus, cor. infundibulif. subinæqualis curva, stam. didynama. sem. 4. nuda.

42. ZAPANIA.

Cal. subquadridentatus, cor. tubulosa; limbo inæquali 5 lobo. stam. 2 f. 4. sem. 2 nuda.

43. ERANTHEMUM.

Cal. 5-fidus. cor. 5-fida : tubo filiformi. stigma simplex.

44. LYCOPUS.

Col. 5-fidus. cor. 4-fida : lacinia 1. emarginata. stam. dif-tantia.

45. AMETHYSTEA.

Cal. subcampanulatus. cor. 5-fida : lacinia infima patente clare. stam. approximata.

46. ZIZIPHORA.

Cal. cylindricus, striatus. cor. ringens : labio superiore integro.

47. CUNILA.

Cor. ringens : labio sup. erecto, plano. stam. 2 sterilia; sem. 4.

48. MONARDA.

Col. cylindricus. cor. bilabiosa : labio sup. longo stam. involvente. sem. 4.

49. ROSMARINUS.

Cor. bilabiata : labio sup. bipartito stam. longa, curva; simplicia cum dente.

50. SALVIA.

Cor. ringens. stam. staminum transverso pedicello affixa.

51. COLLINSONIA.

Cor. inæqualis : labio inferiore multifido, capillari. sem. maturum unicum.

52. MORINA.

Cal. duplex : ext. inferus ; int. superus 2 fidus. cor. tubulosa : limbo 1 labiato. sem. 1. calice interiore coronatum.

53. ANCISTRUM.

Cal. 4 aristatus : aristis apice glochidiferis. cor. 4-petala. sem. 1 calyce incrassato oclum.

14. FONTAINESE.

Cal. à 4 divisions. 2 pet. partagés en deux. capt. comprimés, 2-loculaire.

DIGYNIE.

15. FLOUVE.

Cal. bâle 2-valve, 1-flore. cor. bâle 2-valve, enmielés, à barbe dorsale.

TRIGYNIA.

16. POIVRIER.

Spadix filiforme. cal. à 3 dents et nul. cor. 0. baie supérieure, 1-sperme.

---

14 FONTANESIA.

Cal. 4-partitus. pet. 2 biparita. capsula compressa, 2-locularis.

DIGYNIA.

15. ANTHOXANTHUM.

Cal. gluma 2-valvis, 1-flora. cor. gluma 2-valvis enmelinata; dorso aristata.

TRIGYNIA.

16. PIPER.

Spadix filiformis. cal. 3-dentatus f. 0. cor. 0. bacca sup. 1-sperma.

ILLUSTRATION DES GENRES.

CLASSE II.

DIANDRIE MONOGYNIE.	DIANDRIA MONOGYNIA.
16. NICTANTE.	16. NYCTANTHES.

Caract. essent.

CALICE monophylle, entier. Corolle infundibuliforme; à limbe quinquefide, échancré en ses lobes. Capsule comprimée, biloculaire, disperme.

Caroll. nat.

Cal. monophylle, un peu tubuleux, à bord entier.

Cor. infundibuliforme : tube cylindrique, plus long que le calice; limbe partagé en cinq découpures oblongues, obliques, échancrées au sommet.

Etam. deux filaments très courts; anthères ovales, enfermées dans le tube de la corolle.

Pist. un ovaire supérieur, arrondi, comprimé sur les côtés. Un seul style; stigmate....

Péris. capsule presqu'en cœur, comprimée, biloculaire, le partageant en deux, & à loges monospermes.

Sem. solitaires, ovoïdes, planes.

Tableau des espèces.

31. NICTANTE arbre-triste.
Lieu nat. les Indes orientales. ♄

Explication des figures.

Tab. 6. NICTANTE arbre triste (a) Fleur entière, (b) Calice avec deux petites bractées (c) La même séparé, (d) Capsule entière, (e, f) La même partagée en deux, (g) La même coupée transversalement. (g) Semence vue dans sa loge. (i) Semence coupée dans sa longueur. (l) La même coupée transversalement.

Charact. essent.

CALYX monophyllus, integer, corolla infundibuliformis, limbo quinquefido, emarginato, Capsula compressa, biloculari, disperma.

Charact. nat.

Cal. monophyllus, subtubulosus, margine integro.

Cor. infundibuliformi; tubo cylindrico, calyce longior; limbo quinquepartitus; laciniis oblongis, obliquis, apice emarginatis.

Stam. filamenta duo brevissim.; antheræ ovaræ, tubo inclusæ.

Pist. germen superum, subrotundum, depressum. Stylus unicus; stigma....

Peric. capsula obcordata, compressa, biloculari, bipartibilis; loculis monospermis.

Sem. solitaria, obovata, plana.

Conspectus specierum.

31. NYCTANTHES arbor tristis. T. 6.
Scabrita. l. mant. 37. pariliam. Garin. 814. En India. ♄

Explicatio iconum.

Tab. 6. NYCTANTHES arbor tristis. (a) Flos integer. (b) Calyx cum bracteolis. (c) Idem separatus. (d) Capsula integra. (e, f) Eadem bipartita; (h) Ejusdem sectio transversalis. (g) Semen intra loculum. (i) Semen longitudinaliter sectum. (l) Idem transverse sectum. Fig. ex D. Garin.

17. MOGORI.

17. MOGORIUM.

Caract. essent.

CALICE à huit divisions. Corolle hypocratériforme, à limbe partagé en huit découpures. Baie souvent didyme, biloculaire, disperme.

Carald. nat.

Cal. monophylle, divisé jusqu'à moitié en huit découpures droites, subulées.

Cor. monopétale, hypocratériforme. Tube cylindrique, plus long que le calice ; limbe ouvert, partagé en huit découpures.

Etam. deux filamens subulés, attachés au tube : anthères droites, enfermées dans le tube.

Pist. ovaire supérieur, arrondi. Un style simple, de la longueur du tube ; deux stigmates droits.

Péric. baie supérieure, arrondie, souvent didyme, biloculaire.

Sem. solitaires, grosses, arrondies.

Caract. essent.

CALYX octofidus. Corolla hypocrateriformis ; limbo octofido. Bacca subdidyma, bilocularis, disperma.

Charact. nat.

Cal. monophyllus, semi octofidus ; laciniis subulatis erectis.

Cor. monopetala, hypocrateriformis. Tubus cylindricus, calyce longior ; limbus octopartitus, patens.

Stam. filamenta duo, subulata, tubo inserta : antheræ erectæ, inclusæ.

Pist. germen superum, subrotundum. Stylus simplex, longitudine tubi ; stigmata duo erecta.

Peric. bacca supera, subrotunda, sæpe didyma, bilocularis.

Sem. solitaria, magna, subrotunda.

Tableau des espèces.

Conspectus specierum.

58. MOGORI *trifolié*. Dict.
  M. à feuilles ternées, folioles ovales : les latérales beaucoup plus petites, calice très-court.
  Lieu nat. l'isle de Bourbon.

Explication des fig.

Tab. 6. f. 1. MOGORI *fumbar.* (*a*) Rameau garni de feuilles & de fleurs. (*b*) Corolle coupée dans sa longueur.
Fig. 2 MOGORI *triflore.* (*a*) Rameau garni de fleurs. Ces fleurs sont un peu plus petites que dans la figure, & ne sont pas bien représentées. (*b*) Petit rameau fructifère.

58. MOGORIUM *trifoliatum.*
  M. foliis ternatis, foliolis ovatis : lateralibus multoties minoribus, calyce brevissimo.
  Ex insula Mauritiana. ♄

Explicatio iconum.

Tab. 6. f. 1. MOGORIUM *fumbus.* (*a*) Ramulus foliis floribusque explicitans. (*b*) Corolla longitudinaliter secta.
Fig. 2 MOGORIUM *triflorum.* (*.*) Ramulus floribus ornatus (Flores non bene depicti, & icone paulo minores). (*b*) Ramulus fructifer.

18. JASMIN.

Caract. essent.

CALICE à cinq denti. Corolle hypocratériforme, quinquefide. Etamines dans le tube. Baie supérieure, à une ou deux loges monospermes.

Caract. nat.

Cal. monophylle, court, à peine tubuleux, à cinq denti droites & pointues.
Cor. monopétale, hypocratériforme : tube plus long que le calice; limbe partagé en cinq découpures.
Etam. deux filamens , courts, insérés au tube; anthères oblongues , enfermées dans le tube de la corolle.
Pist. un ovaire supérieur, arrondi; un style simple; stigmate bifide.
Peric. une baie ovale, glabre, uniloculaire ou biloculaire, à loges monospermes.
Sem. solitaires, grosses, applaties d'un côté, convexes de l'autre , ayant une tunique propre pulpeuse.

Tableau des espèces.

59. JASMIN *commun*. Dict. n°. 1.
  J. à feuilles opposées, pinnées; foliole terminale pétiolée à son longue.
  Lieu nat. l'Inde. ♄

60. JASMIN *à grandes fleurs*. Dict. n°. 2.
  J. à feuilles opposées, pinnées; folioles supérieures confluentes.
  Lieu nat. le Malabar. ♄

61. JASMIN *des açores*. Dict. no. 3.
  J. à feuilles opposées, & à trois folioles,
  Lieu nat. les isles Açores. ♄

18. JASMINUM.

Charact. essent.

CALYX quinquedentatus. Corolla hypocrateriformis quinquefida. Stamina intrà tubum. Bacca supera, uni f. bilocularis; loculis monospermis.

Charact. natur.

Cal. monophyllus , brevis, subtubulosus, quinquedentatus; dentibus erectis acutis.
Cor. monopetala, hypocrateriformis; tubus calyce longior; limbus quinquepartitus.
Stam. filamenta duo , brevia, tubo inserta; antherae oblongae, intrà tubum.
Pist. germen superum , subrotundum; stylus simplex; stigma bifidum.
Peric. bacca ovalis, glabra, uni f. bilocularis; loculis monospermis.
Sem. solitaria, magna, hinc convexa, inde plana, arillo pulposo vestita.

Conspectus specierum.

59. JASMINUM *officinale*. T. 7. f. 1.
  J. foliis oppositis pinnatis; foliolo terminali petiolato longissimo.
  Ex India. ♄

60. JASMINUM *grandiflorum*
  J. foliis oppositis pinnatis; foliolis extimis confluentibus. L.
  E Malabaria. ♄

61. JASMINUM *azoricum*.
  J. foliis oppositis ternatis. L.
  Ex insulis Azoricis. ♄

62. JASMIN à feuilles de troène. Dict. n°. 4.
J. à feuilles opposées, simples, lancéolées, un peu épaisses.
Lieu nat. le Cap de Bonne-Espérance. ♄
Peut-être ne diffère-t-il pas suffisamment de notre Mogori à feuilles de mirte, n°. 57, qui paroît être le Nyctanthes glaucum du suppl. de Linn.

63. JASMIN à feuilles de cytise. Dict. n°. 5.
J. à feuilles alternes, les unes ternées, les autres simples, rameaux anguleux.
Lieu nat. l'Europe Australe. ♄

64. JASMIN d'Italie. Dict. n°. 6.
J. à feuilles alternes, ternées & pinnées à cinq folioles; à foliole terminale un peu pointue, rameaux anguleux.
Lieu nat. .... ♄

65. JASMIN jonquille. Dict. n°. 7.
J. à feuilles alternes, obtuses, ternées & pinnées; rameaux cylindriques.
Lieu nat. l'Inde, le Cap de Bonne-Espérance. ♄

Explication des fig.

Tab. 7. f. 1. JASMIN commun. (a) Sommité d'un rameau, montrant les fruilles, & la fleur qui ne doit pas être foliacée. (b) Corolle coupée dans sa longueur.
Fig. 2. JASMIN à feuilles de cytise. (a) Fleur entière. (b) Corolle séparée vue latéralement. (c) Calice, pistil. (d) Pistil séparé. (e,f) Baie. (g, h, i) Semences.

19. LILAS.

Caract. essent.

CALICE à quatre dents. Corolle tubuleuse, quadrifide; capsule comprimée, biloculaire.

Caract. nat.

Cal. monophylle, court, à peine tubuleux, droit, à quatre dents, & qui persiste.
Cor. monopétale, infundibuliforme. Tube cylindrique, plus long que le calice. Limbe à quatre découpures ovales, concaves, ouvertes.
Etam. deux filamens très-courts. Anthères petites, oblongues, droites, enfermées dans le tube de la corolle.
Pist. un ovaire supérieur, oblong. Style filiforme; stigmate bifide, un peu épais.
Peris. une capsule supérieure, ovale-oblongue, biloculaire, bivalve: à valves naviculaires, ayant leur cavité partagée en deux par la moitié de la cloison.

Botanique. Tom. I.

62. JASMINUM ligustrifolium.
J. foliis oppositis simplicibus lanceolatis crassiusculis.
E Capite Bonæ Spei. ♄ *An satis distat à Mogori myrti folio.* n°. 57. *Vel à Nyctantho glauco. Suppl. Linn.*

63. JASMINUM fruticans. T. 7. f. 1.
J. foliis alternis ternatis simplicibusque; ramis angulatis. L.
Ex Europa Australi. ♄

64. JASMINUM humile.
J. foliis alternis ternatis & quinato-pinnatis, foliolo terminali subacuto, ramis angulatis.
Loc. nat. .... ♄

65. JASMINUM odoratissimum.
J. foliis alternis obtusis ternatis pinnatisque, ramis teretibus. L.
E Capite Bonæ Spei, India. ♄

Explicatio iconum.

Tab. 7. f. 1. JASMINUM officinale. (a) Summitas ramuli cum foliis & flore perperam foliario. (b) Corolla longitudinaliter secta.
Fig. 2. JASMINUM fruticans. (a) Flos integer. (b) Corolla separata, latere v.s. (c) Calyx, pistil um. (d) Pistillum separatum. (e,f) Bacca. (g, h, i) Semina.
Fig. ex Tournef.

19. LILAC.

Charact. essent.

CALYX quadridentatus. Corolla tubulosa, quadrifida. Capsula compressa bilocularis.

Charact. nat.

Cal. monophyllus, brevis, vix tubulatus, erectus, quadridentatus, persistens.
Cor. monopetala, infundibuliformis. Tubus cylindricus, calyce longior. Limbus quadripartitus; laciniis ovatis, concavis, patentibus.
Stam. filamenta duo, brevissima. Antheræ parvæ, oblongæ, erectæ, intra tubum corollæ.
Pist. germen superum, oblongum; stylus filiformis; stigma bifidum, crassiusculum.
Peric. capsula supera, ovato-oblonga, bilocularis, bivalvis: valvulis navicularibus medio semi-sepulferis.

D

Sem. fo'itaires (ou deux enfemble), oblongues, bordées d'une aile membraneufe.

Tableau des efpices.

66. LILAS *comman.* Diô. n°. 1;
L. à feuilles en cœur-ovales; capfules un peu comprimées.
Lieu nat. le Levant, la Perfe. ♄

67. LILAS *de Perfe.* Diô. n°. 2.
L. à feuilles lancéolées (foit entières, foit pinnatifides); capfules étroites, prefque tétragones.
Lieu nat. la Perfe. ♄

68. LILAS *du Japon.* Diô. n°. 3.
L. à feuilles ovales, dentées, les unes fimples & les autres ternées; à corolles campanulées.
Lieu nat. le Japon. ♄

Explication des fig.

Tab. 7. LILAS *commun.* (a) Portion de la panicule. (b) Fleur entière, féparée. (c) Corolle vue de côté. (e) La même coupée dans fa longueur. (e, f) Calice, p-til. (g) Capfules, les unes fermées & les autres ouvertes. (h) Une capfule coupée tranfverfalement. (i) Une valve féparée. (l) Semences. (m) Une femence coupée tranfverfalement. (n) Situation & figure de l'embryon dans la femence. (o) Embryon féparé.

10. TROENE.

Caraô. effent.

CALICE très petit, à quatre dents. Corolle quadrifide. Baie à quatre femences.

Corol. nat.

Cal. monophylle, à peine tubuleux, très-petit, ayant fon bord à quatre dents.
Cor. monopétale, infundibulforme; tube plus long que le calice, un peu court; limbe ouvert, partagé en quatre découpures ovales.
Etam. deux filamens, filiformes, oppofés. Anthères droites, faillantes hors du tube.
Pift. un ovaire fupérieur, arrondi. Style filiforme de la longueur des étamines; ftigmate un peu épais, bifide.
Péric. une baie fupérieure, globuleufe, glabre, uniloculaire, à quatre femences.
Sem. convexes d'un côté, & anguleufes de l'autre.

Sem. fubfoliaria, oblonga, membranaceo margine cinôa.

Confpeôus fpecierum.

66. LILAC *vulgaris.* T. 7.
L. foliis cordato-ovatis, capfulis fubcompreffis.
Ea Oriente, Perfia. ♄

67. LILAC *Perfica.*
L. foliis lanceolatis (integris vel pinnatifidis); capfulis anguftis fubtetragonis.
E Perfia. ♄

68. LILAC *Japonica.*
L. foliis ovatis ferratis ternatifque, corollis campanulatis. Syringa fufpenfa. Thunb. jap. 19.
E Japonia. ♄

Explicatio iconum.

Tab. 7. LILAC *vulgaris.* (a) Pars paniculæ. (b) Flos integer feparatus. (c) Corolla latere vifa. (e) Eadem longitudinaliter feôa. (e, f) Calix, piftillum. (g) Capfulæ claufæ & dehifcentes. (h) Capfula tranfverfe feôa. (i) Valvula feparata. (l) Semina. (m) Semen tranfverfe feôum. (n) Situs & figura embryonis in femine. (o) Embryo feparatus. Fig. fruô. ex D. Garm.

10. LIGUSTRUM.

Charaô. effen.

CALIX minimus, quadridentatus. Corolla quadrifida. Bacca tetrafperma.

Charaô. nat.

Cal. monophyllus, vix tubulatus, minimus; ore quadridentato.
Cor. monopetala, infundibuliformis; tubus calyce longior, breviufculus; limbus quadripartitus, patens; laciniis ovatis.
Stam. filamenta duo, oppofita, filiformia. Antheræ erectæ, extra tubum.
Pift. germen fuperum, fubrotundum. Stylus filiformis longitudine ftaminum; ftigma bifidum craffiufculum.
Peric. bacca fupera, globofa, glabra, unilocularis, tetrafperma.
Sem. hinc convexa, inde angulata.

Left column (French)

Tableau des espèces.

69. TROENE *commun.* Dich.
T. à feuilles lancéolées, pointues.
Lieu nat. l'Europe. ♄

70. TROENE *du Japon.* Dich.
T. à feuilles ovales acuminées.
Lieu nat. le Japon. ♄ *Il ne paroît différer du précédent que par son feuillage, mais point par son inflorescence.*

Explication des fig.

Tab. 7. TROENE commun. (*a*, *c*) Fleur de grandeur naturelle. (*b*) Fleur grossie. (*c*) Corolle vue postérieurement. (*e*) Pistil grossi. (*f*, *g*) Baie. (*l*) Baie coupée en travers. (*h*) Semence. (*i*) Rameau feuillé & chargé de baies.

21. FILARIA.

Caract. essent.

CALICE très-petit, à quatre dents. Corolle courte, quadrifide. Baie monosperme.

Caract. nat.

Cal. monophylle, très petit, à quatre dents, & persistant.
Cor. monopétale, courte, un peu campanulée, quadrifide, à découpures roulées en dehors.
Etam. deux filamens opposés, courts; anthères droites, à peine saillantes.
Pist. un ovaire supérieur, arrondi. Style simple, de la longueur des étamines; stigmate un peu épais.
Péric. une baie supérieure, globuleuse, uniloculaire, monosperme.
Sem. grosse, globuleuse, dure.

Tableau des espèces.

71. FILARIA *à feuilles larges.* Dich. n°. 1.
F. à feuilles ovales, roides; ayant les nervures latérales rameuses.
Lieu nat. l'Europe Australe. ♄ *Il varie dans la bordure & la largeur de ses feuilles.*

72. FILARIA *à feuilles étroites.* Dich. n°. 2.
F. à feuilles linéaires-lancéolées, ponctuées en-dessous; nervures latérales rares, non rameuses.
Lieu nat. l'Italie, la Provence, l'Espagne. ♄ *C'est une espèce constamment distincte.*

Right column (Latin)

Conspectus specierum.

69. LIGUSTRUM *vulgare.* T. 7.
L. foliis lanceolatis, acutis.
Ex Europa. ♄

70. LIGUSTRUM *Japonicum.* Th. Jap. 17.
L. foliis ovatis acuminatis.
Ex insulis Japonicis. ♄ *Discrimen praecedentis in foliis, non autem in inflorescentia, inquiri debet.*

Explicatio Iconum.

Tab. 7. LIGUSTRUM vulgare. (*a*, *c*) Flos magnitudine naturali. (*b*) Idem auctus. (*c*) Corolla postice visa. (*e*) Pistillum ampliatum. (*f*, *g*) Bacca. (*l*) Bacca transverse secta. (*h*) Semen. (*i*) Ramulus foliosus & baccis onustus.

21. PHILLYREA.

Charact. essent.

CALYX minimus, quadridentatus. Corolla brevis, quadrifida. Bacca monosperma.

Charact. nat.

Cal. monophyllus, minimus, quadridentatus; persistens.
Cor. monopetala, brevis, subcampanulata, quadrifida; laciniis revolutis.
Stam. filamenta duo, opposita, brevia; antherae erectae, vix exsertae.
Pist. germen superum, subrotundum. Stylus simplex, longitudine staminum; stigma crassiusculum.
Peric. bacca supera, globosa, unilocularis, monosperma.
Sem. globosum, magnum, durum.

Conspectus specierum.

71. PHILLYREA *latifolia* T. 8, f. 1.
P. foliis ovatis rigidis; nervis lateralibus ramosis.
Ex Europa Australi. ♄ *Variat limbo & latitudine foliorum.*

72. PHILLYREA *angustifolia* T. 8. f. 3.
P. foliis lineari-lanceolatis subtus punctatis, nervis lateralibus raris, indivisis.
Ex Italia, Galloprovincia, Hispania. ♄ *Species constanter distincta.*

D ij

Explication des fig.

Tab. 8. Fig. 1 Fleurs & fruits du FILARIA, d'après *Tournef.*

Fig. 2. FILARIA *à feuilles larges.* Fig. 3. FILARIA *à feuilles étroites.*

12. OLIVIER.

Caract. eſſent.

CALICE à quatre dents. Corolle quadrifide, à découpures ovales. Drupe à noyau monoſperme ou diſperme.

Caract. nat.

Cal. monophylle, petit, caduc, à peine tubuleux, & à quatre dents.

Cor. monopétale, un peu campanulée; tube court; limbe partagé en quatre découpures preſqu'ovales.

Etam. deux filamens oppoſés, ſubulés, courts. Anthères droites.

Piſt. un ovaire ſupérieur, arrondi; ſtyle ſimple, très-court; ſtigmate un peu épais, bifide, à découpures échancrées.

Peric. un drupe ovale, glabre; à noyau biloculaire, diſperme, ou par avortement ſouvent monoſperme.

Tableau des eſpèces.

73. OLIVIER *commun.*

O. à feuilles lancéolées blanchâtres en deſſous; petites grappes latérales.

β. Le même ſauvage, à feuilles plus courtes & obtuſes.

Lieu nat. l'Europe Auſtrale, la Barbarie. ♄

74. OLIVIER *à feuilles obtuſes.* Dict.

O. à feuilles oblongues-ovales, obtuſes, repliées ſur les bords; grappes courtes & axillaires.

Lieu nat. l'Iſle de Bourbon. ♄ *Cette eſpèce eſt tout à-fait diſtincte de l'olivier commun par la figure & la largeur de ſes feuilles, par ſes fleurs plus grandes, &c.*

75. OLIVIER *d'Amérique.* Dict.

O. à feuilles larges-lancéolées très-entières, panicules axillaires; drupes globuleux.

Lieu nat. la Caroline. ♄ *fl. dioïques.*

76. OLIVIER *odorant.* Dict.

O. à feuilles ovales-lancéolées dentées, pédoncules uniflores faſciculés, latéraux.

Lieu nat. le Japon. ♄.

Explicatio iconum.

Tab. 8. f. 1. PHILLYREA *flores & fructus ex Tournefortio.*

Fig. 2. PHILLYREA *latifolia.* Fig. 3. PHILLYREA *anguſtifolia.*

12. OLEA.

Charact. eſſent.

CALYX quadridentatus. Corolla quadrifida, laciniis ſubovatis. Drupa nucleo ſubdiſpermo.

Charact. nat.

Cal. monophyllus, parvus, vix tubulatus, deciduus, ore quadridentato.

Cor. monopetala, ſubcampanulata. Tubus brevis. Limbus quadripartitus; laciniis ſubovatis.

Stam. filamenta duo, oppoſita, ſubulata, brevia. Antheræ erectæ.

Piſt. germen ſuperum, ſubrotundum; ſtylus ſimplex, breviſſimus; ſtigma craſſiuſculum, bifidum; laciniis emarginatis.

Peric. drupa ſubovata, glabra; nucleo biloculari, diſpermo, vel abortu ſæpè monoſpermo.

Conſpectus ſpecierum.

73. OLEA *Europæa.* T. 8, f. 1.

O. foliis lanceolatis ſubtus ſubincanis, racemulis lateralibus.

β. Eadem non culta, foliis brevioribus obtuſis.

Ex Europa Auſtrali, Barbaria. ♄

74. OLEA *obtuſifolia.*

O. foliis oblongo-ovalibus obtuſis margine replicatis, racemulis brevibus axillaribus.

Ex inſula Mauritiana. ♄ *Diſtincta omnino ab olea Europæa, figura & latitudine foliorum, floribus majoribus, &c.*

75. OLEA *Americana.*

O. foliis lato-lanceolatis integerrimis; paniculis axillaribus, drupis globulis.

E Carolina. ♄ *Flores dioici.* Walt. 387.

76. OLEA *fragrans* Th.

O. foliis ovato lanceolatis ſerratis, pedunculis unifloris aggregatis lateralibus.

E Japonia. ♄.

77. OLIVIER *chryfophylle.* Dict.
O. à feuilles étroites-lancéolées, pointues aux deux bouts, dorées & brillantes postérieurement : panicules latérales.
Lieu nat. l'Isle de Bourbon. ♄ *Drupe prefque globuleux, pointu, de la groffeur d'un pois.*

78. OLIVIER *élancé.* Dict.
O. à feuilles linéaires-lancéolées, pointues aux deux bouts : panicule terminale; drupes oblongs & pointus.
Lieu nat. l'Isle de France. ♄

79. OLIVIER *à feuilles de laurier.* Dict.
O. à feuilles ovales-oblongues un peu pointues, panicule terminale divergente.

Lieu nat. le Cap de Bonne Espérance. ♄
C'eft peut-être une variété du fuivant.

80. OLIVIER *du Cap.* Dict.
O. à feuilles ovales obtuses; panicule multiflore, terminale.
Lieu nat. le Cap de Bonne-Espérance. ♄

81. OLIVIER *échancré.*
O. à feuilles ovoïdes rétufes échancrées; panicule pauciflore, terminale.
Lieu nat. l'Isle de Madagascar. ♄ *Arbre de 40 pieds. Drupe prefque de la groffeur d'une noix, bon à manger.*

Explication des fig.

Tab. 9. f. 1. OLIVIER *commun.* (a) Fleur entière, profile. (b) Corolle féparée. (c) Calice. (d) Cal ee fendu latéralement, ouvert, & montrant le pistil. (e) Pistil féparé. (f) Drupe entière. (g) La même coupée longitudinalement pour faire voir le noyau. (h) Noyau féparé. (i) Le même coupé en travers, pour faire voir la partie f périeure de la femence. (k) Semence. (m) Hile in fructifère.

Tab. 8. f. 1. OLIVIER *échancré.* (a) Portion de rameau feuillée & florifère. (b) Drupe féparé.

21. CHIONANTE.

Caract. effent.

CALICE à quatre dents. corolle profondément quadrifide, à découpures très-longues. Drupe ayant un noyau strié.

Caract. nat.

Cal. monophylle, court, à quatre dents, droit, persistant.
Cor. monopétale, à peine tubuleuse à sa base,

---

77. OLEA *chryfophylla.*
O. foliis anguſto-lanceolatis utrinque acutis fubtus aureo-nitidis, paniculis lateralibus.
Ex infula Mauritiana. ♄ *Com. drupa piſi magnitudine fubglobofa, acuta.*

78. OLEA *lancea.*
O. foliis lineari lanceolatis utrinque acutis, panicula terminali; drupis oblongis acutis.

Ex infula Franciæ. ♄ *Comm. & Jos. Martin.*

79. OLEA *laurif. lia.*
O. foliis ovato oblongis fubacutis, panicula terminali divaricata.
Sideroxylon foliis oblongis, &c. Burm. afr. T. 81. f. 1.
E Capite Bonæ Spei. ♄ *Fortè fequentis varietas.*

80. OLEA *Capenfis.*
O. foliis ovatis obtufis, panicula multiflora terminali.
E Capite Bonæ Spei. ♄

81. OLEA *emarginata* T. 8. f. 1.
O. foliis ovoidis retufis emarginatis, paniculis paucifloris terminali.
Ex infula Madagafcarix. ♄ *Jos. Martin. arbor 40-pedalis. Drupa fere nucis juglandis magnitudine, edulis.*

Explicatio iconum.

Tab. 8. f. 1. OLEA *europæa.* (a) Flos integer auctus. (b) Corolla feparata. (c) Calyx. (d) Idem facere fectus apertus, piſtillum exhibens. (e) Piſtillum feparatum. (f) Drupa integra. (g) Eadem longitudinaliter fecta ut nucleus appareat. (h) Nucleus feparatus. (i) Idem tranfverfe fectus partem fuperiorem feminis oſtendens. (k) Semen. (m) Ramulus fructiferus, Fig. ex Tournef.

Tab. 8. f. 1. OLEA *emarginata.* (a) Pars ramuli foliofa & florifera. (b) Drupa feparata.

21. CHIONANTHUS.

Charact. effent.

CALYX quadridentatus. Corolla profunde quadrifida, laciniis longiſſimis. Drupa nucleo ſtriato.

Charact. nat.

Cal. monophyllus, brevis, quadridentatus, erectus, perfiſtens.
Cor. monopetala, vix baſi tubulofa, profundè

profondément quadrifide ; à découpures linéaires , étroites, fort longues.

Etam. deux filamens (quelquefois trois) très-courts, attachés au tube ; anthères droites, presqu'en cœur.

Pift. un ovaire supérieur , ovale ; un style simple , court ; stigmate obtus & trifide.

Péric. drupe ovoïde ; à noyau sillonné par des stries saillantes, uniloculaire, monosperme.

quadrifida : laciniis linearibus angustis longissimis.

Stam filamenta duo (interdùm tria) brevissima, tubo inserta; antheris subcordatæ, erectæ.

Pift. germen superum ovatum ; stylus unicus; brevis ; stigma obtusum trifidum.

Péric. drupa ovovata; nucleo striis elevatis sulcato, uniloculari, monospermo.

Tableau des espèces.

82. CHIONANTE de Virginie. Dict. n°. 1.
C, à feuilles ovales la roulées , un peu pubescentes en dessous; drupes à la mieux.
Lieu nat. l'Amérique septentrionale.

83. CHIONANTE de Ceylan. Dict. n°. 2.
C. à feuilles ovales velues en dessous; drupes ovoïdes.
Lieu nat. l'Isle de Ceylan.

84. CHIONANTE pourpre. Dict. suppl.
C. à feuilles elliptiques, très-glabres , veineuses ; fleurs penchées , purpurines.
Lieu nat. l'Isle de Ceylan.

85. CHIONANTE de Saint-Domingue Dict. sup.
C, à feuilles ovales, glabres des deux côtés ; panicule terminale , presqu'en cime ; calices glabres.
Lieu nat. l'Isle de Saint-Domingue. ♄

86. CHIONANTE des Antilles. Dict. suppl.
C, à feuilles glabres de deux côtés , très-acuminées ; calices velus.
Lieu nat. la Martinique. ♃

87. CHIONANTE anguleux. Dict. suppl.
C. à drupe ovale , anguleux , aminci en pointe aux deux bouts.
Lieu nat. l'Isle de Ceylan.

Conspectus specierum.

82. CHIONANTHUS Virginica. T. 9. f. 1.
C. foliis ovato-lanceolatis subtus subpubescentibus , drupis globosis.
Ex America septentrionali. ♄

83. CHIONANTHUS Zeylanica. T. 9. f. 2.
C. foliis ovatis subtus villosis , drupis obovatis.
Ex Zeylona. ♄

84. CHIONANTHUS purpurea.
C. foliis ellipticis glaberrimis venosis , floribus purpureis nutantibus.
Thoninia nutam. L. f. Suppl. 89.
Ex Zeylona. ♄

85. CHIONANTHUS. Domingensis.
C. foliis ovatis utrinque glabris , panicula terminali subcymosa , calycibus lævibus.
Ex Insula Domingl. ♄ Jos. Martin.

86. CHIONANTHUS Caribæa. Jacq.
C. foliis utrinque glabris longe acuminatis ; calycibus ciliatis. Jacq. collect. vol. 2. p. 110, t. 4. f. 1.
Ex Insula Martinica. ♄ Ch. compaña Swartz?

87. CHIONANTHUS ghæri. T. 9. f. 3.
C. drupa ovata , utrinque attenuata, sulcato-angulata.
* Ex Zeylona. *Gærin.* p. 190.

Explication des fig.

Tab. 9. f. 1. CHIONANTE de Virginie. (a) Fleur. (b) Corolle. (c) Calice. (d) Calice & pistil. (e) Etamine. (f) Rameau fleuri.

Tab. 9. f. 2. CHIONANTE de Ceylan. (a) Rameau fleuri. (b) Drupe entière. (c) Noyau à découvert au-delà de moitié (d , e) Drupe coupé en travers & en longueur. (f) Semence dépouillée de son écorce. (g) La même coupée transversalement.

Tab. 9. f. 3. CHIONANTE anguleux, (a , b) Drupe entier. (c , d) Drupe coupé en travers & longitudinalement. (e) Noyau coupé en travers.

Explicatio Iconum.

Tab. 9. f. 1. CHIONANTHUS Virginica. (a) Flos. (b) Corolla. (c) Calyx. (d) Calyx & pistillum. (e) Stamen. (f) Ramulus floriter. Fl. en Daham.

Tab. 9. f. 2. CHIONANTHUS Zeylanica. (a) Ramulus floridus. (b) Drupa integra. (c) Nucleus ultra medium denudatus. (d , e) Drupa sectio transversalis atque longitudinalis. (f) Semen decorticatum. (g) Idem transversè sectum.

Tab. 9. f. 3. CHIONANTHUS ghæri. (a , b) Drupa integra. (c , d) Eadem transverse atque longitudinaliter sefta. (e) Nucleus horizontaliter incisus. F. in D.Gærin.

24. PIMELÉE.   14. PIMELEA.

Caraſt. eſſent.   *Charaſt. eſſent.*

CALICE nul, Corolle tubuleuse, quadrifide. Deux étamines à l'orifice de la corolle. Noix supérieure, velue, monosperme.   CALYX nullus. Corolla tubulosa, quadrifida. Stamina duo, in fauce corollæ. Nux supera, villosa, monosperma.

Caraſt. nat.   *Charaſt. nat.*

Cal. nul (à moins qu'on ne prenne la corolle pour calice).   **Cal.** nullus (nisi corollam velis).

Cor. monopétale, infundibuliforme. Tube cylindrique, un peu ventru. Limbe plus court que le tube, partagé en quatre découpures ovales oblongues, égales.   **Cor.** monopetala, infundibuliformis. Tubus cylindricus, subventricosus. Limbus tubo brevior, quadripartitus; laciniis ovato-oblongis æqualibus.

Etam. deux filamens, attachés à l'orifice de la corolle, filiformes, presque de la longueur du limbe. Anthères ovales.   **Stam.** filamenta duo, fauci corollæ inserta, filiformia, fere longitudine limbi. Antheræ ovatæ.

Piſt. un ovaire supérieur, ovale. Un style filiforme, de la longueur du tube. Stigmate un peu globuleux.   **Piſt.** germen superum, ovatum. Stylus filiformis, longitudine tubi. Stigma subglobosum.

Péric. noix supérieure, petite, ovale, velue, coriacée, uniloculaire, monosperme.   **Peris.** nux supera, ovata, parva, villosa, coriacea, unilocularis, monosperma.

Sem. une seule, ovale, glabre.   **Sem.** unicum, ovatum, glabrum.

Tableau des especes.   *Conspectus specierum.*

88. PIMELÉE couchée. DiC.   **88. PIMELEA proſtrata.** T. 9, f. 1.
Pimelée à feuilles ovales, charnues.   P. foliis ovatis carnosis.
Lieu nat. la Nouvelle Zélande.   P. Gærtn. p. 186.
    E Nova Zelandia.

89. PIMELÉE velue.   **89. PIMELEA piloſa.**
P. velue, à feuilles linéaires obtuses.   P. pilosa, foliis linearibus obtusis.
Lieu nat. la Nouvelle Zélande.   E Nova Zelandia.

90. PIMELÉE Gnidienne.   **90. PIMELEA Gnidia.**
P. très-glabre, à feuilles lancéolées aiguës.   P. glaberrima, foliis lanceolatis acutis.
Lieu nat. la Nouvelle Zélande.   E Nova Zelandia.

Explication des fig.   *Explicatio iconum.*

Tab. 9. f. 1. PIMELÉE couchée. (a) Corolle de grandeur naturelle, (b) La même coupée dans sa longueur. (c, d) Étamine. (e) Pistil. (f, g) Fruit. (G) Fruits réunis dans les aisselles & aux extrémités des rameaux. (h, i) Corolle enveloppant le fruit. (l) Petite noix à découvert. (m, n) Coque du fruit coupée longitudinalement & transversalement. (o, p) Section transversale & longitudinale de la semence.   Tab. 9. f. 1. PIMELEA proſtrata. (a) Corolla magnitudine naturali. (b) Eadem longitudinaliter dissecta. (c, d) Stamen. (e) Pistillum. (f, g) Fructus. Fig. ex Forst. (G) Fructus in ramulorum axillis & extremitatibus aggregati, sessiles. (h, i) Corolla fructum vestiens. (l) Nucula denudata. (m, n) Putamen nuculæ transverse & longitudinaliter sectum. (o, p) Seminis sectio transversalis & longitudinalis.

Tab. 9. f. 2. Autre espèce de PIMELÉE. (a, a) Corolle de grandeur naturelle, & grossie. (b) La même grossie & coupée dans sa longueur. (c) Étamine.   Tab. 9. f. 2. PIMELEA alteræ species. (a, a) Corolla magnitudine naturali & aucta. (b) Eadem dissecta & aucta. (c) Stamen. Fig. ex Forst.

25. DIALL   25. DIALIUM.

Caraſt. eſſent.   *Charaſt. eſſent.*

CALICE nul. Cinq pétales. Étamines situées au côté supérieur du réceptacle.   CALYX nullus. Corolla pentapetala. Stamina ad latus superius receptaculi.

Caract. nat.

Cal. nul.
Cor. cinq pétales elliptiques, obtus, seffiles, égaux, & caducs.
Etam. deux filamens, coniques, très-courts, situés au côté supérieur du réceptacle. Anthères oblongues, obtufes, comme doubles.
Pift. un ovaire supérieur, ovale. Un ftyle subulé, incliné, de la longueur des étamines. Stigmate fimple, montant vers le fommet des anthères.
Périt. gouffe...
Sem.....

Tableau des efpèces.

91. DIALI des Indes. Diĉt. p. 275.
Lieu nat. les Indes orientales. ♄

16. AROUNIER.

Caract. effent.

CALICE à cinq découpures. Corolle nulle. Étamines attachées au réceptacle. Capfule fupérieure, uniloculaire, pulpeufe intérieurement, fubmonofperme.

Caract. nat.

Cal. monophylle, petit, partagé en cinq découpures réfléchies, pointues.
Cor. nulle.
Etam. deux filamens droits, attachés au réceptacle. Anthères arrondies.
Pift. un ovaire fupérieur, conique, porté fur un réceptacle charnu. Un ftyle fétacé, courbé. Stigmate obtus.
Périt. une capfule ovale, un peu comprimée, marquée d'un fillon d'un côté; uniloculaire, pulpeufe intérieurement.
Sem. deux ou une feule, enveloppées de pulpe.

Tableau des efpèces.

92. AROUNIER de la Guiane. Diĉt. p. 171.
Lieu nat. les bois de la Guiane. ♄

Explication des figures.

DIANDRIA MONOGYNIA.

Charaĉt. nat.

Cal. nul.
Cor. petala quinque elliptica, obtufa, feffilia, æqualia, decidua.
Stam. filamenta duo, conica, breviffima, fita ad receptaculi latus fupertus. Antherz oblongæ, obtufæ, quafi ex duabus coalitæ.
Pift. germen fuperum, ovatum. Stylus fubulatus, declinatus, longitudine ftaminum. Stigma fimplex, adfcendens verfus apicem antherarum.
Peric. legumen....:
Sem.....

Confpeĉtus fpecierum.

91. DIALIUM indum.
Ex Indiis orientalibus ♄

16. ARUNA.

Charaĉt. effent.

CALYX quinquepartitus. Corolla nulla. Stamina receptaculo inferta. Capfula fupera, unilocularis, intus pulpofa, fubmonofperma.

Charaĉt. nat.

Cal. monophyllus, quinquepartitus, parvus; reflexus, laciniis acutis.
Cor. nulla.
Stam. filamenta duo erecta receptaculo inferta. Antherz fubrotundæ.
Pift. germen fuperum, conicum, receptaculo carnofo infidens. Stylus fetaceus bicurvus. Stigma obtufum.
Peric. capfula ovata, fubcompreffa, hinc fulcata, unilocularis, intus pulpofa.
Sem. duo vel unum, pulpa obvoluta.

Confpeĉtus fpecierum.

91. ARUNA Guianinfis. T. 10.
E Guianæ fylvis. ♄

Explicatio iconum.

Tab. 10. AROUNIER de la Guiane. (a) Portion de rameau & de la panicule. (b) Fleur entière. (c) Fleur fermée ou en bouton. (a) Réceptacle, étamines, piftil. (c) Etamine féparée. (f) Capfule (gouffe) entière. (g) Capfule coupée en travers. (h) Semence féparée.

Tab. 10. ARUNA Guianinfis. (a) Pars ramuli & paniculæ. (b) Flos integer. (c) Flos non expanfus. (d) Receptaculum, ftamina, piftillum. (e) Stamen feparatum. (f) Capfula (legumen) integra. (g) Capfula tranfverfe feĉta. (h) Semen fegregatum. Fig. in tabl.

27. RAPUTIER.

27. RAPUTIER.

Caract. essent.

Calice quinquefide, court. Corolle tubuleuse, quinquefide, irrégulière. Trois étamines stériles. Cinq capsules réunies.

Caract. nat.

Cal. monophylle, court, quinquefide; à découpures ovales, pointues.

Cor. monopétale, tubuleuse, courbée; à limbe droit, quinquefide, irrégulier, presque labié.

Etam. cinq filamens, dont trois inférieures stériles, velus, deux supérieures fertiles, ayant chacun à écailles à leur base. Anthères oblong.

Pist. un ovaire supérieur, arrondi, pentagone, situé sur un réceptacle charnu. Un style filiforme, de la longueur de la corolle; stigmate un peu épais, à trois lobes.

Peric. cinq capsules réunies, arrondies, anguleuses, uniloculaires, s'ouvrant par leur côté intérieur en deux valves.

Sem. une seule, ovale, verte, aromatique.

Tableau des espèces.

91. RAPUTIER aromatique. Dict.
Luxe nat. les forêts de la Guiane. ♄

Explication des fig.

Tab. 10. RAPUTIER aromatique. (a) Branche tronquée à la base de sa sommité, montrant la disposition des rameaux & des épis. (b) Feuille séparée. (c) Fleur entière. (d) Corolle ouverte. (e) Étamines. (f) Calice & pistil. (g) Épine fruits. (g) Capsule déchirée, semence. (h) Les deux lobes de la semence.

28. GALIPIER.

Caract. essent.

Calice tubuleux, à 4 ou 5 dents. Corolle à 4 ou 5 découpures un peu inégales, ovale subpentagone.

Caract. nat.

Cal. monop., tubuleux, anguleux, à 4 ou 5 dents.

Cor. monopétale, presque infundibuliforme; à 4 ou 5 découpures oblongues, pointues, un peu inégales.

Etam. 4 Étamines attachées au tube de la corolle; deux plus courtes, & stériles, 2 fertiles & plus longues. Anthères oblongues.

Pist. ovaire supérieur, arrondi, à 4 ou 5 côtés; style simple, filiforme. Stigmate à 4 côtes.

Peric.....

Sem.....

---

27. RAPUTIA.

Charact. essent.

Calyx quinquefidus, brevis. Corolla tubulosa, quinquefida, inæqualis. Stamina tria sterilia. Capsulæ quinque coalitæ.

Charact. nat.

Cal. monophyllus, brevis, quinquefidus: laciniis ovatis acutis.

Cor. monopetala, tubulosa, incurva; limbo erecto, quinquefido, inæquali, subbilabiato.

Stam. filamenta quinque, quorum tria inferiora sterilia, villosa; superiora duo fertilia, basi bisquamosa, Antheræ oblongæ.

Pist. germen superum, subrotundum, pentagonum, receptaculo carnoso impositum: stylus filiformis, longitudine corollæ; stigma crassiusculum, subtrilobum.

Peric. capsulæ quinque, coalitæ, subrotundæ, angulatæ, uniloculares, intus bivalves.

Sem. unicum, ovatum, viride, aromaticum.

Conspectus specierum.

91. RAPUTIA aromatica. T. 10.
L. Guiana sylvis. ♄

Explicatio iconum.

Tab. 10 RAPUTIA aromatica. (a) Ramus basi apiceque truncatus, florum ramulorumque situationem exhibens. (b) Folium separatum. (c) Flos integer. (d) Corolla aperta. (e) Stamina. (f) Calyx, pistillum. (g) Epicarpium fructuum. (g) Capsula lacerata; semen. (h) Duo cotyledones amygdalæ. Fig. ex cult.

28. GALIPEA.

Charact. essent.

Calyx tubulosus 4 f. 5-dentatus. Corolla 4 f. 5-fida subæqualis. Stamina duo sterilia. Germen subpentagonum.

Charact. nat.

Cal. monophyllus, tubulosus, angul., 4 f. 5 dent.

Cor. monopetala, subinfundibuliformis, quadrif. quinquefida; laciniis oblongis acutis inæqualibus.

Stam. stamina quatuor, tubo corollæ inserta, duo breviora, sterilia; duo longiora, fertilia. Antheræ oblongæ.

Pist. germen superum, subrotundum, tetra f. pentagonum. Stylus simp. filif. Stigma 4 sulcatum.

Peric.....

Sem.....

Tableau des espèces.   *Conspectus specierum.*

94. GALIPIER à trois feuilles. Dict. p. 602.
L et nat. la Guiane. ♄

94. GALIPEA trifoliata. T. 10.
E Guiana. ♄

Explication des fig.   *Explicatio iconum.*

Tab. 10. GALIPIER à trois feuilles. (a) Rameau garni de feuilles & de fleurs. (b) Fleur entière. (c) Fleur ouverte. (d) Calice ouvert, pièd. (e) Pistil séparé. (f, g) Bouton de fleur.

Tab. 10. GALIPEA trifoliata. (a) Ramus foliis floribusque onustus. (b) Flos integer. (c) Flos apertus. (d) Calyx apertus ; pidillum. (e) Pistillum separatum. (f, g) Gemma floris. Fig. ex Aubl.

29. CYRTANDRE.   29. CYRTANDRA.

Caract. essent.   *Charact. essent.*

CALICE 5-fide. Corolle irrégulière, à 5 lobes. 2 étamines stériles. Baie biloculaire, polysperme.

CALYX 5-fidus. Corolla irregul., 5-loba. Stamina duo sterilia. Bacca bilocularis, polysperma.

Caract. nat.   *Charact. nat.*

Cal. monophylle, quinquefide : à découpures oblongues, pointues, inégales.
Cor. monopétale, irrégulière. Tube plus long que le calice, courbé, dilaté à son orifice. Limbe part. en cinq déc. arrondies, inégales.
Etam. 4 filamens, attachés au tube de la corolle; 2 inférieurs stériles; 2 supérieurs en spirale, courbés, & fertiles. Anthères ovales, comprimées.
Pist. un ovaire supérieur, conique: style un peu droit, de la longueur du tube; stigmate en massue, à deux lames.
Péric. baie oblongue, biloculaire, polysperme.
Sem. nombreuses, très-petites, attachées à une cloison épaisse, convexe de chaque côté, & disposées en lignes arquées qui se courbent en-dedans.

Cal. monophyllus, quinquefidus : laciniis oblongis acutis inæqualibus.
Cor. monopetala, irregularis. Tubus calyce longior, inflexus, ad faucem ampliatus. Limbus 5-lobus; laciniis rotundatis, inæqualibus.
Stam. filamenta quatuor, tubo corollæ inserta : 2 inf., sterilia; duo superiora spiralia, flexa, fertilia. Antheræ ovatæ, compressæ.
Pist. germen superum, conicum. Stylus rectiusculus, longitudine tubi; stigma clavatum, bilamellatum.
Peric. bacca oblonga, bilocularis, polysperma.
Sem. plurima, minima, dissepimento carnoso utrinque convexo affixa, & in seriebus utrinque convoluto arcuatis disposita.

Tableau des espèces.   *Conspectus specierum.*

95. CYRTANDRE à deux fleurs. Dict. n°. 1.
C. à pédoncules biflores, à feuilles ovales, très-entières.
Lieu nat. l'isle de d'Otahiti.

95. CYRTANDRA biflora.
C. pedunculis bifloris, foliis ovatis integerrimis.
Ex insula Taheiti.

96. CYRTANDRE à bouquet. Dict. n°. 2.
C. à pédoncules en cime ; feuilles ovales, crénelées.
Lieu nat. Tanna.

96. CYRTANDRA cymosa.
C. pedunculis cymosis; foliis ovatis crenatis.
E Tanna. F.

Explication des fig.   *Explicatio iconum.*

Tab. 11. CYRTANDRA... (a) Fleur de grandeur naturelle. (b) Corolle. (c) Corolle fendue dans sa longueur, montrant les étamines. (d) Pistil. (e) Baie. (f) Baie coupée en travers. (g) Semences.

Obs. Ce genre a des rapports avec les bestières ; mais il en diffère par les deux étamines stériles de ses fleurs.

Tab. 11. CYRTANDRA.... (a) Flos magnitudine naturali. (b) Corolla. (c) Eadem dissecta, ostendens stamina. (d) Pistillum. (e) Bacca. (f) Eadem transversa secta. (g) Semina. Fig. ex Forst.

Obs. Genus bestiriis affine ; sed differt staminibus duobus sterilibus.

- -. 30. VOCHY.

Caract. essent.

CALICE court, à 4 lobes. 4 pétales irréguliers: le supérieur coraliculé à sa base. Filament membraneux, portant deux anthères.

Caract. nat.

Cal. monophylle, court, profondément quadrifide; à découpures arrondies, inégales.

Cor. 4 pétales irréguliers, attachés au calice: un supérieur, droit, presque cunéiforme, concave, échancré, se terminant postérieurement, à sa base, en un éperon long & courbé; un inférieur, plus grand, ovoïde, arrondi, concave; & deux latéraux, plus petits, oblongs, un peu connivents.

Etam. un filament oblong, membraneux, près liforme, creusé en capuchon à son sommet, attaché au fond du calice sous l'ovaire, & abaissé sur le pétale inférieur. Deux anthères linéaires, parallèles, & adnées. (appliquées) au filament, dans la cavité de son sommet.

Pist. un ovaire supérieur, ovale, à trois sillons: style filiforme, recourbé, serré contre le pétale supérieur. Stigmate convexe d'un côté, appliqué de l'autre.

Perit. .... fruit à trois loges polyspermes.

Sem. .... nombreuses.

Tableau des espèces.

97. VOCHY de la Guiane. D'8.
Lieu nat. les forêts de la Guiane. ♄

Explication des fig.

Tab. 11. VOCHY de la Guiane. (a) Sommité d'un rameau, terminée par une grappe de fleurs. (b) Fleur ouverte. (c) Corolle vue de côté. (d) Pétales inférieurs & latéraux. (e) Etamines. (f, g) Calice & pétale supérieur. (h) Calice ouvert, pétale supérieur, pistil. (i) Bouton de fleur. (l) Calice, pistil. (m) Calice vû dans sa position naturelle. (n) Ovaire coupé en travers.

31. CARMANTINE.

Caract. essent.

CALICE quinquefide. Corolle labiée. Loges des anthères un peu séparées. Capsule biloculaire, bivalve, s'ouvrant avec élasticité.

Caract. nat.

Cal. monophylle, petit, droit, à cinq divisions pointues.

30. VOCHISIA.

Charact. essent.

CALYX quadripartitus, brevis. Petala quatuor; inaequalia: superius basi corniculatum. Filamentum membranaceum diandrum.

Charact. nat.

Cal. monophyllus, brevis, profundè quadripartitus: laciniis subrotundis inaequalibus.

Cor. petala quatuor, inaequalia, calyci inserta: superius erectum, subcuneiforme, concavum, emarginatum, basi & postice definens in corniculum longum incurvum; inferius majus, obovatum, rotundatum, concavum; duo lateralia minora, oblonga, subconniventia.

Stam. filamentum unicum, oblongum, membranaceum, petaliforme, apice concavum, fundo calycis intra germen insertum, petalo inferiori incumbens: antherae duae, lineares, parallelae, filamento intra cavitatem cucullatam adnatae.

Pist. germen superum, ovatum, trisulcum. Stylus filiformis, recurvus, petalum superius premens. Stigma hinc convexum, indè complanatum.

P-ric. .... fructus trilocularis, polyspermus.

Sem. .... plurima.

Conspectus specierum.

97. VOCHISIA Guianensis. T. 11.
E sylvis Guianæ. ♄

Explicatio iconum.

Tab. 11. VOCHISIA Guianensis. (a) Summitas ramuli racemo florum terminata. (b) Flos expansus. (c) Corolla obliquè visa. (d) Petala inferiora & lateralia. (e) Stamina. (f, g) Calyx & petalum superius. (h) Calyx apertus, petalum superius, pistillum. (i) Flos nondum expansus. (l) Calyx, pistillum. (m) Calyx naturalis. (n) Germen transversè sectum. Fig. in Aubl.

31. JUSTICIA.

Charact. essent.

CALYX quinquepartitus. Corolla ringens. Loculi antherarum subdistincti. Capsula bilocularis, bivalvis, elasticè dehiscens.

Charact. nat.

Cal. monophyllus, parvus, erectus, quinquepartitus, acutus.

E ij

Cor. monopétale, ringente. Tube renflé. Limbe bilabié : lèvre supérieure oblongue, échancrée ; lèvre inférieure réfléchie . trifide.

Etam. deux filamens subulés , cachés sous la lèvre supérieure de la corolle : anthères droites , à loges séparées , surtout à leur base.

Pist. un ovaire supérieur turbiné. Style filiforme, de la longueur des étam. Stig. simple.

Peric. capsule oblongue , amincie vers sa base , biloculaire , bivalve , s'ouvrant avec élasticité ; ayant la cloison oppof e & subérente aux valves , & les réceptacles propres des semences en forme de crochets.

Sem. en petit nombre, arroudies , un peu comp.

Cor. monopetala, ringent. Tubus gibbus. Limb. bilabiatus: labium superius oblongum, emarginatum; labium inferius reflexum, trifidum.

Stam. filamenta duo , subulata , sub labio superiore recondita. Antheræ erectæ, loculis basi præsertim discretis.

Pist. germen superum , turbinatum. Stylus filiformis, longitudine staminum. Stigma simplex.

Peric. capsula oblonga , basi attenuata , bilocularis , bivalvis, elastice dehiscens : dissepimento valvis opposito ; receptaculis propriis seminum uncinatis.

Sem. pauca , subrotunda , compressiuscula.

Tableau des espèces.

Conspectus specierum.

* *Les ligneuses.*

* *Fruticosæ.*

98. CARMANTINE *en arbre.* Dict. n°. 1.

C. en arbre, à feuilles lancéolées-ovales, bractées ovales persistantes, lèvre supérieure des corolles concave.

Lieu nat. l'isle de Ceylan. ♄

98. JUSTICIA *adhatoda.* T. 11. f. 1.

J. arborea , foliis lanceolato-ovatis , bracteis ovatis persistentibus , corollarum galea concava. L.

Ex Zeylona. ♄

99. CARMANTINE *à crochet,* Dict. no. 2.

C. fruitqueuse ; à feuilles lancéolées ovales ; épis tétragones , embriqués de bractées ovales ciliées; lèvre supérieure des corolles recourbée.

Lieu nat. l'Inde , Ceylan. ♄ *Elle varie à feuilles & bractées obtuses.*

99. JUSTICIA *ecbolium.*

J. fruticosa , foliis lanceolato-ovatis , spicis tetragonis , bracteis ovatis ciliatis , corollarum galea reflexa. L.

Ex Indiis, Zeylona. ♄ *Variat foliis bracteisque obtusis.*

100. CARMANTINE *strobilifère.* Dict. Suppl.

C. fruitqueuse , à feuilles ovales-lancéolées ; épis ternés , terminaux , strobiliformes ; bractées glabres , pliées en deux.

Lieu nat. l'isle de Madagascar. ♄

100. JUSTICIA *strobilifera.*

J. fruticosa, foliis ovato-lanceolatis , spicis ternis terminalibus strobiliformibus , bracteis nudis conduplicatis.

Ex Madagascaria. ♄ *Jos. Martin. off. præcd.*

101. CARMANTINE *rouge.*

C. à feuilles ovales, acuminées; fleurs grandes & en épi , lèvre super. des corolles entière.

Lieu nat. l'isle de Cayenne.

101. JUSTICIA *coccinea.*

J. foliis ovatis acuminatis , floribus amplis spicatis , corollarum labio superiore integro.

Ex insula Cayenna. *Aubl.* T. 3.

102. CARMANTINE *élégante.*

C. fruitqueuse , à feuilles ovales acuminées ; épis serrés tétragones ; lèvre supérieure des corolles bifide.

Lieu nat. l'Amérique méridionale. ♄

102. JUSTICIA *pulcherrima.* Jacq.

J. fruticosa, foliis ovatis acuminatis, spicis densis tetragonis , corollarum labio superiori bifido.

Ex America meridionali. ♄ *Flores certe tetrandri secundum.* D. Richard.

103. CARMANTINE *infundibuliforme.* Di. n°. 3.

C. fruitqueuse , à feuilles lancéolées ovales quaternées ; bractées lancéolées ciliées.

Lieu nat. l'Inde. ♄

103. JUSTICIA *infundibuliformis.*

J. fruticosa, foliis lanceolato-ovatis quaternis , bracteis lanceolatis ciliatis. L.

Ex India ♄

104. CARMANTINE *à fleurs tournées.* Dict. n°. 4.

C. fruitqueuse , à feuilles lancéolées ovales ; bractées ovales , pointues, colorées , veineuses.

Lieu nat. l'Inde. ♄

104. JUSTICIA *betonica.*

J. fruticosa , foliis lanceolato-ovatis , bracteis ovatis acutis venoso-reticulatis corollatis. L.

Ex India. ♄

105. CARMANTINE *scorpioïde.* Dict. n°. 5.
C. frutiqueufe à feuilles lanceolées ovales
velues fessiles, épis recourbés.
Lieu nat. la Vera-Cruz. ♄

106. CARMANTINE *tachée.* Dict. n°. 6.
C. frutiqueufe, à feuilles lanceolées-ovales
tachées, corolles renflées à leur orifice.
Lieu nat. les Indes orientales. ♄

107. CARMANTINE *saliciforme.* Dict. n°. 7.
C. frutiqueufe, à feuilles lanceolées alon-
gées, épis terminaux prefque nuds.
Lieu nat. les Indes orientales.

108. CARMANTINE *luifante.* Dict. Suppl.
C. frutiqueufe, à feuilles ovales-lancéolées,
acuminées; grappes fpiciformes, nues; bractées très-petites.
Lieu nat. les Antilles. ♄

109. CARMANTINE *panachée.* Dict. n°. 18.
C. frutiqueufe, à feuilles ovales pointues;
fleurs panachées difpofées en épi lâche.
Lieu nat. les forêts de la Guiane. ♄

110. CARMANTINE *épineufe.* Dict. n°. 9.
C. frutiqueufe, à feuilles ovales, épines
axillaires, ouvertes, de la longueur des feuilles; pédoncules uniflores, latéraux.
Lieu nat. l'ifle de S. Domingue. ♄

111. CARMANTINE *microphyle.* Dict. Suppl.
C. frutiqueufe, à feuilles ovoïdes, corîa-
ces; épines axillaires très-courtes; pédoncules
uniflores, latéraux.
Lieu nat. les Antilles. ♄ Rameaux velus.
Feuilles fafciculées.

112. CARMANTINE *heriffonne.* Dict. Suppl.
C. frutiqueufe, à épines axillaires quaternées, feuilles ovales finuées dentées, fleurs
latérales fessiles.
Lieu nat. l'ifle de S. Domingue. ♄

113. CARMANTINE *du Tranquebar.* Dict. Sup.
C. frutiqueufe, à tige cylindrique, feuilles
orbiculées, épis terminaux, ayant des fleurs
folitaires & des bractées obcordées.
Lieu nat. le Tranquebar. ♄
Obs. Notre Carmantine à petites feuilles, n°.
10, eft un Ruellia.

114. CARMANTINE *vincoïde.* Dict. n°. 11.
C. frutiqueufe, à feuilles ovales glabres;
pédoncules prefqu'uniflores; limbe des corolles plane, à cinq divifions.

105. JUSTICIA *scorpioïdes.*
J. fruticofa, foliis lanceolato-ovatis hirfutis
fessilibus, fpicis recurvatis. L.
E Vera Cruce. ♄ Houft. Rel. T. 1.

106. JUSTICIA *picta.*
J. fruticofa, foliis lanceolato-ovatis pictis ;
corollis fauce inflatis. L.
Ex Indiis orientalibus. ♄

107. JUSTICIA *genderufa.*
J. fruticofa, foliis lanceolatis elongatis,
fpicis terminalibus fubnudis.
Ex Indiis orientalibus.

108. JUSTICIA *nitida.* Jacq.
J. fruticofa, foliis ovato-lanceolatis acumi-
natis, racemis fpicæformibus fubnudis, brac-
teis minimis.
Ex Infulis Caribæis ♄ Conf. scorpioïdes....;
Sloan. jam. 1. T. 10.

109. JUSTICIA *variegata.* Aubl.
J. fruticofa, foliis ovatis acutis, floribus
laxè fpicatis variegatis.
Ex fylvis Guianæ. ♄ Aubl. T. 4. affinis præce.

110. JUSTICIA *fpinofa.* Jacq.
J. fruticofa, foliis ovatis, fpinis axillaribus
patentibus longitudine foliorum, pedunculis
unifloris lateralibus.
Ex infula Domingi. ♄ Folia parva, fape obc.

111. JUSTICIA *microphylla.*
J. fruticofa, foliis obovatis coriaceis, fpinis
axillaribus breviffimis, pedunculis unifloris
lateralibus.
Ex infula Caribæis. ♄ Richard. an justicia
armata. Swartz.

112. JUSTICIA *hyftrix.*
J. fruticofa, fpinis axillaribus quaternis ;
foliis ovatis finuato-dentatis, floribus lateralibus fessilibus.
Ex infula Domingi. ♄ Jof. Martin.

113. JUSTICIA *Tranquebarenfis.* L. f.
J. fruticofa, caule tereti, foliis orbiculatis,
fpicis terminalibus, floribus folitariis, bracteis obcordatis. Suppl. 85.
E Tranquebar. ♄
Obs. Justicia parvifolia, Dict. n°. 10. Flores
habet tetrandros ; ideò Ruellia fpeciei. Eft justicia madurenfis. Burm. fl. ind. T. 4. f. 3.

114. JUSTICIA *vincordes.*
J. fruticofa, foliis ovatis glabris, pedunculis fubunifloris, limbo corollarum plano
quinquepartito.

Lieu nat. l'isle de Madagascar. ♄

115. CARMANTINE *faftueuse*. Dict. n°. 12.
C. frutiqueufe, à feuilles elliptiques, grap
pes terminales.
Lieu nat. l'Inde, l'Arabie. ♄

116. CARMANTINE à f. d'Hyffope. D. n°. 13.
C. frutiqueufe, à feuilles oblongues un peu
obtufes charnues; pédoncules axillaires courts
presqu'uniflores.
Lieu nat. les isles Canaries. ♄

117. CARMANTINE *feffile*. Dict. n°. 14.
C. frutiqueule, à feuilles ovales un peu
velues; fleurs axillaires feffiles.
Lieu nat. l'Amérique méridionale. ♄

118. CARMANTINE *à de S. Euftache*. Dic. n°. 15.
C. frutiqueufe, à feuilles lancéolées-oblon
gues, pointues; fleurs un peu en grappe;
bractées petites, linéaires-pointues.
Lieu nat. l'isle de S. Euftache. ♄

119. CARMANTINE *velue*. Dict. n°. 16.
C. frutiqueufe, à feuilles lancéolées acuminées, fleurs presqu'en epi, ayant les bractées fetacées; tige velue.
Lieu nat. la Martinique. ♄

120. CARMANTINE *en favis*. Dict. n°. 17.
C. futiqueufe, à feuilles ovales pointues
petiolées; fleurs latérales bicaliculces, ayant
la lèvre fupérieure très longue & en faulx.
Lieu nat. l'isle de France. ♄

121. CARMANTINE *bractéolée*. Dict. Suppl.
C. frutiqueufe, à feuilles ovales lancéolées
pointues aux deux bouts, grappe terminale;
filamens des étamines appendiculés.
Lieu nat. l'Amérique. ♄

122. CARMANTINE *orchioïde*. Dict. Suppl.
C. frutiqueufe, à feuilles ovales feffiles,
pédoncules axillaires folitaires uniflores, bractées plus courtes que le calice.
Lieu nat. le Cap de Bonne-Efpérance. ♄

123. CARMANTINE *biflore*. Dict. n°. 19.
C. frutiqueufe, à feuilles ovales obtufes, pé
doncules biflores; fleurs bicaliculées.
Lieu nat. l'Arabie. ♄

124. CARMANTINE *odorante*. Dict. n°. 20.
C. frutiqueufe, à feuilles ovales-oblongues
obtufes; fleurs axillaires feffiles velues en-dehors.
Lieu nat. l'Arabie, dans les bois. ♄

Ex infula Madagafcariæ. ♄

115. JUSTICIA *faftuofa*.
J. fruticofa, foliis elliptieis, thyrfis termi-
nalibus. L. Mant. 171.
Lx India, Arabia. ♄

116. JUSTICIA *Hyffopifolia*.
J. fruticofa, foliis oblongis obtufiufculis
carnofis, pedunculis axillaribus brevibus fub-
uniflorii.
E Canariis. ♄

117. JUSTICIA *feffilis*.
J. frnticofa, foliis ovatis fubvillofis, flori-
bus axillaribus feffilibus.
Ex America meridionall. ♄

118. JUSTICIA *Euftachiana*, Jacq.
J. fruticofa, f. liis lanceolaro-oblongis acu
tis, floribus fubracemofis, bracteis parvis linearibus acutis.
Ex infula S. Euftachil. ♄ Jacq. am. T. 4.

119. JUSTICIA *hirfuta*, Jacq.
J. fruticofa, foliis lanceolato-acuminatis,
floribus fubfpicatis, bracteis fetaceis, caule
hirfuto.
E Maninka. ♄

120. JUSTICIA *falcata*.
J. fruticofa, foliis ovato-acutis petiolatis,
floribus lateralibus bicalyculatis; labio fuperiori longiffimo falcato.
Ex infula Franciæ. ♄ Folia exficcatione ni-
grefcunt.

121. JUSTICIA *bracteolata*. Jacq.
J. fruticofa, foliis ovato-lanceolatis utrinque acutis; racemo terminali, flaminum filamentis appendiculatis.
Ex America. ♄ Jacq. colleft. vol. 3. p. 135,
& ic. rar. vol. 2.

122. JUSTICIA *orchioides*. L. f.
J. fruticofa, foliis ovatis feffilibus, pedunculis axillaribus folitariis uniflotis, bracteis
calyce brevioribus.
E Caphe Bonæ Spei. ♄ Hort. Kew. n°. 8.

123. JUSTICIA *biflora*.
J. fruticofa, foliis ovatis obtufis, pedun-
culis bifloris, floribus bicalyculatis.
Ex Arabia ♄ Forsk. n°. 20.

124. JUSTICIA *odora*.
J. fruticofa, foliis ovato-oblongis obtufis,
floribus axillaribus feffilibus extus villofis.

Ex Arabia, in fylvis. ♄ Forsk. n°. 21.

* * Les herbacées.   * * Herbacea.

125. CARMANTINE à épis grêles. Diâ. n°. 21.
C. à feuilles ovales-lancéolées entières ; épis
grêles terminaux & latéraux ; braâées féracées ;
tige couchée.
Lieu nat. les Indes orientales. ⚇
a. Elle varie à épis courts, toujours terminaux.

126. CARMANTINE rampante. Diâ. n°. 22.
C. à feuilles ovales presque crénelées ; épis
terminaux : braâées lancéolées spinuleufes ;
tige rampante.
Lieu nat. l'Inde, Ceylan. ⚇

127. CARMANTINE peflinée. Diâ. n°. 23.
C. diffuse, à épis axillaires feffiles tomenteux
unilatéraux embriqués fur le dos ; braâées
femi-lancéolées.
Lieu nat. les Indes orientales. ⚇

128. CARMANTINE nudicaule.
C. à tige nue, très-fimple, fe terminant par
un épi.
Carmantine fans tige. Diâ. n°. 36.

Lieu nat. l'Inde, la Guinée. ⚇

129. CARMANTINE de Chine. Diâ. n°. 24.
C. à feuilles ovales, fleurs latérales, pédon-
cules triflores ; braâées ovales.
Lieu nat. la Chine.

130. CARMANTINE ocymoïde. Diâ. n°. 27.
C. à tige anguleufe, feuilles ovales pétiolées,
pédoncules axillaires multiflores très-courts ;
braâées petites un peu épineufes au fommet.
Lieu nat. les pays chauds de l'Amérique. ☉

131. CARMANTINE nyâagine. Diâ. Suppl.
C. à feuilles ovales pointues, ondées fur les
bords ; épis géminés terminaux ; braâées ovales
plus longues que le calice.
Lieu nat. l'Amérique méridionale. ⚇

132. CARMANTINE de Carragène. Diâ. n°. 30.
C. à feuilles lancéolées ovales, fleurs en épi ;
braâées oblongue-cunéiformes.
Lieu nat. l'Amérique méridionale. Elle varie
à feuilles plus larges, ovales acuminées ; & à
braâées en fpatule.

133. CARMANTINE fexangulaire. Diâ. Suppl.
C. à feuilles ovales-pointues pétiolées, rameaux fexangulaires, épis presque filiformes ;
braâées petites, cunéiformes.
Lieu nat. S. Domingue. ☉ Jos. Martin.

125. JUSTICIA procumbens.
J. foliis ovato-lanceolatis integerrimis, fpicis
tenulbus terminalibus lateralibufque, braâeis
fetaceis, caule procumbente.
Ex Indiis orientalibus. ⚇
a. Variat fpicis brevibus, femper terminalibus.

126. JUSTICIA repens.
J. foliis ovatis fubcrenatis, fpicis terminalibus ;
braâeis lanceolatis fpinulofis, caule repente.
Ex India, Zeylona. ⚇

127. JUSTICIA peâinata. T. 11. f. 3.
J. diffufa, fpicis axillaribus, feffilibus tomen-
tofis fecundis dorfo imbricatis ; braâeis femi-
lanceolatis. L
Ex Indiis orientalibus. ⚇

128. JUSTICIA nudicaulis.
J. caule nudo, fimpliciffimo , apice fpicato.
Juflicia acaulis. L. f. Suppl. 84. Conf. Pluk.
t. 438. f. 1.
Ex India, Guinea. ⚇

129. JUSTICIA Chinenfis.
J. foliis ovatis, floribus lateralibus , pedun-
culis trifloris, braâeis ovalibus.
E China.

130. JUSTICIA ocymoides.
J. caule angulato, foliis ovalis petiolatis, pe-
dunculis axillaribus multiflSris breviffimis ,
braâeis parvis apice fpinulofis.
Ex America calidiore. ☉ A Jharoda jalapa folio.
Bac'hoz. ic. color.

131. JUSTICIA mirabiloides.
J. foliis ovatis acutis margine undatis, fpicis
geminis terminalibus , braâeis ovatis calyce
longioribus.
Ex America meridionali. Commu. a. D. Richard.

132. JUSTICIA Carthaginenfis. Jacq.
J. foliis lanceolato-ovalibus, floribus fpicatis,
braâeis oblongo cuneatis.
Ex America meridionali. Variat foliis latioribus ovatis acuminatis , braâeis fpathulatis.

133. JUSTICIA fexangularis.
J. foliis ovato acutis petiolatis , ramis fexan-
gularibus , fpicis fubtiliformibus , braâeis
parvis cuneatis.
E Domingo. ☉ Pluk. T. 279. f. 6.

134. CARMANTINE *de la Jamaïque*. Di. n°. 38.
C. à feuilles ovales pointues très-entières,
bractées courtes subulées; rameaux hexagones.
Lieu nat. la Jamaïque.

135. CARMANTINE *fourchue*. Dict. n°. 29.
C. à tige cylindrique pubescente, feuilles
ovales pétiolées; pédoncules axillaires plusieurs fois fourchus.
Lieu nat. les pays chauds de l'Amérique.

136. CARMANTINE à *languette*. Dict. n°. 17.
C. à feuilles ovales pétiolées, fleurs paniculées bicalicules; languette dorsale droite un
peu longue.
Lieu nat. l'Inde. ⊙ *Les bractées constituent son
calice extérieur.*

137. CARMANTINE *pubescente*. Dict. Suppl.
C. à feuilles ovales acuminées; pédoncules latéraux rameaux pauciflores; bractées subulées
plus courtes que le calice.
Lieu nat. l'Amérique.

138. CARMANTINE *polystache*. Dict. Suppl.
C. à feuilles oblongues-lancéolées, épis alternes axillaires; bractées ovales velues nerveuses transparentes.
Lieu nat. l'île de Cayenne.

139. CARMANTINE *échinoïde*. Dict. n°. 23.
C. hérissée, à feuilles linéaires obtuses sessiles, grappes axillaires unilatérales montantes;
bractées sétacées.
Lieu nat. l'Inde, le Malabar.

140. CARMANTINE *ciliée*. Dict. n°. 26.
C. hispide, à feuilles lancéolées un peu obtuses
pétiolées; fleurs axillaires presque sessiles;
bractées linéaires sétacées plus longues que
la fleur.
Lieu nat. l'île de Ceylan. ⊙

141. CARMANTINE *verticillaire*. Dict. Suppl.
C. velue, à feuilles ovales entières, fleurs axil-
laires sessiles presque verticillées; bractées mu-
cronées plus grandes que le calice.
Lieu nat. le Cap de Bonne-Espérance, & Sierra
Léona.

142. CARMANTINE *lupuline*. Dict. Suppl.
C. à épis terminaux sessiles, bractées
en cœur embriquées ciliées plus grandes que
le calice.
Lieu nat. la Martinique.

143. CARMANTINE *brunelloïde*. Dict. Suppl.
C. couchée, à feuilles lancéolées un peu den-

---

134. JUSTICIA *assurgens*.
J. foliis ovatis integerrimis, bracteis
subulatis brevibus, ramis hexagonis.
E Jamaica. *Facies præcedentis.*

135. JUSTICIA *furcata*.
J. caule tereti pubescente, foliis ovatis petio-
latis, pedunculis axillaribus multoties furcatis.
Ex America calidiore.

136. JUSTICIA *ligulata*. T. 12. f. 2.
J. foliis ovatis petiolatis, floribus paniculatis
bicalyculatis, ligula dorsali erecta longiuscula.
Ex India ⊙

137. JUSTICIA *pubescens*.
J. foliis ovatis acuminatis, pedunculis lateralibus ramosis paucifloris, bracteis subulatis
calyce brevioribus.
Ex America. Conf. Pluk. T. 179. f. 7.

138. JUSTICIA *polystachia*.
J. foliis oblongo-lanceolatis, spicis alternis
axillaribus, bracteis ovalibus villosis nervosis
pellucidis.
Ex Cayena. D. Leblond (herb. D. Thouin).

139. JUSTICIA *echinoides*.
J. hirta, foliis linearibus obtusis sessilibus;
racemis axillaribus adscendenti-secundis,
bracteis setaceis.
Ex India, Malabaria.

140. JUSTICIA *ciliaris*.
J. hispida, foliis lanceolatis obtusiusculis petiolatis, floribus axillaribus subsessilibus, bracteis lineari-setaceis flore longioribus.

Ex Zeylona. ⊙

141. JUSTICIA *verticillaris*.
J. villosa, foliis ovatis integris, floribus axillaribus sessilibus subverticillatis, bracteis mucronatis calyce majoribus.
E Capite Bonæ Spei, Sierra-Leona. *Smeathm.*

142. JUSTICIA *lupulina*.
J. spicis ovatis terminalibus sessilibus, bracteis
subcordatis imbricatis ciliato-villosis calyce
majoribus.
E Martinica *Jos. Martin. Smeathm. prunella...;
Sloan. jam. hist.* 1. T. 109, f. 1.

143. JUSTICIA *brunelloides*.
J. procumbens, foliis lanceolatis subserratis;
spicis

épis denses velus terminantx; bractées lancéolées-ovales, plus grandes que le calice.
Lieu nat. l'Iße de Java.

144. CARMANTINE *du Gange.* Dißl. n°. 15.
C. à feuilles ovales pointues, grappes menues
lâches presque simples ayant des fleurs alter-
nes, & des bractées subulées très-petites.
Lieu nat. l'Inde, Madagascar. *Cara caniram.*
Rheed. mal. 9. T. 56.

145. CARMANTINE *pectorale.* Dißl. n°. 18.
C. à feuilles ovales-lancéolées, épis grêles paniculés; bractées séracées très-courtes.
Lieu nat. la Martinique, S. Domingue. O *Elle*
a des rapports avec la précédente.

146. CARMANTINE *pourprée.* Dißl. n°. 33.
C. à feuilles ovales pointues sur deux bouts
très entières glabres; tige géniculée, épis
unilatéraux.
Lieu nat. la Chine.

147. CARMANTINE *penchée.* Dißl. n°. 34.
C. à feuilles lancéolées dentelées, pédoncu-
les terminaux à courts penchés; bractées en alêne.
Lieu nat. l'Iße de Java.

148. CARMANTINE *bivalve.* Dißl. n°. 12.
C. à feuilles lancéolées-ovales, pédoncules
seuflores, pédicules latéraux biflores; bractées
ovales parallèles.
Lieu nat. l'Inde, le Malabar.

149. CARMANTINE *fastigiée.* Dißl. suppl.
C. à feuilles ovales acuminées, pédoncules en
cime, bractées linéaires-subulées, inégales,
plus longues que le calice & hérissées de poils.
Lieu nat. les Indes orientales.

150. CARMANTINE *blanchâtre.* Dißl. suppl.
C. velue tomenteuse blanchâtre, à feuilles
ovales, épis axillaires pédonculés, tiges couchées.
Lieu nat. la Guinée. *Fruilles petites comme celles*
de l'Origan marjolaine.

151. CARMANTINE *tubuleuse.* Dic. n°. 31.
C. à tige pubescente; feuilles ovales-lancéolées très-entières, pédoncules divisés, paniculées; tube de la fleur fort long.
Lieu nat. l'Inde, le Malabar, Java. *Supprimer*
lavar. p. du Dißl.

152. CARMANTINE *linéaire.* Dißl. n°. 40.
C. à feuilles linéaires, épis axillaires alternes
ayant de longs pédoncules.
Lieu nat. la Virginie, la Floride.

---

spicis densis villosis terminalibus, bracteis lanceolato-ovatis, calyce majoribus.
Ex Java. *Commers.*

144. JUSTICIA *Gangetica.*
J. foliis ovatis acutis, racemis tenuibus subsimplicibus laxis, floribus alternis, bracteis
subulatis minimis.
Ex India. *In Madagascaria varias racemis ra-*
mosis, pedunculis pubescenti-viscosis. (v. f.)

145. JUSTICIA *pectoralis.* Jacq.
J. foliis ovato-lanceolatis, spicis tenuibus pa-
niculatis, bracteis setaceis brevissimis.
E Martinica, Domingo. O *Antirrhinum....*
Sloan. jam. vol. 1. T. 103. f. 2.

146. JUSTICIA *purpurea.*
J. foliis ovatis utrinque mucronatis integerrimis glabris, caule geniculato, spicis secundis. L.
E China. *Garm. de Frußl.* p. 155.

147. JUSTICIA *nutans.*
J. foliis lanceolatis denticulatis; pedunculis
terminalibus brev. cernuis, bracteis subulatis.
Ex Java. *Comm.*

148. JUSTICIA *bivalvis.*
J. foliis lanceolato-ovatis, pedunculis seuflo-
ris: pedicellis lateralibus bifloris, bracteis
ovatis parallelis. L.
Ex India, Malabaria.

149. JUSTICIA *fastigiata.*
J. foliis ovatis acuminatis, pedonculis fasti-
giatis, bracteis lineari-subulatis villoso-his-
pidis inæqualibus calyce longioribus.
Ex Indiis orientalibus.

150. JUSTICIA *canescens.*
J. villoso-tomentosa canescens, foliis ovatis;
spicis axillaribus pedunculatis, caulibus decumbentibus.
Ex Guinea. D. *Roußßlon.* — *Bractea ovata im-*
bricatæ calyce majores.

151. JUSTICIA *nasuta.*
J. caule subpubescente, foliis ovato lanceolatis integerrimis, pedunculis divisis paniculatis, tubofloris prælongo.
Ex India, Malabaria, Java. *Var. p. Dißl.æ*
excludatur.

152. JUSTICIA *linearifolia.*
J. foliis linearibus, spicis axillaribus alternis
longe pedunculatis.
Ex Virginia, Florida. *Communic. ad Frafer.*

153. CARMANTINE *du Pérou.* Dict. n°. 42.
C. à feuilles ovales pointues ; épis courts axillaires & terminaux, bractées embriquées épineuses au sommet.
Lieu nat. le Pérou.

154. CARMANTINE *unilatérale.* Dict. suppl.
C. herbacée ; à feuilles ovales obtuses, épis filiformes, fleurs unilatérales sessiles.
Lieu nat. l'Isle de Madagascar.

155. CARMANTINE *ladanoïde.* Dict. suppl.
C. à feuilles lancéolées très-entières, fleurs axillaires sessiles comme verticillées, bractées subulées de la longueur des calices.
Lieu nat. la Chine.

156. CARMANTINE *parasite.* Dict. suppl.
C. à feuilles oblongues acuminées, d'une fasciculée sessile, étamines saillantes, lèvres des corolles très-courtes.
Lieu nat. l'Isle de Java. Elle est parasite des troncs d'arbres. Ses fleurs sont comme celles de Colomnées, mais diandriques.

153. JUSTICIA *peruviana.*
J. foliis ovatis acutis, spicis brevibus axillaribus & terminali bus, bracteis imbricatis apice spinulosis.
E Peru.

154. JUSTICIA *secunda.*
J. herbacea, foliis ovatis obtusis, spicis filiformibus, floribus secundis sessilibus.
E Madagascaria. Jos. Martin.

155. JUSTICIA *ladanoïdes.*
J. foliis lanceolatis integerrimis, floribus axillaribus sessilibus subverticillatis, bracteis subulatis longitudine calycum.
E China. H. R. Habitus galeopsis ladani.

156. JUSTICIA *parasitica.*
J. foliis oblongis acuminatis, cyma fasciculata sessili, staminibus exsertis, labiis corollarum brevissimis.
Ex Java. Commers. Truncorum parasitica. Flores Columnea, sed diandri. An hujus generis.

Explication des fig.

Tab. 11, f. 1. CARMANTINE *en arbre*. (a) Fleur vue en-devant. (b) Corolle vue de côté. (c) Calice, style. (d) Pistil. (e) Capsule entière. (f) La même coupée transversalement. (g) La même ouverte. (h) Une seule valve séparée.

Tab. 11. f. 2. CARMANTINE *à languette*. (a) Sommité de la tige montrant les feuilles supérieures & les pédoncules fructifères. (b) Capsule entière. (c) La même s'ouvrant. (d) Une valve séparée & grossie. (e, h) Semences séparées. (g, f) Rétinacle découvert & séparé. (i) Portion séparée de la panicule.

Tab. 11. f. 3. CARMANTINE *pédinée*.

Explicatio iconum.

Tab. 11, fig. 1. JUSTICIA *adhatoda*. (a) Flos antice visus. (b) Corolla obliquè visa. (c) Calyx, stylus. (d) Pistillum. (e) Capsula integra. (f) Eadem transversè secta. (g) Eadem dehiscens. (h) Ejusdem valva unica soluta.

Tab. 11, f. 2. JUSTICIA *ligolata*. (a) Summitas caulis cum foliis superioribus & pedunculis fructiferis. (b) Capsula integra. (c) Eadem dehiscens. (d) Valva separata & aucta. (e, h) Semini separata. (g, f) Embryo dehiscens & separatus. (i) Pars paniculae. Fig. ex D. Gevin.

Tab. 11, f. 3. JUSTICIA *pectinata*.

51. VERONIQUE.

Caract. essent.

CALICE à 4 ou 5 divisions. Corolle presque régulière, à limbe partagé en 4 découpures. Capsule obcordée, biloculaire.

Caract. nat.

Cal. partagé en 4 ou 5 découpures, persistant : à découpures le plus souvent lancéolées, pointues.
Cor. monopétale, ordinairement en roue : à tube court ; à limbe partagé en quatre découpures ovales : la découpure inférieure plus étroite, & celle qui lui est opposée un peu plus large.
Etam. deux filamens montans, attachés au tube de la corolle ; anthères arrondies.
Pist. un ovaire supérieur, comprimé sur les

52. VERONICA.

Charact. essent.

CALYX 4 f. 5-partitus. Corolla subaequalis, limbo 4-partito. Capsula obcordata, bilocularis.

Charact. nat.

Cal. quadri f. quinquepartitus, persistens : laciniis saepius lanceolatis acutis.
Cor. monopetala, plerumque rotata. Tubus brevis ; limbus quadripartitus, laciniis ovatis : infima angustiore, huic opposita latiore.
Stam. filamenta duo, ascendentia, tubo corollae inserta ; antherae subrotundae.
Pist. germen superum, compressum. Stylus fili-

côtés. Un ſtyle filiforme, de la longueur des étamines, incliné. Stigmate ſimple.

Péric. capſule obcordée, un peu comprimée, échancrée au ſommet, marquée d'un ſillon de chaque côté, biloculaire, à cloiſon oppoſée aux valves.

Sem. pluſieurs, arrondies, comprimées,

formis, longitudine flaminum, declinatis. Stigma ſimplex.

Péric. capſula obcordata, ſubcompreſſa, apice emarginata, utrinque ſulco inſtripta, biloculatis, diſſepimento valvis oppoſitu.

Sem. plura, ſubrotunda, compreſſa.

Tableau des eſpèces.

* Grappes latérales.

Conſpectus ſpecierum.

* Racemi laterales.

157. VERONIQUE chenette. Dict.
V. à grappes latérales, feuilles ovales dentées ridées ſeſſiles; mais les Inférieures pétiolées, tige velue ſur deux côtés oppoſés.
Lieu nat. l'Europe. ♃

158. VERONIQUE à feuilles larges. Dict.
V. à grappes latérales, feuilles en cœur ridées, dentées & toutes ſeſſiles.
Lieu nat. l'Europe. ♃
Þ La Véronique à feuilles d'ortie eſt une variété de cette eſpèce.

159. VERONIQUE de montagne. Dict.
V. à grappes latérales pauciflores; feuilles ovales crénelées, ridées, pétiolées; tige debile.
Lieu nat. les lieux ombragés & montagneux de l'Europe. ♃

160. VERONIQUE teucriette. Dict.
V. à grappes latérales fort longues preſqu'en épi, feuilles ovales ridées un peu obtuſes profondément & obtuſement dentées.
Lieu nat. l'Europe. ♃

161. VERONIQUE multifide. Dict.
V. à grappes latérales très-longues, feuilles ovales très-profondément pinnatifides : à découpures linéaires un peu inciſes.
Lieu nat..... cultivée au jardin du Roi. ♃
Elle eſt très-différente de celle qui ſuit.

162. VERONIQUE d'Autriche. Dict.
V. à grappes latérales, feuilles oblongues preſque linéaires pinnées velues : ayant des des découpures étroite & diſtantes.
Lieu nat. l'Autriche, la Sibérie. ♃

163. VERONIQUE orientale. Dict.
V. à grappes latérales, feuilles ovales multifides; les ſupérieures linéaires un entières, tiges couchées.
Lieu nat. le Levant. ♃

164. VERONIQUE couchée. Dict.

117. VERONICA chamædrys T. 13. f. 1.
V. racemis lateralibus, foliis ovatis ſerratis rugoſis. ſeſſilibus; infimis petiolatis, caule bifariam piloſo.
Ex Europa. ♃

158. VERONICA latifolia.
V. racemis lateralibus, foliis cordatis ſerratis rugoſis omnibus ſeſſilibus.
Ex Europa. ♃
p. Veronica urticæfolia. Jacq. auſtr. t., t. 59.

159. VERONICA montana.
V. racemis lateralibus paucifloris; foliis ovatis crenatis rugoſis petiolatis, caule debili.
Ex Europa montoſa & umbroſa. ♃

160 VERONICA teucrium.
V. racemis lateralibus longiſſimis ſubſpicatis; foliis ovatis rugoſis ſubuſculis profundè obtuſeque dentatis.
Ex Europa. ♃

161. VERONICA multifida.
V. racemis lateralibus longiſſimis, foliis ovatis profundiſſime pinnatifidis : laciniis linearibus anguſtis ſubinciſis.
L n.... ♃ An varietas præcedentis ? a frequenti diſtinctiſſima. Conf. cum veronica pectinata. L.

162. VERONICA Auſtriaca.
V. racemis lateralibus, foliis oblongis ſubllinearibus pinnatis hirſutis; laciniis anguſtis diſtantibus.
Ex Auſtria, Sibiria. ♃

163. VERONICA orientalis.
V. racemis lateralibus, foliis ovatis multifidis : ſuperioribus linearibus integerrimis, caulibus proſtratis.
Ex Oriente. ♃... V. Buxb. cent. 1, t. 38.

164. VERONICA proſtrata.

F ij

V. à grappes latérales, feuilles oblong et-
ovales dentées, tiges couchées.
Lieu nat. les collines de l'Europe. ♃

165. VERONIQUE à écussons. DiŒ.
V. à grappes latérales alternes, pédicules pendans, feuilles linéaires pointues prefque très-
entières.
Lieu nat. les lieux aquatiques de l'Europe. ♃
#. La même, velue; à grappes de la longueur
des feuilles.

166. VERONIQUE mourrante. DiŒ.
V. à grappes latérales, feuilles lancéolées
dentées, tige droite.
Lieu nat. les fossés aquatiques de l'Europe. ☉

167. VERONIQUE des fontaines. DiŒ.
V. à grappes latérales, feuilles ovales planes,
tige rampante.
Lieu nat. les ruisseaux & les fonts. de l'Europe. ♃

168. VERONIQUE de Michaux. DiŒ.
V. velue; à grappes latérales, fleurs prefque
glomerulées, feuilles ovales dentées sessiles.
Lieu nat. le Levant. Ses poils sont blancs &
visqueux.

. VERONIQUE officinale. DiŒ.
V. à épis latéraux pédonculés, feuilles ovales
dentées pétiolées, tige couchée.
Lieu nat. les bois & les lieux stériles de l'Europe. ♃
#. La même à feuilles glabres, à épis plus
courts & plus denses.

170. VERONIQUE de Kamtchatka. DiŒ.
V. hérissée; à grappe latérale alongée nue triflore, feuilles ovales ou oblongues dentées
hérissées, poils articulés.
Lieu nat. le Kamtchatka.

171. VERONIQUE subcaule. DiŒ.
V. velue; à tige très courte, grappe biflore
latérale nue scapiforme, capsules en cœur.
Lieu nat. les montagnes de l'Europe.

Obs. Cette espèce diffère de la véronique nudicaule, n°. 181. par sa capsule en cœur, & son pédoncule commun latéral.

* * Épi (ou grappe) terminal.

172. VERONIQUE de Sibérie. DiŒ.
V. à épis terminaux, feuilles verticillées sept
ensemble, tige velue.
Lieu nat. la Sibérie. ♃

V. racemis lateralibus, foliis oblongo-ovatis
serratis, caulibus prostratis. L.
Ex Europæ collibus. ♃

165. VERONICA scutellata.
V. racemis lateralibus alternis; pedicellis pendulis, foliis linearibus acutis subintegerrimis.

Ex Europæ innodatis. ♃
#. Eadem, hirsuta; racemis longitudine
foliorum. H. R.

166. VERONICA anagallis.
V. racemis lateralibus, foliis lanceolatis ser-
ratis, caule erecto. L.
Ex Europæ fossis aquaticis. ☉

167. VERONICA beccabunga.
V. racemis lateralibus, foliis ovatis planis,
caule repente. L.
Ex Europæ rivulis & fontibus. ♃

168. VERONICA Michauxii.
V. pilosa, racemis lateralibus, floribus sub-
glomeratis, foliis ovatis dentatis sessilibus.
Ex Oriente. D. Michaux. H. R. pili albi glutinosi.

169. VERONICA officinalis. T. 15. f. 1.
V. spicis lateralibus pedunculatis, foliis ovatis dentatis petiolatis, caule procumbente.
Ex Europæ sylvis & locis sterilibus. ♃ Folia
pilosa scabra.
#. Eadem foliis glabris, spicis brevioribus &
densioribus.

170. VERONICA Kamtchatica.
V. hirta, racemo trifloro elongato laterali
aphyllo, foliis ovatis s. oblongis serratis hirtis, pilis articulatis. Suppl. 8 1.
E Kamtchatka.

171. VERONICA subcaulis.
V. hirsuta; caule brevissimo, racemo biflore
laterali nudo scapiformi, capsulis obcordatis.
Ex Europæ alpibus. Teucrium minimum. Cluf.

Obs. Hæc species differt à veronica nudicauli n°.
forma capsula, & insertione pedunculi communis.

* * Spica (s. racemus) terminalis.

172. VERONICA Sibirica.
V. spicis terminalibus, foliis septenis verti-
cillatis, caule hirsuto.
E Siberia. ♃

173. VERONIQUE *de Virginie*. Dià.
V. à épis terminaux, feuilles quaternées &
quinées.
Lied nat. la Virginie. ♃ *Elle varie à fleurs blanches ou rougeâtres.*

174. VERONIQUE *bâtarde*. Dià.
V. à épis terminaux, feuilles ternées denté
également.
Lieu nat. l'Europe australe. ♃

175. VERONIQUE *maritime*. Dià.
V. à épis terminaux; feuilles ternées, très-
profondément & inégalement dentées.
Lieu nat. les lieux maritimes de l'Europe. ♃

176. VERONIQUE *à longues feuilles*. Dià.
V. à épis terminaux, feuilles opposées lancéo-
lées dentées acuminées.
Lieu nat. l'Autriche, la Russie. ♃

177. VERONIQUE *blanchâtre*. Dià.
V. à épis terminaux, feuilles opposées crêne-
lées obtuses, tige droite tomenteuse.
Lieu nat. la Russie. ♃

178. VERONIQUE *à épi*. Dià.
V. à épi terminal, feuilles opposées crênelées
obtuses, tige très-simple & montante.
Lieu nat. l'Europe, dans les champs, les bois. ♃

179. VERONIQUE *hybride*. Dià.
V. à épis terminaux, feuilles opposées obtusément dentées scabres, tige droite.
Lieu nat. l'Europe. ♃ *On la trouve rarement;
elle a beaucoup de rapports avec les précédentes.*

180. VERONIQUE *pinnée*.
V. à épi terminal, feuilles éparses linéaires
pinnées; pinnules filiformes, tiges couchées
à leur base.
Lieu nat. la Sibérie. ♃ *Très-belle espèce, dont
les feuilles radicales sont comme celles du fenouil,
& les caulinaires comme celles de l'auronne.*

181. VERONIQUE *de Pone*. Dià.
V. à grappe terminale, feuilles opposées en
cœur-ovales dentées sessiles, tiges très-simples.
Lieu nat. les Pyrénées. ♃

182. VERONIQUE *à feuilles de buis*. Dià.
V. à épis terminaux un peu paniculés, feuilles
ovales-oblongues très-entières lisses opposées
en croix, tige ligneuse.
Lieu nat. le Magellan, les isles Malouines. ♄

183. VERONIQUE *frutiqueuse*. Dià.
V. à grappe spiciforme terminale; feuilles

173. VERONICA *Virginica*.
V. spicis terminalibus, foliis quaternis qui-
nisque. L.
E Virginia. ♃ *Variat floribus albisvel incarnatis.*

174. VERONICA *spuria*.
V. spicis terminalibus, foliis ternis æqualiter
serratis. L.
Ex Europa Australi. ♃

175. VERONICA *maritima*.
V. spicis terminalibus; foliis ternis, profun-
dissimè & inæqualiter serratis.
Ex Europæ maritimis. ♃

176. VERONICA *longifolia*.
V. spicis terminalibus, foliis oppositis lan-
ceolatis serratis acuminatis.
Ex Austria, Russia. ♃

177. VERONICA *incana*.
V. spicis terminalibus, foliis oppositis crena-
tis obtusis, caule erecto tomentoso. L.
E Russia. ♃

178. VERONICA *spicata*.
V. spica terminali, foliis oppositis crenatis
obtusis, caule adscendente simplicissimo. L.
Ex Europa camplis, sylvis. ♃

179. VERONICA *hybrida*.
V. spicis terminalibus, foliis oppositis obtuse
serratis scabris, caule erecto.
Ex Europa. ♃ *An varietas veronicæ incana s.
veronicæ spicatæ.*

180. VERONICA *pinnata*.
V. spica terminali, foliis sparsis linearibus pin-
natis; pinnulis filiformibus, caulibus basi
prostratis.
E Siberia. ♃ *Est veronica hispanica. Metrburg.
T. XI. Folia radicalia fæniculi, caulina abrotani.*

181. VERONICA *Ponæ*. Goa.
V. racemo terminali foliis oppositis cordato-
ovatis serratis sessilibus, caule simplicissimo,
E Pyrenæis ♃

182. VERONICA *decussata*.
V. spicis terminalibus subpaniculatis, foliis
ovato-oblongis integerrimis lævigatis decus-
satim oppositis, caule fruticoso.
E Magellanica. ♄ *Commers. Herb. Juss. gen. 105.*

183. VERONICA *fruticulosa*.
V. racemo spicato terminali, foliis opposita

lancéolées un peu obtuses dentées, tiges fru-
tiouleuses.
Lieu nat. les Alpes de la Suisse; &c. ♄ Ser
feuilles sont plus lisses & moins obtuses que dans
la suivante.

184. VERONIQUE *de roche.* Dict.
V. à corymbe pauciflore terminal, feuilles
opposées ovoïdes ou ovales-fpatulées presque
glabres, tiges fruiteuleuses à leur base.
Lieu nat. les lieux pierreux de l'Europe austr. ♄

185. VERONIQUE *des Alpes.* Dict.
V. à corymbe terminal pauciflore, feuilles
opposées ovales, calices & capsules hispidet.
Lieu nat. les Alpes de l'Europe. ♃

186. VERONIQUE *nudicaule.* Dict.
V. à corymbe terminal, capsules ovales entières, hampe nue.
Lieu nat. les Alpes de l'Europe. ♃ *Souche rampante, ayant des feuilles ovales.*

187. VERONIQUE *bellidiforme.* Dict.
V. à corymbe terminal glomerulé, feuilles
opposées obtuses crénelées distantes, calices
velus.
Lieu nat. les Alpes de l'Europe. ♃

188. VERONIQUE *serpoline.* Dict.
V. à grappe terminale presqu'en épi, feuilles
ovales obtuses crénelées glabres.
Lieu nat. l'Europe & l'Amérique septentrionale, dans les champs, le long des chemins. ♃

* * * *Pédoncules axillaires uniflores.*

189. VERONIQUE *agreste.*
V. à fleurs folitaires, feuilles cordées incisées
plus courtes que les pédoncules.
Lieu nat. l'Europe, dans les champs, les lieux
cultivés. ☉

390. VERONIQUE *des champs.* D'O.
V. à fleurs folitaires, feuilles presque cordées
dentées velues plus longues que les pédoncules.
Lieu nat. l'Europe, dans les champs. ☉
*β. La même très-petite, à feuilles pétiolées. Dans
les bois.*

191. VERONIQUE *cimbalaire.* Dict.
V. à fleurs folitaires, feuilles cordées planes
à cinq lobes, tiges conchées.
Lieu nat. l'Europe, dans les champs & les
lieux cultivés. ☉

193. VERONIQUE *digitée.* Dict.

---

lanceolatis obtusiusculis ferratis, caulibus
fruticulosis.
Ex Alpibus Helvetiois,&c. ♄ *Lacinia calycina
spathulata. . . . Veron. Hall.* T. 16.

184. VERONICA *saxatilis.*
V. corymbo paucifloro terminali, foliis oppositis obovatis f. ovato-spathulatis glabriuf-
culis, caulibus basi fruticulosis.
Ex Europæ auftralis locis saxosis. ♄

185. VERONICA *Alpina.*
V. corymbo terminali paucifloro, foliis op-
positis ovalibus, calycibus capsulifque hispidis.
Ex Europæ alpibus. ♃

186. VERONICA *nudicaulis.*
V. corymbo terminali, capsulis ovatis Integris, scapo nudo.
Ex Europæ alpibus. ♃ *Capsula non apice emarginata ut in ver. subcauli.*

187. VERONICA *bellidioides.*
V. corymbo terminali glomerato, foliis oppositis obtusis crenatis distantibus, calycibus
hirsutis.
Ex Europæ alpibus. ♃

188. VERONICA *serpyllifolia.*
V. racemo terminali sublpicato, foliis ovatis
obtusis crenatis glabris.
Ex Europa & America septentrionali ad vias,
agros. ♃

* * * *Pedunculi axillares uniflori.*

189. VERONICA *agrestis.*
V. floribus folitariis, foliis cordatis Incifis
pedunculo brevioribus. L.
Ex Europæ arvis, oleraceis. ☉

190. VERONICA *arvensis.*
V. floribus folitariis, foliis subcordatis dentatis pilofis pedunculo longioribus.
Ex Europa, in arvis. ☉
β. Eadem minima, foliis petiolatis. In sylvis.

191. VERONICA *hederifolia.*
V. floribus folitariis, foliis cordatis planis
quinquelobis, caulibus proftratis.
Ex Europæ hortis, arvis. ☉;

192. VERONICA *triphyllos.*

V. à fleurs folitaires, feuilles partagées en digitations, pédoncules plus longs que le calice.
Lieu nat. l'Europe, dans les champs. ☉

192. VERONIQUE *feuille d'yvette*. Did.
V. à fleurs folitaires fessiles, feuilles partagées
en digitations, tige droite.
Lieu nat. l'Espagne. ☉

194. VERONIQUE *pinnatifide*. Did.
V. à fleurs folitaires, feuilles pinnatifides
plus longues que les pédoncules.
Lieu nat. la France, dans les bois. ☉ *Plante
printannière.*

195. VERONIQUE *polygrode*. Did.
V. velue, à fleurs folitaires presque fessiles,
feuilles alternes, oblongues, tige simple florifère dans toute fa longueur.
Lieu n. la France, l'Italie; dans les pâturages. ☉

196. VERONIQUE *grassette*. Did.
V. glabre; à fleurs folitaires presque fessiles,
feuilles oblongues obtufes un peu charnues,
tige droite.
Lieu nat. l'Europe, l'Amérique sept., dans
les champs. ☉

197. VERONIQUE *acinoïde*. Did.
V. à fleurs folitaires pédonculées, feuilles ovales glabres crénelées, tige droi e un peu velue.
Lieu nat. l'Europe auftrale, dans les champs,
les jardins. ☉

198. VERONIQUE *du Mariland*. Did.
V. à fleurs folitaires fessiles, feuilles linéaires,
tiges diffufes.
Lieu nat. la Virginie.

Explication des fig.

Tab. 13. f. 1. VERONIQUE *chamæ*. (*a*, *b*) Corolle.
(*c*) Calice. (*d*) Calice ouvert; pistil. (*e*, *f*, *g*) Capsule.
(*h*) Capsule coupée en travers. (*i*) Semence.

Tab. 13, f. 2. VERONIQUE *officinale*. (*a*) Portion
de la tige avec un épi. (*b*) Fleur séparée. (*c*) Capsule
entière. (*d*) La même s'ouvrant au sommet. (*e*) La
même coupée transversalement (*f*) Une valve séparée montrant les papilles du réceptacle. (*g*, *h*) Semences. (*i*, *l*) Semences coupées. (*m*) Embryon séparé.

33. PÉDÉROTE.

Caract. essent.

CALICE à 5 divifions. Corolle tubuleuse ringente, à limbe bilabié bâillant. Cap. à 2 loges.

V. floribus folitariis, foliis digitato-partitis,
pedunculis calyce longioribus.
Ex Europæ agris. ☉ *Calyces fructiferi maximi.*

193. VERONICA *chamæpithyoldes*.
V. floribus folitariis feffilibus, foliis digitato-
partitis, caule erecto.
Ex Hispania. ☉ *An veronica verna.* L.

194. VERONICA *pinnatifida*.
V. floribus folitariis, foliis pinnatifidis pe-
dunculo longioribus.
E Gallia, in fylvis. ☉ *Veronica verna. fl. fr.*

195. VERONICA *polygonoides*.
V. hirfuta, floribus folitariis fubfeffilibus;
foliis alternis oblongis, caule fimplici ab imo
ad apicem florifero.
Ex Gallia, Italia, in pafcuis. ☉

196. VERONICA *carnofula*.
V. glabra; floribus folitariis fubfeffilibus,
foliis oblongis obtufis fubdentatis craffiufcu-
lis, caule erecto.
Ex Europa & America feptemtr. in arvis. ☉

197. VERONICA *acinifolia*.
V. floribus folitariis pedunculatis, foliis ova-
tis gl. bris crenatis, caule erecto fupilofo.
Ex Europa auftrali, in oleraceis, arvis. ☉

198. VERONICA *Marilandica*.
V. floribus folitariis feffilibus, foliis linearibus,
caulibus diffufis. L.
Ex Virginia.

Explicatio iconum.

Tab. 13. f. 1. VERONICA *chamædrys*. (*a*, *b*) Corolla.
(*c*) Calyx. (*d*) Calyx patens, piftillum. (*e*, *f*, *g*) Capfula. (*h*) Capfula transverfe fciffa. (*i*) Semen. *Fig. ex
Tournef.*

Tab. 13, f. 2. VERONICA *officinalis*. (*a*) Pars caulis cum fpica. (*b*) Flos feparatus. (*c*) Capfula integra.
(*d*) Eadem apice dehifcens. (*e*) Eadem diffecta. (*f*)
Valvula altera cum receptaculi papillis. (*g*, *h*) Semina. (*i*, *l*) Seminum fectiones. (*m*) Embryo feparatus. *Fig. ex D. Gæin.*

33. PÆDEROTA. ❦

Charact. essens.

CALYX 5-partitus. Corolla tubulofa ringens;
limbo hiante bilabiato. Capfula bilocularis.

Caract. nat.

Cal. monophylle , profondément quinquefide ;
à découpures linéaires-fubulées perfiftantes.
Cor. monopétale , tubuleufe , ringente : tube
plus court que le calice. Limbe bilabié , bail-
lant ; à lèvre fupérieure entière ou échancrée ,
lèvre inférieure trifide.
Etam. deux filamens , filiformes , un peu courbés , de la longueur de la corolle ; anthères
ovales ou arrondies.
Pift. un ovaire fupérieur , ovale. Un ftyle filiforme , montant ; ftigmate en tête.
Péric. capfule ovale oblongue , un peu comprimée , biloculaire , quadrivalve.
Sem. nombreufes.

Tableau des efpèces.

197. PÉDÉROTE *bleue.* Diâ.
P. à feuilles oppofées arondies-ovales den-
tées , lèvre fuperieure entière.
Lieu nat. les mont. de l'Italie , de l'Autriche. ♃

198. PÉDÈROTE *jaune.* Diâ.
P. à feuilles oppofées , ovales , dentées ; lèvre
fupérieure bifide.
Lieu nat. l'Italie , l'Autriche. ♃

199. PÉDEROTE *radicante.* Diâ.
P. à feuilles radicales oblongues obtufes , épi
unilatéral , tige nue.
Lieu nat. la Carinthie.

200. PEDEROTE *du Cap.* Diâ.
P. à feuilles pinnatifides.
Lieu nat. le Cap de Bonne-Efpérance.

Explication des fig.

Tab. 13 , f. 1. PÉDÉROTE *bleue.* (a) Fleur , pédoncule , braâée. (c) Corolle féparée. (d) Calice , piftil.
(e) Capfule. (f) Capfule coupée en travers. (g) Tige , épi.
Tab. 13 , f. 2. PÉDÉROTE *radicante.* (a) Corolle.
(b) Calice , capfule. (c) Epi de fleurs. (d) Feuille
radicale.

34. GRASSETE.

Caract. eff.

CALICE quinquefide , irrégulier. Corolle ringente (en mafque) , à éperon à fa bafe. Capfule uniloculaire.

DIANDRIA MONOGYNIA.

Charact. nat.

Cal. monophyllus , profunde quinquepartitus :
laciniis lineari-fubulatis , perfiftentibus.
Cor. monopetala , tubulofa , ringens : tubus calyce brevior. Limbus bilabiatus hians ; labio
fuperiore integro vel emarginato , inferiore
trifido.
Etam. filamenta duo , filiformia , curva , longitudine corollæ ; antheræ ovatæ f. fubrotundæ.
Pift. germen fuperum , ovatum. Stylus filiformis ,
adfcendens ; ftigma capitatum.
Peric. capfula ovato-oblonga , fubcompreffa ,
bilocularis , quadrivalvis.
Sem. plurima.

Confpeêus fpecierum.

197. PÆDEROTA *cærulea.* T. 13. f. 1.
P. foliis oppofitis fubrotundo-ovalibus ferra-
tis , labio fuperiore indivifo.
Ex alpibus , Italicis , Auftriacis. ♃

198. PÆDEROTA *lutea.*
P. foliis oppofitis ovalibus ferratis , labio fuperiore bifido.
Ex Italia , Auftria. ♃ *D. Vahl. an varietas
præcedentis.*

199. PÆDEROTA *radicaulis.* T. 13. f. 2.
P. foliis radicalibus oblongis obtufis , fpica
fecunda , caule nudo.
E Carinthia. ♃ *Wulfenia. Jacq.*

200. PÆDEROTA *Bonæ Spei.*
P. foliis pinnatifidis. L.
E Capite Bonæ Spei. *An potius hemimeris.*

Explicatio iconum.

Tab. 13 , f. 1. PÆDEROTA *cærulea.* (a) Flos , pe-
dunculus , bractea. (c) Corolla feparata. (d) Calyx piftillum. (e) Capfula. (f) Eadem diffecta. (b) Eadem
valvis disjunctis. (g) Caulis , fpica. *Fig. ex Michel.*
Tab. 13 , f. 2. PÆDEROTA *radicaulis.* (a) Corolla.
(b) Calyx , capfula. (c) Spica. (d) Folium radicale. *Fig.
ex D. Jacq.*

34. PINGUICULA.

Charact. eff.

CALYX quinquefidus , inæqualis. Corolla ringens , bafi calcarata. Capfula unilocularis.

Charact. nat.

Caraĉt. nat.

Cal. monophylle, quinquefide, irrégulier, comme bilabié : à lèvre supérieure trifide, & l'inférieure bifide.

Cor. monopétale, irrégulière, terminée postérieurement par un éperon. Limbe bilabié : lèvre supérieure plus courte, échancrée; l'inférieure plus longue, obtuse, trifide.

Etam. deux filamens, cylindriques, courts, courbés. Anthères arrondies.

Pist. un ovaire supérieur, globuleux. Un style court. Stigmate à deux lames; recouvrant les anthères.

Péric. une capsule ovale, s'ouvrant par son sommet, uniloculaire, polysperme.

Sem. nombreuses, presque cylindriques, attachées à un placenta libre & central.

Tableau des espèces.

201. GRASSETE *vulgaire.* Dict. n°. 1.
G. à éperon cylindrique aussi long que la fleur.
Lieu nat. les marais & les lieux humides de l'Europe. ♃

202. GRASSETE *à grandes fleurs.* Dict. n°. 2.
G. à éperon cylindrique aussi long que la fleur, gorge dilatée, lèvre inférieure très large.
Lieu nat. la France, dans les montagnes.

203. GRASSETE *des Alpes.* Dict. n°. 3.
G. à éperon conique très-court, feuilles ovales, oblongues.
Lieu nat. les montagnes de l'Europe. ♃

204. GRASSETE *velue.* Dict. n°. 4.
G. à hampe un peu velue, f. ovales-arrondies.
Lieu nat. la Laponie, la Sibérie.

Explication des fig.

Tab. 14. f. 1. GRASSETE *vulgaire.* (a, b) Fleur vue de côté & en-devant. (c) Corolle (d) Calice. (e) Calice, pistil. (f) Pistil. (g) Calice, capsule. (h) Capsule nue. (i) La même ouverte. (l) Semences. (m) Réceptacle des semences. (n) Plante entière.
Tab. 14. f. 2. GRASSETE *à grandes fleurs.*

55. UTRICULAIRE.

Caraĉt. essent.

CALICE diphylle, régulier. Corolle ringente, à éperon à la base; capsule uniloculaire.

Botanique. Tom. I.

Charaĉt. nat.

Cal. monophyllus, quinquefidus, inæqualis; subbilabiatus: labio superiore trifido, inferiore bifido.

Cor. monopetala, ringens, basi in corniculum producta; limbus bilabiatus: labium superius brevius emarginatum; inferius longius obtusum trifidum.

Stam. filamenta duo, cylindrica, brevia, curva. Antheræ subrotundæ.

Pist. germen superum, globosum. Stylus brevis. Stigma bilamellatum, antheras tegens.

Peric. capsula ovata, apice dehiscens, unilocularis, polysperma.

Sem. plurima, cylindracea, receptaculo centrali libero affixa.

Constructus specierum.

201. PINGUICULA *vulgaris.* T. 14. f. 1.
P. calcare cylindrico floris longitudine.
Ex Europæ uliginosis, ♃

202. PINGUICULA *grandiflora.* T. 14. f. 2.
P. calcare cylindrico floris longitudine, fauce dilatato, labio inferiore latissimo.
Ex alpibus Galliæ.

203. PINGUICULA *Alpina.*
P. calcare conico brevissimo, foliis ovato-oblongis.
Ex alpibus Europæ. ♃

204. PINGUICULA *villosa.*
P. scapo subvilloso, foliis ovato-subrotundis;
E Laponia, Sibiria. ♃

Explicatio iconum.

Tab. 14. f. 1. PINGUICULA *vulgaris.* (a, b) Flos à latere & antice visus. (c) Corolla. (d) Calix. (e) Calix, pistillum. (f) Calyx, capsula. (h) Capsula denudata. (i) Eadem dehiscens. (m) Receptaculum seminum. (l) Semina. (n) Planta integra.
Tab. 14. f. 2. PINGUICULA *grandiflora.*

55. UTRICULARIA.

Charaĉt. essent.

CALYX diphyllus, æqualis. Corolla ringens basi calcarata. Capsula unilocularis.

G

Caractère.

Cal. diphylle: à folioles ovales, concaves, très-petites, égales, caduques.

Cor. monopétale, ringente; tube presque nul. Limbe bilabié: lèvre supérieure droite, obtuse, plane; lèvre inférieure plus grande, entière, plane, portant un palais saillant, cordiforme, & se terminant à sa base en un éperon conculculé.

Etam. deux filamens très courts, courbés; anthères petites, cohérentes.

Pist. un ovaire supérieur, globuleux; un style court, à stigmate conique.

Péric. une capsule globuleuse, uniloculaire, polysperme, ayant un placenta libre & central.

Sem. nombreuses.

Tableau des espèces.

Charact. nat.

Cal. diphyllus: foliolis ovatis, concavis, minimis, æqualibus, deciduis.

Cor. monopetala, ringens; tubus subnullus. Limbus bilabiatus: labium superius erectum, obtusum, planum; inferius majus, integrum, planum, palatum eordatum huic prominulum proferens, & basi in calcare corniculato profundum.

Stam. filamenta duo, breviffima, incurva; antheræ parvæ, cohærentes.

Pist. germen superum, globosum; stylus brevis; Stigma conicum.

Peric. capsula globosa, unilocularis, polysperma, receptaculo centrali libera.

Sem. plurima.

Conspectus specierum.

U. à éperon pointu ; hampe nue, ayant des
écailles subulées vagues alternes.
Lieu nat. le Malabar, l'isle de Ceylan.

114. UTRICULAIRE *verticillé.* Did.
U. à verticille utriculaire des bractées cillé.
Lieu nat. l'Inde, dans les champs de riz, &
les lieux les plus profonds remplis d'eau.

Explication des fig.

Tab. 14, Fig. 1. UTRICULAIRE commune. (*a*) Fleur
vue obliquement. (*b*) La même vue de face. (*c*) Lèvre
inférieure de la corolle. (*d*) Calice. (*e*) Calice, publi.
(*f*) Plante entière.
Tab. 14, f. 2. UTRICULAIRE *biflore.* (*a*, *b*)
Fleur vue en devant & de côté. (*c*) Calice. (*d*) Plante
entière.

36. CALCEOLAIRE.

Charact. essent.

CALICE partagé en 4 découpures régulières.
Corolle ringente ; à lèvre inférieure enflée,
concave. Capsule biloculaire.

Charact. nat.

Cal. monophylle, régulier, persistant, partagé
en quatre découpures ovales.
Cor. monopétale, difforme, bilabiée : lèvre supérieure très-petite, resserrée, globuleuse ;
lèvre inférieure très-grande, enflée comme
un sabot, & ouverte antérieurement vers sa
base.
Etam. deux filamens très-courts, placés dans la
lèvre supérieure de la corolle. Anthères couchées, à deux lobes.
Pist. un ovaire supérieur, arrondi ; un style
très-court ; stigmate un peu obtus.
Péric. capsule presque conique, ventrue à sa
base, pointue au sommet, marquée de deux
sillons, biloculaire, bivalve : à valves bifides
au sommet.
Sem. nombreuses, petites, un peu cylindriques,
striées.

Tableau des espèces.

115. CALCEOLAIRE *pinnée.* Did. n°. 1.
C. à feuilles pinnées. L.
Lieu nat. le Pérou, aux lieux humides. ☉

116. CALCEOLAIRE *dentée.* Did. n°. 2.
C. à feuilles simples sessiles ovales dentées,
fleurs en cime terminale.
Lieu nat. le Pérou, le Chili.

U. calcare acuto ; scapo nudo, squamis alternis vagis subulatis.
E Malabaria, Zeylona. *Comm. a D. Sonnerat.*

114. UTRICULARIA *stellaris.*
U. verticillo utriculario bractearum ciliari. L. f.
Ex Indiæ agris oryzaceis, & aquosis profun-
dioribus.

Explicatio iconum.

Tab. 14, f. 1. UTRICULARIA *vulgaris.* (*a*) Flos
integer oblique visus. (*b*) Idem a fronte visus. (*c*) La-
brum inferius Corolla. (*d*) Calyx. (*e*) Calyx, publitum.
(*f*) Planta integra. *Fig. in Vaill.*
Tab. 14, f. 2. UTRICULARIA *minor.* (*a*, *b*) Flos
antice & à latere visus. (*c*) Calyx. (*d*) Planta integra.
Fig. in Oud.

36. CALCEOLARIA.

Charact. essent.

CALIX quadripartitus, æqualis. Corolla ringens ;
labio inferiori inflato concavo. Capsula bilocularis.

Charact. nat.

Cal. monophyllus, quadripartitus, æqualis ;
persistens, laciniis ovatis.
Cor. monopetala, bilabiata : labium superius
minimum, coarcto-globosum ; labium inferius maximum, inflatum, concavum, cal-
ceiforme, antice hians.
Stam. filamenta duo breviora, intra labium
superius. Antheræ incumbentes, bilobæ.
Pist. germen superum, subrotundum. Stylus
brevissimus. Stigma obtusiusculum.
Peric. capsula subconica, basi ventricosa, apice
acuta, bifida, bilocularis, bivalvis : valvis
apice bifidis.
Sem. numerosa, parva, teretiuscula, striata.

Conspectus specierum.

115. CALCEOLARIA *pinnata.* T. 15, f. a.
C. foliis pinnatis. L.
E Peru, in locis humidis. ☉

116. CALCEOLARIA *serrata.*
C. foliis simplicibus sessilibus ovatis serratis,
floribus cymosis terminalibus.
E Peru, Chili.

217. CALCEOLAIRE *dichotome*. Dict. n°. 3.
C. à feuilles simples ovales obscurément crénelées : les inférieures pétiolées, tige dichotome pubescente.
Lieu nat. le Pérou. ☉

217. CALCEOLARIA *dichotoma*.
C. foliis simplicibus ovatis, obsolete crenatis: inferioribus petiolatis; caule dichotomo pubescente.
E Peru. ☉ *Calceolaria ovata. Smith. ic. fasc.* 1. t. 3.

218. CALCEOLAIRE *perfoliée* Dict. n°. 4.
C. à feuilles perfoliées spatulées sagittées.
Lieu nat. le Pérou, la nouvelle Grenade. *fl.* jaunes . *fasciculées.*

218. CALCEOLARIA *perfoliata*.
C. foliis perfoliatis spathulato-sagittatis. L. f. Suppl. 86.
E Peru, nova Grenada. *Cal. perfol. Smith. ic. fasc.* 1. t. 4.

219. CALCEOLAIRE *crénelée*. Dict. n°. 5.
C. à feuilles sessiles oblongues pointues crénelées, fleurs en cimes terminales.
Lieu nat. le Pérou.

219. CALCEOLARIA *crenata*.
C. foliis sessilibus oblongis acutis crenatis, floribus cymosis caules & ramulos terminantibus.
E Peru.

220. CALCEOLAIRE *à f. de romarin*. Dict. n°. 6.
C. à feuilles linéaires très-entières à bords réfléchies cotonneuses en-dessous, tige glabre.
Lieu nat. le Pérou.

220. CALCEOLARIA *rosmarinifolia*.
C. foliis linearibus Integerrimis margine reflexis subtus tomentosis, caule glabro.
E Peru.

221. CALCEOLAIRE *biflore*. Dict. n°. 7.
C. à feuilles ovales-rhomboïdes dentées radicales, hampe nue & biflore.
Lieu nat. le Magellan. ⚥ *Comm.*

221. CALCEOLARIA *biflora*.
C. foliis rhombeo ovatis dentatis radicalibus; scapo nudo bifloro.
E Magellanica. ⚥ *Calceol. plantaginea. Smith. ic. fasc.* 1. t. 2.

222. CALCEOLAIRE *uniflore*. Dict. n°. 8.
C. à feuilles ovales entières rétrécies en pétiole radicales, hampes unillores, lèvre inférieure très-grande pendante.
Lieu nat. le détroit de Magellan. ⚥ *Comm.*

222. CALCEOLARIA *uniflora*.
C. foliis ovatis integris in petiolum attenuatis radicalibus, scapis unifloris, labio corollæ maximo pendulo.
E freto Magellanico ⚥ *Calc. nana. Smith. ic. fasc.* 1. t. 1.

223. CALCEOLAIRE *de Fothergile*. Dict. suppl.
C. à feuilles spatulées très-entières, pédoncules scapiformes & uniflores.

Lieu nat. les îd.n Malonines. ♂ *Plante velue, surtout dans sa partie supérieure.*

223. CALCEOLARIA *Fothergilii*. T. 15. f. 1.
C. foliis spathulatis integerrimis , pedunculis scapiformibus unifloris. Ait. Hort. Kew. p. 30. t. 1.
Ex insulis Falklandicis. ♂

Explication des fig.

Tab. 15. f. 1. CALCEOLAIRE *de Fothergile* (a) Portion de la plante montrant les f. salles, une fleur & une capsule.
Tab. 15. f. 2. CALCEOLAIRE *pinnée*. (a, b) Capsule entière & ouverte. (c, d) La même coupée transversalement & verticalement (e, f) Semences. (g, h) Section transverse & longitudinale des semences.
Tab. 15. f. 3. CALCEOLAIRE *uniflore*. (a) Fleur vue en-devant. (b) Calice. (c) Examinées. (d) P. thil.

Explicatio iconum.

Tab. 15. f. 1. CALCEOLARIA *Fothergilii*. (a) Pars plantæ folia florem integrum & capsulam exhibens. *Fig. ex Hort. Kew.*
Tab. 15. f. 2. CALCEOLARIA *pinnata*. (a, b) Capsula integra & dehiscens. (c, d) Eadem transverse & verticaliter secta. (e, f) Semina. (g, h) Semynum sectio transversalis & longitudinalis. *Fig. ex D. Garin.*
Tab. 15. f. 3. CALCEOLARIA *uniflora*. (a) Flos antice visus. (b) Calyx. (c) Stamina. (d) Pistillum. *Fig. ex D. Smith.*

37. BEOLE.

Caract. essent.

CALICE à cinq divisions. Corolle ringente : à

37. BŒA.

Charact. essent.

CALYX quinquepartitus. Corolla ringens: tubo

tube prefque nul , limbe ouvert. Etamines arquées. Capfule corniculée , biloculaire , quadrivalve.

Caract. nat.

Cal. monophylle , à cinq découpures ovales lancéolées.

Cor. monopétale, Irrégulière ; tube prefque nul ; limbe ouvert , bilabié : lèvre fupérieure droite obfcurément trilobée ; lèvre inférieure obcordée , échancrée au fommet.

Etam. à filam. un peu épais , arqués , plus courts que la corolle. Anthères oblong. , couchées

Pift. un ovaire fupérieur , un peu conique , fe terminant en un ftyle court , un peu épais , courbé en-dedans. Stigmate obtus.

Péric. une capfule oblongue , corniculée , torfe , biloculaire , quadrivalve , polyfperme.

Sem. ......

Tableau des efpèces.

224. BEOLE de *Magellan.* Dict. p. 401.
Lieu nat. le Magellan.

Explication des fig.

Tab. 15. BEOLE de *Magellan.* (*a , b , c*) Fleur vue obliquement , en devant , & par derrière c. (*d*) Capfule à pans fes valves defunues. (*e*) Plante entière.

38. GRATIOLE.

Caract. effent.

CALICE de fept folioles , dont deux font extérieures. Corolle Irrégulière. Deux étamines ftériles. Capfule biloculaire.

Caract. nat.

Cal. de fept folioles oblongues , palmues , Inégales ; dont deux font extérieures & plus lâches.

Cor. monopétale, Irrégulière : tube plus long que le calice ; limbe petit , partagé en 4 lobes dont le fupérieur eft plus large & échancré.

Etam. quatre filamens fubulés , plus courts que la corolle , dont deux inférieurs ftériles ; & 1 fupérieurs anthérifères. Anthères arrondies.

Pift. un ovaire fupérieur , conique. Style fubulé ; ftigmate bilablé.

Péric. une capfule ovale , acuminée biloculaire bivalve : à cloifon parallèle aux valves.

Sem. nombreufes , petites.

---

fubnullo, limbo patente. Stamina arcuata. Capfula corniculata , b.locularis, quadrivalvis.

Charact. nat.

Cal. monophyllus , quinquepartitus; laciniis ovato-lanceolatis.

Cor. monopetala, irregularis : tubus fubnullus; limbus patens , bilabiatus : labium fuperius erectum obfolete trilobum ; labium infertus cordatum , emarginatum.

Stam. filamenta duo , craffiufcula , arcuata , corolla breviora. Antheræ oblongæ incumbentes.

Pift. germen fuperum , fubconicum , definens in ftylum brevem craffiufculum incurvum ; ftigma obtufum.

Peric. capfula oblonga , cornicuolata , contorta , bilocularis , quadrivalvis , polyfperma.

Sem. ...

Confpectus fpecierum.

224. BŒA *Magellanica.* T. 15.
E Magellania.

Explicatio Iconum.

Tab 15. BŒA *Magellanica.* (*a , b , c*) Flos obliquè anticè & pofticè vifus. (*d*) Capfula valvis difjunctis. (*e*) Planta integra. Fig. *ex Herb fuc.*

38. GRATIOLA.

Charact. effent.

CALYX heptaphyllus , foliolis duobus exterioribus. Corolla Irregularis. Stamina duo fterilia. Capfula bilocularis.

Charact. nat.

Cal. heptaphyllus : foliolis oblongis acutis inæqualibus ; duobus exterioribus laxioribus.

Cor. monopetala, Irregularis : tubus calice longior; limbus quadripartitus parvus , lacinia fuperiore latiore emarginata.

Stam. filamenta quatuor , fubulata , corolla breviora , quorum duo inferiora fterilia; fuperiora duo antheriferra. Antheræ fubrotundæ.

Pift. germen fuperum , conicum. Stylus fubulatus. Stigma bilabiatum.

Peric. capfula ovata acuminata bilocularis bivalvis ; diffepimento valvis parallelo.

Sem. plurima , parva.

Tableau des espèces.

225. GRATIOLE *officinale.* Dict. n°. 1.
G. à feuilles lancéolées dentées, fleurs pédonculées.
Lieu nat. la France, l'Europe australe, aux lieux humides. ♃

226. GRATIOLE *alsinoïde.* Dict. n°. 2.
G. à feuilles ovales trinerves un peu dentées plus courtes que les entre-nœuds.
Lieu nat. le Malabar, aux lieux sablonneux.

227. GRATIOLE à *feuilles d'Hysope.* Dict. n°. 3.
G. à feuilles lancéolées obscurément dentées plus courtes que les entre nœuds.
Lieu nat. l'Inde, dans les champs de riz. ⊙

228. GRATIOLE à *fleurs bleues.* Dict. n°. 4.
G. à feuilles lancéolées - ovales dentées au sommet, collée de la longueur du tube.
Lieu nat. l'Inde, le Malabar, aux lieux sablonneux. *Le synonyme de Plukenet paroît appartenir plutôt à une variété de la précédente.*

229. GRATIOLE *de Virginie.* Dict. n°. 5.
G. à feuilles linéaires - lancéolées pointues ayant vers leur sommet des dents aiguës, tube plus long que le calice.
Lieu nat. la Virginie, la Caroline, aux lieux aquatiques.

230. GRATIOLE *portulacée.* Dict. n°. 6.
G. à feuilles ovales-oblongues obtuses très-entières, pédoncules uniflores, tige très-rameuses rampantes.
Lieu nat. la Jamaïque, Saint-Domingue. ♃
β. La même à pédoncules plus longs, fleur bleuâtre. Bramie. Dict. p. 459. (v. f.)

231. GRATIOLE *aromatique.* Dict. Suppl.
G. à feuilles lancéolées dentées sessiles, pédoncules uniflores, tiges fistuleuses redressées.
Lieu nat. le Malabar. — *Ambulia aromatique.* Dict. p. 118. *Les fl. de cette plante & de la précédente ont quatre étamines.*

232. GRATIOLE *du Pérou.* Dict. n°. 7.
G. à fleurs presque sessiles.
Lieu nat. le Pérou.

Conspectus specierum.

225. GRATIOLA *officinalis.* T. 16, f. 1.
G. foliis lanceolatis serratis, floribus pedunculatis. L.
Ex Gallia & Europa australi, in locis humidis. ♃

226. GRATIOLA *rotundifolia.*
G. foliis ovatis trinerviis subdentatis internodis brevioribus.
Ex Malabariæ arenosis. *Nevschera - canschaba.* Rheed. mal. 10, t. 50.

227. GRATIOLA *hyssopoïdes.*
G. foliis lanceolatis subserratis articulo caulino brevioribus. L.
Ex India, in agris oryzaceis. ⊙

228. GRATIOLA *chamædrisolia.*
G. foliis lanceolato ovatis superne dentatis, calyce longitudine tubi.
Ex Indiæ, Malabariæ arenosis, *Synonymon Plukneti valdè dubium.* Conf. cum præcedente.

229. GRATIOLA *Virginica.* T. 16, f. 2.
G. foliis lineari-lanceolatis acutis versus apicem argutè dentatis, tubo calyce longiore.
E Virginia, Carolina, in aquosis. *Communic. à* D. Fraser.

230. GRATIOLA *morniera.*
G. foliis ovali oblongis obtusis integerrimis, pedunculis unifloris, caulibus ramosissimis repentibus.
Ex Jamaica, Domingo. ♃
β. Eadem pedunculis longioribus, flore cærulescente. Bramt. Rheed. mal. 10, t. 14. (v. f.)

231. GRATIOLA *aromatica.*
G. foliis lanceolatis serratis sessilibus, pedunculis unifloris, caulibus fistulosis surrectis.
E Malabaria. — *Manga-nari.* Reed. mal. 10, t. 6. *in hac specie ac in præcedente flores tetrandri.*

232. GRATIOLA *Peruviana.*
G. floribus subsessilibus. L.
E Peru.

Explication des fig.

Tab. 16, f. 1. GRATIOLA *officinale.* (a) Fleur entière & partie supérieure de la plante. (b) Corolle coupée longitudinalement, montrant les étamines stériles & fertiles. (c) Calice, pistil. (d) Capsule. (e) La même coupée en travers.

Explicatio iconum.

Tab. 16, f. 1. GRATIOLA *officinalis.* (a) Flos integer & pars superior plantæ. (b) Corolla longitudinaliter secta stamina sterilia & fertilia exhibens. (c) Calyx, pistillum. (d) Capsula. (e) Eadem transverse secta. Fig. ex D. Bulliard.

Tab. 16, f. 1. Gratiole de *Virginie*. (a) Portion de sa plante destinée pour le fec. (b, c, d) Capsule entière & ouverte. (e) La même coupée en travers. (f, g) Semences. (h, i) Semence coupée transversalement & dans sa longueur.

Tab. 16, f. 1. Gratiola *Virginica*. (a) Pars plantæ ex sicco delineata. (b, c, d) Capsula integra & dehiscens. (e) Eadem transverse secta. (f, g) Semina. (h, i) Semen transversè & longitudinaliter sectum. Fig. ex D. Gærtn.

39. SCHOUENKE.

Caract. essent.

Corolle presque régulière, plissée glanduleuse à son orifice. Trois étamines stériles. Capsule biloculaire, polysperme.

Caract. nat.

Cal. monophylle tubuleux strié droit à cinq dents, persistant.
Cor. monopétale: tube cylindrique, de la longueur du calice; limbe presque régulier, aussi long que le calice, enflé à son orifice qui est fermé par cinq plis en étoile: à angles extérieurs des plis glanduleux, & les deux glandes supérieures plus longues que les autres.
Etam. cinq filaments: trois plus courts, sétacés, sans anthères; à supérieurs plus longs, fertiles. Anthères (a) ovales, poilues, biloculaires.
Pist. un ovaire supérieur, globuleux. Style simple, de la long. des étamines. Stigmate obtus.
Peric. capsule comprimée, lenticulaire, glabre, plus grande que le calice qui s'est accru, biloculaire, bivalve, à placenta globuleux.
Sem. nombreuses, très petites, un peu anguleuses.

Tableau des espèces.

133. SCHOUENKE de Guinée. Dioï.
Lieu nat. la Guinée. ☉ Ses rapports naturels le rapprochent des broussailles.

40. CIRCÉE

Caract. essent.

Calice diphylle, supérieur. Corolle à deux pétales. Capsule inférieure, bispide, biloculaire, disperme.

Caract. nat.

Cal. supérieur, diphylle, porté sur un tube court; à folioles ovales pointues, concaves, réfléchies.
Cor. deux pétales en cœur, égaux, ouverts, un peu plus courts que le calice.
Etam. deux filaments, capillaires, droits, aussi longs que le calice. Anthères arrondies.

---

39. SCHWENKIA.

Charact. essent.

Corolla subæqualis fauce plicata glandulosa. Stamina tria sterilia. Capsula bilocularis, polysperma.

Charact. nat.

Cal. monophyllus tubulosus striatus rectus quinquedentatus persistens.
Cor. monopetala: tubus cylindricus longitudine calycis; limbus subregularis, longitudine calycis, fauce inflatus, quinqueplicatus: plicis orificium stellatim claudentibus; corpore glanduloso plicarum angulis exterioribus imposito: superioribus duabus glandulis longioribus.
Stam. filamenta quinque: tria breviora, setacea, castrata; à superiora, longiora, fertilia. Antheræ (duæ) ovatæ, acutæ, biloculares.
Pist. germen superum, globosum. Stylus simplex, longitudine staminum. Stigma obtusum.
Peric. capsula compresso-lenticularis, glabra, calyce ampliato longior, bilocularis, bivalvis; receptaculo seminum subgloboso.
Sem. plurima, minima, subangulata.

Conspectus specierum.

133. SCHWENKIA *Guineensis*.
Ex Guinea. ☉ Ait. hort. Kew. 13 Schwenkia Americana. L.

40. CIRCÆA.

Charact. essent.

Calyx diphyllus, superus. Corolla dipetala. Capsula infera, hispida, bilocularis, disperma.

Charact. nat.

Cal. superus, diphyllus, tubo brevi elevatus; foliolis ovato-acutis concavis deflexis.
Cor. petala duo, obcordata, calyce fere breviora, patentia, æqualia.
Stam. filamenta duo, capillaria, recta longitudine calycis. Antheræ subrotundæ.

Pist. un ovaire Inférieur, turbiné. Style fili-forme, de la longueur des étamines, stigmate obtus, échancré.
Péric. une capsule turbinée-ovale, hispide, bilo-culaire.
Sem. solitaires, oblongues, obtuses au sommet, & rétrécies vers la base.

Pist. germen inferum, turbinatum. Stylus fili-formis longitudine staminum. Stigma obtu-sum, emarginatum.
Peric. capsula turbinato-ovata-hispida, bilo-cularis.
Sem. solitaria, oblonga, apice obtusa, inferne angustiora.

Tableau des espèces.

234. CIRCÉE *pubescente.* Dict. n°. 1.
C. à tige périolée & pédoncules pubescens, feuilles ovales légèrement dentées.
Lieu nat. l'Europe & l'Amérique septentrio-nale, dans les bois. ⹉

235. CIRCÉE *des Alpes.* Dict. n°. 2.
C. à tige glabre, feuilles en cœur glabres lui-santes bordées de dents aiguës.
Lieu nat. les lieux ombragés & humides des montagnes de l'Europe. ⹉

Conspectus specierum.

234. CIRCÆA *lutetiana.* T. 16, f. 1.
C. caule periolis pedunculisque pubescenti-bus, foliis ovatis subferratis.
En Europæ & Americæ borealis nemoribus. ⹉

235. CIRCÆA *Alpina.* T. 16, f. 2.
C. caule glabro, foliis cordatis acute dentatis glabris & nitidis.
Ex Europæ locis umbrosis & humidis mon-tium. ⹉

Explication des fig.

Tab. 16, f. 1. CIRCÉE *pubescente.* (*a*, *b*) Fleurs séparées & grossies. (*c*, *t*) Capsule entière. (*d*) La même coupée transversalement. (*f*, *g*) Semences sé-parées. (*e*) Embryon découvert.
Tab. 16, f. 2. CIRCÉE *des Alpes.*

Explicatio iconum.

Tab. 16, f. 1. CIRCÆA *lutetiana.* (*a*, *b*) Flores segregati & aucti. (*c*, *t*) Capsula integra. (*d*) Eadem transversè secta. (*f*, *g*) Semina separata. (*e*) Embryo denudatus. *Fig. fructus ex D. Garin.*
Tab. 16, f. 2. CIRCÆA *Alpina.*

41. VERVEINE.

Caract. essent.

CALICE à cinq dents. Corolle infundibuliforme, courbée; à limbe quinquefide, irrégulier. Etamines didynamiques. Quatre semences nues.

Caract. nat.

Cal. monophylle, tubuleux, persistant, à cinq dents; la cinquième dent comme tronquée.
Cor. monopetale, infundibuliforme, courbée; limbe quinquefide; à découpures arrondies, inégales.
Etam. quatre filamens sétacés, très-courts, enfer-més dans le tube; anthères non saillantes, très-petites.
Pist. un ovaire supérieur, tetragone. Un style simple, filiforme, de la longueur du tube. Stigmate obtus.
Péric. presque nul. Les semences sont enfermées dans le calice.
Sem. au nombre de quatre, oblongues, nues; (elles sont enveloppées dans une tunique commune avant leur maturité.)

41. VERBENA.

Charact. essent.

CALYX quinquedentatus. Corolla infundibuli-formis, curva; limbo quinquefido inæquali. Stamina didynama. Semina quatuor nuda.

Charact. nat.

Cal. monophyllus, tubulosus, persistens, quin-quedentatus: denticolo quinto subtruncato.
Cor. monopetala, infundibuliformis, curva: limbus quinquefidus; laciniis rotundatis inæ-qualibus.
Stam. filamenta quatuor, setacea, brevissima, tubo inclusa. Antheræ non exsertæ minimæ.
Pist. germen superum, tetragonum. Stylus sim-plex, filiformis, longitudine tubi. Stigma obtusum.
Peric. subnullum. Calyx continens semina.
Sem. quatuor, oblonga, nuda; (ante maturita-tem tunica communi vestita sunt, *Garin.*)

Tableau

Tableau des espèces.   Conspectus specierum.

236. VERVEINE officinale. Dict.
V. à épis filiformes, paniculés, feuilles laci-
niées, multifides, tige solitaire.
Lieu nat. l'Europe, aux lieux incultes. Bisannuelle. ♂

237. VERVEINE couchée. Dict.
V. à épis filiformes solitaires, feuilles bipin-
natifides, tiges très-rameuses & couchées.
Lieu nat. la France méridionale, l'Espagne. ☉

238. VERVEINE pinnatifide. Dict.
V. à épis filiformes. feuilles incisées-pinnati-
fides grossièrement dentées.
Lieu nat. l'Amérique septentrionale. ♉

239. VERVEINE hastée. Dict.
V. à épis paniculés, feuilles lancéolées acuminées bordées de dents aiguës incisées &
hastées à leur base.
Lieu nat. l'Amérique septentrionale. ♉
β. Elle varie à feuilles nonincisées à leur base.

240. VERVEINE paniculée. Dict.
V. à épis filiformes paniculés, feuilles lancéo-
lées grossièrement dentées non incisées.
Lieu nat. l'Amérique septen.rionale. ♉

241. VERVEINE de Caroline. Dict.
V. à épis filiformes simples très-longs, feuilles lancéolées dentées, un peu obtuses, presque
sessiles.
Lieu nat. la Caroline. ♉

242. VERVEINE à feuilles d'ortie. Dict.
V. à épis filiformes paniculés ; feuilles ovales
pétiolées non divisées, à grosses dents comme
des crénelures.
Lieu nat. l'Amérique septentrionale. ♉

243. VERVEINE de Bonnesaires. Dict.
V. à épis courts presque fasciculés, feuilles
oblongues lancéolée. amplexicaules.
Lieu nat. les environs de Buenos Ayres. ♉

244. VERVEINE à longue fleur. Dict.
V. à épis solitaires un peu denses, découpures de la corolle échancrées, feuilles ovales
incisées dentées pétiolées.
Lieu nat. la Virginie. ☉

245. VERVEINE erinoïde. Dict.
V. à épis solitaires, corolle à découpures
échancrées, feuilles laci: ic'es presque sessiles.
Lieu nat. le Pérou. (v. f.) Elle a des rapports
avec la précédente.

---

236. VERBENA officinalis. T. 17, f. 1.
V. spicis filiformibus paniculatis, foliis mul-
tifidolaciniatis, caule solitario.
Ex Europæ ruderatis. ♂

237. VERBENA supina.
V. spicis filiformibus solitariis, foliis bipin-
natifidis, caulibus ramosissimis decumbentibus.
E Gallia austral, Hispania. ☉

238. VERBENA pinnatifida.
V. spicis filiformibus, foliis inciso-pinnatifi-
dis grossè serratis.
Ex America septentrionali. ♉

239. VERBENA hastata.
V. spicis paniculatis, foliis lanceolatis acuminatis acutè serratis basi inciso-hastatis.
Ex America septentrionali. ♉
β. Variat foliis indivisis.

240. VERBENA paniculata.
V. spicis filiformibus paniculatis, foliis lan-
ceolatis grossè serratis indivisis.
Ex America septentrionali. ♉

241. VERBENA Caroliniana.
V. spicis filiformibus simplicibus longissimis ;
foliis lanceolatis serratis, obtusiusculis, subsessilibus.
E Carolinia. ♉ Communic. à D. Fraser.

242. VERBENA urticifolia.
V. spicis filiformibus paniculatis, foliis ovatis
crenato serratis indivisis petiolatis.

Ex America septentrional:. ♉

243. VERBENA Bonariensis. T. 17, f. 2.
V. spicis brevibus subfasciculatis, foliis
oblongo-lanceolatis amplexicaulibus.
Ex agro Bonariensi. ♉

244. VERBENA longiflora.
V. spicis solitariis densiusculis ; corollarum
laciniis emarginatis, foliis ovalibus inciso-
serratis petiolatis.
E Virginia. ☉ Verbena aubletia. L. f.

245. VERBENA erinoïdes.
V. spicis solitariis, corollarum laciniis emar-
ginatis, foliis laciniatis subsessilibus.
E Peru. — Erinus laciniatus. Linn. lychnidea...
Fewil. peruv. 3, t. 25. Fig. intermed.

Explication des fig.

Explicatio iconum.

Tab. 17, f. 1. VERVEINE *officinale*. (a) Fleur entière. (b) Corolle vue de côté. (c, d) Calice. (e, f) Ovaire. (g) Semences séparées. (h) Partie supérieure de la plante.

Tab. 17, f. 2. VERVEINE *de Bonnesfoires*. (a) Calice fructifère grossi & ouvert dans sa longueur. (g) La même entier & de grandeur naturelle. (d, f, g) Semence. (b) Semence coupée transversellement. (c) Noyau de la semence mis à nud. (e) Embryon découvert. ( ) Sommité de la plante montrant quelques épis ( ) Feuille caulinaire séparée.

Tab. 17, f. 1. VERBENA *officinalis*. (a) Flos integer. (b) Corolla à latere visa. (c, d) Calyx. (e, f) Germen. (g) Semina seorsa. (h) Pars superior plantæ.

Tab. 17, f. 2. VERBENA *Bonariensis*. (a) Calyx fructifer, auctus longitudinaliter apertus. (g) Idem magnitud ne naturali & integer. (d, f, g) Semina. (b) Semen transverse sectum. (c) Nucleus seminis decorticatus. (e) Embryo denudatus. *Fig. à D. Germ.* ( ) Summitas plantæ spicas exhibens. ( ) Folium caulinum solutum.

41. ZAPANE.

Caract. essent.

CALICE à quatre dents. Corolle tubuleuse, à limbe irrégulier à cinq lobes. Deux ou quatre étamines. Deux semences nues.

Caract. nat.

Cal. monophylle, fendu en 3 ou 4 découpures, persistant, comme bivalve lorsqu'il est fructifère.

Cor. monopétale, tubuleuse. Tube cylindrique, plus long que le calice; limbe ouvert, divisé en cinq lobes arrondis & inégaux.

Etam. deux ou quatre filamens sétacés, très-courts, dont deux sont plus élevés. Anthères arrondies, non saillantes hors du tube.

Pist. un ovaire supérieur, ovale. Un style simple, filiforme, de la longueur du tube. Stigmate oblong, oblique, presque transverse.

Péric. aucun. Le calice changé & comme bivalve, contient les semences.

Sem. deux, un peu offensées, nues, applaties d'un côté, convexes de l'autre.

Tableau des espèces.

41. ZAPANIA.

Charact. essent.

CALYX sub 4-dentatus. Corolla tubulosa, limbo inæq. 5-lobo. Stamina duo vel quatuor. Semina duo nuda.

Charact. natur.

Cal. monophyllus tri f. quadrifidus persistens; fructifero subbivalvi.

Cor. monopetala, tubulosa; tubus cylindricus, calyce longior; limbus patens, quinquelobus; laciniis rotundatis inæqualibus.

Stam. filamenta duo vel quatuor setacea brevissima; quorum duo altiora. Antheræ subrotundæ non exseræ.

Pist. germen superum, ovatum. Stylus simplex, filiformis longitudine tubi. Stigma oblongum obliquum subtransversum.

Peric. nullum. Calyx immutatus subbivalvis semina continent.

Sem. duo, suboffesa, nuda, hinc planiuscula inde convexa.

Conspectus specierum.

248. ZAPANE *ædiflore.* Dict.
Z. à feuilles ovales-cunéiformes, dentées en
sommet, épis en tête conique, tige herbacée
rampante.
Lieu nat. les Indes orientales & occidentales. ♃
Epis alternes.

249. ZAPANE *de Java.* Dict.
Z. à feuilles lancéolées legèrement dentées,
épis oblongs coniques, tige droite.
Lieu nat. l'îsle de Java. *Burm.*

250. ZAPANE *de Curaçao.* Dict.
Z. à épis longs, calices ariftés, feuilles ovales
bordées de dents aiguës.
Lieu nat. l'îsle de Curaçao.

251. ZAPANE *lappulacée,* Dict.
Z. à épis lâches, calices fructifères enflés arrondis, semences hériffées de petites pointes.
Lieu nat. la Martinique, la Jamaïque. (4 étamines.)

252. ZAPANE *du Méxique.* Dict.
Z. à épis lâches, calices fructifères réfléchis
didymes hispides.
Lieu nat. le Méxique. ♃ *Feuilles très-souvent
ternées.*

253. ZAPANE *odeur-de-Melisse.* Dict.
Z. à fleurs à trandriques panisulées, feuilles
ternées lancéolées entières, tige fruliqueuse.
Lieu nat. Buénos-Ayre., ♄ *Fleurs blanches,
petites ; feuilles étroites-lancéolées.*

254. ZAPANE *prismatique.* Dict.
Z. à épis lâches dichotomaux, calices alternes prismatiques tronqués ariftés, feuilles
ovales obtuses.
Lieu nat. la Jamaïque. ☉ *Elle a de très-grands
rapports avec la suivante.*

255. ZAPANE *de la Jamaïque.* Dict.
Z. à épis très-longs nuds charnus, feuilles
spatulées ovales dentées, tige hispide.
Lieu nat. la Jamaïque, les Antilles. ♂

256. ZAPANE *de l'Inde.* Dict.
Z. à épis très longs nuds charnus ; feuilles lan-
céolées irrégulièrement dentées, tige glabre.
Lieu nat. l'îsle de Ceylan ☉

257. ZAPANE *changeante.* Dict.
Z. à épis très longs charnus squarreux, feuilles
dentées blanchâtres en-dessous, tige frutiqueuse.
Lieu nat. l'Amérique équinoxiale. ♄ *Ses fleurs
changeantes, sont d'abord d'un côté écarlate vif,
& ensuite couleur de chair.*

248. ZAPANIA *ædiflora.* T. 17, f. 1.
Z. follis ovato-cuneiformibus supernè serra-
tis, spicis capitato-conicis, caule herbaceo
repente.
Ex Indiis orientalibus & occidentalibus. ♃
V. ædiflora. lin. spicæ alternæ.

249. ZAPANIA *Javanica.*
Z. foliis lanceolatis subdenticulatis, spicis
oblongis conicis oppositis, caule erecto.
Ex Java. *Verbena Javanica. Burm. ind.* T.6, f. 1.

250. ZAPANIA *curassavica.*
Z. spicis longis, calycibus ariflatis, foliis
ovatis argutè serratis.
Ex hifula Curaffavica. *V. Curaffavica.* L.

251. ZAPANIA *lappulacea.*
Z. spicis laxis, calycibus fructigeris inflatis
subrotundis, seminibus echinatis,
E Martinica, Jamaica. *Folia petiolata, sub-
cordata, serrata.*

252. ZAPANIA *Mexicana.* T. 17, f. 1.
Z. spicis laxis, calycibus fructus reflexis ro-
tundis didymis hispidis.
E Mexico. ♃ *Blairia Mexicana. Germ.* p. 165.

253. ZAPANIA *citrodora.*
Z. floribus tetrandris paniculatis, foliis ternis
lanceolatis integris, caule fruticoso.
E Bonaria. ♄ *Verb. triphylla. l'herit. ftirp.* T. 11.

254. ZAPANIA *prismatica.*
Z. spicis laxis dichotomalibus, calycibus alternis prismaticis truncatis ariflatis, foliis
ovatis obtusis.
Ex Jamaica. ☉ *Verb. prismatica. Jacq. collect.
vol. 2, p. 301, ic. rar. vol. 1.*

255. ZAPANIA *Jamaicensis.*
Z. spicis longiflimis carnosis nudis ; foliis
spathulato-ovatis serratis, caule birto.
Ex Jamaica & Caribæis. ♂ *V. Jamaicensis.
Jacq. obf.* T. 85.

256. ZAPANIA *Indica.*
Z. spicis longiflimis carnosis nudis, foliis lan-
ceolatis irregulariter dentatis, caule lævi.
Ex Zeylona. ☉ *Verb. indica. Jacq. obf.* T. 86.

257. ZAPANIA *mutabilis.*
Z. spicâ longiflimâ carnosâ squarrosâ, foliis
ovatis serratis subtus subincanis, caule fruticoso.
Ex America æquinoxiali. ♄ *Verb. mutabilis.
Jacq. Collect. vol. 1, p. 334, & ic. rar. vol.
2. V. arabica. lin.*

H1j

Explication des fig. · *Explicatio iconum.*

Tab. 17, f. 1. ZAPANE *de Mexique.* (a, a) Semences réunies, enveloppe: s par le calice. (b) Les mêmes séparées. (c, c) Semences vues par le dos. (d, e) Les mêmes vues en leur côté intérieur. (g) Coque osseuse coupée transversalement. (h, i) Embrion revêtu de sa membrane & mis à découvert.

Tab. 17, f. 2. ZAPANE *de Java.* (a, b) Epis presque cylindriques. (c) Corolle. (d, e) Calice fructifere. (f, g) Semences réunies. (h) Les mêmes défunies. (i) Les enfance coupées transversalement. (l) Embrion.

Tab. 17, f. 3. ZAPANE *nudiflore.* (a, b) Calice fructifere. (c, d) Semences. (e) S. mence tronquée. (l) Embrion.

Tab. 17, f. 1. ZAPANIA *Mexicana.* (a, a) Semina conduncta calyce vestita. (b) Eadem separata. (c, c) Seminis pars dorsalis. (d, f) Ejusdem latus ventrale. (g) Integ. osseum transverse sectum. (h, i) Embryo membrana intraru vestitus & denudatus.

Tab. 17, f. 2. ZAPANIA *Javanica.* (a, b) Spica subcylindrica. (c) Corolla. (d, e) Calyx fructifer. (f, g) Semina conduncta. (h) Eadem disjuncta. (i) Eadem transverse secta. (l) Embryo.

Tab. 17, f. 3. ZAPANIA *nudiflora.* (a, b) Calyx fructifer. (c, d) Semina. (e) Semen truncatum. (f) Embryo. Fig. in D. Garn. Sub blattis.

41. ERANTHEME.

Caract. essent.

CALICE 5-fide. Corolle quinquefide, presque régulière: à tube filiforme. Stigmate simple.

Caract. nat.

Cal. tubuleux, très étroit, quinquefide, droit, acuminé, court, persistant.

Cor. monopetale, infundibuliforme. Tube filiforme, très long. Limbe petit, plane, à cinq divisions ovoïdes.

Etam. deux filamens très-courts, attachés à l'orifice de la corolle. Anthères ovales, comprimées, saillantes hors du tube.

Pist. un ovaire supérieur, ovale, très petit. Style filiforme de la longueur du tube. Stigmate simple.

Péric.....
Sem.....

43. ERANTHEMUM.

Charact. essen.

CALYX quinquefidus. Corolla quinquefida, subæqualis: tubo filiformi. Stigma simplex.

Charact. nat.

Cal. tubulosus, angustissimus, quinquefidus; erectus, acuminatus, persistens.

Cor. monopetala, infundibuliformis: tubus filiformis, longissimus. Limbus 5-partitus (interdum 4-partitus), parvus, planus; laciniis obovatis.

Stam. filamenta duo, brevissima, in fauce corollæ. Antheræ subovatæ, compressæ, extra tubum.

Pist. germen superum, ovatum, minimum. Stylus filiformis, longitudine tubi. Stigma simplex.

Peric.....
Sem.....

Tableau des espèces.

258. ERANTHEME *du Cap.* Dict. n°. 1.
E. à feuilles lancéolées-ovales pétiolées.
Lieu nat. l'Ethiopie.

259. ERANTHEME *à f. étroites.* Dict. n°. 2.
E. à feuilles étroites linéaires, fleurs en épis lâches ouvertes.
Lieu nat. l'Afrique. ♄

260. ERANTHEME *à petites feuilles.* Dict. n°. 3.
E. à feuilles ovales-linéaires courtes embriquées, bractées ovales.
Lieu nat. le Cap de Bonne-Espérance. ♄

261. ERANTHEME *à f. de soude.* Dict. n°. 4.
E. ligneux, à feuilles charnues un peu cylindriques linéaires très-glabres, grappes axillaires & calices pubescens.

Conspectus specierum.

258. ERANTHEMUM *Capense.*
E. foliis lanceolato-ovatis petiolatis. Lin.
Ex Æthiopia.

259. ERANTHEMUM *angustifolium.* T. 17, f. 2.
E. foliis angustis linearibus, floribus spicatis laxis patentibus.
Ex Africa. ♄

260. ERANTHEMUM *parvifolium.* T. 17, f. 2.
E. foliis ovato-linearibus brevibus imbricatis, ovatis. Berg.
E Capite Bonæ Spei. ♄

261. ERANTHEMUM *salsoloides.*
E. fruticosum, foliis carnosis teretiusculis linearibus glaberrimis, racemis axillaribus calycibusque pubescentibus. L. f. Suppl. 82.

Lieu nat. les environs de Sainte-Croix, en Afrique. ♄

In barrancas, circa oppidum Sanuæ Cruéis. ♄

Explication des fig.

Explicatio iconum.

Tab, 17, f. 1. ERANTHÈME à *feuilles étroites.* (*a*)
Portion de la plante garnie de fleurs. (*b*) Fleur séparée
munie de la bractée qui embrasse & couvre le calice.
Tab. 17. f. 2. ERANTHÈME à *petites feuilles.*

Tab. 17, f. 1. ERANTHEMUM *angustifolium* (*a*)
Pars plantæ floribus ornata (*b*). Flos separatus cum
bractea calycem obtegens.
Tab. 17, f. 2. ERANTHEMUM *parvifolium. Fig. ex Commel.*

44. L Y C O P E.

Caract. essent.

CALICE quinquefide. Corolle quadrifide, ayant
un lobe échancré. Etamines distantes.

Caract. nat.

Cal. monophylle, tubuleux, semi-quinquefide :
à découpures étroites pointues.
Cor. monopétale, presque régulière. Tube de la
longueur du calice. Limbe à quatre lobes,
ouvert : lobes obtus, presqu'égaux ; mais le
supérieur plus large & échancré.
Etam. Deux filaments écartés, plus courts que
la corolle. Anthères petites, arrondies.
Pist. un ovaire supérieur, quadrifide. Un style
filiforme, de la longueur des étamines. Stigmate bifide.
Péric. aucun. Les semences sont contenues dans
le calice.
Sem. quatre, arrondies, rétuses.

Tableau des espèces.

262. LYCOPE *des marais,* Diđ.
L. à feuilles dentées sinuées.
Lieu nat. l'Europe, dans les marais & au bord
des eaux. ♃

263. LYCOPE d'*Italie.* Diđ.
L. à feuilles pinnatifides, dentées à leur base.
Lieu nat. l'Italie. ♃ Il s'élève à la hauteur de
l'homme.

264. LYCOPE *de Virginie.* Diđ.
L. à feuilles régulièrement dentées.
Lieu nat. la Virginie. ♃

Explication des figures.

Tab. 18. LYCOPE *des marais.* (*a*) Fleur séparée.
(*b, c*) Corolle. (*d*) Calice. (*f*) Pistil. (*e*) Semences
séparées. (*g*) Sommité de la plante représentant des
feuilles trop régulièrement dentées.

44. L Y C O P U S.

Charact. essent.

CALYX quinquefidus. Corolla quadrifida : lacinia unica, emarginata. Stamina distantia.

Charact. nat.

Cal. monophyllus, tubulosus, semi-quinquefidus : laciniis angustis acutis.
Cor. monopetala, subæqualis. Tubus longitudine calycis. Limbus quadrilobus patulus :
lobi obtusi subæqualibus : lobo superiore latiore emarginato.
Stam. filamenta duo, corolla breviora, distantia. Antheræ parvæ subrotundæ.
Pist. germen superum, quadrifidum. Stylus filiformis, longitudine staminum. Stigma bifidum.
Peric. nullum. Calyx infundo semina continens.
Sem. quatuor, subrotunda, retusa.

Conspectus specierum.

261. LYCOPUS *europæus.* T. 18.
L. foliis sinuato-serratis. L.
Ex Europæ ripis humentibus, & paludibus. ♃

263. LYCOPUS *exaltatus.*
L. foliis basi pinnatifido-serratis. L. f. Sup. 87.
Ex Italia. ♃ *Varietas forté præcedentis.*

264. LYCOPUS *Virginicus.*
L. foliis æqualiter serratis. Lin.
E Virginia. ♃

Explicatio iconum.

Tab. 18. LYCOPUS *Europæus.* (*a*) Flos separatus.
(*b, c*) Corolla. (*d*) Calyx. (*f*) Pistillum. (*e*) Semina
soluta. (*g*) Summitas plantæ, foliis nimis æqualiter serratis. *Fig. fructificationis ex Tournefortio.*

45. AMÉTHYSTÉE.

Caract. essent.

CALICE un peu campanulé, quinquefide. Corolle irrégulière, quinquefide : à découpure inférieure plus ouverte. Etamines rapprochées.

Caract. nat.

Cal. monophylle, un peu campanulé, anguleux, semi-quinquefide, persiflant.

Cor. monopétale, irrégulière, un peu lablée, partagée en cinq lobes : lèvre supérieure divisée profondément en deux lobes ouverts ; lèvre inférieure partagée en trois découpures, dont l'intermédiaire plus longue, plus ouverte, concave.

Etam. Deux filamens, filiformes, rapprochés, situés sous la lèvre supérieure de la corolle, & plus longs qu'elle. Anthères arrondies.

Pist. un ovaire supérieur, quadrifide. Un style de la longueur des étamines, courbé en dedans à son sommet. Deux stigmates aigus.

Péric. aucun. Les semences sont contenues dans le calice.

Sem. quatre, obtuses, gibbeuses en dehors, anguleuses en leur côté intérieur.

Tableau des espèces.

265. AMÉTHYSTÉE à fleurs bleues. D. p. 130.
Lieu nat. les lieux montueux de la Sybérie. ☉

Explication des fig.

Tab. 18. AMETHYSTÉE à fleurs bleues. (*a*, *b*) Fleur grossie, vue en-dessus & par le côté. (*c*) Corolle nue & grandie. (*d*) Lèvre supérieure ; étamines. (*e*) Pistil. (*f*) Partie supérieure de la tige chargée de corymbes fructifères. (*g*, *h*) Calice entier. (*i*) Le même coupé, contenant les semences. (*l*) Semences séparées. (*m*, *n*) Les mêmes grossies, vues sur le dos & en leur côté intérieur. (*o*) Semence coupée en travers. (*p*) Embrion mis à nud.

46. ZIZIPHORE.

Caract. essent.

CALICE presque cylindrique, strié, à cinq dents, barbu à son orifice. Corolle ringente, à lèvre supérieure entière.

Caract. nat.

Cal. monophylle, long, tubuleux, cylindri-

---

45. AMETHYSTEA.

Charact. essent.

CALYX subcampanulatus, quinquefidus. Corolla irregularis, quinquefida : lacinia infima patentiore. Stamina approximata.

Charact. nat.

Cal. monophyllus, subcampanulatus, angulatus, semi quinquefidus, persistens.

Cor. monopetala : irregularis, subbilabiata, quinqueloba : labium superius bipartitum, dehiscens, labium inferius tripartitum : lacinia intermedia longiore patentiore concava.

Stam. filamenta duo, filiformia, approximata ; sub labio superiore, eoque longiora. Antheræ subrotundæ.

Pist. germen superum, quadrifidum. Stylus longitudine staminum, superne incurvus. Stigmata duo acuta.

Peric. nullum. Calyx semina continens.

Sem. quatuor, obtusa, gibba, introrsum angulata.

Conspectus specierum.

265. AMETHYSTEA cærulea. T. 18.
Ex Sibiriæ montosis. ☉ *Hall. Gott.* 1751. t. 10.

Explicatio Iconum.

Tab. 18. AMETHYSTEA cærulea. (*a*, *b*) Flos ampliatus, superne & à latere visus. (*c*) Corolla nuda, dilatata. (*d*) Labium superius corollæ, flamina. (*e*) Pistillum. (*f*) Pars superior caulis corymbis fructiferis onusta. (*g*, *h*) Calyx integer. (*i*) Idem dissectus, semina continens. (*l*) Semina seorsim. (*m*, *n*) Eadem aucta dorso & latere interiore visa. (*o*) Semen transverse sectum. (*p*) Embryo denudatus. *Fig. floris ex Hall. & fructus ex Gerta.*

46. ZIZIPHORA.

Charact. essent.

CALYX subcylindricus, striatus, quinquedentatus, fauce barbatus. Corolla ringens ; labio superiore integro.

Charact. nat.

Cal. monophyllus, longus, tubulosus, cylin-

que, ftrié, hifpide, à cinq dents : orifice barbu.

Cor. monopétale, bilabiée : tube cylindrique, de la longueur du calice; limbe très petit: lèvre fupérieure ovale emiète réfléchie; lèvre inférieure ouverte plus large trifide, à découpures arrondies, égales.

Etam. Deux filamens, fimples, prefqu'auffi long que la corolle. Anthères oblongues, diftantes.

Pift. un ovaire fupérieur; quadrifide. Un ftyle feracé de la longueur de la corolle. Stigmate pointu, courbe.

Péric. aucun. Le calice, dont l'orifice eft fermé par des poils, contient les femences.

Sem. quatre, ovales, obtufes, amincies vers leur bafe, gibbeufes d'un côté, un peu angu leufes de l'autre.

dricus, ftriatus, hifpidus, quinquedentatus: fauce barbata.

Cor. monopetala, ringens : tubus cylindricus, longitudine calycis; limbus minimus: labium fuperius ovatum integrim reflexum; labium inferius patens latius trifidum, laciniis rotundatis æqualibus.

Stam. filamenta duo, fimplicia, longitudine fere corollæ, Antheræ oblongæ, diftantes.

Pift. germen fuperum, quadrifidum. Stylus feraceus longitudine corollæ. Stigma acuminatum inflexum.

Peric. nullum. Calyx ore villis claufo, femina continet.

Sem. quatuor, ovata, obtufa, bafi angufiora, bine gibba, inde fubangulata.

Tableau des efpèces.   *Confpectus fpecierum.*

266. ZIZIPHORE *capitée.* Dict.
Z. à faifceaux terminaux, bractées plus larges que les fenilles, & Involucriformes.
Lieu nat. l'Arménie, la Sybérie, &c. ☉

266. ZIZIPHORA *capitata.* T. 18, f. 3.
Z. fafciculis terminalibus, bracteis foliis latioribus involucriformibus.
Et Armenia, Sibiria, &c. ☉

267. ZIZIPHORE *d'Efpagne.* Dict.
Z. à feuilles ovales, fleurs en grappe fpiciforme, bractées ovoides acuminées nerveufes.
Lieu nat. l'Efpagne. ☉ *Calices ftrids, très hifpidas.*

267. ZIZIPHORA *Hifpanica.* T. 18, f. 1.
Z. foliis ovatis: floribus racemofo-fpicatis; bracteis obovatis nervofis acuminatis.
Et Hifpania. ☉ *Communic. à D. Cavanilles.*

268. ZIZIPHORE *à feuilles étroites.* Dict.
Z. à feuilles lancéolées; fleurs axillaires, hériffées de poils, plus courtes que les bractées.
Lieu nat. le Levant. ☉ *Bractées, étroites, ciliées.*

268. ZIZIPHORA *tenuior.* T. 18, f. 2.
Z. foliis lanceolatis, floribus axillaribus hinis, bracteis brevioribus.
Et Oriente. ☉

269. ZIZIPHORE *clinopode.* Dict.
Z. à feuilles ovales, verticilles axillaires & terminaux, calices velus blanchâtres.
Lieu nat. la Sybérie. ꝛ *Feuilles prefque glauques. Calices velus; mais point hériffés comme dans la précédente.*

269. ZIZIPHORA *clinopodioides.*
Z. foliis ovatis, verticillis axillaribus & terminalibus, calycibus pilofis fubincanis.
E Sibiria. ꝛ *H. R. an Ziziphora acinoides. Lin. labium fup. corollæ emarginatum.*

Explication des fig.   *Explicatio iconum.*

Tab. 18, f. 1. ZIZIPHORA *d'Efpagne.* (a) Fleur féparée, groffie, à calice mal-à-propos repréfenté glabre. (b) Portion de la plante.

Tab. 18, f. 1. ZIZIPHORA *Hifpanica.* (a) Flos feparatus, et auctus, calyce piftn et errore præperamglabro. (b) Pars p'anta. Fig et Sicco.

Tab. 18, f. 2. ZIZIPHORE *à feuilles étroites.* (a) Fleur féparée, affez mal repréfentée, fur-tout dans fon calice qui n'eft point glabre. (b) Plante entière, figurée d'après le fec.

Tab. 18, f. 2. ZIZIPHORA *tenuior.* (a) Flos feparatus non bene depictus, præfertim calyce per, et un glabro. (b) Planta integra et ficco delineata.

Tab. 18, f. 3. ZIZIPHORA *capitée.* (*a, a*) Calice
fermé. (*b*) Semences vues dans le calice. (*c, d*) Semences fupéries. (*e*) Semence coupée tr. nfvertalement.
(*f*) Embryon mis à nud. (*g*) Plante entière.

47. CUNILE.

Caract. essent.

CALICE à cinq dents. Corolle ringente; à lèvre fupérieure droite, plane. Deux filamens flériles. Quatre femences.

Caract. nat.

Cal. monophylle, un peu cylindrique, strié, à cinq dents, perfiflant.

Cor. monopétale, ringente : lèvre fupérieure droite, plane, échancrée. Lèvre Inférieure à trois divifions arrondies; celle du milieu échancrée.

Etam. deux filamens feniles & deux filamens fans anthères. Anthères arrondies, didymes.

Pist. un ovaire fupérieur, quadrifide. Un ftyle filiforme, ftigmate b.fide & aigu.

Péric. aucun. Le calice, à orifice fermé par des poils, contient les femences.

Sem. quatre, ovales, fort petites.

Tableau des efpèces.

170. CUNILE *du Maryland.* Dict. n°. 1.
C. à feuilles ovales dentées, corymbes axillaires & terminaux dichotomes.
Lieu nat. la Virginie. ♄

271. CUNILE *à feuilles de pouliot.* Di. n°. 1.
C. à feuilles ovales-lancéolées, munies de deux dents, fleurs verticillées.
Lieu nat. la Virginie, le Canada, aux lieux fecs. ☉

272. CUNILE *à feuilles de thym.* Dict. n°. 3.
C. à feuilles ovales très entières, fleurs verticillées, tige tétragone.
Lieu nat. Montpellier. ☉

273. CUNILE *capitée.* Dict. n°. 4.
C. à feuilles ovales, fleurs terminales, ombelle arrondie.
Lieu nat. la S.bérie.

Explication des fig.

Tab. 19. CUNILE *à feuilles de pouliot.* (*a*) Corolle ouverte & fendue dans la longueur. (*b*) Plante prefqu'entière.

Tab. 18, f. 3. ZIZIPHORA *capitata.* (*a, a*) Calyx clanfus. (·) Semina intra calyce.n. (*c, d*; Semina fohina. (*e*) femen tranfverfé fectum. (*f*) Embryo denudatus. *Fig. 1x D. Gastnis.*) Planta integra.

47. CUNILA.

Charact. essent.

CALIX quinquedentatus. Corolla ringens: l:bio fuperiore erecto plano. Filamenta caftrata duo; Semina quatuor.

Charact. nat.

Cal. monophyllus, fubcylindricus, ftriatus; quinquedentatus, perfiflens.

Cor. monopetala, ringens: labium fuperius erectum planum emarginatum. Labium inferius tripartitum; laciniis rotundatis: media emarginata.

Stam. filamenta duo fenilia, & duo filamenta caftrata. Antheræ fubrotundæ didymæ.

Pist. germen fuperum, quadripartitum. Stylus filiformis: ftigma bifidum acutum.

Peric nullum. Calyx, fauce villis claufa, femina continent.

Sem. quatuor, ovata, minuta.

Confpectus fpecierum.

170. CUNILA *Mariana.*
C. foliis ferratis, corymbis axillaribus & terminalibus dichotomis.
Ex Virginia. ♄

171. CUNILA *pulegioides.* T. 19.
C. foliis ovato-lanceolatis bidentatis nudis, floribus verticillatis.
Ex Virginia, Canada ficcis. ☉

172. CUNILA *thymoides.*
C. foliis ovatibus integerrimis, floribus verticillatis, caule tetragono. Lin.
E Monfpelio. ☉ Lin.

173. CUNILA *capitata.*
C. foliis ovatis, floribus terminalibus, umbella fubrotonda. L. f. Suppl. 87.
E Sibiria.

Explicatio iconum.

Tab. 19. CUNILA *pulegioides.* (*a*) Corolla diffecta ex ficco. (*b*) Planta fere integra.

48. MONARDE.

Caradt. effent.

CALYCE cylindrique, à cinq dents. Corolle bilabiée : lèvre fupérieure entière, enveloppant les étamines. Quatre femences.

Caradt. nat.

Cal. monophylle, tubuleux ; cylindrique, ftrié, perfiftant, à cinq dents égales. Cor. monopétale, irrégulière : tube cylindrique, plus long que le calice. Limbe bilablé. Lèvre fupérieure droite, étroite, linéaire, entière ; lèvre inférieure réfléchie, plus large, trilobée : à lobe du milieu plus alongé. Etam. deux filamens fétacés, de la longueur de la lèvre fupérieure, par laquelle ils font enveloppés. Anthéres oblongues, comprimées, tronquées en-deffus, convexes en-deffous. Piſt. un ovaire fupérieur, quadrifide. Un ftyle filiforme, de la longueur des étamines. Stigmate bifide & aigu. Péric. aucun. Les femences font contenues au fond du calice. Sem. quatre, ovales arrondies. Ayant chacune deux petites foffettes à l'ombilic.

Tableau des efpéces.

274. MONARDE velue. Dict.
M. à feuilles en cœur lancéolées dentées velues, pétioles & bractées ciliés barbus.
Lieu nat. l'Amérique feptentrionale. ℞
a. La même, plus élevée, à bractées & corolles pourprées. Corolles non ponctuées.

275. MONARDE à feuilles longues. Dict.
M. à feuilles oblongues-lancéolées dentées un peu nues, corolles ponctuées.
Lieu nat. l'Amérique feptentrionale. ℞ Pétioles un peu courts, pourprés, velus.

276. MONARDE glabre. Dict.
M. à feuilles en cœur oblongues dentées glabres à longs pétioles, bractées & corolles prefque nues.
Lieu nat. l'Amérique feptentrionale. ℞ Feuilles larges de deux pouces ; fl. blanches.

277. MONARDE pourpre. Dict.
M. à feuilles ovales acuminées dentées à pétioles courts, bractées & corolles d'un pourpre foncé.
Lieu nat. l'Amérique feptentrionale. ℞

Botanique, Tom. I.

Charaft. effent.

CALYX cylindricus, quinquedentatus. Corolla bilabiata : labio fuperiore integro, ftamina involvente. Semina quatuor.

Charaft. nat.

Cal. monophyllus, tubulofus, cylindricus, ftriatus, quinquedentatus, perfiftens. Cor. monopetala, inæqualis. Tubus cylindricus, calyce longior. Limbus bilabiatus. Labium fuperius rectum anguftum lineare integrum : labium inferius reflexum latius trilobum : lobo medio longiore. Stam. filamenta duo, fetacea, longitudine labii fuperioris, à quo involuta. Antheræ oblongæ, compreffæ, fuperne truncatæ inferne convexæ. Piſt. germen fuperum, quadrifidum. Stylus filiformis, longitudine ftaminum. Stigma bifidum, acutum. Peric. nullum. Calyx in fundo femina continens. Sem. quatuor, ovato-fubrotunda : fcrobicula umbilicalibus duobus minimis (Gærtn).

Confpectus fpecierum.

274. MONARDA fiſtulofa.
M. foliis cordato-lanceolatis ferratis villofis, petiolis bracteifque ciliato barbatis.
Ex America feptentrionali.
b. Eadem, elatior, bracteis corollifque purpurafcentibus. Corolla impunctata.

275. MONARDA longifolia.
M. foliis oblongo-lanceolatis ferratis nudiufculis, corollis punctatis.
Ex America feptentrionali. ℞ An Monarda oblongata. Hort. Kew, p. 36.

276. MONARDA glabra.
M. foliis cordato-oblongis ferratis glabris longe petiolatis, bracteis corollifque nudiufculis.
Ex America feptentrionali. ℞ An Monarda rugofa. Hort. Kew. p. 36.

277. MONARDA purpurea. T. 19.
M. foliis ovato-acuminatis ferratis breviter petiolatis, b acteis corollifque intenfe purpureis.
Ex America feptentrio. ℞ Monarda didyma. L

I

278. MONARDE *clinopode*. Diđ.
M. à fleurs en tête, feuilles très liſſes dentées.
Lieu nat. la Virginie. ♃

279. MONARDE *ponđuée*. Diđ.
M. à feuilles linéaires-lancéolées étroites légèrement dentées, corolles ponctuées plus
courtes que les bractées.
Lieu nat. la Virginie. ♃

280. MONARDE *ciliée*. Diđ.
M. à feuilles oblongues dentées, fleurs verticillées, corolles ponđuées preſque plus longues que les bractées.
Lieu nat. la Virginie, la Caroline. ☉

Explication des fig.

Tab. 19. MONARDE *pourpre*. (*a*) Fleur entière.
(*b*) Calice. (*c*) Corolle coupée dans ſa longueur ; étamines. (*d*) Etamine féparée. (*e*, *f*) Piſtil. (*g*, *h*)
Anthères groſſes. (*i*) Semences au fond du calice.
(*l*) Semences réunies & groſſies. (*m*) Semence ſépa-
rée, groſſie & de grandeur naturelle. (*n*) Sommité de
la plante.

49. ROMARIN.

Caraŭ. effent.

CALICE comprimé au ſommet & bilabié. Corolle bilabiée : à lèvre ſupérieure bifide. Filamens longs, courbés, ſimples avec une dent.

Caraŭ. nat.

Cal. monophylle, tubuleux, comprimé au ſom
met : à bord droit, bilabié : la lèvre ſup. entière ; l'inférieure bilide.
Cor. monopétale, irrégulière. Tube plus long
que le calice. Limbe bilabié : lèvre ſupérieure
drohe, plus courte, partagée en deux ; lèvre
inférieure réfléchie, trifide, à découpure du
milieu fort grande & concave.
Etam. deux filamens ſubulés, ſimples avec une
dent, inclinés vers la lèvre ſupérieure & plus
longs qu'elle. Anthères ſimples.
Piſt. un ovaire ſupérieur, quadrifide. Un ſtyle
ayant la forme, la ſituation & la longueur
des étamines. Stigmate ſimple, aigu.
Péric. aucun. Les ſemences ſont contenues au
fond du calice.
Sem. quatre, ovales.

Oaſ. Ce genre eſt très-voiſin des ſauges : mais
il s'en diſtingue par ſes étamines non fourchues.

DIANDRIA MONOGYNIA.

278. MONARDA *clinopodia*.
M. floribus capitatis, foliis læviſſonis ſerratis. L.
E Virginia. ♃

279. MONARDA *punđata*.
M. foliis lineari lanceolatis anguſtis ſubden-
tatis, floribus verticillatis, corollis punđatis
brađeis brevioribus.
E Virginia. ♃

280. MONARDA *ciliata*.
M. foliis oblongis dentatis, floribus verticillatis, corollis punđatis brađeis ſublonglo-
ribus.
E Virginia, Carolinia ☉ H. R.

Explicatio iconum.

Tab. 19. MONARDA *purpurea*. (*a*) Flos integer.
(*b*) Calyx. (*c*) Corolla diſſeđa ; ſtamina. (*d*) Stamen
ſeparatum. (*e*, *f*) Piſtillum. (*g*, *h*) Antheræ ampliatæ;
(*i*) Semina in fundo calycis. (*l*) Semina coalita &
aucđa. (*m*) Semen ſolutum, magnitudine naturali &
auđum. Fig. ex Mill. Illuſtr. (*n*) Summitas plantæ ; ex
Sicco.

49. ROSMARINUS.

Charaŭ. eſſent.

CALYX apice compreſſus & bilabiatus. Corolla
bilabiata : labio ſuperiore bipartito. Filamenta
longa, curva, ſimplicia cum dente.

Charaŭ. nat.

Cal. monophyllus, tubuloſus, ſuperne compreſſus : ore eređo bilabiato : ſuperiore integro ; inferiore bifido.
Cor. monopetala, irregularis. Tubus calyce longior. Limbus bilabiatus : labium ſuperius
eređum, brevius, bipartitum ; lab. inferius
reflexum, trifidum ; lacinia media maxima,
concava.
Stam. filamenta duo ſubulata, ſimplicia cum
dente, verſus labium ſuperius inclinata,
eoque longiora. Antheræ ſimplices.
Piſt. germen ſuperum, quadrifidum. Stylus figura, ſitu & longitudine ſtaminum. Stigma
ſimplex, acutum.
Peric. nullum. Calyx ſemina in fundo continens.
Sem. quatuor, ovata.

Oaſ. Ad ſalvias proximè accedit ; diſtinguendus
ſtaminibus minimè biſurcatis. Lin.

Tableau des espèces.

281. ROMARIN officinal. Diä.
Lieu nat. la France australe, l'Espagne, l'Italie, le Levant. ♄

Explication des fig.

Tab. 19. ROMARIN officinal. (a, b) Fleur vue en devant & par le côté. (c) Corolle vue de côté. (d, e) Calice. (f) Pistil. (g, h) Semences. (i) Sommité d'un rameau garni de fleurs.

50. SAUGE.

Caract. essent.

CALICE bilabié. Corolle ringente. Filament des étamines attaché transversalement sur un pédicule, & comme fourchu.

Caract. nat.

Cal. monophylle, un peu campanulé, strié, labié en son bord.
Cor. monopétale, irrégulière. Tube élargi & comprimé supérieurement. Limbe bilabié: lèvre supérieure concave, comprimée, courbée en dedans; lèvre inférieure large, trifide; à découp. du milieu plus grande & échancrée.
Etam. deux filamens très-courts, sur lesquels sont attachés presque transversalement deux autres filamens portant chacun une glande à leur extrémité inférieure, & une anthère à l'extrémité supérieure.
Pist. un ovaire supérieur, quadrifide. Un style filiforme, très-long, dans la situation des étamines. Stigmate bifide.
Péric. aucun. Les semences sont contenus dans le calice.
Sem. quatre, arrondies.

Obs. La bifurcation singulière des filamens constitue le caractère essentiel de ce genre.

Tableau des espèces.

282. SAUGE d'Egypte. Diä.
S. à feuilles linéaires lancéolées étroites dentelées, épis grêles effilés presque filiformes.
Lieu nat. l'Egypte, les Canaries. ☉

283. SAUGE de crète. Diä.
S. à feuilles étroites lancéolées ondées retrécies en pétiole, calice très-profondément divisés en deux parties.
Lieu nat. l'Isle de Candie. ♃ ou ♄

---

281. ROSMARINUS officinalis.
E Gallia Meridion. Hispania; Italia; Oriente. ♄

Explicatio iconum.

Tab. 19. ROSMARINUS officinalis. (a, b) Flos antice & a latere visus. (c) Corolla à latere spectata. (d, e) Calyx. (f) Pistillum. (g, h) Semina. Fig. ex Tournef. (i) Summitas ramuli floribus onusta, ex Moro.

50. SALVIA.

Charact. essent.

CALYX bilabiatus. Corolla ringens. Filamenta staminum transversè pedicello affixa, subfurcata.

Charact. nat.

Cal. monophyllus, subcampanulatus, striatus; ore bilabiato.
Cor. monopetala, irregularis. Tubus supernè ampliatus compressus. Limbus ringens: labium superius concavum compressum, incurvum; labium inferius latum, trifidum; lacinia media majori, emarginata.
Stam. filamenta duo, brevissima: his duo alia transversim in medio ferè affixa, quorum extremitati inferiori glandula, superiori anthera insidet.
Pist. germen superum, quadrifidum. Stylus filiformis, longissimus, situ staminum. Stigma bifidum.
Peric. nullum. Calyx in fundo semina continens.
Sem. quatuor, subrotunda.

Obs. Filamentorum bifurcatio singularis constituit essentialem characterem. L.

Conspectus specierum.

282. SALVIA Ægyptiaca.
S. foliis lineari-lanceolatis angustis denticulatis, spicis tenuibus strictis subfiliformibus.
Ex Egypto, canariis. ☉ Flor. perparvi pediculo.

283. SALVIA cretica.
S. foliis angusto-lanceolatis undatis in petiolum attenuatis, calycibus profundissimè bipartitis.
E Candia. ♃ C ♄ Flores subsessiles, praecedenti majores.

I 2

184. SAUGE du Sypile. Dict.
S. frutescente tomenteuse, à feuilles pétiolées
lancéolées auriculées très-ridées, calices plissés lissés velus presqu'obtus.
Lieu nat. le Levant, sur le Mont-Sypile. ♄

184. SALVIA Sypilea.
S. frutescens tomentosa, foliis petiolatis lan-
ceolatis auriculatis rugosissimis, calycibus
plicato striatis pilosis obtusiusculis.
Ex Oriente, in Sypilo. ♄ *An Salvia triloba.*
L. f. Suppl. 88.

185. SAUGE officinale. Dict.
S. frutescente, à feuilles oblongues-ovales
crénulées finement ridées, verticilles lâches
en épi, calices aigus.
Lieu nat. l'Europe australe. ♄

185. SALVIA officinalis.
S. frutescens, foliis oblongo-ovatis crenulatis
tenuiter rugosis, verticilis laxis spicatis, calycibus acutis.
Ex Europa australi. ♄

186. SAUGE pomifère. Dict.
S à feuilles lancéolées ovales entières crénu-
lées, fleurs en épi, calices obtus.
Lieu nat. l'Isle de Candie. ♈

186. SALVIA pomifera.
S. foliis lanceolato-ovatis integris crenulatis,
floribus spicatis, calycibus obtusis. L.
E Candia. ♈

187. SAUGE en lyre. Dict.
S. à feuilles radicales en lyre dentées, lèvre
supérieure de la corolle très-courte.
Lieu nat. la Virginie, la Caroline ♈

187. SALVIA lyrata.
S. foliis radicalibus lyratis dentatis, corolla-
rum galea brevissima L.
E Virginia, Carolina. ♈

188. SAUGE amplexicaule. Dict.
S. à feuilles en cœur oblongues, doublement
crénelées, presqu'amplexicaules; fleurs en
épi, bradées plus courtes que les fleurs.
Lieu nat. .... ♈ *Tige velue; fleurs paires.*

188. SALVIA amplexicaulis.
S. foliis cordato-oblongis duplicato crenatis
subamplexicaulibus, floribus spicatis, bracteis flore brevioribus.
L. n. ..., II. R. ♈ *Conf. cum Salvia urtica-
folia.* Lin.

189. SAUGE à feuilles pointues. Dict.
S. à feuilles en cœur lancéolées pointues crénelées sessiles, épis penchés nuds, bradées
très-courtes.
Lieu nat. .... ♈ *Epis nuds, un peu penchés;
feuilles inférieures grandes, pétiolées.*

189. SALVIA acutifolia.
S. foliis cordato-lanceolatis acutis crenatis
sessilibus, spicis cernuis nudis, bradeis brevissimis.
L. n. ...... colitur in hort. Reg. ♈ *Praecedenti
affinis, at flores majores, bradea non colorata
ut in sequenti.*

190. SAUGE sauvage. Dict.
S. à feuilles en cœur lancéolées crénelées ridées presque sessiles, épis longs, bradées
colorées plus courtes que la fleur.
Lieu nat. l'Autriche, la Bohême. ♈

190. SALVIA sylvestris.
S. foliis cordato-lanceolatis crenatis rugosis
subsessilibus, spicis longis, bradeis coloratis
flore brevioribus.
Ex Austria, Bohemia. ♈

191. SAUGE des bois. Dict.
S. à feuilles en cœur-lancéolées planes irrégulièrement crénelées; les inférieures un peu
sinuées, bractées colorées de la longueur des
fleurs.
Lieu nat. l'Autriche, la Tartarie. ♂

191. SALVIA nemorosa.
S. foliis cordato lanceolatis planis inaequaliter crenatis; Inferioribus subsinuatis, bracteis coloratis longitudine florum.
Ex Austria, Tartaria. ♂ *Flores spicati parvi
violaceo-caerulei.*

192. SAUGE hormin. Dict.
S. à feuilles obtuses crénelées, bractées supé-
rieurs stériles colorées & plus grandes.
Lieu nat. l'Europe australe, la Pouille, la
Grèce. ⊙ *Elle varie à bradées rouges, & à
bradées violettes.*

192. SALVIA horminum.
S. foliis obtusis crenatis, bracteis summis
sterilibus majoribus coloratis. L.
Ex Europa australi, Apulia, Graecia. ⊙ *Variat bracteis rubris & bracteis violaceis.*

291. SAUGE verte. Diđ.
S. à feuilles oblongues crénelées , lèvre supérieure des corolles semi-orbiculaires, calices fruđifères réfléchis.
Lieu nat. l'Italie. ⊙ La plante citée de M. Jacquin à des feuilles obtuses ; des fleurs sessiles , à
calices un peu longs , & à corolles petites.

294. SAUGE tardive. Diđ.
S. à feuilles en cœur dentées molles , fleurs
en grappe spiciforme , corolle à peine plus
grande que le calice.
Lieu nat. l'isle de Chio. ♂ J'ai dans mon herbier une plante semblable à celle-ci sous le nom
de Salvia dominica. L. La plante de M. Arduini
n'est-elle pas plutôt d'Amérique ?

295. SAUGE fétide. Diđ.
S. à feuilles en cœur irrégulièrement dentées très-ridées, braêtées en cœur pointues
ciliées de la longueur des calices.
Lieu nat. le Levant. ♄ Odeur forte. Elle a des
rapports avec la sclarée.

296. SAUGE de Syrie. Diđ.
S. à feuilles en cœur dentées : les inférieures
ondées, braêtées en cœur pointues courtes,
calices tomenteux.
Lieu nat. le Levant. ♄

297. SAUGE sanguine. Diđ.
S. à feuilles en cœur-ovales crénelées ondées
ridées, racines tubéreuses.
Lieu nat. l'Italie. ♃

298. SAUGE de l'Inde. Diđ.
S. à feuilles en cœur dentées, épis fort longs,
verticilles presque nuds & écartés les uns des
autres.
Lieu nat. l'Inde. ♃

299. SAUGE des prés. Diđ.
S. à feuilles en cœur-oblongues irrégulièrement
dentées presque lobées , verticilles comme
nuds, lèvre supérieure des corolles en faulx
& glutineuse.
Lieu nat. les prés de l'Europe. ♃   •

300. SAUGE bicolor. Diđ.
S. à feuilles en cœur hastées irrégulièrement
dentées, épis nuds fort longs, lèvre inférieure
à lobe blanc creusé en sac.
Lieu nat. la Barbarie. ♃ Fleurs grandes, d'un
violet bleuâtre, à lobe moyen de la lèvre inférieure
très-blanc & concave.

301. SAUGE visqueuse. Diđ.
S. à feuilles ovales-oblongues obtuses ridées

---

293. SALVIA viridis.
S. foliis oblongis crenatis, corollarum galea
semi-orbiculata, calycibus fructiferis reflexis.
Jacq. ic. rar. vol. 1. & Miscell. 2. p. 366.
Ex Italia. ⊙ Calyces fructiferi prismatici.
Vide n°. 104.

294. SALVIA serotina.
S. foliis cordatis serrulis mollibus , floribus
racemoso-spicatis, corollis vix calycem excedentibus. L.
E Chio. ♂ S. serotina. Jacq. collect. vol. 1. pag.
140 , & ic. rar. vol. 1. petioli nimis longi.
Eadem forte at salv. dominica. L.

295. SALVIA fœtida.
S. foliis cordatis inæqualiter dentatis rugosis-
simis , bracteis cordato-acutis ciliatis longitu-
dine calycum.
Ex Oriente. ♄ Planta pilosa , odore gravi.
Flores albi , labio inferiore luteolo.

296. SALVIA Syriaca.
S. foliis cordatis dentatis : inferioribus repandis , bracteis cordatis brevibus acutis, calycibus tomentosis. L.
Ex Oriente. ♄ Conf. cum. S. disermas.

297. SALVIA hæmatodes.
S. foliis cordato ovatis crenatis repandis ru-
gosis , radice tuberosa.
Ex Italia. ♃

298. SALVIA Indica.
S. foliis cordatis repandis dentatis , spicis
prælongis , verticillis subnudis remotissimis.
Ex India. ♃

299. SALVIA prœcinsis.
S. foliis cordato-oblongis inæqualiter serratis
sublobatis , verticillis subnudis , corollarum
galea falcata glutinosa.
Ex Europæ pratis. ♃

300. SALVIA bicolor.
S. foliis cordato hastatis inæqualiter dentatis ,
spicis nudis prælongis , corollarum barba
candida faccata.
E Barbaria. ♃ D. Desfontaines. Flores magni ,
cæruleo-violacei , labo medio labii inferioris can-
dido concavo.

301. SALVIA viscosa.
S. foliis ovato oblongis obtusis rugosis crena-

crénelées visqueuses, épis nuds fort longs, bractées plus courtes que les calices.
Lieu nat. l'Italie. ♃ *Fl.* panachées de blanc & de pourpre.

302. SAUGE verbenacée. Did.
S. à feuilles dentées sinuées un peu lisses, corolles plus étroites que le calice.
Lieu nat. les pâturages de l'Europe. ♂ ou ♃
β. Elle varie à feuilles incisées.

303. SAUGE clandestine. Did.
S. à feuilles dentées pinnatifides très-ridées, épi obtus, corolles plus étroites que le calice.
Lieu nat. l'Italie. ♂

304. SAUGE à feuilles de bétoine. Did.
S. à feuilles ovales-oblongues obtuses crénelées, verticilles presque nuds & en épi, corolles plus étroites que le calice.
Lieu nat. .... ⊙ C'est peut-être le Salvia viridis de Linné; mais non de M. Jacquin.

305. SAUGE difforme. Did.
S. velue & visqueuse, à feuilles en cœur oblong, rongées, épis nuds, tige frutescente.
Lieu nat. la Syrie. ♄ *Fl.* petites & blanchâtres.

306. SAUGE du Nil. Did.
S. à feuilles en cœur ovales dentées un peu sinuées à leur base, verticilles nuds, dents calicinales épineuses.
Lieu nat. l'Afrique. ♃

307. SAUGE d'Abyssinie. Did.
S. à feuilles inférieures en lyre: les supérieures cordées, fleurs verticillées, calices mucronés ciliés.
Lieu nat. l'Abyssinie. ♃ Elle a des rapports avec la précédente; mais ses feuilles inférieures l'en distinguent.

308. SAUGE verticillée. Did.
S. à feuilles en cœur crénelées, verticilles multiflores presque nuds, style courbé en bas.
Lieu nat. l'Autriche. ♃
β. Elle varie à feuilles inférieures auriculées ou en lyre comme celles du navet.

309. SAUGE à feuilles de tilleul. Did.
S. à feuilles en cœur pétiolées régulièrement crénelées, épis un peu unilatéraux, corolles à peine plus grandes que le calice.
Lieu nat. .... ⊙ ou ♂ Elle est cultivée au jard. R. de semences envoyées d'Espagne par M. Ortega.

310. SAUGE d'Espagne. Did.
S. à feuilles ovales acuminées aux deux bouts

tis viscidis, spicis nudis prælongis, bracteis calyce brevioribus.
Ex Italia. ♃ *S.* viscosa. Jacq. misc. 1. p. 318, ic. rar.

302. SALVIA verbenaca.
S. foliis serratis sinuatis læviusculis, corollis calyce angustioribus. L.
Ex Europæ pascuis. ♂ ou ♃
β. Variat foliis incisis.

303. SALVIA clandestina.
S. foliis serratis pinnatifidis rugosissimis, spica obtusa, corollis calyce angustioribus. K.
Ex Italia. ♂

304. SALVIA betonicæfolia.
S. foliis ovato-oblongis obtusis crenatis, verticillis spicatis subnudis, corollis calyce angustioribus.
L. n.... ⊙ *H. R. An* Salvia viridis Linnæi, non vero D. Jacquin. Vide n°. 293.

305. SALVIA difformis.
S. pilosa & viscida, foliis cordato-oblongis erosis, spicis nudis, caule frutescente.
Ex Syria. ♄ Flore parvo, albo.

306. SALVIA Nilotica.
S. foliis cordato-ovatis dentatis basi subsinuatis, verticillis nudis, calycum dentibus spinosis.
Ex Africa. ♃ Salv. nubia. Murr. Gott. 1778. t. 3.

307. SALVIA Abyssinica.
S. foliis inferioribus lyratis; summis cordatis, floribus verticillatis, calycibus mucronatis ciliatis. Jacq. collect. 1. p. 1. 31. ic. rar. vol. 1.
Ex Abyssinia. ♃ Præcedenti affinis, at differt fol. inf.

308. SALVIA verticillata.
S. foliis cordatis crenato-dentatis, verticillis multifloris subnudis, stylo deflexo.
Ex Austria. ♃
β. Variat foliis inferioribus auriculatis sublyratis. Salvia napifolia. Jacq. Hort. 1, t. 152.

309. SALVIA tiliæfolia.
S. foliis cordatis petiolatis æqualiter crenatis, spicis subsecundis, corollis vix calyce majoribus.
L. n.... ⊙ seu ♂ Colitur in hort. Reg. seminibus ex Hispania à D. Ortega missis.

310. SALVIA Hispanica. T. 20, f. 1.
S. foliis ovatis utrinque acuminatis serratis,

dentées, épis embriqués tétragones, calice trifide.
Lieu nat. l'Espagne, l'Italie. ⊙ *Fl. très petites.*

311 SAUGE *du Méxique.* Dict.
• S. à feuilles ovales acuminées aux deux bouts dentées, épis un peu lâches, tige très-élevée.
Lieu nat. le Mexique, aux lieux humides. ♄

312 SAUGE *léonuroïde.* Dict.
S. à feuilles presqu'en cœur crénelées un peu épaisses, fleurs axillaires, calice à trois lobes, tige frutescente.
Lieu nat. le Pérou. ♄ *Fl. grandes, écarlates,* ayant presque l'aspect de celles du phlomis léonurus.

313. SAUGE *tubiflore.* Dict.
S. à feuilles en cœur crénelées un peu veinées, calices trifides, corolles fort longues tubuleuses, étamines saillantes.
Lieu nat. les environs de Lima, ♄

314. SAUGE *améthyste.* Dict.
S. à feuilles en cœur pointues dentées laineuses en-dessous, verticilles nuds, calices trifides, corolles pubescentes.
Lieu nat. la Nouvelle-Grenade. ♄ *Grappe terminale; fl. d'un violet d'améthyste; étamines non saillantes.*

315. SAUGE *écarlate.* Dict.
S. à feuilles en cœur pointues dentées cotonneuses en-dessous, grappe terminale; étamines plus longues que la lèvre supérieure de la corolle.
Lieu nat. la Floride. ♄ *Corolle d'un rouge écarlate.*

316. SAUGE *écarlatine.* Dict.
S. pileuse, à feuilles ovales pointues crénulées, grappe terminale, étamines saillantes.
Lieu nat. les pays chauds de l'Amérique. ♄ *Diffère de la précédente par ses feuilles non en cœur, & ses poils longs.*

317. SAUGE *dorée.* Dict.
S. à feuilles arrondies à base tronquée dentée presqu'auriculée, lèvre supérieure des corolles très-grande.
Lieu nat. le Cap de Bonne-Espérance. ♄ *Bractées obtuses.*

318. SAUGE *d'Afrique.* Dict.
S. à feuilles ovales dentées fort petites presque blanches, bractées acuminées.
Lieu nat. le Cap de Bonne-Espérance. ♄ *Fl. violettes.*

spicis imbricatis tetragonis, calyce trifido.
In Hispania, Italia. ⊙ *Spica densa villosa.*

311. SALVIA *Mexicana.*
S. foliis ovatis utrinque acuminatis serratis, spicis laxiusculis, caule altissimo.
E Mexici humentibus. ♄

312. SALVIA *leonuroides.* T. 20, f. 3.
S. foliis subcordatis crenulatis crassiusculis, floribus axillaribus, calyce triloba, caule frutescente.
E Peru. ♄ *S. leonuroides. Glox. obs.* T. 2. f. *formosa. L'Hérit. Stirp.* T. 22.

313. SALVIA *tubiflora.*
S. foliis cordatis crenatis subpilosis, calycibus trifidis, corollis longissimis tubulosis, staminibus exsertis. *Smith. ic fasc.* 2, T. 26.
Ex agro Limensi. ♄ *Dombey.*

314. SALVIA *amethystina.*
S. foliis cordatis acutis serratis subtus lanatis, verticillis nudis, calycibus trifidis, corollis pubescentibus. *Smith. ic. Fasc.* 2. t. 27.
E Nova Grenada. ♄ *Fl. violacei. Sequenti valdè affinis.*

315. SALVIA *coccinea.*
S. foliis cordatis acutis serratis subtus tomentosis, racemo terminali, staminibus galea longioribus.
Ex Florida. ♄ *A praecedenti differt florum colore, & longitudine staminum.*

316. SALVIA *pseudo-coccinea. J.*
S. pilosa, foliis ovatis acutis crenatis, racemo terminali, staminibus exsertis.
Ex America calidiore. ♄ *S. pseudo-coccinea. Jacq. collect. v. 2. p. 302. & k. rar. vol. 2.*

317. SALVIA *aurea.*
S. foliis subrotundis basi truncatis subauriculatis, corollarum galea maxima.
E Capite Bonei Spei. ♄ *Flos ex luteo rufescens.*

318. SALVIA *africana.*
S. foliis ovatis serrato-dentatis perparvis subincanis, bracteis acuminatis.
E Capite Bonae Spei. ♄ *Verticilli racemoso-spicati.*

319. SAUGE *colorée*. Dict.
S. à feuilles elliptiques presqu'entières cotonneuses, limbe du calice membraneux & coloré.
Lieu nat. le Cap de Bonne-Espérance. ♄

320. SAUGE *barbue*. Dict.
S. à feuilles ovales presqu'entières ridées tomenteuses, calices dilatés réticulés très-velus.
Lieu nat. le Cap de Bonne Espérance. ♄
β. Elle varie à feuilles fort petites & plus pointues.

321. SAUGE *paniculée*. Dict.
S. à feuilles ovales-cunéiformes dentées nues, tige frutescente.
Lieu nat. l'Afrique. ♄ *Ses feuilles sont petites, vertes & remarquables par des points enfoncés parsemés sur leur superficie.*

322. SAUGE *lancéolée*. Dict.
S. à feuilles lancéolées très-entières à duvet cotonneux fort court, calices obtus plus courts que le tube des corolles.
Lieu nat. le Cap de Bonne-Espérance. ♄

323. SAUGE *couchée* Dict.
S. à feuilles ovales rhomboïdes dentées, épis grêles, calices hérissés de poils glanduleux, tige couchée.
Lieu nat. la Jamaïque, les Antilles. ♃ *C'est à M. Richard que nous devons cette plante, & la connoissance du synonyme qui lui appartient.*

324. SAUGE *des Canaries*. Dict.
S. à feuilles hastées-triangulaires oblongues crenulées, pétioles tomenteux, bractées plus longues que les calices.
Lieu nat. les Canaries. ♄

325. SAUGE *glutineuse*. Dict.
S. à feuilles en cœur-sagittées dentées pointues.
Lieu nat. les pâturages montueux de la France australe, l'Italie, *&c.* ♃

326. SAUGE *sclarée*. Dict.
S. à feuilles en cœur crénelées ridées veinées, bractées colorées concaves acuminées plus longues que le calice.
Lieu nat. la France australe, l'Italie, &c. ♂

327. SAUGE *épineuse*. Dict.
S. à feuilles oblongues ondées, calices épineux, bractées en cœur mucronées concaves.
Lieu nat. l'Egypte, ♂
β. Elle varie à tige lisse, & à feuilles non ridées.

319. SALVIA *colorata*.
S. foliis ellipticis subintegerrimis tomentosis calycis limbo membranaceo colorato. L.
E Capite Bonæ Spei. ♄ *Calyces obtusi.*

320. SALVIA *barbata*.
S. foliis ovatis subintegerrimis rugosis tomentosis, calycibus dilatatis venoso-reticulatis hirsutissimis.
E Capite Bonæ Spei. ♄ *Sonnerat.*
β. Varias foliis minimis acutioribus.

321. SALVIA *paniculata*.
S. foliis obovato-cuneiformibus denticulatis nudis, caule frutescente. L.
Ex Africa. ♄ *Folia parva viridia punctis excavatis distincta.*

322. SALVIA *lanceolata*.
S. foliis lanceolatis integerrimis brevissimè tomentosis, calycibus obtusis corollarum tubo brevioribus.
E Capite Bonæ Spei. ♄ *Sonnerat.*

323. SALVIA *procumbens*.
S. foliis ovato rhomboidibus serratis, spicis gracilibus, calycibus pilis glandulosis hispidis, caule procumbente.
Ex Jamaica, Antyllis. ♃ *Communic. a D. Richard. Est verbena minima, chamædryos folio. Sloan. Jam. h. fl. 1. p. 172, t. 107, f. 2.*

324. SALVIA *canariensis*.
S. foliis hastato-triangularibus oblongis crenulatis, petiolis tomentosis, bracteis calyce longioribus.
E Canariis. ♄ *Pluk. t. 301, f. 1. Vogl. it. t. 19.*

325. SALVIA *glutinosa*.
S. foliis cordato-sagittatis serratis acutis. L.
Ex pascuis montosis Galliæ australi, Italiæ, &c.
♃ *Flores magni, sordidè lutei.*

326. SALVIA *sclarea*.
S. foliis cordatis crenatis rugosis villosis, bracteis coloratis concavis acuminatis calyce longioribus.
Ex Gallia australi, Italia, &c. ♂

327. SALVIA *spinosa*
S. foliis oblongis repandis, calycibus spinosis, bracteis cordatis mucronatis concavis. L.
Ex Ægypto. ♂ *S. spinosa. Jacq. collect. 1. p. 135. ic. rar.*
β. Varias caule lævi, & foliis planis nudiusculis.

328. SAUGE

318. SAUGE d'Autriche. Dict.
S. à feuilles en cœur-ovales rongées pinnatifides glabres en-dessus, tige bractées & calices
très-velus.
Lieu nat. l'Autriche. ♃

319. SAUGE laineuse. Dict.
S. à feuilles ovales dentées rongées laineuses,
verticilles laineux, bractées recourbées à pointe
spinuliforme.
Lieu nat. la France & l'Europe Australe. ♂

320. SAUGE argentée. Dict.
S. à feuilles oblongues dentées anguleuses
laineuses, verticilles supérieurs stériles, bractées concaves.
Lieu nat. l'île de Candie ♂ Ses poils sont
glutineux.

331. SAUGE cérasophylle. Dict.
S. à feuilles pinnatifides ridées laineuses, ve-
ticilles supérieurs stériles.
Lieu nat. la Perse. ♂

332. SAUGE laciniée. Dict.
S. à feuilles laciniées-pinnatifides ridées ve-
lues, calices obtus velus laineux.
Lieu nat. la Sicile, l'Egypte. ♂

333. SAUGE pinnée. Dict.
S. à feuilles pinnées crénelées : foliole impaire
plus grande, calices enflés obtus très velus.
Lieu nat. le Levant, l'Arabie. ♂

334. SAUGE feuilles de rosier. Dict.
S. à feuilles pinnées branchâtres : folioles den-
tées, calices à deux lèvres.
Lieu nat. l'Arménie ♃

335. SAUGE du Japon. Dict.
S. à feuilles bipinnées, glabres.
Lieu nat. le Japon, aux environs de Nagasaki. ☉

336. SAUGE acétabule. Dict.
S. à feuilles inférieures trifoliées : foliole impaire plus grande, verticilles écartés presqu'en épi, calices campanulés ouverts.
Lieu nat. le Levant. ♃ ou ♄ Calices velus,
rougeâtres, grands, ouverts comme dans la mo-
lucelle.

337. SAUGE de Forskoil. Dict.
S. à feuilles entière, auriclées, tige presqu'he
sans feuilles, lèvre supérieure de la corolle
seul bifide.
Lieu nat. le Levant. ♃

Botanique. Tom. I.

318. SALVIA Austriaca. Jacq.
S. foliis cordato-ovatis erosis pinnatifidis supra
nudis, caule bracteis calycibusque hirsutissimis.
Ex Austria. ♃ Caulis subaphyllus.

319. SALVIA æthiopis.
S. foliis ovatis dentato-erosis lanatis, verticillis lanatis, bracteis recurvatis mucronato-
spinulosis.
Ex Gallia & Europa austral. ♂

330. SALVIA argentea.
S. foliis oblongis dentato-angulatis lanatis,
verticillis summis sterilibus, bracteis concavis. L.
E Creta. ♂ S. orientalis. H. R.

331. SALVIA cerasophylla,
S. foliis pinnatifidis rugosis lanatis, verticillis
summis sterilibus. L.
E Persia. ♂ Calyces acuti subspinosi.

331. SALVIA cerasyphylloides.
S. foliis laciniato pinnatifidis rugosis villosis,
calycibus obtusis villoso-lanatis.
Ex Sicilia, Ægypto. ♂

333. SALVIA pinnata.
S. foliis pinnatis crenatis : foliolo impari ma-
jore, calycibus inflatis obtusis hirsutissimis.
Ex Oriente, Arabia. ♂

334. SALVIA rosæfolia,
S. foliis pinnatis incanis: foliolis serratis, ca-
lycibus ringentibus. Smith. ic. fasc. 1. T. 5.
Ex Armenia. ♃

335. SALVIA Japonica.
S. foliis bipinnatis glabris. Thunb. fl. Jap. 22, t. 5.
E Japonia, circum Nagasaki. ☉

336. SALVIA acetabulosa.
S. foliolis inferioribus trifoliatis : foliolo impari majore, verticillis remotis subspicatis,
calycibus campanulatis patentibus.
Ex Oriente. ♃ f. ♄

337. SALVIA Forskohlei.
S. foliis spato-auriculatis, caule subaphyllo,
corollis galea semi-bifida. L.

Ex Oriente. ♃

K

338. SAUGE penchée. Dict.
S. à feuilles en cœur inégalement découpées
à leur base, tige nue, épis penchés avant la
floraison.
Lieu nat. la Russie. ⚘

339. SAUGE oreillée. Dict.
S. velue, à feuilles ovales dentées auriculées,
fleurs à verticilles en épi,
Lieu nat. le Cap de Bonne-Espérance.

340. SAUGE scabre. Dict.
S. scabre, à feuilles en lyre dentées aidées,
tige paniculée rameuse.
Lieu nat. le Cap de Bonne-Espérance.

341. SAUGE runcinée. Dict.
S. scabre, à feuilles roncinées - pinnatifides
dentées, fleurs verticillées en épi.
Lieu nat. le Cap de Bonne-Espérance.

Explication des fig.

Tab. 10, f. 1. SAUGE officinale. (a, b) Corolle.
(c) Calice, enrolle, (d) l'a de intérieure de la cor. l'e
avec es étamines. (e) li amers des étamines. (f) Calice. (g) Calice, pistil (h, i) Calice contenant les semences. (l) Semences séparées.
Tab. 10, f. 1. SAUGE d'Espagne. (a) Fleur entière.
(b) Calice. (c, d) Calice recta lèvre. (e. Semences vues
dans le calice. (f) Semence séparée grossie. (g) La
même coupée en travers. (h) Embryon mis à nud. (i)
Sommité de la plante avec un épi, dessiné d'après le
sec.
Tab. 10, f. 1. SAUGE konaroïde. (a) Fleur entière.
(b) Corolle séparée. (c, d) Corolle coupée, montrant les étamines. (e) Etamines séparées. (f, g) Calice, pistil I. (h) Semences dans le calice. (i) Sommité
de la plante garnie de fleurs.

31. COLLINSONE.

Caract. essent.

CALICE bilabié. Corolle irrégulière : à lèvre inférieure multifide, capillaire. Une seule semence mûre.

Corol. nat.

Cal. monophylle, tubuleux, bilabié : lèvre supérieure tridée, réfléchie, plus large; lèvre
inférieure partagée en deux découpures droites subulées.
Cor. monopétale, irrégulière. Tube Infondibu-
liforme plusieurs fois plus long que le calice.
Limbe comme bilabié : à lèvre supérieure
très-courte, à quatre dents ; lèvre inférieure
plus longue, multifide, capillaire.

338. SALVIA nutans.
S. foliis cordatis inaequaliter basi excisis ;
caule nudo, spicis ante florescentiam cernuis. L.
E Russia. ⚘

339. SALVIA aurita.
S. villosa, foliis ovatis dentatis auriculatis ;
floribus verticillato-spicatis. L. f. suppl. 88.
E Capite Bonæ Spei.

340. SALVIA scabra.
S. scabra, foliis lyratis dentatis rugosis, caule
paniculato ramoso. L. f. suppl. 89.
E Capite Bonæ Spei.

341. SALVIA runcinata.
S. scabra, foliis runcinato-pinnatifido dentatis;
floribus spicatis verticillatis. L. f. suppl. 89.
E Cap Bonæ Spei.

Explicatio Iconum.

Tab. 10, f. 1. SALVIA officinalis. (a, b) Corolla.
(c) Calyx, corol'a. (d) Pars Infima corolla cum
staminibus. (e) Filamenta staminum. (f) Calyx. (g)
Calyx, pistillum. (h, i) Calyx femma continens. (l) Semina soluta. Fig. ex Tournef.
Tab. 10, f. 2. SALVIA Hispanica. (a) Flos Integer. (b) Calyx. (c, d) Calyx fructifer (e) Semina
intra calycem. (f) Semen solutum auctum (g) Idem
transversé sectum. (h) Embryo denudatus. Fig. frudus
in D. Gærin. (i) Summitas plantae cum spica. Ex Sicco.
Tab. 10, f. 3. SALVIA konaroides. (a) Flos irre-
ger. (b) Corolla separata. (c, d) Corolla excisa stamina exhibens. (e) Stamina soluta. (f, g) Calyx ,
pistillum. (h) Semina intra calycem. (i) Summitas
plantae, cum floribus. Fig. ex D. l'Herit.

31. COLLINSONIA.

Charact. essen.

CALYX bilabiatus. Corolla Inæqualis : labio inferiore multifido, capillari. Semen maturum
unicum.

Charact. nat.

Cal. monophyllus, tubulosus, bilabiatus : labio
superiore tridato reflexo latiore ; inferiore
bipartito subulato erectiore.
Cor. monopetala, inæqualis. Tubus infundibuliformis calyce multoties longior. Limbus
subbilabiatus : labio superiore brevissimo quadridentato ; Inferiore longiore multifido capillare.

Etam. deux filamens, fétacés, droits, très-longs. Anthères fimples, couchées, comprimées, obtufes.

Pift. un ovaire fupérieur, quadrifide, avec une glande plus grande fituée en-deffous. Un ftyle fétacé, de la longueur des étamines, incliné latéralement. Stigmate bifide, aigu.

Péric. Aucun. La femence eft contenue au fond du calice.

Sem. une feule, globuleufe.

Tableau des efpéces.

342. COLLINSONE de Canada. Dict. 2. p. 65. C. à feuilles ovales, glabres ainfi que les tiges.

Lieu nat. l'Amérique feptentrionale ⊥

343. COLLINSONE fcabriufcule. Dict. Suppl. C. à feuilles ovales prefqu'en cœur un peu velue tige un peu velue légèrement fcabre. Lieu nat. la Floride. ♃ Elle paroît n'être qu'une variété de la précédente.

Explication des figures.

Tab. 11. COLLINSONE de Canada. (*a, b*) Fleur vue en-deffous & en-deffus. (*c*) Sommité de la plante garnie de fleurs. (*d*) Calice entier. (*e*) Semence au fond du calice avec trois ovaires avortés. (*g*) Semence greffe. lie. (*f*) Sa membrane interne en partie découverte. (*h, h*) Embryon mis à nud. (*i*) Cotylédons (ou lobes) féparés.

51. MORINE.

Caract. effent.

Calice double : l'extérieur inférieur ; l'intérieur fupérieur, bifide. Corolle tubuleufe ; à limbe bilabié. Une femence couronnée par le calice intérieur.

Caract. nat.

Cal. double : l'extérieur inférieur, monophylle, cylindrique, à bord denté : Les dents tubulées droites, dont deux oppofées plus longues. L'intérieur fupérieur monophylle bifide : à découpures oppofées obtufes échancrées.

Cor. monopétale, irrégulière. Tube très long, un peu courbé, élargi dans fa partie fupérieure. Limbe bilabié, obtus : levre fupérieure à deux lobes ; levre inférieure trilobée.

Etam. deux filamens, fétacés, rapprochés du ftyle. Anthères droites, en cœur, diftantes.

Stam. filamenta duo, fetacea, erecta, longiffima. Antheræ fimplices incumbentes compreffæ obtufæ.

Pift. germen fuperum, quadrifidum, cum glandula majore germinibus fubjecta. Stylus fetaceus, longitudine ftaminum, ad latus inclinatus, Stigma bifidum, acutum.

Peric. nullum. Calyx in fundo femen foret.

Sem. unicum, globofum.

Confpectus fpecierum.

342. COLLINSONIA Canadenfis. T. 11. C. foliis ovatis caulibufque glabris. Horr. Kew. p. 47.

Ex America meridionali. ⊥

343. COLLINSONIA fcabriufcula. Ait. C. foliis ovatis fubcordatis pilofiufculis, caule pilofiufculo fcabrido. Horr. Kew. p. 47.

Ex Florida. ♃ Forte varietas præcedentis. Collinfonia præcox ; c. ferotina. Walt. fl. carol. 65. quid ?

Explicatio iconum.

Tab. 11. COLLINSONIA Canadenf. (*a, b*) Flos infra fupráque vifus. (*c*) Summitas plantæ floribus onufta. *Fig. en Lieu. in h. elif.* (*d*) Calyx integer.)*e*) Semen intra calycem, cum tribus germinibus abortivis. (*g*) Semen auctum. (*f*) Ejufdem membrana interna partim denudata. (*h, h*) Embryon denudatum (*i*) Cotyledones feparatæ. *Fig. en D. Gart.*

51. MORINA.

Charact. effent.

Calyx duplex : exterius inferus ; interius fuperus bifidus. Corolla tubulofa ; limbo bilabiato. Semen unicum calyce interiore coronatum.

Charact. nat.

Cal. duplex : exterius inferus, monophyllus, cylindricus ; ore dentato : denticulis tubulatis erectis ; duobus oppofitis longioribus. Interius fuperus monophyllus bifidus : lacinjis oppofitis obtufis emarginatis.

Cor. monopetala, irregularis : tubus longiffimus, parum incurvatus, fuperne ampliatus. Limbus bilabiatus obtufis : labio fuperiore bilobo ; inferiore trilobo.

Stam. filamenta duo, fetacea, ftylo approximata. Antheræ erectæ cordatæ diftantes.

K ij

Pist. un ovaire globuleux, inférieur. Un style filiforme, plus long que les étamines; stigmate en tête applatie.

Péric. aucun.

Sem. une seule, arrondie, couronnée par le calice intérieur.

Tableau des espèces.

344. MORINE *de Perse.* Dict.
Lieu nat. la Perse. ♃

Explication des figures.

Tab. 21. MORINA *de Perse.* (*a*) Fleur entière. (*b*) La même sans le calice extérieur. (*c*) Calice intérieur; pistil. (*d*) Calice extérieur séparé. (*e*) Calice extérieur coupé, laissant voir l'ovaire couronné par le calice intérieur. (*f*) Corolle séparée. (*g*) Semence comme lobée. (*h*) Portion de la tige, avec des feuilles & des fleurs verticillées.

51. ANCISTRE.

Caract. essent.

CALICE à 4 barbes terminées par des crochets en croix. 4 pétales, stigmate multifide. Une semence recouverte par le calice épaissi.

Caract. nat.

Cal. monophylle, turbiné, adné à l'ovaire ayant 4 dents aristées, droites, terminées par 4 crochets renversés.

Cor. quatre pétales, ovales lancéolés, ouverts, égaux, cohérents à leur base.

Etam. deux filaments, capillaires, adnés à la base de la corolle, plus longs qu'elle. Anthères arc.

Pist. un ovaire semi-inférieur, oblong. Un style filiforme, de la longueur de la corolle. Stigmate pénicilliforme.

Péric. aucun. Semence recouverte par le calice épaissi & coriacé.

Sem. une seule, oblongue.

Tableau des espèces.

345. ANCISTRE *argentine.* Dict. 1, p. 148.
A. à folioles cunéiformes, profondément dentées, blanches en-dessous; tête globuleuse.
Lieu nat. la Nouvelle Zélande.

346. ANCISTRE *du Magellan.* Dict. Suppl.
A. à folioles ovales incisées-pinnatifides; épi en tête-globuleuse.
Lieu nat. le Magellan.
β. Le même, à folioles plus larges, simplement dentées.

DIANDRIA MONOGYNIA.

Pist. germen globosum, inferum. Stylus filiformis staminibus longior. Stigma capitato-peltatum.

Peric. nullum.

Sem. unicum, subrotundum, calyce interiori coronatum.

Conspectus specierum.

344. MORINA *Persica.* T. 21.
E Persia. ♃

Explicatio iconum.

Tab. 21. MORINA *Persica.* (*a*) Flos integer. (*b*) Idem absque calyce externo. (*c*) Calyx interior; pistillum. (*d*) Calyx exterior separatus. (*e*) Calyx exterior excisus germen calyce interiore coronatum exhibens. (*f*) Corolla soluta. (*g*) Semen sublobatum. *Fig. ex Tournef.* (*h*) Pars caulis cum foliis & floribus verticillatis.

51. ANCISTRUM.

Charact. essent.

CALYX 4-aristatus; aristis terminalis glochidibus cruci iis. Pet. 4, stigma penicillatum. Semen 1. calyce incrassato tectum.

Charact. nat.

Cal. monophyllus, turbinatus, germini adnatus, quadridentatus: dentibus erectis aristatis, terminalis hamis 4 reversis.

Cor. petala quatuor, ovato-lanceolata, patentia, æqualia, basi cohærentia.

Stam. filamenta duo, capillaria, fundo corollæ adnata, corolla longiora. Antheræ subrotundæ.

Pist. germen semi-inferum, oblongum. Stylus filiformis, longitudine corollæ. Stigma multipartitum, penicilliforme.

Peric. nullum. Semen calyce incrassato conicaloque tectum.

Sem. unicum, oblongum.

Conspectus specierum.

345. ANCISTRUM *anserinæfolium.* T. 21, f. 1.
A. foliolis cuneiformibus profundè serratis subtus incanis; capitulo globuso.
E Nova Zelandia. *A. decumbens. Garss.* 163.

346. ANCISTRUM *Magellanicum.* T. 22, f. 2.
A. foliolis ovatis incisi-pinnatifidis, spica capitato globosa.
E Magellania. *Commers.*
β. Idem, foliolis latioribus serratis. *Poterium humile.* H. R.

347. ANCISTRE *luifante*. Dict. fuppl.
A. à folioles très pétites, partagées en deux,
pointues, luisantes en-dessus; épi ovale; calices mutiques.
Lieu nat. les isles Malouines. ♃ *Folioles terminées par quelques poils.*

348. ANCISTRE *barbue*. Dict. fuppl.
A. à folioles linéaires-subulées barbues au
sommet, fleurs axillaires.
Lieu nat. Monte Video. ♃ *Camarine pinnée.*
Dict. n°. 3.

349. ANCISTRE *agrimonoïde*. Dict. fuppl.
A. à folioles ovales-oblongues denticulées ve
lues, épis alongés, fruits hérissés de toutes
parts.
Lieu nat. le Cap de Bonne-Espérance. ♃ *Les
barbes ou pointes sétacées qui hérissent le fruit
sont terminées par des crochets.*

34. FONTAINESE.

Caract. essent.

CALICE à 4 divisions. Deux pétales partagés en
deux. Capsule supérieure, comprimée membraneuse, biloculaire.

Caract. nat.

Cal. petit, persistant, à quatre découpures
obtuses.
Cor. deux pétales partagés en deux : à découpures oblongues ovales concaves plus grandes que le calice.
Etam. deux filamens filiformes, un peu plus
longs que la corolle, insérés à ses ongles.
Anthères oblongues à deux sillons.
Pist. un ovaire supérieur, ovale. Un style plus
court que les étamines; deux stigmates aigus,
courbés en-dedans.
Péric. une capsule presqu'ovale, comprimée-
membraneuse, échancrée, biloculaire au
centre (très rarement à 3 loges & à 3 ailes).
Sem. solitaires, oblongues, presque cylindriques.

*Pour être que la cor. vraiment monopétale, est
partagée en 4 parties, ayant 2 découpures plus
profondes.*

Tableau des espèces.

350. FONTAINESA *phillyreoïde*. Dict. fuppl.
Lieu nat. la Syrie. ♄ *Arbrisseau d'environ 12
pieds*; *frailles glabres. La lilas du Japon, n°. 3 ,
est peut-être du même genre.*

---

347. ANCISTRUM *lucidum*. T. 22. f. 3.
A. foliolis minimis bipartitis acutis superne
nitidis, spicis ovatis, calycibus muticis.

Ex Insula Falklandicis. ♃ *Foliola interdum
tripartita.*

348. ANCISTRUM *barbatum*.
A. foliolis lineari-subulatis apice barbatis, floribus axillaribus.
E Monte Video. *Commersf. Empetrum pinnatum.*
n. Dict.

349. ANCISTRUM *latebrosum*. T. 21. f. 4.
A. foliolis ovato-oblongis serratis villosis ;
spicis elongatis, fructibus undique echinatis.

E Cap. Bonæ Spei. ♃ *Anc. latebrosum.* Garini.
164. *Agrimonia decumbens* L. f. Suppl. 18 ●

34. FONTANESIA.

Charact. essent.

CALYX quadripartitus, Petala duo bipartita. Capsula supera compresso-membranacea bilocularis.

Charact. nat.

Cal. parvus, persistens, quadripartitus ; laciniis
obtusis.
Cor. petala duo, bipartita : laciniis oblongo-
ovalis concavis calyce majoribus.
Stam. filamenta duo, filiformia, corolla sublon-
giora, ejusdem unguibus inserta. Antheræ
oblongæ, bisulcæ.
Pist. germen superum, ovatum. Stylus staminibus brevior; stigmata duo, acuta, inflexa.
Peric. capsula subovata, compresso-membranacea, emarginata, centro bilocularis (rarissime
3-locularis, 3-alata).
Sem. sollitaria, oblonga, subteres.

*Character ex D. de la Billardière. An potius co-
rolla 4 partita; laciniis 2 profundioribus. Genus
affine Lilaci.*

Conspectus specierum.

350. FONTANESIA *phillyreoides*. La Bill.
E Syria. ♄ *Fruit bicargyalis, &c. detectus à D.
de la Billardière, qui ex eo novum genus instituit.*

Explication des fig.

Tab. 11. Fontainesy *phillyreoïde.* (a) Fleur entière. (b) Pétale séparé & grossi , avec une étamine inférée à la base. (c) Calice , pistil , vus à la loupe. (d) Capsule entière. (e) La même coupée transversalement. (f) La même coupée dans sa longueur. (g) Semences séparées. (h) Branche chargée de fruits. (i) Rameau garni de fleurs.

Explicatio iconum.

Tab. 11 Fontanesia *phillyreoïdes:* (a) Flos integer. (b) Petalum separatum & auctum , cum stamine basi inserto. (c) Calyx , pistillum lente vitreo inspecta. (d) Capsula integra. (e) Eadem transversè secta. (f) Eadem longitudinaliter dissecta. (g) Semina soluta. (h) Ramus fructifer. (i) Ramulus floribus onustus. *Fig. ra icones nunc edita, comm. à D. de la Billardière.*

DIGYNIE.

55. FLOUVE.

Caract. essent.

CALICE bâle uniflore, bivalve. Cor. bâle bivalve; les valves chargées d'une barbe sur leur dos.

Caract. nat.

Cal. bâle uniflore, bivalve : à valves ovales-oblongues acuminées, concaves, inégales.

Cor. bâle bivalve , de la longueur de la valvule calicinale la plus petite : à valvules presqu'égales, obtuses, portant chacune une barbe sur le dos. En outre , deux petites écailles opposées embrassant la base des parties génitales.

Etam. deux filamens capillaires très-longs. Anthères oblongues, fourchues aux deux bouts.

Pist. un ovaire supérieur, oblong. Deux styles, filiformes, un peu velus. Stigmates simples.

Péric. aucun. La bâle florale enveloppe la semence.

Sem. une seule, légèrement cylindrique, acuminée aux deux bouts.

Tableau des espèces.

351. FLOUVE *odorante.* Dict. n°. 1.
F. à épi ovale-oblong, fleurs un peu pédonculées plus longues que les barbes.
Lieu nat. les prés de l'Europe. ♈

352. FLOUVE *paniculée.* Dict. n°. 2.
F. à fleurs paniculées.
Lieu nat. l'Europe la plus australe.

353. FLOUVE *de l'Inde.* Dict. n°. 3.
F. à épi linéaire , fleurs sessiles plus courtes que les bâles.
Lieu nat. l'Inde.

354. FLOUVE *chevelue.* Dict. n°. 4.
F. à panicule en épi cylindrique ariflée , barbes longues lâches ouvertes.
Lieu nat. la Nouvelle Zélande.

DIGYNIA.

55. ANTHOXANTHUM.

Charact. essent.

CALIX gluma uniflora , bivalvis. Cor. gluma bivalvis, dorso valvarum aristato. ,

Charact. nat.

Cal. gluma uniflora, bivalvis : valvis ovato-oblongis acuminatis concavis inæqualibus.

Cor. gluma bivalvis, longitudine valvulæ minoris calycinæ : valvulis subæqualibus obtusis dorso aristatis præterea. Squamulæ duæ oppositæ basim genitalium amplexantes.

Stam. filamenta duo, capillaria longissima. Antheræ oblongæ utrinque bifurcatæ.

Pist. germen superum , oblongum. Styli duo ; filiformes, villosuli. Stigmata simplicia.

Peris. nullum. Gluma corollæ semen includit.

Sem. unicom, utrinque acuminatum teretiusculum.

Conspectus specierum.

351. ANTHOXANTHUM *odoratum.* T. 1 p.
A. spica ovato-oblonga, flosculis subpedunculatis arista longioribus. L.
Ex Europæ pratis, ♈

352. ANTHOXANTHUM *paniculatum.*
A. floribus paniculatis. L.
Ex Europa australiore.

353. ANTHOXANTHUM *indicum.*
A. spica lineari , flosculis sessilibus arista brevioribus. L.
Ex India.

354. ANTHOXANTHUM *crinitum.*
A. panicula spiciæformi cylindrica aristata ; aristis longis patentibus laxis. L. f. Suppl. 90.
E Nova Zeelandia.

Explication des fig.

Tab. 15. FLOUVE odoreux. (A) Epi resserré. (a) Epi
un peu lâche, comme dans la floraison. (B, b) Baïe
emiète resserrée. (c , d) La même à valves ouvertes.
(i) Baïe calicinal:. (p , l) Baïe florale. (m , n , o) Baïe
florale, étaminée, p.bl (a) Pistil séparé. (e , f) Baïe
fructifère. (r) semences.

Explicatio iconum.

Tab. 15. ANTHOXANTHUM odoratum. (A) Spica
coarctata. (a) Spica laxiuscula , ut in efflorescentia.
(B , b) Gluma remota contracta. (c , d) Eadem valvis patentibus. (i) Gluma calycini. (p , l) Gluma
floralis. (m , n , o) Gluma floralis, staminea, pistillum.
(d) Pistillum separatum. (e , f) Gluma fructifera. (r)
Semen. Fig. 15 J. Millero (mediocres), & 15 J. Lœrs
(bœs).

TRIGYNIE

56. POIVRIER.

Caract. essent.

SPADICE amentiforme. Calice nul (5-phylle &
à 3 dents , selon Mill.). Corolle nue, Baie
monosperme.

Caract. nat.

Spadice très-simple , filiforme , couvert de fleurs.
Cal. nul. (cal. monophylle, urcéolé, un peu
ventru, caduc , à bord divisé en trois dents.
Mill. III.)
Cor. nulle.
Etam. filamens nuls (deux filamens très courts ,
selon la fig. de Miller). Deux anthères oppo-
sées, arrondies, situées à la base de l'ovaire
(une de chaque côté).
Pist. un ovaire supérieur, ovale, grand. Styles
nuls. Trois stigmates Quact's, hispides.
Péric. baie arrondie , charnue, uniloculaire.
Sem. une seule, globuleuse.

Tableau des espèces.

355. POIVRIER aromatique. Dict.
    B. à feuilles ovales, pointues , quinque ner-
    ves, glabres, pétioles très-simples ; épis sté-
    riles inférieurement.
    Lieu nat. le Malabar. ♄ Des 5 nervures de la
    feuille . 3 seulement partent de sa base. Les épis
    fructifères sont stériles vers leur base.

356. POIVRIER sauvage. Dict.
    P. à feuilles un peu en cœur, obliques à leur
    base , à cinq nervures ; épis fructifères, grèles
    & un peu lâches.
    Lieu nat. l'Isle de France , le Malabar , les Phi-
    lippines. ♄ On l'a pris à l'Isle de France pour
    le poivrier aromatique.

357. POIVRIER bétel. Dict. o
    P. à feuilles ovales, un peu oblongues, acu-
    minées , à sept nervures , pétioles à deux
    dents.
    Lieu nat. l'Inde. ♄

TRIGYNIA

56. PIPER.

Charact. essent.

SPADIX amentiformis. Calyx nullus (5-phyllus ,
ore 3 dentato Mill.) Corolla nulla. Bacca monosperma.

Charact. nat.

Spadix simplicissimus , filiform. , flosculis tectus.
Cal. nullus. (cal. monophyllus , urceolatus ,
subventricosus , deciduus , ore tridentato.
Mill. ill. ♄
Cor. nulla.
Stam. filamenta nulla) duo brevissima in lc.
Mill.). Antherz duz, oppositz , subrotundz ,
ad basim germinis.
Pist. germen superum , ovatum , magnum. Styli
nulli. Stigmata tria , fascea , hispida.
Peric. bacca subrotunda , carnosa, uniocularis.
Sem. unicum , globosum.

Conspectus specierum.

355. PIPER aromaticum. T. 23.
    P. foliis ovatis acutis quinquenerviis glabris ;
    petiolis simplicissimis ; spicis inferne subste-
    rilibus.
    E Malabaria. ♄ Piper nigrum. L. Nervi 5 à
    basi folii erumpunt ; duo alii supra basim. Spica
    fructifera versus basim sterilis.

356. PIPER sylvestre.
    P. Foliis subcordatis basi obliquatis quinque
    nerviis, spicis fructiferis gracilibus laxiusculis.
    Ex Insula Franciæ , Malabaria, Philippinis.
    ♄ nervi omnes à basi folii erumpunt. Flores
    dioici.

357. PIPER bétel.
    P. Foliis ovatis oblongiusculis acuminatis
    septem nerviis , petiolis bidentatis. L.
    Ex India. ♄

358. POIVRIER à côtes saillantes. Dict.
P. à feuilles ovales un peu pointues, scabres en dessous: cinq nervures saillantes en dessous.
Lieu nat. les deux Indes.

359. POIVRIER plantain. Dict.
P. à feuilles ovales pointues, quinque-nerves lisses; épis solitaires; baies ovales coniques.
Lieu nat. St Domingue, &c. ℔ Toutes les nervures partent de la base de la feuille.

α. il varie à feuilles presqu'en cœur.

360. POIVRIER aristoloche. Dict.
P. à feuilles en cœur pointues, nervures vagues, tiges & pétioles un peu velus.
Lieu nat. l'Isle de France. Ses pétioles sont les uns fort courts, & les autres trois fois plus longs.

361. POIVRIER siriboa. Dict.
P. à feuilles presqu'en cœur ovales pointues quinquenerves, épis longs opposés aux feuilles.
Lieu nat. les Indes occidentales. épis plus longs que les feuilles.

362. POIVRIER à grandes feuilles. Dict.
P. à feuilles en cœur, à neuf nervures, réticulées.
Lieu nat. le. Indes. ℔

363. POIVRIER réticulé. Dict.
P. à feuilles en cœur, à sept nervures, réticulées.
Lieu nat. la Martinique.

364. POIVRIER moyen. Dict.
P. à feuilles ovales, plus rarement en cœur à leur base, quinquenerves, réticulées; épis grêles.
Lieu nat...

365. POIVRIER scabre. Dict.
P. à feuilles ovales-lancéolées, multinerves; nervures alternes, scabres.
Lieu nat. St. Domingue, la Guadeloupe. feuilles grandes, à nervures hérissées de poils courts.
α. à feuilles plus étroites, très scabres.

366. POIVRIER à feuilles de citronnier. Dict.
P. à feuilles ovales-lancéolées lisses, nervures alternes, épis épais plus courts que les feuilles.
Lieu nat. l'Isle de Cayenne. ℔ pétioles & pédoncules courts.
α. le même, à feuilles oblongues, plus étroites.
γ. --- à feuilles oblongues, ridées.

---

358. PIPER malaniris.
P. Foliis ovatis acutiusculis subtus scabris: nervis quinque subtus elevatis. L.
Ex utraque India. Lin.

358. PIPER plantagineum.
V. Foliis ovatis acutis quinquenerviis laevibus, spicis solitariis, baccis ovato conicis.
E Domingo, &c. ℔ Indig. ais sureau-plantain. est piper. .... Sloan. Jam. hist. 1, t. 87, f. 1, an piper amalago. L.
β. Variat foliis subcordatis.

360. PIPER aristolochioides.
P. foliis cordatis acutis, nervis vage, caule petiolisque subhirsutis.
Ex Insula Franciae, petioli alii brevissimi, alii triplo longiores. Conf. cum pipere longo. Lin.

361. PIPER siriboa.
P. foliis subcordato-ovatis acutis quinquenerviis, spicis longis oppositifoliis.
Ex India orientalibus. An p. siriboa. Lin.

362. PIPER decumanum.
P. foliis cordatis novem nerviis reticulatis. L.
Ex Indiis. ℔

363. PIPER reticulatum.
P. foliis cordatis septemnerviis reticulatis. L.
E Martinica.

364. PIPER medium.
P. foliis ovatis, rarius basi cordatis, quinque nervis reticulatis, spicis gracilibus, Jacq. collect. vol. 1. p. 141. ic. rar. vol. 1.

365. PIPER scabrum.
P. foliis ovato-lanceolatis multinerviis, nerviis alternis scabris.
E Domingo, Guadelupa. Piper ... Sloan. Jam. hist. 1. T. 87, t. 1. An piper adiutum. L.
β. Id. foliis angustioribus valde scabris. E Cayenna.

366. PIPER citrifolium.
P. foliis ovato-lanceolatis laevibus, nervis alternis, spicis crassis folio brevioribus.
E Cayenna. ℔ D. Sioupy. Jabarandi 4. Pis. braf. 116.
β. Idem, foliis oblongis angustioribus. E Cayenna.
γ. Idem, foliis oblongis rugosis. E Cayenna.

366. POIVRIER

367. POIVRIER *ridé*. Dict.
P. velu , à feuilles ovales-lancéolées bullées ridées luisantes en dessus , nervures vagues.
Lieu nat. St-Domingue ; Cayenne. ♄ *rameaux,*
pétioles & nervures des feuilles velus.

368. POIVRIER *à feuilles étroites*. Dict.
P. à feuilles linéaires pointues aux deux bouts
presque sessiles, nervures vagues, épis très-
petits , ovales , latéraux.
Lieu nat. la Guianne. ♄ *Feuilles saliciformes.*
Petits rameaux légèrement velus. Épis à peine
plus grands , ou même aussi grands que des grains
de froment.

369. POIVRIER *pédicellé*. Dict.
P. à feuilles ovales pointues obliques à leur
base, nervures vagues , fruits pédicellés.
Lieu nat. l'Isle de France, l'Inde. ♄ *Épis laté-*
raux , solitaires , pédonculés ; fleurs dioiques.

370. POIVRIER *du Cap*. Dict.
P. à feuilles ovales nerveuses acuminées : ner-
vures velues.
Lieu nat. le Cap de Bonne-Espérance.

371. POIVRIER *d'Othaiti*. Dict.
P. à feuilles en cœur multinerves pétiolées ,
épis axillaires pédonculés nombreux.
Lieu nat. l'Isle d'Othaïti.

372. POIVRIER *à ombelles*. Dict.
P. à feuilles en cœur arrondies pointues ver-
neuses, épis en ombelle.
Lieu nat. S. Domingue.

373. POIVRIER *à feuilles larges*. Dict.
P. à feuilles en cœur arrondies acuminées ,
épis geminés pédonculés latéraux.
Lieu nat. l'Isle de France, dans les bois.

374. POIVRIER *double-épi*, Dict.
P. à feuilles ovales , épis geminés.
Lieu nat. les pays chauds de l'Amérique.

375. POIVRIER *ombiliqué*. Dict.
P. à feuilles ombiliquées orbiculées en cœur
obtuses ondées, épis en ombelle.
Lieu nat. les Antilles.

376. POIVRIER *tacheté*. Dict.
P. à feuilles obliquées ovales.
Lieu nat. S. Domingue.

377. POIVRIER *à feuilles obtuses*. Dict.
P. à feuilles ovoïdes non-nerveuses un peu
charnues.
Lieu nat. les pays chauds de l'Amérique. *La*
feuille de la pl. de M. Jacquin ont les bords d'un
rouge livide.

Botanique. Tom. I.

---

367. PIPER *rugosum.*
P. hirsutum , foliis ovato-lanceolatis bullato-
rugosis supra nitidis , nervis vagis.
E Domingo. ♄ *Jos. Mart. & è Cayenna. D.*
Stoapy. Ramuli petioli nervique folior umthirsuti.

368. PIPER *angustifolium.*
P. foliis linearibus utrinque acutis subsessilibus , nervis vagis , spicis minimis ovatis lateralibus.
E Guiana. ♄ *Commenic. a D. Richard. Spica*
grano uricici vix majores.

369. PIPER *cubeba.*
P. foliis ovatis acutis basi obliquis , nervis
vagis , fructibus pedicellatis,
Ex Insula Franciæ (Stadman) & India (Sonnerat). ♄ *Flores dioici.*

370. PIPER *capense.*
P. foliis ovatis nervosis acuminatis : nervis
villosis. L. F. Suppl. 90.
E Capite Bonæ Spei.

371. PIPER *multiflorum.*
P. foliis cordatis multinervis petiolatis , spicis
axillaribus pedunculatis plurimis. L. F. Sup. 91.
Ex insula Thaiti.

372. PIPER *umbellatum.*
P. foliis cordatis subrotundis acutis venosis ;
spicis umbellatis. Lin.
E domingo.

373. PIPER *latifolium.*
P. foliis cordatis subrotundis acuminatis , spicis
geminis pedunculatis.
Ex Insula Franciæ. D. Stadman.

374. PIPER *distachyon.*
P. foliis ovatis , spicis conjugatis. L.
Ex America calidiore.

375. PIPER *peltatum.*
P. foliis peltatis orbiculato-cordatis obtusis
repandis , spicis umbellatis. Lin.
Ex Caribæis.

376. PIPER *maculosum.*
P. foliis peltatis ovatis. L.
E Domingo.

377. PIPER *obtusifolium.*
P. foliis obovatis enervis subcarnosis.

Ex America calidiore. P. *clusiæfolium. Jacq.*
collect. vol. 3. p. 209. ic. rar. vol. 1.

L

378. POIVRIER *acuminé*. Dict.
P. à feuilles lancéolées ovales nerveuses charnues.
Lieu nat. les pays chauds de l'Amérique.

379. POIVRIER *portulacoide*. Dict.
P. à feuilles opposées ovales obtuses non-nerveuses lisses des deux côtés ; épis axillaires & terminaux.
Lieu nat. l'Ifle de Bourbon, dans les bois. ☉ feuilles pétiolées.

380. POIVRIER *Polyftagon*. Dict.
P. à feuilles verticillées rhomboïdes-ovales très entières pétiolées trinerves pubescentes.

Lieu nat. la Jamaïque ♃ Epis terminaux, droits, fasciculés 2 à 4 ensemble.

381. POIVRIER *élégant*. Dict.
P. à feuilles verticillées 3 à 3, lancéolées, trinerves, un peu velues, rougeâtres en dessous, fur les bords & les nervures.
Lieu nat. L'Amérique méridionale ♃ épis grêles, folitaires aux aisselles, & terminaux 2 à 4 ensemble.

382. POIVRIER *étoilé*. Dict.
P. herbacé, à feuilles verticillées oblongues acuminées trinerves glabres, tige droite.

Lieu nat. La Jamaïque. ♃ Epis grêles, axillaires & terminaux ; les terminaux viennent plusieurs ensemble.

383. POIVRIER *transparent*. Dict.
P. à feuilles en cœur pétiolées alternes, tige très-tendre, transparente.
Lieu nat. Les pays chauds de l'Amérique ☉.

384. POIVRIER *à feuilles rondes*. Dict.
P. à feuilles orbiculées charnues pétiolées folitaires, tige filiforme, rampante.
Lieu nat. Les pays chauds de l'Amérique. feuilles petites, épis terminaux, folitaires.

385. POIVRIER *nummulaire*. Dict.
P. à feuilles irrégulièrement orbiculées presque fessiles alternes fréquentes, tige filiforme rampante ponctuée.
Lieu natal. L'Isle de Bourbon.

386. POIVRIER *alsinoïde*. Dict.
P. à feuilles ovales-oblongues pétiolées opposées quinquenerves en dessous, tige filiforme, épis courts axillaires.
Lieu nat. La Caroline méridionale.

---

378. PIPER *acuminatum*.
P. foliis lanceolato ovalis nervofis carnofis. L.

Ex America calidiore.

379. PIPER *portulacoides*.
P. foliis oppositis ovatis obtusis enervis utrinque laevibus, fpicis axilianibus & terminalibus.
Ex infula Mauritiana In fylvis. ☉ Commerf. fequensi affinis.

380. PIPER *polyftachyon*.
P. foliis verticillatis rhombeo-ovatis integerrimis petiolatis trinervis pubescentibus. Ait. hort. Kew. p. 49.
E Jamaica. ♃ Piper obtufifolium. Jacq. collect. 1. fpica 1-4, terminales, fafciculata.

381. PIPER *blandum*.
P. foliis verticillato-ternis lanceolatis trinerviis villofulis fubtus ad margines nervofque rubentibus.
Ex America meridionali. ♃ P. blandum. Jacq. collect. vol. 3. p. 211, & ic. rar. vol. 1.

381. PIPER *ftellatum*.
P. herbaceum, foliis verticillatis oblongis acuminatis trinerviis glabris, caule erecto. Swartz. prodr. 16.
E Jamaica. ♃ P. ftellatum. Jacq. collect. vol. 3. p. 211. ic. rar. vol. 2. An variat. praecedentis.

383. PIPER *pellucidum*.
P. foliis cordatis petiolatis alternis, caule tenerrimo pellucido.
Ex America calidiore. ☉

384. PIPER *rotundifolium*.
P. foliis orbiculatim carnofis petiolatis folitariis, caule filiformi repente.
Ex America calidiori. P. nummularifolium. Swartz. prodr. 16.

385. PIPER *nummularium*.
P. foliis inaequaliter orbiculatis fubfessilibus alternis crebris, caule filiformi punctato repente.
Ex infula Mauritiana. Commerf.

386. PIPER *alsinoides*.
P. foliis ovato-oblongis petiolatis oppositis fubtus quinquenerviis, caule filiformi, fpicis brevibus axillaribus.
E Carolinia meridionali. D. Frafer.

387. POIVRIER *ellipique*. Dict.
.P. à feuilles oppofées ovales-arrondies pétiolées fans nervures, épis terminaux.

388. POIVRIER *à trois feuilles*. Dict.
P. à feuilles ternées arrondies.
Lieu nat. L'Amérique équinoxiale.

389. POIVRIER *à quatre feuilles*. Dict.
P. à feuilles quaternées cuneiformes fessiles.
Lieu nat. L'Amérique méridionale.

390. POIVRIER *verticillé*. Dict.
P. à feuilles verticillées ovales trinerves.
Lieu nat. La Jamaïque. ☉ *Ses feuilles font liffes des deux côtés : les inférieures font verticillées 3 à 3, les fup. font quaternées.*

391. POIVRIER *réfléchi*. Dict.
P. à feuilles quaternées obtufes réfléchies, tige fillonnée.
Lieu nat. Le Cap de Bonne-Efpérance.

387. PIPER *ellipticum*.
P. foliis oppofitis ovaro-fubrotundis petiolatis enerviis, fpicis terminalibus.

388. PIPER *trifolium*.
P. foliis ternis fubrotundis. L.
Ex America æquinoxiali.

389. PIPER *quadrifolium*.
P. foliis quaternis cuneiformibus fessilibus. L.
Ex America meridionali.

390. PIPER *verticillatum*.
P. foliis verticillatis ovatis trinerviis. L.
E Jamaica. ☉ *folia utrinque lævia : inferiora verticillato-terna, fuperiora quaterna.*

391. PIPER *reflexum*.
P. foliis quaternis obrufis reflexis, caule fulcato. L. f. Suppl. p. 91.
E Capite Bonæ Spei.

Explication des fig.

Tab. 25. POIVRIER *aromatique* (*A*) Epi garni de fleurs. (*a*) Fleur féparée. (*b*) Calice fendu longitudinalement, ne rerant les étamines & le piftil. (*c*) Etamines. (*d*) Piftil. (*e*) Calice. (*f*) Epi chargé de baies. (*g*) Baie entière. (*h*) Baie avec fa tunique coupée transverfalement. (*i*) Tunique féparée. (*l*, *m*) Semence féparée de fa tunique. (*o*) Partie de la plante avec des feuilles & des épis fructifères.

Obs. Ce caractère des fleurs du Poivrier publié par Miller, ne paroît connu que de lui feul. Auffi nous donnons très-fort que les fleurs du Poivrier aromatique aient un calice urcéolé de cette forte ; nous croyons même, d'après l'examen fur le fec, qu'elles n'ont aucun calice quelconque.

Explicatio iconum.

Tab. 25. PIPER *aromaticum*. (*A*) Spica florifera. (*a*) Flos feparatus. (*b*) Calyx longitudinaliter fiffus ftamina & piftillum exhibens. (*c*) Stamina. (*d*) Piftillum. (*e*) Calyx. (*f*) Spica baccis onufta. (*g*) Bacca integra. (*h*) Bacca cum arillo transferfim fciffo. (*i*) arillus feparatus. (*l*, *m*) Semen ex arillo exemtum. *Fig. ex Mill. Illuftr.* (*o*) Pars plantæ cum foliis & fpicis fructiferis. Ex Sicco.

Obs. Hic character florum Piperis, quem in lucem edidit Miller, eidem auctori folo videtur notus. Ideo valde dubitamus utrum neque Piperis aromatici calycem habeant fic urceolatum. Nobis è contra fuadet examen ficci exemplaris, eos effe nullo calyce cinctos.

ILLUSTRATION DES GENRES.

CLASSE III.

TRIANDRIE MONOGYNIE.

Fl. à trois étamines & un seul style.

Tableau des genres.	Conspectus generum:
57. VALERIANE.	**57. VALERIANA.**
Cal. à peine apparent. cor. 1-pétale, ayant une bosse d'un côté à sa base, supérieure. 1 sem.	*Cal. vix perspicuus. cor. 1-petala, basi hinc gibba, supera. sem. 1.*
58. OLAX.	**58. OLAX.**
Cal. entier. cor. infundibulif. 3-fide. 4 appendices à l'orifice de la cor.	*Cal. integer. cor. infundibulif. 3-fida. appendices 4 fauce corollæ.*
59. TAMARINIER.	**59. TAMARINDUS.**
Cal. à 4 div. 3. pet. filamens des étam. réunis à leur base. gousse pulpeuse.	*Cal. 4-partitus. pet. 3. filamenta stam. basi connata. legumen pulposum.*
60. RUMPHIE.	**60. RUMPHIA.**
Cal. 3-fide. 3 pet. drupe 3-loculaire.	*Cal. 3-fidus. pet. 3. drupa 3-locularis.*
61. VOUAPA.	**61. VOUAPA.**
Cal. 4-fide, à 2 bractées à sa base. 1 pet. gousse comprimée, 1 sperme.	*Cal. 4-fidus, basi 2 bracteatus. pet. 1. legumen compressum 1-spermum.*
62. OUTEL	**62. OUTEA.**
Cal. à 5 dents, à 2 bractées à sa base. 5 pet. dont le sup. très-grand. 1 filam. stérile sous la pétale supérieure.	*Cal. 5-dentatus, basi 2-bracteatus. pet. 5. quorum supi maximum. filamentum. sterile sub petalo superiore.*
63. TONTEL.	**63. TONTELEA.**
Cal. 5-fide. 5 pet. urcéole staminifère environnant l'ov. baie à 4 sem.	*Cal. 5-fidus. pet. 5. urceolus staminifer germ. cingens. bacca 4-sperma.*
64. CAMELÉE.	**64. CNEORUM.**
Cal. à 3 dents. 3 pet. égaux. baie sèche, à 3 coques, & 3 sem.	*Cal. 3-dentatus. pet. 3. æqualia. bacca sicca, 3-cocca, 3-sperma.*
65. COMOCLADE.	**65. COMOCLADIA.**
Cal. à 3 div. 3 pet. drupe oblong : à noyau 1-sperme.	*Cal. 3-partitus. pet. 3. drupa oblonga: nucleo 1-spermo.*

66. BÉJUCO.

Cal. à 5 div. 3 prt. 3 caps. comprimées bivalves : à valves carinées.

67. FISSILIER.

Cal. entier. cor. tubuleuse, régul. à 3 découp. Étas 2 sont bifides. 3 filam. stériles. noix glandiforme.

68. MÉLOTRIE.

Cal. sup. 5-fid. cor. 5-pétale : à limbe en rom. haie 3 locul. polysperme.

69. VILLIQUE.

Cal. 4-fid. cor. en roue, 4 fide. Capf. sup. bilocul. poly-sperme.

70. ROTALE.

Cal. tubuleux, à 5 dents. Cor. O. caps. 3-loud polysperme.

71. ORTÉGIE.

Cal. de 5 folioles. Cor. O: capf. 5-loculaire, 3 valve au sommet ; polysp.

72. LÉFLINGE.

Cal. 5-phylle : à folioles à 2 dents à leur base. 5 prt. très-petits. Capf. 1-locul. 3-valve.

73. POLICNÈME.

Collet. à 2 bractées presqu'épineuses. Cal. 5-phylle. Cor. O. capf. 1-sperme.

74. SAFRAN.

Cor. tubuleuse. régul. à 6 divis. 3 stigm. roulés en cornet.

75. CIPURE.

Cor. à 6 pétales , dont 3 int. plus petits. Capf. inf. 3-locul.

76. WITSENE.

Cor. tubuleuse, régul. à limbe droit, 6-fide. Stigm. très-court, 3 fide.

77. IXIE.

Cor. tubuleuse : à limbe 6-fide, campanulé, régul. 3 stigm. simples.

78. MORÉE.

Cor. régul. à 6 divis. fans tube. Pit. ouverts 3 ; 3 alternes plus petits.

79. GLAYEUL.

Cor. irrég. infundibulif. à limbe à 6 div. presque la'il. Étam. ascendantes.

66. HIPPOCRATEA.

Cal. 5-partitus. Pet. 5. capf. 3. compressa, 2 valves : valvis carinatis.

67. FISSILIA.

Cal. integer. Cor. tubulosa, rigul. 2-partita : laciniis 2 bifidis. Filam. 5 sterilio. Nux glandiformis.

68. MELOTHRIA.

Cal. sup. 5-fidus. Cor. 5-petala : limbo rotato. Bacca 3-local. polysperma.

69. WILLICHIA.

Cal. 4-fidus. Cor. rotata , 4-fida. Capf. sup. 2-locul. polysperma.

70. ROTALA.

Cal. tubulosus, 5 dentatus. Cor. O. capf. 3-local. poly-sperma.

71. ORTEGIA.

Cal. 5-phyllus. Cor. O. capf. 1-local. apice 3-valvis , polysperma.

72. LŒFLINGIA.

Cal. 5-phyllus : foliolis bafi 2-dentatis. Pet. 5 minima. Capf. 1 local. 3-valvis.

73. POLYCNEMUM.

Involucr. 2-bractæatum subspinosum. Cal. 5-phyllus. Cor. O. capf. 1-sperma.

74. CROCUS.

Cor. tubulosa, aqualis , 6-partita. Stigm. 3, convoluta.

75. CIPURA.

Cor. 6-petala : pet. 3 interioribus minoribus. Capf. inf. 3-locul.

76. WISTENIA.

Cal. tubulosa, aqualis : limbo 6-partito, erecto. Stigm. brevisf. 3-fidum.

77. IXIA.

Cor. tubulosa : limbo 6-partito, campanulato aquali. Stigm. 3. simplicia.

78. MORÆA.

Cor. aqualis , 6-partita , absque tubo : pet. patentibus 3 ; 3 altern. minoribus.

79. GLADIOLUS.

Cor. inaqualis , infundibulif. limbo 6-partito subringenti. Stam. adscen-d.

8o. I R I S.	**8o. I R I S.**
Cor. partagée en 6 pét. alternativement droits & réfléchis. 3 stigm. pétaliformes.	*Cor. 6-partita : petalis altern. erectis , altern. reflexis. Stigm. 3. petaliformia.*
81. D I L A T R I S.	**81. D I L A T R I S.**
Cal. O. cor. sup. à 6 divis. velus ça-dehors. Caps. 3. locul. 3. sperme.	*Cal. O. cor. sup. 6 partita , extùs hirsuta. Caps. 3-locul. 3-sperma.*
82. V A N C H E N D O R F.	**82. W A N C H E N D O R F I A.**
Cor. à 6 pét. irrég. inf. caps. 3 locul.	*Cor. 6 pet. inaequalis , inf. caps. 3-locul.*
83. C O M M E L I N E.	**83. C O M M E L I N A.**
Cal. 3 phyll. 3 pét. onguiculés. 3 filam. stériles , portant des gl. en croix.	*Cal. 3-phyllus. Pet. 3 unguiculata. Filam. 3. sterilia , glandulis cruciat. instructa.*
84. C A L I S E.	**84. C A L L I S I A.**
Cal. 3-phyll. 3 pét. anth geminées. Caps. 2-local.	*Cal. 3-phyllus. Pet. 3. anth. gemina. caps. 2-locul.*
85. G L A I V A N E.	**85. X I P H I D I U M.**
Cal. O. cor. à 6 pét. inf. régul. caps. 3-local. polysperme.	*Cal. O. cor. 6-pet. inf. aequalis. Caps. 3-local. polysperma.*
86. X Y R I S.	**86. X Y R I S.**
Cal. glumacé, 3 valve. Cor. à 3 pét. staminif. à leur base. Caps. sup. polysp.	*Cal. glumaceus, 3-valvis. Cor. 3-petala : pet. basi staminif. caps. sup. polysp.*
87. M A Y A Q U E.	**87. M A Y A Q U E.**
Cal. 4-phyll. 3 pét. caps. sup. 3-valve , 6 sperme.	*Cal. 3-phyllus. Pet. 3. caps. sup. 3-valvis , 6-sperma.*
88. M A P A N E.	**88. M A P A N I A.**
Balle à 6 valves embriquées dentées. Cor. O. 1 sem.	*Gluma 6-valvis : valvulis imbric. dentatis. Cor. O. sem. 1.*
89. P O M E R E U L E.	**89. P O M E R E U L L A.**
Balle turbinée , à 3 ou 4 fl. 2-valve : 1 à valv. 4-fides , ariftées sur le dos.	*Gluma turbinata ; 3 f. 4-flora , 2-valvis : valv. 4-fidis , dorso aristatis.*
90. R E M I R E.	**90. R E M I R E A.**
Balle 2-valve , 1-flore. Cor. 2-valve , plus petite que le cal. 1 sem.	*Gluma 2-valvis , 1-flora. Cor. 2-valvis , calyce minor. sem. 1.*
91. C H O I N,	**91. S C H Œ N U S.**
Balles 1-valves , polxacées , ramaffées. Cor. O. 1 sem. arrondie.	*Gluma paleacea , 1-valvis , congesta. Cor. O. sem. 1 subrotundum.*
92. S C I R P E.	**92. S C I R P U S.**
Paillettes glumacées embriq. de toute part. Cor. O. 1 sem. nue.	*Gluma paleacea undiquè imbric. Cor. O. sem. 1. imbrrle.*
93. S O U C H E T.	**93. C Y P E R U S.**
Paillettes glumacées imbr. sur 2 rangées. Cor. O. 1 sem. nut.	*Gluma paleacea , difficilè imbricata. Cor. O. sem. 1. nudum.*
94. K Y L L I N G E.	**94. K Y L L I N G I A.**
Cal. 2-valve , inégal, 1-flore. Cor. 2-valve , plus longue que le calice.	*Cal. 2-valvis , inaequalis , 1-florus. Cor. 2-valvis , calyce longior.*

95. FUIRÈNE.

Paillettes aristées, embriquées de tout part en épillets. Cal. O. cor. 3-valve : à valv. en cœur, aristées.

96. LINAIGRETTE.

Paillettes glumacées embriq. de toute part. Cor. O. 1 sem. revir. de poils très longs.

97. NARD.

Cal. O. cor. 2-valve.

98. ALVARDE.

Spathe 1-phylle, 2 corolles sur le même ovaire. N'aix 2-locul.

DIGYNIE.

99. BOBART.

Cal. embriqué. Cor. à bâle 2-valve, supérieure.

100. COQUELUCHIOLE.

Collet. 1-phylle, infundib. crénelée, multifi. cal. 2-valve. Cor. 1-valve.

101. CANAMELLE.

Cal. garni de longs poils à l'extérieur.

102. LAGURE.

Cal. à 2 barbes opp. velues. Cor. 2-valve : à valv. ext. aristée au sommet & fer le dos.

103. ARISTIDE.

Cal. 2-valve. Cor. 1-valve : à 3 barbes terminales.

104. STIPE.

Cal. 2-valve, 1-flore. Cor. à valv. ext. terminée par une barbe articulée à sa base.

105. AGROSTIS.

Cal. 2-valve, 1-flore. Cor. 2-valve. Stig. velus longitudinalement.

106. ALPISTE.

Cal. 2-valve, cariné, régul. renfermant la corolle.

107. FLÉOLE.

Cal. 2-valve, sessile, tronqué, à 2 pointes en formant. Cor. inclofé.

108. CRYPSIS.

Cal. 2 valve, sessile, lancéolé. Cor. 2-valve, plus longue que le cal.

---

95. FUIRENA

Palea aristata, in spiculas undique imbric. Cal. O. cor. 3-valvis : valv. obcordatis aristatis.

96. ERIOPHORUM.

Gluma paleacea undique imbricam. Cor. O. sem. 1. lana longiss. cinctam.

97. NARDUS.

Cal. O. cor. 2-valvis.

98. LYGEUM.

Spatha 1-phylla. Corolla bina supra idem germen, Nux 2-local.

DIGYNIA.

99. BOBARTIA.

Cal. imbricatus. Cor. gluma 2-valvi, supera.

100. CORNUCOPIÆ.

Involucr. 1-phyllum, infundibuli. crenatum, multifi. cal. 2-valvis. cor. 1-valvis.

101. SACCHARUM.

Lanugo longa extra calycem.

102. LAGURUS.

Cal. aristis 2 oppositis villosis. Cor. 2-valvis : valv. ext. apice dorsoque aristata.

103. ARISTIDA.

Cal. 2-valvis. Cor. 1-valvis : aristis 3 terminalibus.

104. STIPA.

Cal. 2-valvis, 1-florus. Cor. valv. ext. arista terminali, basi articulata.

105. AGROSTIS.

Cal. 2-valvis, 1-florus. Cor. 2-valvis. Stig. longitudinal. villosa.

106. PHALARIS.

Cal. 2-valvis, carinatus, aequalis, corollam includens.

107. PHLEUM.

Cal. 2-valvis, sessilis, truncatus, tramentus, apice 2-cuspidato. Cor. inclusa.

108. CRYPSIS.

Cal. 2-valvis, sessilis lanceolatus. Cor. 2-valv. calice longior.

109. ASPERELLE.

Cal. O. cor. 2-valve : valves navical. cilitées sur le dos.

110. VULPIN.

Cal. 2-valve, presque sessile. Cor. 1-valve.

111. PANIC.

Cal. 3-valve : à 3ᵉ. valvule très-petite.

112. PASPAL.

Rachis membr. unilateral. Cal. 2-valve. Cor. 2-valve, prof qu'égale au calice.

113. CANCHE.

Cal. 2-valve, 2-flore : sans l'interposition d'aucun rudimens de fl.

114. MÉLIQUE.

Cal. 2-valve, 2-flore. Un rudiment de fleur interposé.

115. DACTILE.

Cal. 2-valve, comprimé : l'une des valves plus longue que la fleur, carinée.

116. PATURIN.

Cal 2-valve, multifl. épillet ovale : à valv. scarieuses sur les bords, un peu pointues.

117. BRIZE.

Cal. 2-valve, multifl. épillet distique : à valvc presque cordées ventrues obtuses.

118. FÉTUQUE.

Cal. 2-valve, multifl. épillet oblong un peu cylindrique: bilés pointues.

119. BROME.

Cal. 2-valve, multifl. épillet oblong : valves aristées au-dessous du sommet.

120. ROSEAU.

Cal. 2-valve, nud. Fleurs environnées de poils.

121. CRÉTELLE.

Cal. 2-valve, multifl. bractée foliacée, subpestinée, unilatérale.

122. SESLÈRE.

Cal. 2-valve, submultifl. Cor. 2-valve : à valv. ex. à 3 dents.

123. ANTHISTIRE.

Cal. 4-valve, presque 3-flore : à valv. égales papilleuses pi-cusées.

109. ASPERELLA.

Cor. O. cor. 2 valvis : valv. navicularibus dorso ciliatis.

110. ALOPECURUS.

Cal. 2·valvis, subsessilis. Cor. 1-valvis.

111. PANICUM.

Cal. 3-valvis : valvula tertia minima.

112. PASPALUM. *

Rachis membranacea unilat. Cal. 2-valvis. Cor. 2-valvis calyci subæqualis.

113. AIRA.

Cal. 2-valvis, 1-florus. Flosculi absque interjecto rudimento.

114. MELICA.

Cal. 2-valvis, 2-florus. Rudimentum floris inter flosculas.

115. DACTYLIS.

Cal. 2-valvis. compressa : altera valvula flosculo longiore, carinata.

116. POA.

Cal. 2-valvis, multifl. spicula ovata : valvulis marg. scariosis acutiusculis.

117. BRIZA.

Cal. 2-valvis, multifl. spicula disticha : valv. subcordatis ventricosis obtusis.

118. FESTUCA.

Cal. 2-valvis, multifl. spicula oblonga subtusfusula : glumis acutis.

119. BROMUS.

Cal. 2-valvis, multifl. spicula oblonga : valvis subapice aristatis.

120. ARUNDO.

Cal. 2-valvis ; nudus. Flosculi lana cincti.

121. CYNOSURUS.

Cal. 2-valvis, multifl. bractea foliacea subpectinata, unilateralis.

122. SESLERIA.

Cal. 2-valvis submultifl. cor. 2-valvis : valvula ext. 3 dentata.

123. ANTHISTIRIA.

Cal. 4-valvis, sub. 3-florus : valv. alis æqualibus, apice papilloso-pilosis.

124. AVENA.

114. A V O I N E.

Cal. 2-valve, submultiflore. Barbe dorsale torse;

115. E L E U S I N E.

Cal. 2-valve, subquflore. Cor. 2-valve, Sem. recouverte d'une tunique membr.

116. R O T B O L L E.

Rachis articulé, un peu flexueux. Cal. 1-valve: à valvule simple ou partagée en deux.

117. Y V R A I E.

Cal. 1-valve; fixe, multifl. Epillets opposés contre le rachis par leur côté tranchant.

118. E L Y M E.

Calices 2-valves, submultiflores, ramassés sur chaque dent de l'axe.

119. O R G E.

Calices 2 valves, uniflores, proffés trois sur chaque dent de l'axe.

120. S E I G L E.

Cal. 2 valve, 2-flore, folis. sur chaque dent de l'axe: à valv. opposées, plus petites que les fleurs.

121. F R O M E N T.

Cal. 2-valve, multifl. folis. sur chaque dent de l'axe.

T R I G Y N I E.

122. J O N C I N E L L E.

Cal. commun embr. hemisph. multifl. 3 pet. caps. 3-localaire.

123. T R I X I D E.

Cal. sup. à 3 divis. Cor. O. Drupe trigone, 3-locul. couronné.

124. M O N T I E.

Cal. 2-phylle. Cor. 1-pétale, irrégul. capf. 1-locul. 3-valve.

125. H O L O S T É.

Cal. 5 phylle. 5 pét. capf. 1-loculaire, s'ouvrant au sommet.

126. K É N I G E.

Cal. 3-phylle. Cor. O. 1 sem. ovale, nue.

127. P O L Y C A R P E.

Cal. 5-phylle. 5 pét. très-petits, échancrés. Capf. 1-loculaire, 3 valve.

128. D O N A T I E.

Cal. 3-phylle. 9 pét. ou environ, entiers, plus longs que le cal.

114. A V E N A.

Cal. 2-valvis, submultiflorus. Arista dorsali contorta;

115. E L E U S I N E.

Cal. 2-valvis, subquflorus. Cor. 1-valvis, Sem. arilla membranaceo vestitum.

116. R O T T B O L L A.

Rachis articulata, subflexuosa. Cal. 1-valvis: valvula simplici s. 2-partita.

117. L O L I U M.

Cal. 1-valvis, fixus, multifl. Spicula angulo rachi oppressa;

118. E L Y M U S.

Calyces 2-valves, submultifl. aggregati in singulo axis dente.

119. H O R D E U M.

Calyces 2-valvis, uniflori, subterni in singulo axis dente.

120. S E C A L E.

Cal. 2-valvis, 2 florus, folit. in singulo axis dente: valv. oppositis flosculis minoribus;

121. T R I T I C U M.

Cal. 2-valvis, multiflorus, folit. in singulo axis dente.

T R I G Y N I A.

122. E R I O C A U L O N.

Cal. communis imbr. hemisph. multifl. pet. 3. capf. 3-localaris;

123. P R O S E R P I N A C A.

Cal. 3-partitus, superus. Cor. O. Drupa 3-quetra, 3-locul. coronata.

124. M O N T I A.

Cal. 2-phyllus. Cor. 1-petala, irregul. capf. 1-locul. 4-valvis.

125. H O L O S T E U M.

Cal. 5-phyllus. Pet. 5. capf. 1-localaris, apice dehiscens;

126. K Œ N I G I A.

Cal. 3-phyllus. Cor. O. fem. 1. ovatam, nudam;

127. P O L Y C A R P O N.

Cal. 5-phyllus. Pet. 5. minima, emarginata. Capf. 1-local. 3-valvis.

128. D O N A T I A.

Cal. 3-phyllus. Pet. circit. 9, integra, calyce longiora;

119. MOLUGINE.

Cal de 5 folioles. Cor. O. caps. 1-loculaire, 5-valve.

119. MOLLUGO.

Cal. 5-phyllus. Cor. O. Caps. 1-locularis, 5 valvis.

140. MINUART.

Cal. de 5 folioles. Cor. O. Caps. 1-loculaire, 5-valve. Plusieurs sem.

140. MINUARTIA.

Cal. 5-phyllus. Cor. O. Caps. 1-locularis, 5-valvis. Sem. ...

141. QUÉRIE.

Cal. de 5 folioles. Cor. O. Caps. 1-loculaire, 5-valve. 1 sem.

141. QUERIA.

Cal. 5-phyllus. Cor. O. Caps. 1-locularis, 1 valvis. Sem. 1.

142. LEQUÉE.

Cal. 3 phylle. 3 pét. linéaires. Caps. 1-locul. 3-valve: ayant 3 autres valves intérieures. Sem. folié.

142. LECHEA.

Cal. 5-phyllus. Pet. 3, linearia. Caps. 3 locul. 3-valvis: valvis totidem aliis interioribus. Sem. folié.

ILLUSTRATION DES GENRES.

CLASSE III.

TRIANDRIE MONOGYNIE.

17. VALERIANE.

Caract. essent.

CALICE à peine perceptible. Cor. 1-pétale, supérieure, ayant à la base une gibbosité (ou un éperon). 1 semence.

Caract. nat.

Cal. supérieur à peine perceptible, formé par un bord presqu'entier, ou par 5 dents.
Cor. monopétale, tubuleuse, un peu irrégulière : tube ayant au côté inférieur une gibbosité, quelquefois un éperon ; limbe quinquefide, à découpures obtuses.
Etam. filamens souvent en nombre de trois, plus rarement moins ou quatre, subulées. Anthères arrondies.
Pist. un ovaire inférieur. Un style filiforme, de la longueur des étamines. Stigmate un peu épais.
Péric. nul; ou capsule à deux ou trois loges.
Sem. solitaires, couronnées d'une aigrette, ou nues.

Tableau des espèces.

391. VALERIANE rouge. Did.
V. à fleurs monandriques, à éperon, feuilles lancéolées très-entières.
Lieu nat. La France & l'Europe australe. ⚥
a Elle varie à feuilles linéaires, plus étroites.

393. VALERIANE chausse-trape. Did.
V. à fleurs monandriques, feuilles pinnatifides.
Lieu nat. La Provence, le Portugal, &c. ☉

TRIANDRIA MONOGYNIA.

17. VALERIANA.

Charact. essent.

CALYX vix perspicuus. Cor. 1-petala ; basi hinc gibba, supera. Sem. 1.

Charact. nat.

Cal. superus, vix perspicuus; margo subinteger, aut quinquedentatus.
Cor. monopetala, tubulosa, subirregularis : tubus à latere inferiori gibbus, interdum calcaratus. Limbus quinquefidus : laciniis obtusis.
Stam. filamenta sæpe tria, rarius pauciora vel quatuor, subulata. Antheræ subrotundæ.
Pist. germen inferum. Stylus filiformis longitudine staminum. Stigma crassiusculum.
Peric. nullum; aut capsula bi f. trilocularis.
Sem. solitaria pappo coronata, aut nuda.

Conspectus specierum.

391. VALERIANA rubra. T. 14. f. 1.
V. floribus monandris caudatis, foliis lanceolatis integerrimis. Lin.
E Gallia & Europa australi. ⚥
a. Varias foliis linearibus, angustioribus.

393. VALERIANA calcitrapa.
V. floribus monandris, foliis pinnatifidis. Lin.

E Galloprovincia, Lusitania, &c. ☉

M ij

92 TRIANDRIE MONOGYNIE.

394. VALERIANE *corne d'abondance*. Dict.
V. à fleurs diandriques, ringentes ; feuilles ovales.
Lieu nat. L'Espagne, la Sicile, &c. ☉

395. VALERIANE *dioïque*. Dict.
V. à fleurs dia-driques dioïques, feuilles pinnées à folioles très-entières.
Lieu nat. Les lieux marécageux de l'Europe. ♃

356. VALERIANE *officinale*. Dict.
V. à fleurs triandriques ; toutes les feuilles pinnées.
Lieu nat. les bois & les lieux humides de l'Europe. ♃

397. VALERIANE d'*Italie*. Dict.
V. à feuilles triandriques, feuilles pinnées à folioles dentées : les radicales non divisées.
Lieu nat. les montagnes de l'Italie. ♃ On la cultive depuis long-tems au jardin du Roi.

398. VALERIANE *des jardins*. Dict.
V. à fleurs triandriques, feuilles pinnées à folioles simples : les radicales non divisées.
Lieu nat. l'Alsace, l'Allemagne. ♃

399. VALERIANE *triptère*. Dict.
V. à Feuilles triandriques, feuilles radicales en cœur dentées : les caulinaires, à trois folioles ovales oblongues.
Lieu nat. les montagnes de la France, la Suisse, l'Autriche. ♃

400. VALERIANE *de montagne*. Dict.
V. à fleurs triandriques, feuilles presqu'entières : les radicales ovales pétiolées ; les caulinaires ovales-oblongues pointues.
Lieu nat. les montagnes de la France, de la Suisse, &c. ♃

401. VALERIANE *tubéreuse*. Dict.
V. à fleurs triandriques, feuilles radicales ovales-oblongues très-entières ; les caulinaires pinnatifides, plus étroites.
Lieu nat. les montagnes de la France, l'Allemagne, &c. ♃ *feuilles radicales souvent obtuses, un peu spatulées.*

402. VALERIANE *de roche*. Dict.
V. à fleurs triandriques, feuilles un peu dentées : les radicales ovales ; les caulinaires linéaires lancéolées.
Lieu nat. les montagnes de l'Autriche, l'Italie, &c. ♃

403. VALERIANE *celtique*. Dict.
V. à fleurs triandriques, feuilles oblongues-

TRIANDRIA MONOGYNIA.

394. VALERIANA *cornucopia*.
V. floribus diandris ringentibus, foliis ovatis sessilibus. Lin.
Ex Hispania, Sicilia, &c. ☉

395. VALERIANA *dioïca*.
V. floribus triandris dioicis, foliis pinnatis integerrimis. Lin.
Ex Europa uliginosis. ♃

396. VALERIANA *officinalis*. T, 14, f. 1.
V. floribus triandris, foliis omnibus pinnatis. Lin.
Ex Europa nemoribus paludosis. ♃

397. VALERIANA *italica*.
V. floribus triandris, foliis pinnatis dentatis ; radicalibus indivisis.
Ex Alpibus Italiæ. ♃ V. *tuberosa imperati.* Barrel. ic. 825.

398. VALERIANA *phu*.
V. floribus triandris, foliis pinnatis integerrimis : radicalibus indivisis.
Ex Alsatia, Germania. ♃

399. VALERIANA *tripteris*.
V. floribus triandris, foliis radicalibus cordatis dentatis, caulinis ternatis ovato-oblongis.
Ex alpibus Galliæ, Helvetiæ, Austriæ. ♃

400. VALERIANA *montana*.
V. floribus triandris, foliis subintegerrimis : radicalibus petiolatis ovalibus, caulinis ovato-oblongis acutis.
Ex alpibus Galliæ, Helvetiæ, &c. ♃

401. VALERIANA *tuberosa*.
V. floribus triandris, foliis radicalibus ovato-oblongis integerrimis ; caulinis pinnatifidis angustioribus.
Ex alpibus Galliæ, Germania, &c. ♃ *folia rad. sæpe obtusa, subspathulata.*

402. VALERIANA *saxatilis*.
V. floribus triandris, foliis subdentatis : radicalibus ovatis ; caulinis lineari-lanceolatis. Jacq.
Ex alpibus Austriæ, Italiæ, &c. ♃

403. VALERIANA *celtica*.
V. floribus triandris, foliis oblongo-ovatis

ovales obtufes très-entières, ombelles nombreufes & en grappe.
Lieu nat. les montagnes de la Suiffe, de l'Autriche, &c. ♃ *Étam. de la longueur de la corolle.*

404. VALERIANE *faliunque*. Dict.
V. à fleurs triandriques, feuilles oblongues-fpatulées prefque très-entières, ombelle en tête le plus fouvent folitaire.
Lieu nat. les montagnes du Piémont. ♃ *Ce n'eft peut être qu'une variété de la précédente. Les étam. fons faillans hors de la corolle.*

405. VALERIANE *à longue grappe*. Dict.
V. à fleurs triandriques, feuilles radicales ovales: les caulinaires feffiles, en cœur, incifées prefque haftées.
Lieu nat. les montagnes de l'Autriche.

406. VALERIANE *des Pyrénées*. Dict.
V. à fleurs triandriques, feuilles caulinaires Inférieures en cœur dentées pétiolées: les fupérieures à 3 folioles.
Lieu nat. les montagnes des Pyrénées. ♃

407. VALERIANE *grimpante*. Dict.
V. à fleurs triandriques, feuilles ternées, tige grimpante.
Lieu nat. l'Amér. méridio., près de Cumana.

408. VALERIANE *de Chine*. Dict.
V. à fleurs triandriques; toutes les feuilles en cœur, finuées, lobées.
Lieu nat. la Chine.

409. VALERIANE *de Magellan*. Dict.
V. à feuilles fpatulées dentées, tiges fimples, pédoncules oppofés bifides, fruit prifmatique.

Lieu nat. le Magellan.

410. VALERIANE *mâche*. Dict.
V. à fleurs triandriques, tige dichotome, feuilles linéaires.
α. A fruit fimple. La m. douceue.
β. A calices enflés. La m. véficuleufe.
γ. A fruit à 6 dents. La m. couronnée.
δ. A fruit à 12 dents. La m. difcoïde.]
ε. Couronne de la fem. à 5 dents. La m. dentée.
ζ. Collerette environ. le fil. La m. rayonnée.
η. A feuilles inf. dentées: les fupérieures linéaires multifides...... La m. naine.
Lieu nat. la France & l'Europe auftrale, dans les champs & les lieux cultivés. ☉

obtufis integerrimis, umbellis pluribus racemofis.
Ex alpibus Helvetiæ, Auftriæ, &c. ♃
V. celtica. Jacq. colle&. vol. 1, p. 24; t. 1.

404. VALERIANA *faliunca*. Allion.
V. floribus triandris, foliis oblongo-fpathulatis fubintegerrimis, umbella capitata fæpius folitaria.
Ex alpibus Pedemontii. ♃ *Umbella interdum terna: lateralibus duabus pedunculatis oppofitis tertia terminali. Stamina exferta.*

405. VALERIANA *elongata*.
V. floribus triandris, foliis radicalibus ovalis: caulinis cordatis feffilibus incifo-fubhaftatis,
Lin. acq. Auftr. 3. t. 219.
Ex alpibus Auftriæ.

406. VALERIANA *pyrenaica*.
V. floribus triandris, foliis caulinis Inferioribus cordatis deotatis petiolatis: fummis ternatis.

Ex alpibus Pyrenæis. ♃

407. VALERIANA *fcandens*.
V. floribus triandris, foliis ternatis, caule fcandente. Lin.
Ex America merid. propè Cumanam.

408. VALERIANA *Chinenfis*.
V. floribus triandris, foliis omnibus cordatis repando-lobatis. Lin. Burm. ind. t. 6. f. 3.
E China.

409. VALERIANA *Magellanica*.
V. foliis fpathulatis dentatis, caulibus fimplicibus, pedunculis oppofitis bifidis, fructu prifmatico.
E Magellanis. *Commerf.*

410. VALERIANA *locufta*. T. 24, f. 3.
V. floribus triandris, caule dichotomo, foliis linearibus. Lin.
α. Fructu fimplici. V. l. olitoria.
β. Calycibus inflatis. V. l. veficaria.
γ. Fructu 6-dentato. V. l. coronata.
δ. Fructu 12-dentato. V. l. difcoidea.
ε. Seminis corona 5-dentata. V. l. dentata.
ζ. Involucro flores cingente. V. l. radiata.
η. Foliis imis dentatis: fummis linearibus multifidis...... V. l. pumila.
Ex Gallia & Europa auftralis arvis & oleraceis. ☉

411. VALERIANE mixte. Dict.
V. à fleurs triandriques, tige 4-fide, feuilles
inf. biplinnatifides, fem. à aigrette plumeuse.
Lieu nat. Montpellier.

412. VALERIANE hérissée. Dict.
V. à fleurs triandriques régulières, feuilles dentées, fruit linéaire à 3 dents, dont l'extérieure
est plus grande, recourbée.
Lieu nat. en Italie & à Montpellier, dans les
lieux couverts. ⊙

413. VALERIANE couchée. Dict.
V. à fleurs tétrandriques; involucelles de 6
folioles & à 3 fleurs; feuilles entières.
Lieu nat. les montagnes de l'Italie. ♃

414. VALERIANE de Sibérie. Dict.
V. à fleurs tétrandriques, feuilles pinnatifi-
des, semences adnées à une écaille ovale.
Lieu nat. la Sibérie, dans les champs. ⊙

415. VALERIANE velue. Dict.
V. à fleurs tétrandriques régulières, feuilles
inférieures auriculées; les supérieures dentées
velues.
Lieu nat. le Japon. Feuilles radicales à 3 lobes,
dont le terminal est fort grand.

Explication des fig.

Tab. 24, f. 1. VALERIANA officinale. (A) Partie
supérieure de la plante réduite, montrant l'inflorescence. (b, c) Fleur entière. (d) Semence.

Tab. 24, f. 2. VALERIANA rouge. (a) Partie supérieure de la plante garnie de fleurs. (b) Fleur séparée.
(c) Semence.

Tab. 24, f. 3. VALERIANA mêlée. (a) Partie supérieure de la plante avec ses feuilles & ses fleurs. (b, c)
Fleur séparée, vue en-dessus & par le côté.

Tab. 24, f. 4. VALERIANA de Sibérie. (A) Partie
supérieure de la plante. (b) Semence adnée à une
écaille, vue en-devant. (c) La même vue obliquement.

38. O L A X.

Caract. essent.

Calice entier. Cor. infundibuliforme, trifide,
4 Appendices à l'orifice de la corolle.

Caroll. nat.

Cal. monophyle, concave, fort court, très-
entier.
Cor. monopétale, infundibuliforme; limbe trifide, obtus: la troisième découpure plus profonde.

---

411. VALERIANA mixta.
V. floribus triandris, caule quadrifido, foliis
imis biplinnatifidis, feminis pappo plumoso. L.
E. Mospelio.

412. VALERIANA echinata.
V. floribus triandris regularibus, foliis dentatis, fructu lineari tridentato: extimo majore recurvato. Lin.
Ex Italia & Mospelii umbrosis, ⊙

413. VALERIANA supina.
V. floribus tetrandris, involucellis hexaphyllis
trifloris, foliis integris. Lin. mant. 26.
Ex alpibus Italicis. ♃

414. VALERIANA Sibirica. T. 24, f. 4.
V. floribus tetrandris, foliis pinnatifidis;
seminibus palex ovali adnatis. Lin.
Ex Sibiria campis. ⊙

415. VALERIANA villosa.
V. floribus tetrandris aequalibus, foliis inferioribus auriculatis, superioribus dentatis villosis. Thumb. fl. jap 32 , , t. 6.
E Japonia. Folia radicalia 3 loba: lobo terminali maximo.

Explicatio Iconum.

Tab. 24, f. 1. VALERIANA officinalis. (A) Pars superior plantae reducta, inflorescentiam exhibens. (b, c)
Flos integer. (d) Semen.

Tab. 24, f. 2. VALERIANA rubra. (a) Pars superior plantae floribus onusta. (b) Flos separatus. (c)
Semen.

Tab. 24, f. 3. VALERIANA laevigata. (a) Pars superior
plantae cum foliis & floribus. (b, c) Flos separatus
desuper & a latere visus.

Tab. 24, f. 4. VALERIANA Sibirica. (A) Pars superior plantae. (b) Semen palex adnatum antice visum.
(c) Idem oblique inspectum.

38. O L A X.

Charact. essent.

Calyx integer. Cor. infundibuliformis, trifida;
Appendices 4, fauce corollae.

Charact. nat.

Cal. monophyllus, concavus, brevissimus, integerrimus.
Cor. monopetala, infundibuliformis: limbus
trifidus, obtusus: lacinia tertia profundiore.

Etam. trois filamens fubulés , plus courts que la corolle. Anthères fimples.

‡ Quatre appendices arrondies , onguiculés , alternes avec les étamines, fitués à l'orifice de la corolle , & plus courts qu'elle.

Pift. un ovaire (fupérieur?) arrondi. Un ftyle filiforme , plus long que les étamines. Stigmate en tête.

Peric. . . .

Sem. . . . .

Tableau des efpèces.

416. OLAX de Ceylan. Diĉt.
Lieu nat. l'ifle de Ceylan. ♄

39. TAMARINIER.

Caraĉt. effent.

CALICE à 4 découpures. Trois pétales. Filam. des étam. connés à leur bafe. Gouffe pulpeufe.

Caraĉt. nat.

Cal. divifé profondément en 4 découpures ovales pointues colorées caduques.

Cor. trois pétales , ovales-oblongs , ondulés , prefqu'égaux , montans, laiffant un efpace vuide pour le quatrième & Inférieur (qui manque).

Etam. trois filamens fertiles, inférés enfemble dans la partie vuide du calice , fubulés , arqués vers les pétales , & réunis Inférieurement avec quelques filamens ftériles , très petits, Interpofés. Anthères ovales.

Pift. un ovaire fupérieur, oblong , un peu pédiciulé. Style fubulé , arqué. Stigmate un peu épais.

Peric. une gouffe oblongue , un peu comprimée, obtufe, ayant l'écorce double, & remplie de pulpe entre les deux écorces.

Sem. trois le plus fouvent , comprimées, anguleufes.

Tableau des efpèces.

417. TAMARINIER des Indes. Diĉt.
Lieu nat. l'Arabie, l'Inde, les pays chauds de l'Amérique. ♄

Explication des fig.

Tab. 15. TAMARINIER des Indes. (a) Rameau avec des feuilles & des fleurs. (b) fleur féparée. (c) Pétale féparé. (d) Etamines. (e) Calice , Piftil. (f) Piftil. (g) Gouffe entière. (h) La même coupée dans fa longueur (i) Semence féparée.

Stam. filamenta tria, fubulata , corolla breviora. Antheræ fimplices.

* Appendices quatuor , fubrotundæ, unguiculatæ , ftaminibus alternæ , corolla breviores , in fauce corollæ.

Pift. germen (fuperum?) fubrotundum. Stylus filiformis, ftaminibus longior. Stigma capitatum.

Peric. . . . . .

Sem. . . . .

Confpeĉtus fpecierum.

416. OLAX Zeylanica. L.
Ex Zeylonia, ♄ Conf. cum fiffilia. gen. 67.

39. TAMARINDUS.

Charaĉt. effent.

CALYX 4-partitus. Petala tria. Filamenta flaminum bafi coonata. Legumen pulpofum.

Charaĉt. nat.

Cal. profundè quadripartitus : laciniis ovatis acutis coloratis deciduis.

Cor. petala tria, ovato-oblonga, undulata, fubæqualla , adfcendentia , fpatium pro quarto- & infimo vacuum relinquentia.

Stam. filamenta fertilia tria , in finu calicis vacuo fimul pofita , fubulata , arcuata verfus corollam , inferne connata cum filamentis fterilibus aliquot minimis interpofitis. Antheræ ovatæ.

Pift. germen fuperum, oblongum , fuppedicellatum. Stylus fubulatus afcendens. Stigma craffiufculum.

Peric. legumen oblongum , fubcompreffum ; obtufum , veftitum duplici cortice ; inter utrumque pulpa.

Sem. tria fæpius , angulata, compreffa.

Confpeĉtus fpecierum.

417. TAMARINDUS indica. L.
Ex Arabia , India , & America calidiore. ♄

Explicatio iconum.

Tab. 15. TAMARINDUS Indica. (a) Ramulus cum foliis & floribus. (b) Flos feparatus. (c) Petalum feparatum. (d) Calyx , piftillum. (f) Piftillum. (g) Legomen integrum. (h) Idem longitudinaliter diffĉtum. (i) Semen folum. Fig. fruĉtificationis ex Tournef.

60. RUMPHE.

Caract. essent.

CALICE trifide. Trois pétales. Drupe à 3 loges.

Caract. nat.

Cal. monophylle, trifide, droit, persistant.
Cor. trois pétales oblongs, obtus, égaux.
Etam. trois filamens subulés, de longueur des pétales. Anthères petites.
Pist. un ovaire supérieur, arrondi. Un style subulé, de la longueur des étamines. Stigmate trigone.
Péric. drupe coriacé, turbiné, marqué de 3 sillons; à noix triloculaire.
Sem. solitaires.

Tableau des espèces.

418. RUMPHE à feuilles de tilleul. Dict.
Lieu nat. l'Inde. ♭ Feuilles pétioles pédoncules & calices velus.

Explication des fig.

Tab. 25. RUMPHE à feuilles de Tilleul. (a) Partie d'un rameau avec des feuilles & des fleurs. (b) Fleur séparée. (c) Drupe entier. (d) Le même coupé transversalement.

61. VOUAPA.

Caract. essent.

CALICE à 4 divisions, ayant 2 bractées à sa base. Un seul pétale. Gousse comprimée, monosperme.

Caract. nat.

Cal. monophylle, urcéolé, 4 fide; à découpures pointues.
Cor. un seul pétale, droit, ovale, obtus, onguiculé, attaché au fond du calice.
Etam. trois filamens, attachés au calice, & opposés au pétale. Anthères petites à 2 loges.
Pist. un ovaire supérieur, arrondi, pedicellé. Style filiforme. Stigmate obtus.
Péric. gousse large, comprimée, obtuse aniloculaire, bivalve.
Sem. une seule, grande, arrondie, comprimée.

Tableau des espèces.

419. VOUAPA conjugué. Dict.
V. à feuilles conjuguées, folioles; ovalesoblongues, obliques.

---

60. RUMPHIA.

Charall. essent.

CALYX trifidus. petala tria. Drupa trilocularis.

Charall. nat.

Cal. monophyllus, trifidus, erectus, persistens.
Cor. Petala tria oblonga, obtusa, aequalia.
Stam. filamenta tria, subulata, longitudine petalorum. Antheræ parvæ.
Pist. germen superum, subrotundum. Stylus subulatus, longitudine staminum. Stigma trigonum.
Péric. drupa coriacea, turbinata 3 trisulca: nuce triloculari.
Sem. solitaria.

Conspectus specierum.

418. RUMPHIA tiliaefolia. T. 25.
Tsiem-tani. Rheed. Mal. 4. t. 11. Rumphia amboinensis. L. L.
Ex India. ♭

Explicatio iconum.

Tab. 25. RUMPHIA tilia folia. (a) Pars ramuli cum foliis & floribus. (b) Flos separatus. (c) Drupa integra. (d) Eadem transversim secta. Fig. ex Rheed.

61. VOUAPA.

Charall. essent.

CALYX 4-fidus, basi bibracteatus. Petalum unicum. Legumen compressum, 1 spermum.

Charall. nat.

Cal. monophyllus, urceolatus, 4-fidus; laciniis acutis.
Cor. Petalum unicum, erectum, ovatum, obtusum, unguiculatum, calycis fundo insertum.
Stam. filamenta tria, calyci inserta, petalo opposita. Antheræ exiguæ, biloculares.
Pist. germen superum, subrotundum, pedicellatum. Stylus filiformis. Stigma obtusum.
Péric. legumen latum, compressum, obtusum; uniloculare, bivalve.
Sem. unicum, amplum, subrotundum, compress.

Conspectus specierum.

419. VOUAPA bifolia. T. 26.
V. foliis conjugatis: foliolis ovato-oblongis, obliquatis. Vouapa bifolia. Aubl. Guian. 25.
Lieu nat.

Lieu nat. l'île de Cayenne & la Guiane, dans les bois. ♄ *Ce genre a des rapports avec le Parivoa.*

419. VOUAPA *violet.* Dict.
V. à feuilles conjuguées : folioles ovales, acuminées, égales.
Lieu nat. les forêts de la Guiane ♄ *Son bois est violet.*

Explication des fig.

Tab. 16. VOUAPA *conjugué.* (*a*) Partie de rameau avec des feuilles & des fleurs. (*b*) Fleurs ouvertes, avec 2 bractées à la base. On a représenté mal-à-propos une anthère au sommet du style. (*c*) Calice, pétale. (*d*) Pétale séparé. (*e*) Pistil.

61. OUTEL

Caract. essent.

CALYX à 5 dents, avec 2 bractées à la base. 5 Pétales, dont le supérieur fort grand. Un filament stérile sous le pét. supérieur.

Caract. nat.

Cal. monophylle, turbiné, à cinq dents, enveloppé de 2 bractées en collerette.
Cor. cinq pétales, inégaux. Le supérieur fort grand, droit, ovale, obtus, concave, onguiculé; les quatre inférieurs, petits, arrondis, attachés à l'orifice du calice.
Etam. quatre filamens attachés au calice. Un stérile, court, velu, attaché à la base du pétale supérieur : les trois autres fort longs, filiformes, anthérifères, insérés sous les petits pétales. Anthères oblongues, tétragones.
Pist. un ovaire supérieur, ovale-oblong, porté sur un long pédicule; un style filiforme; un stigmate obtus, concave.
Peric. une gousse. . . .
Sem. . . . .

Tableau des espèces.

420. OUTEL *de la Guiane.* Dict.
Lieu nat. les forêts de la Guiane. ♄ *Ce genre ne paroît pas devoir être confondu avec le précédent, comme l'a fait M. Schreber* (sub macrolobii nomine).

Explication des fig.

Tab. 16. OUTEL *de la Guiane.* (*a*) Rameau avec des feuilles & des épis fleuris. (*b*) Fleur entière, épanouie. (*c*) Calice, bractées, étamines, pistil. (*d*) Pétale supérieur; étamine stérile. (*e*) Calice avec ses bractées.

Botanique. Tom. I.

Ex Cayennæ & Guianæ sylvis. ♄ *Affinis parivoæ.*

419. VOUAPA *violacea.*
V. foliis conjugatis : foliolis ovatis acuminatis æqualibus.
Ex sylvis Guianæ. ♄ V. *Simira.* Aubl. guian. 17, t. 8.

Explicatio iconum.

Tab. 16. VOUAPA *bifolia* (*a*) Pars ramuli cum foliis & floribus. (*b*) Flos expansus, cum duabus bracteis. In apice styli antheram perperam delineavit pictor. (*c*) Calyx, petalum. (*d*) Petalum segregatum. (*e*) Pistillum. Fig. ex Aubl.

61. OUTEA.

Charact. essent.

CALYX 5-dentatus, basi bibracteatus. Petala 5; quorum superius maximum. Filamentum sterile sub petalo superiore.

Charact. nat.

Cal. monophyllus, turbinatus, quinquedentatus, involucro diphyllo obvolutus.
Cor. petala quinque inæqualia. Superius maximum, erectum, ovatum, obtusum, concavum, unguiculatum; inferiora quatuor, parva, subrotunda, calycis fauci inserta.
Stam. filamenta quatuor, calyci inserta. Unum sterile, breve, villosum, sub petalo superiore. Tria longissima, filiformia, antherifera, sub petalis minoribus inserta. Antheræ oblongæ tetragonæ.
Pist. germen superum, ovato-oblongum, longe pedicellatum. Stylus filiformis. Stigma obtusum, concavum.
Peric. legumen. . . . .
Sem. . . . .

Conspectus specierum.

420. OUTEA *Guianensis,* T. 16.
Ex sylvis Guianæ. ♄. O. *Guianensis.* Aubl. Guian. 19, t. 9. Arbor; folia impari-pinnata, bijuga. Flores violacei, racemoso-spicati, axillares.

Explicatio iconum.

Tab. 16. OUTEA *Guianensis.* (*a*) Ramulus cum foliis & spicis floridis. (*b*) Flos integer expansus. (*c*) Calyx, bracteæ, stamina, pistillum. (*d*) Petalum superius; stamen sterile. (*e*) Calyx cum bracteis duabus. Fig. ex Aubl.

N

63. TONTEL.

Caract. essent.

CALYX 5-fide. 5 Pétales. Godet staminifère, environnant l'oraire. Baie à 4 semences.

Caract. nat.

Cal. monophylle, urceolé, quinquefide, persistant à découpures ovales pointues.

Cor. cinq pétales, ovales-arrondis, un peu plus longs que le calice, persistans, Insérés sous l'urceole staminifère.

Etam. trois filamens, Insérés à la paroi Interne de l'urceole, ouverts après la floraison. Anthères arrondies.

* Un urceole très entière, staminifère, environnant l'ovaire.

Pist. un ovaire supérieur, arrondi, environné par l'urcéole. Style court; Stigmate simple, obtus.

Peric. baie sphérique, uniloculaire, contenue dans la corolle & le calice.

Sem. quatre.

Tableau des espèces.

421. TONTEL grimpant. Dict.
Lieu nat. les forêts de la Guiane. ♄ Ce genre se distingue principalement du bejuco par son fruit.

Explication des fig.

Tab. 26. TONTEL grimpant. (*a*) Sommité réduite d'un rameau présentant des feuilles & des fleurs. (*b*) Fleur épanouie, vue de face. (*c*) Calice ouvert, vu de face. (*d*, *e*) Fleur entière, vue de côté. (*f*) Urcéole, avec les étamines & le pistil. (*g*) Pistil séparé. (*h*) Urcéole, étamines. (*i*) Baie. (*l*) Baie coupée en travers. On a oublié de représenter les 4 sem. (*m*) Feuille séparée, & presque de grandeur naturelle.

64. CAMELÉE.

Caract. essent.

CALICE à 3 dents. Trois pétales, égaux. Baie sèche, à trois coques, & à trois semences.

Caract. nat.

Cal. très-petit, à trois dents, persistant.

Cor. trois pétales, oblongs, droits, égaux, trois fois plus longs que le calice.

Etam. trois filamens subulés, plus courts que les pétales. Anthères petites.

TRIANDRIA MONOGYNIA.

63. TONTELEA.

Charact. essent.

CALYX 5-fidus. Petala 5. Urceolus staminifer, germen cingens. Bacca 4 sperma.

Charact. nat.

Cal. monophyllus, urceolatus, quinquefidus, perfistens: laciniis ovatis acutis.

Cor. petala quinque, ovato-subrotunda, calyce paulo longiora, perfistentia, sub urceolo staminifero inferta.

Stam. filamenta tria, urceoli parieti interno inferta, post anthesim patentia. Antheræ subrotundæ.

* Urceolus integerrimus, staminifer, germen cingens.

Pist. germen superum, subrotundum, urceolo cinctum.

Stylus brevis; Stigma simplex, obtusum.

Peric. bacca sphærica, unilocularis, calyce & corolla excepta.

Sem. quatuor.

Conspectus specierum.

421. TONTELEA scandens. T. 26,
En syivis Guianæ. ♄ 1. Scandens. Aubl. p. 31; t. 10. Genus præcipul differt ab hippocratea fructu.

Explicatio iconum.

Tab. 26. TONTELLA scandens. (*a*) Summitas ramuli cum foliis & floribus reducta. (*b*) Flos expansus, apertè visus. (*c*) Calyx expansus, apertè visus. (*d*, *e*) Flos integer à latere visus. (*f*) Urceolus cum staminibus & pistillo. (*g*) Pistillum separatum. (*h*) Urceolus, stamina. (*i*) Bacca. (*l*) Eadem transversè secta. (m) Folium separatum, fere magnitudine naturali. *Fig. ex Aubl.*

64. CNEORUM.

Charact. essent.

Cal. 3-dentatus. Petala 3, æqualia. Bacca sicca tricocca, 3-sperma.

Charact. natur.

Cal. minimus, tridentatus, persistens.

Cor. petala tria, oblonga, erecta, æqualia; calyce triplo longiora.

Stam. filamenta tria, subulata, corolla breviora. Antheræ parvæ.

Pifl. on ovaire fupérieur, obtus , trigone. Un
ftyle droit, de la longueur des étamines.
Stigmate trifide.

Peric. bale sèche, dure, globuleufe trilobée,
compofée de trois coques réunies, biloculaires, difpermes.

Sem. foliuires, plïés en deux.

Tableau des efpèces.

Explication des fig.

Tab. 17. CAMELÉE à trois coques. (a) Partie de
rameau. (b) Fleur féparée. (c) Corolle. (d) Un pétale. (e) Piftil. *Tournf.* (f) Fruit entier. (g) Coques
féparées. (h) Coques dépouillées de leur écorce, &
vues par leur face intérieure. (i, l, s) Les mêmes
coupées tranfverfalement & longitudinalement. (m, n)
Semences.

65. COMOCLADE.

Caraā. effent.

CALICE à trois divifions. Trois pétales. Drupe
oblong, à noyau, 1-fperme.

Caraā. nat.

Cal. monophylle, ouvert, coloré, partagé en
trois découpures arrondies.
Cor. trois pétales, arrondis ovales, pointus,
planes, très-ouverts, un peu plus grands que
le calice.
Etam. trois filaments fubulés, plus courts que
la corolle. Anthères arrondies.
Pifl. un ovaire fupérieur, ovale. Style nul. Stigmate, fimple, obtus.
Peric. drupe oblong, un peu courbé, obtus,
marqué de trois points fupérieurement; noyau
membraneux, de même figure.
Sem. une feule.

Tableau des efpèces.

Pifl. germen fuperum, obtufum, trigonum.
Stylus erectus, longitudine ftaminum. Stigma
trifidum.

Peric. bacca ficca, dura, globofo-triloba, tricocca, coccis bilocularibus, difpermis.

Sem. foliaria, conduplicata. *Garra.*

Confpectus fpecierum.

Explicatio iconum.

Tab. 17. CNEORUM tricoccum. (a) Pars ramuli.
(b) Flos fepumatus. (c) Corolla. (d) Petalum. (e)
Piftil.um. *Fig. ex Tournf.* At non bene depicta. (f)
Fructus integer. (g) Cocca (druy a Garrn.) feparata.
(h) Cocca denudata à parte interiori fpeCtata. (i, l, o)
Eadem tranfverfim & longitudinaliter fectæ. (m, n)
Semina. *Fig. ex D. Garrn.*

65. COMOCLADIA.

Charaā. effent.

CALYX 3-partitus. Petala 3. Drupa oblonga;
nucleo 1-fperma.

Charaā. nat.

Cal. monophyllus, tripartitus, patens, colora-
tus: laciniis fubrotundis.
Cor. petala tria, fubrotundo-ovata, acuta,
plana, patentiffima, calyce paulo majora.
Stam. filamenta tria, fubulata, corolla brevio-
ra. Antheræ fubrotundæ.
Pifl. germen fuperum, ovatum. Stylus nullus.
Stigma obtufum, fimplex.
Peric. drupa oblonga, fubcurva, obtufa, fu-
perne notata punctis tribus. Nux membrana-
cea, figuræ drupæ.
Sem. unicum.

Confpectus fpecierum.

Lieu nat. l'isle Saint-Domingue. ♄ Panicules plus petites & plus étroites que dans le précédent.

415. COMOCLADE dentée. Dict. n°. 1.
C. à folioles ovales pointues dentées un peu épineuses velues en dessous.
Lieu nat. l'Amérique méridionale. ♄
β. Le même à folioles glabres en-dessous, irrégulières à leur base.
Lieu nat. L'Inde.

Explication des figures.

Tab. 17. fig. 1. COMOCLADE à feuilles entières. (a) Fleur entière. (b) Calice. (c) Panicule. (d) Feuille réduite de sa grand. nat.
Tab. 17. fig. 1. COMOCLADE à feuilles de houx. (a) Bouton de fleur. (b, c) Fleur ouverte. (d) Calice. (e) Panicule de Rameau.

66. BEJUCO.

Caract. essent.

CALICE à 5 divisions. 5 Pétales. 5 capsules comprimées, bivalves; à valves carinées.

Caract. nat.

Cal. monophylle très petit, quinquefide : à découpures arrondies très-ouvertes caduques.
Cor. cinq pétales ovales oblongs, obtus, concaves à leur sommets à une ou deux fossettes.
Etam. trois filamens, subulés, dilatés & réunis inférieurement en une uréole de la longueur des pétales. Anthères presque globuleuses, s'ouvrant transversalement en dessus.
Pist. un ovaire supérieur, ovale, caché dans l'uréole des filamens. Style de la longeur des étamines. Stigmate obtus.
Peric. trois capsules, ovales, comprimées, bivalves, uniloculaires : à valves carinées, comprimées sur les côtés.
Sem. deux à cinq, ovales-oblongues, ailées d'un côté.

Tableau des espèces.

416. BEJUCO en cœur. Dict. suppl.
B. à feuilles ovales lancéolées dentées, capsules obcordées.
Lieu nat. l'Amérique mérid. ♄ Voyez Bej. grampans. Dict.

417. BEJUCO ovale. Dict. suppl.
B. à feuilles ovales légèrement dentées, capsules ovales très entières.

E Domingo. ♄ Jos. Mart. Comocladia triumfpidata. N. act. a-ad. Paris 1784. P. 347. C. Illud folia 3 aequi. Prodr. P. 17.

415. COMOCLADIA dentata.
C. foliolis ovalis armis dentato-subspinosis subtus venosis & hirsutis,
En America meridionali. ♄
β. Eadem, foliolis subtus glabris, basi inaequalibus. Ex India Sonnerat.

Explicatio iconum.

Tab. 17. F. 1 COMOCLADIA integrifolia. (a) Flos integer. (b) Calyx. (c) Panicula. (d) Folium reductum. Fig. ex Sicco.
Tab. 17. f. 1. COMOCLADIA ilicifolia. (a) Gemma florit. (b, c) Flos expansus. (d) Calyx. (e) Pars ramuli. Fig. ex Sicco.

66. HIPPOCRATEA.

Charact. essent.

GALYX 5-partitus. Petala 5. Capsulae 3, compressae, bivalves; valvis carinatis.

Charact. nat.

Cal. monophyllus, minimus, quinquepartitus: laciniis rotundatis patentissimis deciduis.
Cor. petala quinque, ovato-oblonga, obtusa, apice concava ; foveolis subgeminis.
Stam. filamenta tria, subulata, basi dilatata & in urceolum connata, longitudine petalorum. Antherae subglobosae, transversim supra hiantes.
Pist. germen superum, ovatum, urceolo filamentorum obtectum, Stylus longitudine staminum. Stigma obtusum.
Peric. capsulae tres, ovatae, compressae, bivalves, uniloculares : valvis carinatis lateribus compressis.
Sem. duo ad quinque, ovato-oblonga, hinc alata.

Conspectus specierum.

426. HIPPOCRATEA obcordata. T. 28, f. 1.
H. foliis ovato-lanceolatis serratis, capsulis obcordatis.
Ex America australi. ♄ Hippocratea Jacq. am. t. 9.

417. HIPPOCRATEA ovata. t. 18. f. 2.
H. foliis ovalibus laeviter dentatis, capsulis ovalis integerrimis.

Lieu nat. l'Amérique ♄ communiqué par M.
Dupuis.

418. BEJUCO multiflore. Dict. suppl.
B. à feuilles larges ovales lisses très-entières;
cymes nombreuses & multiflores.
Lieu nat. l'isle de Cayenne. ♄ Pédoncules
glabres.

429. BEJUCO rude. Dict. suppl.
B. à feuilles ovales presque très-entières;
veineuses & rudes en leur côté inférieur.
Lieu nat. l'isle de Cayenne. ♄ Fl. plus grandes
qui dans les autres espèces.

430. BEJUCO du Sénégal. Dict. suppl.
B. à feuilles ovales, légèrement dentées, ra-
meaux pondues, fleurs verticillées.
Lieu nat. le Sénégal. ♄

431. BEJUCO de Madagascar. Dict. suppl.
B. à feuilles ovales, pointues, luisantes, presque très-entières; rameaux lépreux; fleurs
verticillées.
Lieu nat. l'isle de Madagascar. ♄

Explication des figures.

Tab. 18, f. 1. BEJUCO en fleur. (a) Partie de rameau avec des feuilles & des fleurs. (b) Capsule entière. (c) Valve séparée de la capsule. (d) Semence
séparée.
Tab. 28, f. 2. BEJUCO ovale. (a) Sommité de rameau. (b) Fleur entière ouverte. (c) Urcéole fleurini-
litte. (d, e) Calice. (f) Trois capsules attachées au
même réceptacle. (g) Capsule séparée, ouverte. (h)
Valve détachée laissant voir une semence.

67. FISSILIER.

Caract. essent.

Calice entier. Cor. tubuleuse, régulière, se
fendant en trois parties dont deux sont bifides. 5 Filam. stériles. Noix glandiforme.

Caract. nat.

Cal. monophylle, urcéolé, court, entier, persistant.
Cor. tubuleuse, paroissant monopétale, régulière, beaucoup plus longue que le calice,
se partageant en trois pétales droits connivens, dont deux sont semi bifides, & un
seul est entier.
Etam. trois filamens anthérifères, subulés, moins
longs que la corolle; & cinq autres filamens
stériles, alternes avec les filamens fertiles.
Anthères ovales.

---

418. HIPPOCRATEA multiflora.
H. foliis lato-ovalibus lævibus integerrimis;
cymis crebris multifloris.
E Cayenna. ♄ Communic. a D. Richardi

429. HIPPOCRATEA aspera.
H. foliis ovatis subintegerrimis glabris : subtus venosis & asperis.
E Cayenna. ♄ Communic. à D. Richard. fl.
aliis speciebus majores.

430. HIPPOCRATEA Senegalensis.
H. foliis ovatis læviter dentatis, ramulis punc-
tatis, floribus verticillatis.
E Senegal. ♄ D. Roussillon.

431. HIPPOCRATEA Madagascariensis.
H. foliis ovatis acutis nitidis subintegerrimis;
ramulis leprosis, floribus verticillatis.

Ex insula Madagascariæ ♄ D. Jos. Mart.

Explicatio Iconum.

Tab. 18, f. 1. HIPPOCRATEA oleordata. (a) Pars
ramuli cum foliis & floribus. (b) Capsula integra.
Valvula capsula soluta. (d) Semen separatum. Fig. ex
D. Jacq.
Tab. 28, f. 2. HIPPOCRATEA ovata. (a) Summitas ramuli. (b) Flos integer expansus. (c) Urceolus
staminifer. (d, e) Calyx. (f) Capsulæ 3, ex eodem
receptaculo. (g) Capsula separata dehiscens. (h) Valvula soluta semen exhibens. Fig. ex Plum. & ex Sicco.

67. FISSILIA.

Charact. essent.

Calyx integer. Cor. tubulosa, regularis, 3-par-
tita : laciniis duabus bifidis. Filamenta 5 sterilia. Nux glandiformis.

Charact. nat.

Cal. monophyllus urceolatus, brevis integer,
persistens.
Cor. tubulosa, aspectu 1-petala, calyce multò
longior, regularis, tripartita S. bifidis in tria
petala conniventia erecta; quorum duo semi-
bifida; unicum indivisum.

Stam. filamenta tria antherifera, subulata, corolla breviora : alia quinque sterilia, cum filamentis ferilibus alterna. Antheræ ovatæ.

Pist. un ovaire supérieur, ovale. Style filiforme, de la longueur des étamines. Stigmate un peu épais, obtus.

Péric. noix glandiforme, étroitement enveloppée dans la plus grande partie de sa longueur, par le calice qui s'est allongé, & a pris la forme d'une cupule.

Sem. une seule.

Tableau des espèces.

431. FISSILIER *des Perroquets*. Dict. suppl.
Lieu nat. l'isle de Bourbon. ♄ *Les perroquets sont friands de ses fruits.*

Explication des fig.

Tab. 28. FISSILIER *des perroquets.* (*a*) Pruit rameau avec des feuilles & des fleurs. (*b*) Fleur séparée. (*c*) Corolle coupée dans sa longueur. (*d*) Calice, pistil. (*e, f*) Noix séparées.

68. MELOTRIE.

Caract. essent.

CALICE supérieur, 5 fide. Cor. 1 pétale, campanulée, à limbe en roue. Baie 3-loculaire, polysperme.

Caract. nat.

Cal. monophylle, campanulé, ventru, à 5 dents, supérieur, caduc.

Cor. monopétale. Tube campanulé de la longueur du calice, adné à sa paroi intérieure. Limbe à 5 divisions arrondies, ouvertes en roue.

Etam. trois filamens coniques, attachés au tube de la corolle, de même longueur que ce tube. Anthères didymes (sur deux filamens), arrondies, comprimées.

Pist. un ovaire inférieur, ovale-oblong, acuminé. Style cylindrique; trois stigmates oblongs un peu épais.

Péric. baie petite, ovale-oblongue, triloculaire.

Sem. plusieurs, oblongues, comprimées.

Tableau des espèces.

433. MELOTRIE *pendante*. Dict.
Lieu nat. l'Amérique. ☉ *Pédoncules filiformes uniflores.*

Explication des fig.

Tab. 28. MELOTRIE *pendante.* (*a*) Partie de la plante avec des fleurs & un fr. (*b*) Baie coupée en travers. (*c*) Sem.

Pist. germen superum, ovatum. Stylus filiformis, longitudine staminum. Stigma crassiusculum obtusum.

Péric. nux glandiformis, calyce elongato cupaeformi arcté complexa, apice tantum nuda.

Sem. unicum.

Conspectus specierum.

431. FISSILIA *psittacorum.* T. 28.
Ex Insula Mauritiana. ♄ *Fissilia.* juss. Gen. p. 260. *an olaci affinis ?*

Explicatio iconum.

Tab. 28. FISSILIA *psittacorum.* (*a*) Ramulus cum foliis & floribus. (*b*) Flos separatus. (*c*) Corolla longitudinaliter secta. (*d*) Calyx, pistillum. (*e, f*) Nuces separatae. *Fig. ex Sieto.*

69. MELOTHRIA.

Charact. essent.

CALYX superus, 5-fidus. Cor. 1-petala, campanulata: limbo rotato. Bacca 3-locularis plysperma.

Charact. nat.

Cal. monophyllus, campanulatus, ventricosus; quinquedentatus, superus deciduus.

Cor. monopetala. Tubus longitudine calycis, campanulatus, calyci adnatus. Limbus quinquepartitus: laciniis rotundatis, in rotam patentibus.

Stam. filamenta tria, conica, tubo corollae inserta, ejusdem longitudine. Antherae didymae (in filamentis duobus), subrotundae, compressae.

Pist. germen inferum, ovato oblongum, acuminatum. Stylus cylindricus; stigmata tria oblonga, crassiuscula.

Péric. Bacca parva, ovato-oblonga, trilocularis.

Sem. plura, oblonga, compressa.

Conspectus specierum.

433. MELOTHRIA *pendula.* T. 28.
Ex America. ☉ *Pedunculi filiformes, uniflori.*

Explicatio iconum.

Tab. 28. MELOTHRIA *pendula.* (*a*) Pars plantae cum floribus & fructu. (*b*) Bacca transversè secta. (*c*) Semina. *Fig. ex Plum.*

69. VILLIQUE

Caraél. éffent.

CALICE 4 fide. Cor. en roue, quatre-fide. Capf. fupérieure, biloculaire, polyfperme.

Caraél. nat.

Cal. monophylle, quadrifide, perfiftant : à découpures ovales, pointues, ouvertes.

Cor. monopétale, en roue, une fois plus longue que le calice. Tube prefque nul. Limbe quadrifide, plane : à découpures arrondies, convexes.

Etam. trois filamens, Inférés dans les divifions du limbe (l'infèrieure étant exceptée), & plus courts que lui. Anthéres arrondies, biloculaires.

Pifl. un ovaire fupérieur, arrondi, comprimé. Style filiforme, de la longueur des étamines, Incliné fur la divifion inférieure du limbe; ftigmate obtus.

Peric. capfule arrondie, comprimée, tranchante fur les bords, biloculaire, bivalve; à clofson oppofée aux valves. Placenta globuleux, formé de deux demi-fphères.

Sem. plufieurs arrondies, très-petites.

Tableau des efpèces.

70. ROTALE.

Caraél. effent.

CALICE tubuleux, à 3 dents. Cor. O. Capfule 3 loculaire, polyfperme.

Caraél. nat.

Cal. monophylle, tubuleux, membraneux, à trois dents, perfiftant.

Cor. nulle.

Etam. trois filamens capillaires, de la longueur du calice. Anthéres arrondies.

Pifl. un ovaire fupérieur, ovale. Un ftyle filiforme. Stigmate trifide.

Peric. capfule ovale, ... fque trigone, triloculaire, trivalve, ... dans le calice.

Sem. nombreufes,

---

69. VILLICHIA.

Charaél. effen.

CALYX 4-fidus. Cor. rotata, 4-fida. Capf. fupera, bilocularis, polyfperma.

Charaél. nat.

Cal. monophyllus, quadrifidus, perfiftens : laciniis ovatis acutis patentibus.

Cor. monopetala, rotata, calyce duplo longior. Tubus fubnullus. Limbus quadrifidus planus : laciniis fubrotundis convexis.

Stam. filamenta tria, limbi divifuris (excepta infima) inferta, eoque breviora. Antheræ fubrotundæ, biloculares.

Pifl. germen fuperum, fubrotundum compreffum. Stylus filiformis, longitudine ftaminum, declinatus ad divifuram limbi infimam. Stigma obtufum.

Peric. capfula fubrotunda, compreffa, acie acuta, bilocularis bivalvis : diffepimento oppofito. Receptaculum feminum, globofum, ex bemifphæriis duobus.

Sem. plura, fubrotunda, minuta.

Confpeélus fpecierum.

70. ROTALA.

Charaél. effént.

CALYX tubulofus, 3-dentatus. Cor. O. capfula 3-locularis, polyfperma.

Charaél. nat.

Cal. monophyllus, tubulofus, membranaceus; tridentatus, perfiftens.

Cor. nulla.

Stam. filamenta tria, capillaria, longitudine calycis. Antheræ fubrotundæ.

Pifl. germen fuperum, ovatum. Stylus filiformis. Stigma trifidum.

Peric. capfula ovata, fubtrigona, calyce inclufa, trilocularis, trivalvis.

Sem. plurima, fubrotunda.

Tableau des espèces.

435. ROTALE *verticillaire.* Diĉ.
Lieu nat. les Indes orientales. ⊙

71. ORTEGIE.

Caraĉ. essent.

CALICE de 5 folioles. Cor. O. Capfule 1 loculaire, polyfperme, trivalve au sommet.

Caraĉ. nat.

Cal. de cinq folioles droites, ovales membraneufes fur les bords, perfistantes.
Cor. nulle.
Etam. trois filamens, fubulés, plus courts que le calice. Anthères oblongues, droites, comprimées.
Pist. un ovaire fupérieur, ovale, trigone fupérieurement. Style court. Stigmate trifide (en tête obtuse. L.).
Peric. capfule ovale, trigone fupérieurement, uniloculaire, trivalve à fon fommet.
Sem. nombreufes, très petites, oblongues, aiguës aux deux bouts.

Tableau des espèces.

Explication des fig.

Tab. 19. ORTEGIE d'Efpagne. (a) Partie de la tige avec fes rameaux latéraux, fes fleurs & fes feuilles. (b) Fleur groffie. (c) Examinée, pistil.

72. LEFLINGE.

Caraĉ. essent.

CALICE de 5 folioles ayant 3 dents à leur bafe. 5 Pétales très petits. Capfule 1 loculaire, 3° valve.

Caraĉ. nat.

Cal. de cinq folioles lancéolées, acuminées, perfistantes, ayant une petite dent de chaque côté à leur bafe.

Confpectus fpecierum.

435. ROTALA *verticillaris.*
Ex India orientali. ⊙

71. ORTEGIA.

Charaĉ. essent.

CALYX 5 phyllus. Cor. O. Capfula 1-locularis, polyfperma; apice trivalvis.

Charaĉ. nat.

Cal. pentaphyllus, erectus : foliolis ovalibus, marginibus membranaceis, perfistens.
Cor. nulla.
Stam. filamenta tria, fubulata, calyce breviora; Antheræ oblongæ erectæ compreffæ.
Pist. germen fuperum, ovatum, fupernè triquetrum, Stylus brevis. Stigma trifidum (capitato-obtufum. L.).
Peric. capfula ovata, fupernè trigona, uniloculatis, apice trivalvis.
Sem. plurima minutiffima, oblonga, utrinque acuta.

Confpectus fpecierum.

Explicatio iconum.

Tab. 19. ORTEGIA Hifpanica. (a) Pars caulis, cum ramulis lateralibus floribus & foliis. (b) Flos auctus. (c) Stamina, pistillum. Fig. ult. Sicca.

72. LŒFLINGIA.

Charaĉ. essen.

CALYX 5 phyllus : foliolis bafi 4-denticulatis. Petala 5 minima. Capfula 1-locularis, 3-valvis.

Charaĉ. nat.

Cal. pentaphyllus, erectus : foliolis lanceolatis bafi utrinque denticulo notatis, acuminatis, perfistentibus.

Cor.

Cor. cinq pétales très-petits, oblongs-ovales, connivens en boule.
Etam. trois filamens, de la longueur de la corolle. Anthères arrondies, didymes.
Pist. un ovaire supérieur, ovale, trigone. Style filiforme, un peu élargi supérieurement. Stigmate légérement obtus.
Peric. capsule ovale, presque trigone, unilocalaire, trivalve.
Sem. nombreuses, ovales-oblongues.

Tableau des espèces.

73. POLICNEME.

Caract. essent.

INVOLUCRE à 2 bractées presqu'épineuses. Cal. de 5 folioles. Cor. O. cap. 1-sperme.

Caract. nat.

Involucre diphylle, uniflore : à folioles lancéolées, membraneuses, à pointe spinulliforme, plus longues que le calice, très-ouvertes.
Cal. de cinq folioles ovales, mucronées, droites, persistantes.
Cor. nolle.
Etam. trois filamens, capillaires, plus courts que le calice. Anthères arrondies didymes.
Pist. un ovaire supérieur, arrondi. Style très-court, bifide. Stigmates obtus.
Peric. capsule ovale, marginée & un peu applatie au sommet, acuminée par le style persistant, membraneuse, mince, ne s'ouvrant point.
Sem. une seule, réniforme, ponctuée.

Tableau des espèces.

Cor. petala quinque minima, oblongo-ovata, in globum conniventia.
Stam. filamenta tria, longitudine corollæ. Antheræ subrotundæ, didymæ.
Pist. germen superum, ovatum, trigonum. Stylus filiformis, superné paulo latior. Stigma obtusiusculum.
Peric. capsula ovata, subtrigona, unilocularis, trivalvis.
Sem. plurima, ovato-oblonga.

Conspectus specierum.

73. POLYCNEMUM.

Charact. essent.

INVOLUCRUM 2-bracteatum aristato-spinosum. Cal 5-phyllus. Cor. O. capsula 1-sperma.

Charact. nat.

Involucrum diphyllum, uniflorum : foliolis lanceolatis, membranaceis, aristato spinulosis, calyce longioribus, patentissimis.
Cal. pentaphyllus : foliolis ovatis mucronatis erectis persistentibus.
Cor. nulla.
Stam. filamenta tria, capillaria, calyce breviora. Antheræ subrotundæ didymæ.
Pist. germen superum, subrotundum. Stylus brevissimus, bifidus. Stigmata obtusa.
Peric. capsula ovata, vertice planiusculo marginato, stylo persistente acuminata, membranacea, tenuis, non dehiscens.
Sem. unicum, reniforme, punctatum.

Conspectus specierum.

O

441. POLICNEME à *feuilles opposées*. Dict.
P. à tiges droites, feuilles demi-cylindriques tomenteuses glauques; les inférieures opposées, fleurs pentandriques.
Lieu nat. la Tartarie, vers la mer Caspienne. ☉

Explication des fig.

Tab. 19. POLICNEME *des champs*. (a) Plante entière & presque de grandeur naturelle. Le graveur n'a point exprimé les fleurs qui sont axillaires et sessiles. (b, c) Calice avec les bractées diversement représentées. (d) Étamines, pistil. (e) Pistil. (f, g) Capsule. (h) Semence.

74. SAFRAN.

Caract. essent.

Cor. tubuleuse, régulière, à 6 divisions. | Stigmates roulés en cornet.

Caract. nat.

Cal. nul. Spathe monophylle.
Cor. monopétale, tubuleuse, régulière. Tube long, grêle. Limbe droit, partagé en six découpures ovales-oblongues.
Étam. trois filamens subulés, plus courts que la corolle, insérés en son tube. Anthères sagittées.
Pist. un ovaire inférieur, arrondi. Un style filiforme, s'élevant à la hauteur des étamines. Trois stigmates roulés en cornet, dentés, en crête.
Péric. capsule ovale, trigone, triloculaire, trivalve.
Sem. plusieurs arrondies.

Tableau des espèces.

441. SAFRAN *cultivé*. Dict.
S. à étamines moins longues que le pistil, style profondément trifide.
Lieu nat. l'Italie, la Sicile, le Levant. ♃ Fleurit en automne. Cor. un peu violette.

443. SAFRAN *jaune*. Dict.
S. à étamines plus longues que le pistil; limbe grand, presque de la longueur du tube.
Lieu nat. les montagnes de la Suisse. ♃ Espèce constamment distincte. Elle fleurit au printemps.

444. SAFRAN *printanier*. Dict.
S. à étamines plus longues que le pistil, limbe petit, beaucoup plus court que le tube.
Lieu nat. les montagnes de la Suisse, des Pyrénées, &c. ♃ Style très-légèrement trifide au sommet.

---

411. POLYCNEMUM *oppositifolium*.
P. caulibus erectis, foliis semi-cylindricis tomentoso-glaucis: inferioribus oppositis, floribus pentandris.
B. Tartaria, versus mare Caspicum. ☉ *Pall. It.* 1. *tab.* H. f. 2.

Explicatio iconum.

Tab. 19. POLYCNEMUM *arvense*. (a) Planta integra fere magnitudine naturali. Flores axillares sessiles non expressit sculptor. (b, c) Calyx cum bracteis diversis in se depicta. (d) Stamina, pistillum. (e) Pistil. (f. g.) Capsula. (h) Semen.

74. CROCUS.

Charact. essent.

Cor. tubulosa, æqualis, 6-partita. Stigmata 3; convoluta.

Charact. nat.

Cal. nullus. Spatha monophylla.
Cor. monopetala, tubulosa, æqualis. Tubus longus gracilis. Limbus sexpartitus erectus: laciniis ovato oblongis.
Stam. filamenta tria, subulata, corolla breviora, tubo inserta. Antheræ sagittatæ.
Pist. germen inferum, subrotundum. Stylus filiformis, altitudine staminum. S.Ignata tria, convoluta, serrato-cristata.
Peric. capsula ovata, trigona, trilocularis, trivalvis.
Sem. plura, subrotunda.

Conspectus specierum.

441. CROCUS *sativus*. T. 30, f. 1.
C. staminibus pistillo brevioribus, stylo apice profunde trifido.
En Italia, Sicilia, Oriente. ♃ Floret autumno. Corolla subviolacea.

443. CROCUS *luteus*.
C. staminibus pistillo longioribus, limbo magno fere longitudine tubi.
Ex alpibus Helveticis. ♃ Species constanter distincta. Floret verno.

444. CROCUS *vernus*. T. 30, f. 2.
C. staminibus pistillo longioribus, limbo parvo tubo multoties breviore.
Ex alpibus Helveticis, Pyrenæis, &c. ♃ Stylus apice brevissime trifidus.

Explication des fig.

Tab. 30. fig. 1. SAFRAN cultivé. (a) Corolle coupée dans sa longueur. (b) Stigmates. (c) Ovaire. (d) Capsule entiere. (e) La même coupée transversalement. (f) Racine à tubercules doubles, l'une posée sur l'autre. (g) Tubercule inférieur coupée en travers. Tab. 30. fig. 2. SAFRAN printanier.

Explicatio iconum.

Tab. 30. fig. 1. CROCUS sativus (a) Corolla longitudinaliter secta. (b) Stigmata. (c) Germen. (d) Capsula integra. (e) Eadem transverse scissa. (f) Radix tuberibus geminis super impositis. (g) Tuber inferum transverse scissum. fig. 2. Tournef. Tab. 30. fig. 2. CROCUS vernus.

75. CIPURE.

Caract. essent.

Cor. de 6 pétales; 3 intérieurs plus petits. Capsule inférieure 3-loculaire.

Caract. nat.

Cal. nul. Une spathe oblongue, membraneuse, concave, enveloppant chaque fleur.
Cor. partagée en six pétales tous réunis par leurs onglets; les trois extérieurs plus grands, ovales; les trois intérieurs trois fois plus petits, & alternes avec les extérieurs.
Etam. trois filamens, très-courts, insérés à la base de la corolle. Anthères oblongues, droites.
Pist. un ovaire inférieur, oblong, trigone. Style épais, triangulaire. Trois stigmates petaliformes pointus.
Péric. Cap. oblongue, anguleuse, triloculaire.
Sem. Plusieurs, anguleuses.

Tableau des espèces.

445. CIPURE des marais. Dict. vol. 2. p. 11. Lieu nat. les prés humides de la Guiane.

75. CIPURA.

Charact. essent.

Cor. 6-petala: petalis 3 interioribus minoribus; Capsula infera 3-locularis.

Charact. nat.

Cal. nullus. Spatha oblonga, membranacea, concava, florem involvens.
Cor. sexpartita. Petala tria exteriora majora ovata. Tria interiora alterna, triplo minora. Omnia unguibus comata.
Stam. filamenta tria, brevissima, basi corollæ inserta. Antheræ oblongæ erectæ.
Pist. germen inferum, oblongum, trigonum. Stylus crassus, triangularis. Stigmata tria petalisformia acuta.
Péric. capsula oblonga, angulata, trilocularis.
Sem. plura, angulata.

Conspectus specierum.

445. CIPURA paludosa. T. 30. Ex Guianæ pratis humidis, Cipura. Aubl. 38, t. 13.

Explicat. on des fig.

Tab. 30. CIPURE des marais. (a) Bouton de fleur enfermé entre deux spathes. (b) Bouton de fleur, spathe. (c) Fleur épanouie. (d) Corolle vue en-dessous. (e) Etamine. (f) Style, stigmate. (g) Partie inférieure de la plante.

Explicatio iconum.

Tab. 30. CIPURA paludosa. (a) Spatha duæ involventes florem non expansum. (b) Flos non expansus, spatha. (c) Flos expansus. (d) Corolla eaversa visa. (e) Stamen. (f) Stylus, stigma. (g) Pars inferior plantæ. Fig. ut supra.

76. WITSENE.

Caract. essent.

Cor. tubuleuse, réguliere: à limbe droit, à six divisions. Stigmate très-légèrement trifide.

Caract. nat.

Cal. nul.
Cor. monopétale, tubuleuse, réguliere. Tube cylindrique, se dilatant insensiblement. Limbe droit, à six découpures oblongues; les extérieures cotonneuses en dehors.

76. WITSENIA.

Charact. essent.

Cor. tubulosa æqualis: limbo 6-partito, erecto; Stigma brevissime trifidum.

Charact. nat.

Cal. nullus.
Cor. monopetala, tubulosa, æqualis. Tubus cylindricus sensim dilatatus. Limbus sexpartitus erectus: laciniis oblongis; exterioribus extus tomentosis.

Etam. Trois filamens, courts, insérés au sommet du tube. Anthères oblongues, droites.
Pist. un ovaire inférieur, Style filiforme, plus long que la corolle. Stigmate légèrement trifide ; à découpures presque conniventes.
Péric. ....
Sem. ....

Tableau des espèces.

446. WITSENE d'Afrique.
Lieu nat. Le Cap de Bonne-Espérance. ♄
Ixie diflique, Dict. n°. 2. p. 333. Ce genre diffère très peu des Ixies.

Explication des fig.

Tab. 30. WITSENE d'Afrique. (a) Partie de la plante avec des feuilles et des fleurs. (b) Corolle coupée dans sa longueur. (c) Style, stigmate. (d) Partie inférieure de la plante.

77. I X I E.

Caract. essent.

Cor. tubuleuse : à limbe 6 fide, campanulé, régulier. 3 stigmates simples.

Caract. nat.

Cal. nul. Spathes bivalves, uniflores, attachées sous l'ovaire de la fleur qu'elles enveloppent.
Cor. monopétale, tubuleuse, supérieure, régulière : tube droit, presque filiforme ; limbe campanulé, partagé en six découpures ovales-oblongues.
Etam. trois filamens, subulés, libres, plus courts que la corolle, insérés en son tube près de son orifice. Anthères oblongues.
Pist. un ovaire inférieur, ovale, trigone. Style filiforme. Trois stigmates simples.
Péric. Capsule ovale, trigone, obtuse, triloculaire, trivalve.
Sem. Plusieurs, arrondies.

Tableau des espèces.

* Tige et rameaux feuillés.

447. IXIE ligneuse. Dict. n°. 1.
I. à tige ligneuse, rameuse ; feuilles linéaires, embriquées, distiques.
Lieu nat. Le Cap de Bonne-Espérance. ♄

448. IXIE pyramidale. Dict. n°. 3.

I. à tige un peu rameuse ; feuilles linéaires,

Stam. filamenta tria, brevia, tubo superne inserta. Antheræ oblongæ erectæ.
Pist. germen inferum. Stylus filiformis, corolla longior. Stigma leviter trifidum : laciniis subconniventibus.
Peric. ....
Sem. ....

Conspectus Specierum.

446. WITSENIA maura. T. 30.
E capite Bonæ Spei. ♄ *Witsenia.* Thunb. nov. gen. p. 33, p. 34. *Ixia diflicha. Dict. p. 333.* Genus non satis ab ixia distinctum.

Explicatio iconum.

Tab. 30. Witsenia maura. (a) Pars plantæ, cum f. bus et floribus. (b) Corolla longitudinaliter secta. (c) Stylus stigma. (d) Pars inferior plantæ. Fig. ex D. Thunb. et ex Sicto.

77. I X I A.

Charact. essens.

Cor. tubulosa : limbo 6 partito, campanulato, æquali, stigmata 3, simplicia.

Charact. nat.

Cal. Nullus. Spathæ bivalves uniflora, inferæ.
Cor. monopetala, tubulosa, supera, regularis : tubus rectus, subfiliformis ; limbus campanulatus, sexpartitus : laciniis ovato-oblongis.
Stam. filamenta tria, subulata, libera, corolla breviora, tubo prope orificium inserta. Antheræ longæ.
Pist. germen inferum, ovatum, trigonum. Stylus filiformis. Stigmata tria, simplicia.
Peric. capsula ovata, trigona, obtusa, ulloculata, trivalvis.
Sem. plura, rotundata.

Conspectus specierum.

* Caule ramisque foliosis.

447. IXIA fruticosa. T. 31, f. 4.
I. caule fruticoso ramoso, foliis linearibus distiche imbricatis. Dict.
E capite Bonæ Spei. ♄

448. IXIA pyramidalis.

I. caule subramoso, foliis linearibus striatis dis-

ftriées, diftiques très ouvertes : les fupérieures plus larges, infenfiblement plus courtes, fpathacées.
Lieu au. l'Ifle-de-France.
♦ Variété moins élevée, du Cap de B. Efp.

449. IXIE de Magellan. Diã. n°. 5.
I. à tiges fafciculées, en touffe, très courtes, un peu rameufes; feuilles embriquées diftiques, fleurs folitaires prafque feffiles.
Lieu nat. le Magellan.

** Tige ou hampe plus courte que les feuilles.

450. IXIE antholyfe. Diã. n°. 4.
I. à feuilles enfiformes diftiques, plus longues que la tige, fleurs en grappe; trois pétales plus longs et plus ouverts.
Lieu nat. l'Afrique auftrale.

451. IXIE naine. Diã. n°. 6.
I. à hampes uniflores, feuilles liffes.
Lieu nat. le Cap de Bonne-Efpérance.

452. IXIE bulbocode. Diã. n°. 7.
I. à hampe rampufe, rameaux uniflores, feuilles fillonnées, filiformes.
Lieu nat. l'Europe auftrale, le Cap de Bonne-Efpérance. ♃

453. IXIE campanulée. Diã. fuppl.
I. à hampe très-courte, panciflore; corolle grande, campanulée, plus longue que la hampe, feuilles filiformes, ftriées.
Lieu nat. le Cap de Bonne Efpérance. ♄

454. IXIE jaune. Diã. fuppl.
I. à hampe feuillée, prefque biflore, feuilles linéaires, canaliculées, ftriées, très longues, ftyle court.
Lieu nat. le Cap de Bonne-Efpérance.

455. IXIE jaundtre. Diã. n°. 8.
I. à feuilles fetacées, roulées fur les bords, plus longues que la hampe, qui eft uniflore; fpathe de la longueur du tube.
Lieu nat. le Cap de Bonne Efpérance.

456. IXIE bifline. Diã n°. 9.
I. à hampe rameufe; fleurs unilatérales, feuilles fillonnées, droites.
Lieu nat. le Cap de Bonne-Efpérance.

457. IXIE rouge bleu. Diã. fuppl.
Feuilles ovales - oblongues, nerveufes, pliffées, velues; hampe courte, fleurs à limbe en étoile de 2 couleurs.

tichis patentiffimis : fuperioribus latioribus fenfim brevioribus fpathaceis. Diã.
En infula Franciæ. Commerf.
β. Varietas humilior, è Cap. B. Spei.

449. IXIA Magellanica.
I. caulibus fafciculato-cefpitofis breviffimis fubramofis, foliis diftichè imbricatis, floribus folitariis fubfeffilibus.
E Magellanlâ. Com.

** Caulis vel fcapus foliis brevior.

450. IXIA antholyzæformis.
I. foliis enfiformibus diftichis caule longioribus, floribus racemofis : petalis tribus longioribus & patentioribus. Diã.
En Africa auftrali. Ab aliis valdè recedit.

451. IXIA minuta.
I. fcapis unifloris, foliis lævibus. Thunb.
E Cap. Bonæ Spei.

452. IXIA bulbocodium. T. 31, f. 1.
I. fcapo ramofo, ramis unifloris, foliis fulcatis filiformibus. Diã.
En Europa auftrali, & Capite B. Spei. ♃
Jacq. collect. 3. & t. rar.

453. IXIA campanulata.
I. fcapo breviffimo pancifloro, corollis amplis campanulatis fcapo longioribus, foliis filiformibus ftriatis.
E Cap. Bonæ Spei. Ixia bulbocodium. Var. ♄. Diã.

454. IXIA flava.
I. fcapo foliofo fubbifloro, foliis linearibus canaliculatis ftriatis longiffimis, ftylo brevi.

E Cap. B. Spei. Pet. interiora flava; ext. in. teo-viridula.

455. IXIA fublutea.
I. foliis convolutis fetaceis fcapo unifloro longioribus, fpatha tubi longitudine Diã.

E Cap B. Spei.

456. IXIA bimilis.
I. fcapo ramofo, floribus fecundis, foliis fulcatis erectis. Thunb. diff. de Lx. n°. 4.
E Cap. Bonæ Spei.

457. IXIA rubro-cyanea. Jacq. col. v. 3. etc. rar. 37
Folia ovato oblonga nervofo-plicata hirfuta; fcapus brevis; flores limbo ftellato bicolore.

Lieu nat. le Cap de Bonne-Espérance. Fleurs alternes, pédonculées, en grappe simple, et non en plusieurs épis.

468. IXIE setacée. Dict. n°. 10.
I. à feuilles linéaires, hampe en zig-zag, glabre.
Lieu nat. le Cap de Bonne-Espérance.

469. IXIE fleur-de-scille. Dict. n°. 11.
I. à feuilles ensiformes striées, épi alongé un peu en zig-zag, fleurs sessiles.
Lieu nat. le Cap de Bonne-Espérance.

470. IXIE à barbes. Dict. n°. 11.
I. à feuilles linéaires, spathes à dents terminées en filets sétacés.
Lieu nat. le Cap de Bonne Espérance.

471. IXIE pendante. Dict. n°. 13.
I. à feuilles linéaires-ensiformes, tige paniculée, plusieurs grappes pendantes.
Lieu nat. le Cap de Bonne-Espérance.

472. IXIE bulbifère. Dict. n°. 14.
I. à feuilles linéaires ensiformes, aisselles bulbifères, spathes frangées par des déchirures sétacées.
Lieu nat. le Cap de Bonne-Espérance. ♃

473. IXIE frangée. Dict. n°. 25.
I. à feuilles ensiformes, tige anguleuse, flexueuse, simple, spathes frangées en déchirures sétacées.
Lieu nat. le Cap de Bonne-Espérance. ♃ Fleurs très-grandes.

474. IXIE phalangère. Dict. n°. 26.
I. à feuilles linéaires-ensiformes, tige à plusieurs épis, spathes très-courtes, fleurs non tachées.
Lieu nat. le Cap de Bonne Espérance. ♃

475. IXIE tachée. Dict. n°. 27.
I. à feuilles linéaires-ensiformes, tige le plus souvent simple, corolles tachées à leur base.
Lieu nat. le Cap de Bonne-Espérance. ♃
* Elle varie beaucoup dans la couleur de ses fleurs, et quelquefois a plusieurs épis sur sa tige.

476. IXIE brûlée. Dict. suppl.
I. à feuilles lancéolées nerveuses, fleurs alternes sessiles, tube plus court que les spathes, lames obtuses : les extérieures tachées & carinées à leur base.
Lieu nat. le Cap de Bonne-Espérance. ♃

E capite Bonæ Spei. Racemus simplex, non per lystachius.

468. IXIA. setacea.
I. foliis linearibus, scapo flexuoso glabro.
Thunb. diss. n°. 13.
E Capite B. Spei.

469. IXIA scillaris.
I. foliis ensiformibus striatis, spica elongata subflexuosa floribus sessilibus. Dict.
E Capite Bonæ Spei.

470. IXIA aristata.
I. foliis linearibus, spathis aristato dentatis, Thunb. diss. n°. 11
E Capite Bonæ Spei.

471. IXIA pendula.
I. foliis lineari-ensiformibus, caule paniculato, racemis pluribus pendulis. Thunb. diss. n°. 16.
E Capite B. Spei. Caulis 4-pedalis.

472. IXIA bulbifera.
I. foliis lineari ensiformibus, axillis bulbiferis, spathis setaceo-laceris. Dict.
E Capite Bonæ Spei. ♃

473. IXIA fimbria-a.
I. foliis ensiformibus, caule angulato flexuoso simplici, spathis fimbriato-laceris. Dict.
E Capite B. Spei. ♃ Differt ab. ixia aristata caule humiliore, floribus duplo vel triplo majoribus.

474. IXIA polystachia.
I. foliis lineari ensiformibus, caule polystachio, spathis brevissimis, floribus immaculatis. Dict.
E Cap. Bonæ Spei. ♃

475. IXIA maculata.
I. foliis lineari ensiformibus, caule subsimplici, corollis basi macularis. Dict.
E Capite B. Spei. ♃ Tubus spathis longior.
* Multum varias colore florum, & interdum scapo polystachio.

476. IXIA dusta.
I. foliis lanceolatis nervosis, floribus alternis sessilibus, tubo bracteis breviore, laminis obtusis : exterioribus basi maculatis carinatisque.
Ait Hort. Kew. p. 60.
E Capite B. Spei. ♃

477. IXIE à fleurs vertes. Dict. n°. 28.
L. à feuilles linéaires étroites striées, épi simple
très-long, spathes extérieures entières.
Lieu nat. le Cap de Bonne-Espérance. ♃

478. IXIE cartilagineuse. Dict. n°. 29.
L. à feuilles ensiformes nerveuses, à bords
cartilagineux, tige à plusieurs épis, tube 3
fois plus long que les spathes.
Lieu nat. le Cap de Bonne Espérance.

479. IXIE orangée. Dict. n°. 30.
I. à feuilles ensiformes, tige rameuse montante, fleurs en épi, corolles transparentes
et sans couleur à leur base.
Lieu nat. le Cap de Bonne-Espérance. ♃

480. IXIE pourpre. Dict. n°. 31.
I. à feuilles linéaires-ensiformes courtes nerveuses, tige simple nue vers son sommet &
en épi.
Lieu nat. le Cap de Bonne-Espérance.

481. IXIE gladiolaire. Dict. n°. 32.
I. à feuilles linéaires-ensiformes, fleurs sessiles
alternes; les trois pétales inférieurs ayant dans
leur milieu une écaille droite & en crête.
Lieu nat. le Cap de Bonne-Espérance. ♃

482. IXIE lancéole. Dict. n°. 33.
I. à feuilles ensiformes, fleurs unilatérales,
hampe simple en zig-zag.
Lieu nat. le Cap de Bonne-Espérance.

483. IXIE en faulx. Dict. n°. 34.
I. à feuilles ensiformes courbées en faulx
en-dehors, spathes obtuses striées verdâtres.
Lieu nat. le Cap de Bonne Espérance.

484. IXIE à feuilles courtes. Dict. n°. 35.
I. à feuilles ovales, unilatérales, découpures
du limbe plus courtes que le tube.
Lieu nat. le Cap de Bonne-Espérance.

485. IXIE à longues fleurs. Dict. n°. 36.
I. à feuilles linéaires striées, spathes membraneuses, tube des corolles très-long.
Lieu nat. le Cap de Bonne-Espérance. ♃ *Fleurs
sessiles ; tube long de deux pouces.*

486. IXIE échancrée. Dict. n°. 37.
I. à feuilles linéaires, ayant une échancrure

477. IXIA viridiflora.
I. foliis linearibus angustis striatis, spica simplici longissima, spathis exterioribus indivisis.
E Capite. B. Spei. ♃ *Spina pedalis etiam sesqui-
pedalis.*

478. IXIA cartilaginea.
I. foliis ensiformibus nervosis marginato-carti-
lagineis, caule polystachio, tubo spathis triplo longiore. Dict.
E Capite Bonæ Spei.

479. IXIA crocata.
I. foliis ensiformibus, caule ramoso ascen-
dente, floribus spicatis, corollis basi hialino
fenestratis. Dict.
E Capite Bonæ Spei. ♃

480. IXIA purpurea.
I foliis lineari-ensiformibus brevibus nervosis,
caule simplici superne nudo spicato. Dict.

E Cap. Bonæ Spei, *Præcedenti valdè affinis.*

481. IXIA gladiolaris.
I. foliis lineari-ensiformibus, floribus sessilibus alternis ; petalis tribus inferioribus squa-
mula erecta medio carinatis.
E Capite Bonæ Spei. ♃ *Gladiolus cristatus.
Vegel. pl. rar. dec. 1, t. 14, f. 1. Conf. gladiolus
securiger. Hort. Kew.*

482. IXIA lancea.
I. foliis ensiformibus, floribus secundis, scapo
simplici flexuoso. Thunb. diss. n°. 21.
E Capite Bonæ Spei.

483. IXIA falcata.
I. foliis ensiformibus reflexo-falcatis, spathis
obtusis striatis viridibus. Dict.
E Capite Bonæ Spei.

484. IXIA excisa.
I. foliis ovatis secundis, limbi laciniis tubo
brevioribus Dict.
E Capite Bonæ Spei. *Ix. excisa. Thunb. diss.
n°. 24. t. 2.*

485. IXIA longiflora.
I. foliis linearibus striatis, spathis membrana-
ceis, tubo corollarum longissimo. Dict.
E Cap. Bonæ Spei. ♃ *An. Ix. longiflora. Ait
Hort. Kew. n°. 9.*

486. IXIA emarginata.
I. foliis linearibus uno latere exciso-emargi-
d'un

d'un côté, tige rameuse, tube beaucoup plus long que les spathes.
Lieu nat. le Cap de Bonne-Espérance.

Explication des fig.

Tab. 31. fig. 1. IXIE *bulborade.* (*a*) Corolle. (*b*) Spathe intérieure. (*c*, *d*) Capsule.
Tab. 31. fig. 2. IXIE *odorante* à f. presque planes.

Tab. 31. fig. 3. IXIE *odorante.*
Tab. 31. fig. 4. IXIE *ligneuse.*

78. MORÉE.

Caract. essent.

COR. régulière, partagée en 6 pétales, sans tube : pétales ouverts ; 3 alternes plus petits.

Caract. nat.

Cal. nul. Spathes bivalves.
Cor. régulière, très-profondément partagée en six pétales. Tube nul. Pétales ovales, ouverts, un peu connés à leur base; trois alternes un peu plus petits.
Etam. Trois filamens, libres, courts. Anthères oblongues.
Pist. un ovaire inférieur. Un style droit, plus court que la corolle. Trois stigmates diversifiés : simples ou bifides, ou multifides.
Péric. Capsule oblongue ou ovale, trigone, trivalve, triloculaire.
Sem. Nombreuses, arrondies.

Tableau des espèces.

487. MORÉE *iridiforme.* Dict.
M. à feuilles ensiformes ; stigmates bifides pétaloïdes.
Lieu nat. Le Levant.

488. MORÉE *nerveuse.* Dict. suppl.
M. à feuilles ensiformes nerveuses, presque plissées, pointues aux 2 bouts, pédoncules rameux, spathes pluriflores.
Lieu nat. La Guadeloupe. ♃ *Bermudienne nerveuse.* Dict. n°. 3. Depuis ayant eu occasion d'examiner cette plante, j'ai vu les fil de ses étam. très-libres; ainsi, elle ne peut être une bermudienne.

nails, caule ramoso, tubo spathis multoties longiore.
E Capite B. Spei. *An Ixia verrucosa. Vogel. pl. rar. dec.* 2, *t.* 24, *f.* 2.

Explicatio iconum.

Tab. 31. f. 1. IXIA *bulbocodium.* (*a*) Corolla. (*b*) Spatha interior. (*c*, *d*) Capsula. *Fig. ex Sicco.*
Tab. 31. fig. 2. IXIA *cinnamomea. Ex Sicco*, *errore pictoris.*
Tab. 31. fig. 3. IXIA *cinnamomea. Fig. ex D. Thunb.*
Tab. 31. fig. 4. IXIA *fruticosa. Fig. ex D. Thunb. & ex Sicco.*

78. MORÆA.

Charact. essent.

COR. æqualis, 6-partita, absque tubo : petalis patentibus ; 3 alternis minoribus.

Charact. nat.

Cal. nullus. Spathæ bivalves.
Cor. æqualis, profundissimè sexpartita. Tubus nullus. Petala ovata, patentia, basi subconnata : tria alterna paulo minora.
Stam. filamenta tria, libera, brevia. Antheræ oblongæ.
Pist. germen inferum. Stylus erectus, corolla brevior. Stigmata tria, varia : simplicia, bifida, multifida.
Péric. capsula oblonga vel ovata, trigona, trivalvis, trilocularis.
Sem. plurima, subrotunda.

Conspectus specierum.

487. MORÆA *iridioides.* T. 31, f. 1.
M. foliis ensiformibus, stigmatibus bifidis petaloideis.
Ex Oriente. ♃

488. MORÆA *palmifolia.*
M. foliis ensiformibus nervosis subplicatis utrinque acutis, pedunculis ramosis, spathis pluriflosis.
Sisyrinchium palmifolium. Lin. Cavan. diss. 6, t. 191, f. 1. Vogel. pl. rar. Suppl. t. 103. Sisyrinch. latifolium. Swartz.
E Guadelupa. ♃ *De Badier. Filamenta flam. certè distincta ut ipse observavi.*

P

489. MORÉE de Chine. Diâ.
M. à feuilles enfiformes équitantes droites,
panicule dichotome, fleurs pedonculées.
Lieu nat. l'Inde, la Chine, le Japon. ♃ Pétales tachetés.

490. MORÉE unguiculaire. Diâ.
M. à feuilles linéaires nerveuses, fleurs en
épi feſſiles, ſpathes obtufes, pétales à longs
onglets.
Lieu nat. le Cap de Donne Eſpérance.

491. MORÉE demi deuil. Diâ.
M. à tige gladiée uni ou biflore, feuilles
enſiformes ; les inférieures preſqu'en faulx,
fleurs terminales.
Lieu nat. le Cap de Bonne-Eſpérance. ♃ Pétales obtus : les ext. plus grands, blancs, avec
un peu de bleu vers leur jonnmet ; les int. noirs
& plus petits.

492. MORÉE ſpirale.
M. à tige comprimée articulée multiflore,
feuilles enſiformes droites, fleurs axillaires.
Lieu nat. le Cap de Bonne-Eſpérance. Stig.
ſimple, velu.

493. MORÉE bleue. D'â.
M. à tige cylindrique. feuilles diſtiques,
têtes de fleurs alternes, ſpathes membraneuſes
entières.
Lieu nat. le Cap de Bonne-Eſpérance.

494. MORÉE barbue. Diâ.
M. à tige gladiée, feuilles linéaires-enſiformes,
fleurs en tête, ſpathes déchirées frangées
barbues.
Lieu nat. le Cap de Bonne-Eſpérance. ♃ Fleurs
bleues ; ſtigm. ſimple.

495. MORÉE polyanthe. Diâ.
M. à tige très-rameuſe, feuilles ſubulées
glabres, pétales alternes plus petits, ſtigmates bifides.
Lieu nat. le Cap de Bonne-Eſpérance.

496. MORÉE ſpathacée. Diâ.
M. à feuilles cylindriques preſque filiformes
très-longues, épis terminaux ramaſſés en ombelle, collerette diphylle.
Lieu nat. le Cap de Bonne-Eſpérance.

497. MORÉE gladiée. Diâ.
M. à tige nue comprimée, feuilles linéaires
très-longues, épis faſciculés ternés preſque
latéraux.

489. MORÆA Chinenſis. T. 31, f. 3.
M. foliis enſiformibus equitantibus erectis, panicula dichotoma, floribus pedunculatis.
Ex India, China, Japonia. ♃ Lto Chinenſis.

490. MORÆA unguicularis.
M. foliis linearibus nervoſis, floribus ſpicatis
feſſilibus, ſpathis obtuſis, petalis longè unguiculatis.
E Capite Boræ Spei. Folia auguſta binervia.

491. MORÆA lugens.
M. caule ancipiti uni f. biflora, foliis enſiformibus : infimis ſubfalcatis, floribus terminalibus. L. f. ſuppl. p. 99.
E Capite Bonæ Spei. ♃ Meraa melaleuco.
Thunb. diſſ. n°. 1. tab. 1.

492. MORÆA ſpiralis.
M. caule compreſſo articulato multifloro,
foliis enſiformibus erectis, floribus axillaribus.
L. f. ſuppl. 99.
E Capite B. Spei. Stigma ſimplex, villoſum.

493. MORÆA cærulea.
M. ſcapo tereti, foliis diſtichis, florum capitulis alternis, ſpathis membranaceis integris. Thunb. diſſ. n°. 15. 1. 1.
E Cap. Bonæ Spei.

494. MORÆA ariſtea.
M. caule ancipiti, foliis lineari enſiformibus,
floribus capitatis, ſpathis laceris fimbriato-barbatis.
E Capite B. Spei. ♃ Ixia africana. L. Meraa
Africana. Murr. ariſta. Mor. Kiw. p. 67.

495. MORÆA polyanthus.
M. caule ramoſiſſimo, foliis ſubulatis glabris,
petalis alternis minoribus, ſtigmatibus bifidis.
L. f. ſuppl. 99.
E Cap. B. Spei. Fl. capuleis.

496. MORÆA ſpathacea. T. 31. f. 2.
M. foliis teretibus ſubfiliformibus prælongis,
ſpicis aggregato umbellatis terminalibus, involucro diphyllo.
E Capite Bonæ Spei. M. Spathacea Thunb.
diſſ. n°. 11. t. 1.

497. MORÆA gladiata.
M. ſcapo nudo compreſſo, foliis linearibus
longiſſimis, ſpicis faſciculatis ternis ſublateralibus.

Lieu nat. le Cap de Bonne-Éspérance. *Epis*
fessiles, embriqués *de bractées embrassantes.*
Fleurs jeunes.

498. MORÉE *corniculée.* Dict.
M. à tige nue, cylindrique, fenilles presque
cylindriques très-longues, épis corniculés,
comme paniculés, latéraux.
Lieu nat, le Cap de Bonne-Éspérance.

499. MORÉE *à tige nue.* Dict.
M. à tige comprimée nue très glabre, spathe
très-longue subulée, formée par la continua-
tion de la tige, tête de fleurs latérale.
Lieu nat. le Cap de Bonne-Éspérance.

500. MORÉE *filiforme.*
M. à tige & feuilles comprimées, presque
filiformes, fleur folinaire terminale.
Lieu nat, le Cap de Bonne-Éspérance.

501. MORÉE *effilée.* Dict.
M. à tige cylindrique rameuse effilée, feuilles
très-étroites, fleurs folinaires éparses presque
sessiles.
Lieu nat, le Cap de Bonne-Éspérance. *Fleurs*
jaunes.

502. MORÉE *flexueuse.* Dict.
M. à tige cylindrique articulée un peu rameuse, feuilles planes lâches roulées en dehors,
épi en zig-zag.
Lieu nat. le Cap de Bonne-Éspérance.

503. MORÉE *irioïde.* Dict.
M. à tige comprimée, fenilles disliques ner-
veuses, fleurs en ombelles pedonculées.
Lieu nat. la Nouvelle-Zélande.

Explication des fig.

Tab. 51. fig. 1. MORÆA *iridiforme.* (a) Plante presqu'entière, plus petite que nature. (b) Fleur de grandeur naturelle. (c) Capsule s'ouvrant. (d, e) Semences.
(f) Embryon.
Tab. 51. fig. 2. MORÆA *spathula.*
Tab. 51. fig. 3. MORÆA de Chine. (Fruit.)

79. GLAYEUL.

Caract. essent.

Cor. irrégulière, infundibuliforme : à limbe
partagé en 6 découpures & presque bilabié.
Etam. inclinantes.

---

498. MORÆA *corniculata.*
M. scapo tereti nudo, foliis subteretibus longissimis, spicis corniculatis subpaniculatis lateralibus.
E Cap. Bonæ Spel. *Sonner. Fl. lutel.*

499. MORÆA *aphylla.* L. f.
M. scapo compresso nudo glaberrimo, spatha
longissima subulata è scapo continuata, capitulo laterali.
E Capite Bonæ Spei. *M. aphylla. Thunb. diss.*
n°. 9. t. 1.

500. MORÆA *filiformis.*
M. scapo foliisque compressis subfiliformibus,
flore solitario terminali. *Thunb. diss.* n°. 10. t. 1.
E Capite Bonæ Spei.

501. MORÆA *virgata.*
M. caule tereti ramoso virgato, foliis anguiss-
mis, floribus solitariis spursis subsessilibus.
E Capite Bonæ Spei, *Jacq. collect.* 1. p. 194;
it. rar. 1.

502. MORÆA *flexuosa.* L. f.
M. caule tereti articulato subramoso, foliis
planis laxis revolutis, spica flexuosa. *Suppl.*
100.
E Capite Bonæ Spel. *Fl. lutei.*

503. MORÆA *iriaides.*
M. scapo compresso, foliis distichis nervosis,
floribus umbellis pedunculari nis. *Thunb. diss.* n°. 7.
E Nova-Zelandia. *Non habet in prodromo D.*
Forster.

Explicatio iconum.

Tab. 51. Fig. 1. MORÆA *iridioides.* (a) Planta
fere integra magnitudine naturali minor. (b) Flos magnitudine naturali. (c) Capsula dehiscens. (d, e) Semina. (f) Embryo. *Fig. eo Sicco & ex D. Gora.*
Tab. 51. fig. 2. MORÆA *spathacea.*
Tab. 51. fig. 3. IXIA *chinensis.* (Fructus.) *Ex D. Gora.*

79. GLADIOLUS.

Charact. essent.

Cor. inæqualis infundibuliformis: limbo 6-par-
tito subrogente. Stam. adscendentia.

P 2

Caract. nat.

Cal. nul. Spathes bivalves.
Cor. monopétale, infundibuliforme : tube courbé, s'élargissant insensiblement ; limbe à six divisions, irrégulier, presque bilabié.
Etam Trois filamens filiformes, montans, insérés au tube. Anthères presque sagittées, vacillantes.
Pist. Un ovaire Inférieur, trigone. Un style filiforme. Stigmate trifide.
Peric. Capsule ovale, obtuse, trigone, triloculaire, trivalve.
Sem. Nombreuses, glabres.

Tableau des espèces.

* Pl. glabre.

304. GLAYEUL d'Ethiopie.
G. à feuilles ensiformes, spathes plus courtes que le tube, lèvre supérieure des corolles fort longue & entière.
Lieu nat. l'Afrique. ⚇ *Antholyse d'Ethiopie.* Dill n°. 4.

305. GLAYEUL commun. Did. n°. 1.
G. à feuilles ensiformes, fleurs distantes, spathes beaucoup plus longues que le tube.
Lieu nat. l'Europe australe. ⚇

306. GLAYEUL de Perse.
G. à feuilles linéaires ensiformes, corolles à lèvre inférieure plus courte, ayant cinq lobes, dont les externes sont les plus larges.
Lieu nat. la Perse, 'e Cap de Bonne-Esp. ⚇ *Antholyse de Perse.* Dill. n°. 3.

307. GLAYEUL à long tube.
G. à feuilles ensiformes, tube des corolles long courbé, spathes un peu courtes.
Lieu nat. le Cap de Bonne Espérance. ⚇

308. GLAYEUL étroit. Did. n°. 18.
G. à feuilles linéaires, fleurs distantes, tube des corolles plus long que le limbe.
Lieu nat. l'Afrique. ⚇

309. GLAYEUL à trois taches. Did. n°. 19.
G. à feuilles linéaires lancéolées, tube courbé à peine plus long que le limbe, trois pétales marqués d'une tache cordiforme.
Lieu nat. le Cap de Bonne Espérance.

310. GLAYEUL à deux taches. Did. n°. 20.
G. à feuilles linéaires fort étroites, pétales

Charact. nat.

Cal. Nullus. Spathæ bivalves.
Cor. Monopetala, indifundibuliformis : tubus curvatus sensim dilatatus, limbus sexpartitus inæqualis subbilabiatus.
Stam. Filamenta tria filiformia adscendentia tubo inserta. Antheræ subsagittatæ versatiles.
Pist. Germen inferum, trigonum. Stylus filiformis. Stigma trifidum.
Peric. Capsula ovata, obtusa, trigona, trilocularis, trivalvis.
Sem. Plurima, glabra.

Conspectus specierum.

* Pl. glabra.

304. GLADIOLUS Æthiopicus. T. 31. f. 1.
G. foliis ensiformibus, spathis tubo brevioribus, corollarum labio superiore longissimoindiviso.
Ex Africa. ⚇ *Antholysa Æthiopica.* L.

305. GLADIOLUS communis. T. 31. f. 1.
G. foliis ensiformibus, floribus distantibus, spathis tubo multoties longioribus.
Ex Europa australi. ⚇

306. GLADIOLUS cunonia. Gærtn.
G. foliis lineari-ensiformibus, corollis labio inferiore breviore quinquepartito : lobis externis latioribus.
E Persia, Capite Bonæ Spei. ⚇ *Antholysa cunonia.* Lin.

307. GLADIOLUS merianus.
G. foliis ensiformibus, corollarum tubo longo incurvato, spathis breviusculis.
E Capite Bonæ Spei. ⚇ *Antholysa meriana.* L.

308. GLADIOLUS angustus.
G. foliis linearibus, floribus distantibus, corollarum tubo limbis longiore. Lin. Hort. cliff. t. 6.
Ex Africa. ⚇

309. GLADIOLUS trimaculatus. T. 31. f. 3.
G. foliis lineari-lanceolatis, tubo curvo limbo vix longiore, petalis tribus macula cordiformi inscriptis. Did.
E Capite Bonæ Spei.

310. GLADIOLUS bimaculatus.
G. foliis linearibus perangustis, petalis supe-

fu;érieur plus courts, ouverts réfléchis: les
latéraux des trois inférieurs plus étroits &
tachés.
Lieu nat. le Cap de Bonne-Espérance.

511. GLAYEUL *bigarré.* Dict. n°. 6.
G. à feuilles linéaires étroites fillonnées anguleufes, corolles campanulées, fpathes obtufes de la longueur du tube.
Lieu nat. Le Cap de Bonne-Espérance. ♃ Fl.
unilatérales, jaunâtres, avec des points pourpres.

512. GLAYEUL *ponctué.* Dict. fuppl.
G. à feuilles linéaires, fpathes pointues, pétales ponctués: les inférieurs plus longs &
plus pointus.
Lieu nat. le Cap de Bonne-Espérance. Fl. unilatérales d'un pourpre brun, ponctuées.
β. Glayeul écarlate. Dict. n°. 11.

513. GLAYEUL *ailé.* Dict. n°. 3.
G. à feuilles enfiformes, pétales latéraux très-
larges.
Lieu nat. le Cap de Bonne Espérance. ♃

514. GLAYEUL *de montagne.* Dict. n°. 17.
G. à feuilles enfiformes nerveufes glabres,
fleurs en épi, corolle ringente.
Lieu nat. le Cap de Bonne-Espérance. ♃

515. GLAYEUL *bordé.* Dict. n°. 15.
G. à feuilles à bords cartilagineux multinervés,
épi alongé, fleurs alternes penchées.

Lieu. nat. le Cap de Bonne-Espérance.

516. GLAYEUL *graminé.* Dict. n°. 14.
G. à pétales lancéolés, acuminés par une
pointe fetacée.
Lieu nat. le Cap de Bonne-Espérance.

517. GLAYEUL *jaune.* Dict. n°. 13.
G. à feuilles linéaires étroites fort longues,
fleurs en épi prefqu'unilatérales jaunes, tube
courbé plus court que la fpathe.
Lieu nat. Madagafcar.

518. GLAYEUL *en jonc.* Dict. n°. 11.
G. à feuilles lancéolées, tige rameufe, fleurs
unilatérales, ftyle à fix divifions.

Lieu nat. le Cap de Bonne-Espérance.

519. GLAYEUL *braffelé.* Dict. n°. 12.
G. à feuilles roulées par les bords fitiformes

rioribus brevioribus patenti-reflexis: tribus
inferiorum lateralibus maculatis angustioribus.
Z Capite Bonæ Spei.

511. GLADIOLUS *triftis.*
G. foliis linearibus angustis fulcato-angulofis,
corollis campanulatis, fpathis obtufis longitudine tubi.
E. Cap. B. Spei. ♃ Fl. fecundi, flavefcentes cum
punctis purpureis.

512. GLADIOLUS *punctatus.*
G. foliis linearibus, fpathis acutis, petalis
punctatis: inferioribus longioribus & acutioribus.
E Capite Bonæ Spei. Fl. fecundi, purpureo-fufci
punctati.
β Gladiolus punicus. Dict. n°. 11.

513. GLADIOLUS *alatus.*
G. foliis enfiformibus, petalis lateralibus la-
tiffimis.
E Capite Bonæ Spei. ♃

514. GLADIOLUS *montanus.*
G. foliis enfiformibus nervofis glabris, flo-
ribus fpicatis, corolla ringente. L. f. Jup. 95.
E Capite Bonæ Spei. ♃

515. GLADIOLUS *marginatus.*
G. foliis cartilagineo-marginatis multinervis
fpica elongata, floribus alternis nutantibus.
L. f. fuppl. 95.
E Capite Bonæ Spei.

516. GLADIOLUS *gramineus.*
G. petalis lanceolatis fetaceo-acuminatis. L. f.
fuppl. 95.
E Capite Bonæ Spei. Jacq. collect. 2. 305.
ic. rar. 2.

517. GLADIOLUS *luteus.*
G. foliis linearibus angustis longiffimis, floribus fpica is fubfecundis luteis, tubo curvo
fpatha breviore.
E Madagafcaria. Commerf.

518. GLADIOLUS *junceus.*
G. foliis lato lanceolatis, culmo ramofo,
floribus fecundis, ftylo fexpartito. L. f.
fuppl. 94.
E Capite Bonæ Spei.

519. GLADIOLUS *bracteolatus.*
G. foliis convolutis filiformi-fubulatis, flo-

fubulées , fleurs en épi, bractées alternes ovales , multinerves , renfermant les fpathes. Lieu nat. le Cap de Bonne-Efpérance. ♃

520. GLAYEUL alopecuroïde. Dict. n°. 10.
G. à feuilles linéaires nerveuses , épi presque foliraire embriqué diftique , fpathes à bords fcarieux.
Lieu nat. le Cap de Bonne - Efpérance. ♃

521. GLAYEUL recourbé. Dict. n°. 11.
G. à feuilles enfiformes , pétales prefqu'égaux lancéolés recourbés.
Lieu nat. le Cap de Bonne-Efpérance. ♃

522. GLAYEUL ondulé. Dict. n°. 7.
G. à feuilles enfiformes , pétales prefqu'égaux lancéolés ondulés.
Lieu nat. l'Ethiopie. ♃

523. GLAYEUL pyramidal. Dict. n°. 16.
G. à épi pyramidal fort long , lâche & un peu rameux intérieurement , fleurs grandes liliacées , ftyle à trois divifions bifides.
Lieu nat. le Cap de Bonne-Efpérance.

524. GLAYEUL marbré. Dict. n°. 22.
G. à feuilles enfiformes glabres tachetées, fleurs diftiques , ftyle à fix divifions.
Lieu nat. le Cap de Bonne-Efpérance.

525. GLAYEUL ventru. Dict. n°. 23.
G. à feuilles enfiformes nerveufes glabres , limbe ventru difforme , découpures du ftyle membraneufes fpatulées.
Lieu nat. le Cap de Bonne-Efpérance.

526. GLAYEUL denteld. Dict. n°. 24.
G. à feuilles enfiformes obtufes à tranchant dorfal denté & décurrent , tige gladiée paniculée.
Lieu nat. le Cap de Bonne - Efpérance.

527. GLAYEUL crépu. Dict. n°. 25.
G. à feuilles lancéolées crénelées ondulées , fl. unilatérales, deux épis , tube long filiforme.

Lieu nat. le Cap de Bonne - Efpérance. ♃

* * Pl. velue.

528. GLAYEUL tubiflore. Dict. n°. 26.
G. velu, à feuilles très étroites nerveufes plus longues que la tige , fpathes enfiformes difiiques , tube très long.
Lieu nat. le Cap de Bonne - Efpérance.

ribus fpicatis , bracteis alternis ovalibus multinerviis fpathas includentibus. Dict.
E Capite Bonæ Spei. ♃ Antholyfa lutula. Suppl. 96.

510. GLADIOLUS alecuperoides. t. 31. f. 4.
G. foliis linearibus nervofis , fpica fubfolitaria imbricata difticha , fpathis margine fcariofis.
É Cap. Bonæ Spei. ♃ Ixia plantaginea, H. Kew.

521. GLADIOLUS recurvus.
G. foliis enfiformibus , petalis fubæqualibus lanceolatis recurvatis. L. mant. 28.
E Capite Bonæ Spei. ♃

522. GLADIOLUS undulatus.
G. foliis enfiformibus , petalis fubæqualibus lanceolatis undulatis.
Ex Æthiopia. ♃ Jacq. coll. 3. 256. ic. rar. 2.

523. GLADIOLUS pyramidalis.
G. fpica pyramidali longiffima bafi laxa fubramofa , floribus amplis liliaceis , ftylis tripartito-bifidis.
E Capite Bonæ Spei. Spica fefquipedalis.

524. GLADIOLUS marmoratus.
G. foliis enfiformibus nervofis glabris maculifis, floribus diftichis , ftylo fexpartito.
E Capite Bonæ Spei.

525. GLADIOLUS ventricofus.
G. foliis enfiformibus nervofis glabris, limbo ventricofo difformi , ftili laciniis dilatato-membranaceis fpathulatis.
E Capite Bonæ Spei. An gl. osratus. Jacq. coll. 1. ic. rar. 2.

526. GLADIOLUS denticulatus.
G. foliis enfiformibus obtufis carina denticulata decurrentibus , caule paniculato anceptiti. Dict.
E Cap. Bonæ Spei. Glad. anceps. L. f. fuppl.

527. GLADIOLUS crifpus.
G. foliis lanceolatis crenatis undulatis , floribus fecundis , fpicis duabus , tubo filiformi longo. L. f. fuppl. 94.
E Cap. Bonæ Spei. ♃

* * Pl. hirfuta.

528. GLADIOLUS tubi-florus.
G. hirfutus , foliis anguftiffimis nervofis caule longioribus , fpathis enfiformibus diftichis , tubo longiffimo.
E Capite Bonæ Spei.

519. GLAYEUL *à feuilles étroites*.
G. velu, à feuilles très-étroites nerveuses plus longues que la tige, spathes alternes unilatérales, tube filiforme très long.
Lieu nat. le Cap de Bonne-Espérance. Gl. plissé. Dict. n°. 4.

530. GLAYEUL *pubescent*. Dict. suppl.
G. velu pubescent, à feuilles lancéolées plissées nerveuses, tige rameuse, spathes distiques plus courtes que le tube.
Lieu nat. le Cap de Bonne-Espérance.

531. GLAYEUL *plissé*. Dict. suppl.
G. velu, à feuilles oblongues lancéolées plissées nerveuses, tige simple, spathes plus courtes que le tube.
Lieu nat. le Cap de Bonne-Espérance. ♃ ixie plissé. Dict.

532. GLAYEUL *serré*. Dict. suppl.
G. velu, à feuilles linéaires-lancéolées serrées plissées, grappe composée à la base, spathes un peu plus courtes que le tube.
Lieu nat. le Cap de Bonne Espérance.

533. GLAYEUL *mucroné*. Dict. suppl.
G. velu, à feuilles linéaires nerveuses, spathes plus longues que le tube, pétales échancrés & mucronés au sommet.
Lieu nat. le Cap de Bonne-Espérance.

534. GLAYEUL *à feuilles larges*. Dict. suppl.
G. velu, à feuilles-lancéolées plissées nerveuses plus longues que la grappe, tube plus court que les spathes.
Lieu nat. l'Ile-de France.

535. GLAYEUL *nerveux*. Dict. n°. 5.
G. à feuilles ensiformes plissées nerveuses velues, plusieurs grappes alternes, tube plus court que les spathes.
Lieu nat. le Cap de Bonne Espérance. ♃

536. GLAYEUL *sillonné*. Dict. supp.
G. velu, à feuilles linéaires-ensiformes, fleurs ringentes montantes disposées sur des grappes unilatérales, étamines saillantes.
Lieu nat. le Cap de Bonne Espérance. Antholise velue. Dict.

537. GLAYEUL *à grandes lèvres*.
G. velu, à grappes latérales, lèvres de la corolle divergentes, orifice comprimé.
Lieu nat. le Cap de Bonne-Espérance. ♃ Antholise, n°. 1. Dict.

519. GLADIOLUS *angustifolius*.
G. hirsutus, foliis angustissimis nervosis corde longioribus, spathis alternis secundis, tubo filiformi longissimo.
E Cap. Bonæ Spei. Gladiolus plicatus. Dict. n°. 4.

530. GLADIOLUS *pubescens*.
G. hirsuto-pubescens, foliis lanceolatis plicatis nervosis, caule ramoso, spathis distichis tubo brevioribus.
E Cap. Bonæ Spei. Ex D. le Vaillant.

531. GLADIOLUS *plicatus*. Hort. Kew.
G. hirsutus, foliis oblongo-lanceolatis nervosis plicatis, caule simplici, spathis tubo brevioribus.
E Cap Bonæ Spei. ♃ ixia plicata. Dict. n°. 13.

532. GLADIOLUS *strictus*.
G. villosus, foliis lineari-lanceolatis plicatis strictis, racemo basi composito, spathis tubo subbrevioribus.
E Cap. Bonæ Spei. An gl. strictus. Hort. Kew. n°. 4.
An gladiolus plicatus Angustifolius. Jacq. Ic. rar. vol. 2.

533. GLADIOLUS *mucronatus*.
G. hirsutus, foliis linearibus nervosis, spathis tubo longioribus, petalis apice emarginatis mucronatis.
E Cap. Bonæ Spei. Fl. magni; racemus simplex.

534. GLADIOLUS *latifolius*.
G. hirsutus, foliis lato-lanceolatis plicatis nervosis racemo longioribus, tubo spathis breviore.
Ex insula Franciæ. Commers.

535. GLADIOLUS *nervosus*.
G. foliis ensiformibus plicato-nervosis villosis, racemulis pluribus alternis, tubo spathis breviore.
E Capite Bonæ Spei. ♃

536. GLADIOLUS *sulcatus*.
G. hirsutus, foliis lineari-ensiformibus, floribus ringentibus adscendentibus in spicas secundas dispositis, staminibus exsertis.
E Cap. Bonæ Spei. Antholyza hirsuta. Dict. n°. 1.

537. GLADIOLUS *ringens*.
G. hirsutus, racemulis lateralibus, corollæ labiis divaricatis, fauce compressa.
E Cap. Bonæ Spei. ♃ Antholiza ringens. Dict.

558. GLAYEUL à épi. Diâ. fuppl.
G. à tige fimple velue, fleurs embriquées en épi.
Lieu nat. le Cap de Bonne - Efpérance. Ses fleurs font puifes comme celles du glayeul alopécuroïde ; mais leur épi eft plus court & nullement diftique.

Explication des fig.

Tab. 32. fig. 1. GLAYEUL commun. (a b) Corolle vue de côté & en devam. (c) Capfule entière. (d) La même coupée tranfverfalement. (e) Partie fupérieure de la plante. (f) Racine tubéreufe , unique.
Tab. 32. fig. 3. GLAYEUL d'Ethiopie.
Tab. 32. fig. 2. GLAYEUL à trois taches (a) Fleurs féparées, ouvertes. (b) Partie fupérieure de la tige.
Tab. 32. fig. 4. GLAYEUL alopicuroïde.

80. IRIS.

CaraÉ. effent.

Cor. partagée en 6 pièces, alternativement droites & réfléchies. 3 ftigmates pétaliformes.

Caraâ. nat.

Cal. nul. Spathes bivalves, diftinguant les fleurs.
Cor. Inférieurement tubuleufe. Limbe fort grand, partagé en fix découpures ou pétales, dont trois alternes réfléchis, & trois autres alternes, redreffés , connivens.
Etam. Trois filamens fubulés, couchés fur les pétales réfléchis. Anthères oblongues, droites, comprimées.
Pifl. ovaire inférieur, oblong. Style très-court. Trois ftigmates pétaliformes, oblongs , carinés en leur côté intérieur, fillonnés en dehors, couchés fur les étamines, bilabiés : lèvre intérieure plus grande & bifide ; l'extérieure très-courte.
Peric. Capfule oblongue, trigone, quelquefois hexagone, triloculaire, trivalve.
Sem. Nombreufes, aflez groffes.

Tableau des efpèces.

* A pétales réfléchis chargés d'une raie velue, longitudinale.

(A) Feuilles enfiformes.

139. IRIS de Sufe. Diâ. n°. 1.
I. à corolle barbue, tige uniflore plus longue que les feuilles.
Lieu nat. le Levant. ☿ Fl. très-grande.

---

538. GLADIOLUS fpicatus.
G. caule fimplici villofo , floribus imbricato-fpicatis.
E Cap. Bonæ Spei. An glad. fpicatus. Lin ? floris perparvi ut in gladiolis alopecuroïdis ; at fpica brevior , non difticha.

Explicatio iconum.

Tab. 32. fig. 1. GLADIOLUS communis. (a , b) Corolla à latere & apice vifa. (c) Capfula integra. (d) Eadem tranfverse fciffa. (e) Pars fuperior plantæ. (f) Radix tuberofa tunicata. Fig. ex Tournef.
Tab. 32. fig. 2. GLADIOLUS Æthiopicus.
Tab. 32. fig. 3. GLADIOLUS trimaculatus. (a) Flos feparatus expanfus. (b) Pars fuperior caulis.
Tab. 32. fig. 4. GLADIOLUS alopecuroïdes. Fig. ex Sicca.

80. IRIS.

Charaâ. effent.

Cor. 6 partita : petalis alternis erectis , alternis reflexis. Stigmata 3 , petaliformia.

Charaâ. nat.

Cal. Nullus. Spathæ bivalves, flores diftinguentes.
Cor. Inferne tubulofa. Limbus maximus, fexpartitus : laciniis f. petalis tribus alternis reflexis, tribus alternis erectis conniventibus.
Stam. Filamenta tria fubulata, petalis reflexis incumbentia. Antheræ oblongæ rectæ depreflæ.
Pifl. Germen inferum , oblongum. Stylus breviffimus. Stigmata tria, petaliformia, oblonga, intus carinata , extus fulcata, flaminibus incumbentia, bilabiata : labium interius majus bifidum; exterius breviffimum.
Peric. Capfula oblonga , trigona , interdum hexagona, trilocularis, trivalvis.
Sem. Plurima, magna.

Confpectus fpecierum.

* Petalis reflexis lineà villofà longitudinali inftructis.

(A) Folia enfiformia.

139. IRIS fufiana.
I. corolla barbata, caule uniflore foliis longiore. L.
Ex Oriente. ☿ Flos maximus.

540. IRIS *de Florence*. Dict. n°. 2.
I. à corolles barbues, tige presque biflore &
plus élevée que les feuilles.
Lieu nat. l'Europe auftrale. ♃

541. IRIS *germanique*. Dict. n°. 3.
I. à corolles barbues, tige multiflore plus
élevée que les feuilles, fleurs inférieures pedonculées.
Lieu nat. la France, l'Allemagne, &c. ♃

542. IRIS *à fleurs pâles*. Dict. n°. 4.
I. à corolles barbues, tige multiflore plus
élevée que les feuilles, fpathes blanches.
Lieu nat. le Levant ? ♃

543. IRIS *odeur de fureau*. Dict. n°. 5.
I. à corolles barbues, tige multiflore plus
élevée que les feuilles, pétales réfléchis planes;
pétales droits, échancrés.
Lieu nat. l'Europe auftrale. ♃

544. IRIS *jaune fale*. Dict. n°. 6.
I. à corolles barbues, tige multiflore plus
élevée que les feuilles, pétales droits échancrés, d'un jaune fale.
Lieu nat. l'Europe auftrale. ♃

545. IRIS *panachée*. Dict. n°. 7.
I. à corolles barbues, feuilles ridées, veines
pourprées à leur bafe, tige multiflore un
peu plus haute que les feuilles.
Lieu nat. la Hongrie. ♃

546. IRIS *de deux faifons*. Dict. n°. 8.
I. à corolles barbues, tige presque triflore,
plus longue que les feuilles, pétales violets.
Lieu nat. le Portugal. ♃

547. IRIS *pliffée*. Dict. n°. 9.
I. à corolles barbues, tige multiflore plus
élevée que les feuilles, pétales ondulés plissés:
les droits plus élargis.
Lieu nat. .... ♃

548. IRIS *d'Hollande*. Dict. n°. 10.
I. à corolles barbues, tige uniflore plus élevée
que les feuilles, pétales ondulés repliés un peu
échancrés.
Lieu nat. ...... ♃

549. IRIS *à tige nue*. Dict. n°. 11.
I. à corolles barbues, hampes nues presque
ternées, presque multiflores, à peine de la
longueur des feuilles, fpathes vertes ventrues.
Lieu nat. ..... ♃

Botanique. Tome I.

540. IRIS *Florentina*.
I. corollis barbatis, caule foliis altiore fubbi-
floro, floribus feffilibus. L.
Ex Europa auftrali. ♃

541. IRIS *germanica*.
I. corollis barbatis, caule foliis altiore multi-
floro, floribus inferioribus pedunculatis. L
E Gallia, Germania, &c. ♃

542. IRIS *pallida*.
I. corollis barbatis, caule foliis altiore mul-
tifloro, fpathis albis.
Ex Oriente ? ♃ *Colit. in H. R.*

543. IRIS *fambucina*.
I. corollis barbatis, caule foliis altiore multifloro, petalis deflexis planis: erectis emarginatis. L
Ex Europa auftrali. ♃

544. IRIS *fqualens*.
I. corollis barbatis, caule foliis altiore multifloro, petalis erectis emarginatis fqualidè
flavis. Dict.
Ex Europa auftrali. ♃

545. IRIS *variegata*.
I. corollis barbatis, foliis rugofis viridibus
bafi purpureis, caule multifloro foliis fubal-
tiore. Dict.
Ex Hungaria. ♃

546. IRIS *biflora*.
I. corollis barbatis, caule fubtrifloro foliis
longiore, petalis violaceis. Dict.
E Lufitania. ♃

547. IRIS *plicata*.
I. corollis barbatis, caule multifloro foliis
altiore, petalis undulato-plicatis: erectis latioribus. Dict.
..... ♃ *Colitur in H. R.*

548. IRIS *Swertii*.
I. corollis barbatis, caule unifloro foliis altiore,
petalis undulatis replicatis fubemarginatis. Dict.
...... ♃ *Colitur in H. R.*

549. IRIS *nudicaulis*.
I. corollis barbatis, fcapis fubternis nudis
fubmultifloris vix longitudine foliorum,
fpathis ventricofis viridibus.
...... ♃ *Colitur in H. R.*

Q

550. IRIS *aphlata*. Diô. n°. 12.
I. barbue, à feuilles enfiformes glabres, tige
paniculée, comprimée.
Lieu nat. le Cap de Bonne-Efpérance.

551. IRIS *dichotoma*. D:ô. n°. 13.
I. finement barbue, à tige cylindrique paniculée, plus longue que les feuilles, fpathes
multiflores.
Lieu nat. la Sibérie, la Tartarie. ♃

552. IRIS *à crêtes*. Diô. fuppl.
I. à corolles barbues, barbe en crête, tige
prefqu'uniflore de la longueur des feuilles,
ovaires trigones, pétales prefqu'égaux.
Lieu nat. l'Amér. feptentr. ♃ Les péta'es exté.
ont trois crêtes longitudinales, en place de barbe.

553. IRIS *jaunâtre*. Diô. n°. 14.
I. à corolles barbues, tige uniflore plus longue
que les feuilles, tube enfermé dans la fpathe.
Lieu nat. la France, l'Allemagne. ♃

554. IRIS *naine*. Diô. n°. 15.
I. à corolles barbues, tige uniflore plus courte
que les feuilles, tube faillant.
Lieu nat. la France méridionale, l'Autriche,
la Hongrie. ♃

555. IRIS *jaune*. Diô. no. 16.
I. barbue, à feuilles enfiformes glabres, tige
uniflore, pétales oblongs pointus.
Lieu nat. le Cap de Bonne-Efpérance.

556. IRIS *ciliée*. Diô. n°. 17.
I. barbue, à feuilles enfiformes ciliées.

Lieu nat. le Cap d: Bonne Efpérance.

(B) *Feuilles linéaires.*

557. IRIS *triphale*. Diô. n°. 18.
I. barbue, à feuille linéaire plus longue que la
tige qui eft uniflore, pétales alternes fubulés.
Lieu nat. le Cap de Bonne-Efpérance.

558. IRIS *à trois pointes*. Diô. n°. 19.
I. barbue, à feuille linéaire plus longue que la
tige qui eft prefque biflore, pétales alternes
trifides.
Lieu nat. le Cap de Bonne-Efpérance.

559. IRIS *plumaire*. Diô. n°. 20.
I. barbue, à feuilles linéaires, tige multiflore,
ftigmates fétacés-multifides.
Lieu nat. le Cap de Bonne-Efpérance. ♃

---

550. IRIS *compreffa*.
I. barbata, foliis enfiformibus glabris, fcapo
paniculato compreffo. *Thunb. diff. n°. 12.*
E Capite Bonæ Spei.

551. IRIS *dichotoma*.
I. tenuiffimè barbata, caule tereti paniculato
foliis longiore, fpathis multifloris.
Ex Siberia, Tartaris. ♃

552. IRIS *criftata*.
I. corollis barbatis: barba criftata, caule fubunifloro longitudine foliorum, germ inibus
trigonis, petalis fubæqualibus. *Hort. Kew. 71.*
Ex America feptentr. ♃ *Petala ext. criftis 3*
longitudinalibus loco barba.

553. IRIS *lutefcens*.
I. corollis barbatis, cau'e unifloro foliis lon-
giore, tubo in fpatham includo. Diô.
E Gallia, Germania. ♃

554. IRIS *pumila*.
I. corollis barbatis, caule unifloro foliis bre-
viore, tubo exferto. Diô.
Ex Gallia merid., Auftria, Hungaria. ♃

555. IRIS *minuta*.
I. barbata, foliis enfiformibus glabris, fcapo
unifloro, petalis obl. acutis. *Thunb. diff. n°. L.*
E Capite Bonæ Spei.

556. IRIS *ciliaris*.
I. barbata, foliis enfiformibus ciliatis. *Thunb.*
diff. n°. 1.
E Capite Bonæ Spei.

(B) *Folia linearia.*

557. IRIS *tripetala*.
I. barbata. folio lineari longiori, fcapo uni-
floro, petalis alternis fubulatis. *Thunb. diff. n. 14.*
E Capite Bonæ Spei.

558. IRIS *tricufpis*.
I. barbata, folio lineari longiori, fcapo fub-
biflore, petalis alternis trifidis. *Thunb. diff. n. 15.*

E Capite Bonæ Spei.

559. IRIS *plumaria*.
I. barbata, foliis linearibus, fcapo multifloro;
ftigmatibus fetaceo-multifidis. *Thunb. diff. n. 16.*
E Cap. B. Spei. ♃ *Moraa juncea & M. vegeta. L.*

** A pétales tous nuds ou sans barbe.

(A) Feuilles p'anex, linéaires ou ensiformes.

560. IRIS des marais. Dict. n°. 21.
I. sans barbe, à feuilles ensiformes, pétales intérieurs plus petits que le stigmate.
Lieu nat. les étangs & les fossés aquatiques de l'Europe. ♃

561. IRIS fétide. Dict. n°. 22.
I. sans barbe, tige uniangulaire presque plus élevée que les feuilles, les plus petits pétales ouverts.
Lieu nat. la France, l'Angl., dans les bois. ♃

562. IRIS des prés. Dict. n°. 23.
I. sans barbe, à feuilles linéaires planes presque droites, plus connues que la tige qui est fistuleuse, ovaires trigones.
Lieu nat. les prés de la Suisse, de l'Allem., &c. ♃

563. IRIS variée. Dict. n°. 24.
I. sans barbe, à feuilles ensiformes molles recourbées au sommet, tige cylindrique, ovaires presque trigones.
Lieu nat. la Virginie, la Pensylvanie. ♃

564. IRIS de Virginie. Dict. n°. 25.
I. sans barbe, à feuilles ensiformes recourbées au sommet, tige gladiée.
Lieu nat. la Virginie. ♃

565. IRIS de la Martinique. Dict. n°. 26.
I. sans barbe, à feuilles ensiformes, ovaires trigones, pétales munis à leur base d'une fossette glanduleuse.
Lieu nat. la Martinique.

566. IRIS spatulée. Dict. n°. 27.
I. sans barbe, feuilles ensiformes étroites droites un peu plus courtes que la tige, spathes vertes, les plus grands pétales spatulés.
Lieu nat. la France australe, l'Allem. &c. ♃

567. IRIS jaune-blanche. Dict. n°. 28.
I. sans barbe, à feuilles ensiformes droites, tige flexueuse un peu comprimée, spathes vertes, ovaires à six angles.
Lieu nat. la Sibérie. ♃
β. La même un peu moins élevée.

568. IRIS graminée. Dict. n°. 29.
I. sans barbe, à feuilles linéaires étroites, dépassant les fleurs, tige comprimée, ovaires sexangulaires.
Lieu nat. l'Autriche. ♃

** Petalis omnibus nudis f. imberbibus.

(A) Folia plana, lineari s f. ensiformia.

560. IRIS pseudo-acorus.
I. imberbis, foliis ensiformibus, petalis interioribus stigmate minoribus. Dict.
Ex Europæ paludibus & fossis aquosis. ♃

561. IRIS fœtida.
I. imberbis, caule uniangulato foliis subaltiore, petalis minoribus patulis. D.B.
Ex Galliæ & Angliæ sylvis. ♃

562. IRIS pratensis. T. 33. f. 4.
I. imberbis, foliis linearibus planis subrectis caule fistuloso brevioribus, germinibus trigonis. D.B.
Ex Helvetiæ, Germaniæ, &c. pratis. ♃

563. IRIS versicolor.
I. imberbis, foliis ensiformibus mollibus apice recurvis, caule tereti, germinibus subtrigonis.
E Virginia, Pensylvania. ♃

564. IRIS Virginica.
I. imberbis, foliis ensiformibus apice recurvis, caule ancipiti.
E Virginia. ♃

565. IRIS Martinicensis.
I. imberbis, foliis ensiformibus, germinibus trigonis, petalis basi foveolis glandulosis. Dict.
E Martinica.

566. IRIS Spathulata.
I. imberbis, foliis ensiformibus angustis erectis caule subbrevioribus, spathis viridibus, petalis majoribus spathulatis. Dict.
E Gallia australi, Germania, &c. ♃

567. IRIS ochroleuca.
I. imberbis, foliis ensiformibus erectis, caule flexuoso subcompresso, spathis viridibus, germinibus sexangulatibus. Dict.
E Sibiria. ♃ I. halophyta pall, li,
β. Iris ochroleuca lin.

568. IRIS graminea.
I. imberbis, foliis linearibus angustis floribus superantibus, caule compresso, germinibus sexangularibus.
Ex Austria. ♃

Q 5

569. IRIS ventrue. Diâ. n°. 30.
I. sans barbe, feuilles linéaires étroites plus longues que la tige, spathe ventrue, tube des corolles allongé.
Lieu nat. la Tartarie. ♃

570. IRIS. printannière. Diâ. n°. 31.
I. sans barbe, à feuilles linéaires plus longues que la tige qui est uniflore, pétales presqu'égaux.
Lieu nat. la Virginie. ♃

571. IRIS à petites ailes. Diâ. n°. 32.
I. sans barbe, à feuilles ensiformes, tube long filiforme, pétales intérieurs très-petits ouverts réfléchis.
Lieu nat. la Barbarie. ♃

572. IRIS onguiculaire. Diâ. n°. 33.
I. sans barbe, à tube filiforme très-long, tous les pétales droits presqu'égaux.
Lieu nat. la Barbarie. ♃

573. IRIS spathacée. Diâ. n°. 34.
I. sans barbe, à feuilles ensiformes roides, hampe cylindrique biflore, spathes très-longues.
Lieu nat. le Cap de Bonne-Espérance.

574. IRIS rameuse. Diâ. n°. 35.
I. sans barbe, à feuilles ensiformes, tige paniculée multiflore.
Lieu nat. le Cap de Bonne-Espérance.

575. IRIS ail-de-paon. Diâ. n°. 36.
I. sans barbe, à feuille linéaire velue, tige presqu'uniflore.
Lieu nat. le Cap de Bonne-Espérance. Les filamens de ses étamines sont réunis, comme dans les Bermadiennes.

576. IRIS papilionacée. Diâ. n°. 37.
I. sans barbe, à feuilles linéaires réfléchies velues.
Lieu nat. le Cap de Bonne-Espérance.

577. IRIS bitumineuse. Diâ. n°. 38.
I. sans barbe, à feuilles linéaires en spirales, tige visqueuse.
Lieu nat. le Cap de Bonne Espérance.

578. IRIS visqueuse. Diâ. n°. 39.
I. sans barbe, à feuilles linéaires planes, tige visqueuse.
Lieu nat. le Cap de Bonne-Espérance.

579. IRIS crépue. Diâ. n°. 40.
I. sans barbe, à feuilles linéaires glabres crépues sur les bords, tige rameuse.
Lieu nat. le Cap de Bonne-Espérance.

---

569. IRIS ventricosa.
I. imberbis, foliis linearibus angustis caule longioribus, spatha ventricosa, tubo corollarum elongato. Diâ.
E Tartaria. ♃ Iris ventricosa. pall. it.

570. IRIS verna.
I. imberbis, foliis linearibus scapo uniflore longioribus, petalis subæqualibus.
E Virginia. ♃

571. IRIS microptera.
I. imberbis, foliis ensiformibus, tubo longo filiformi, petalis interioribus minimis patentireflexis.
E Barbaria. ♃ Iris alata. D. Poiret. Voyag.

572. IRIS unguicularis.
I. imberbis, tubo filiformi longissimo, petalis omnibus erectis subæqualibus. Poir. it. 1. p. 86.
E Barbaria. ♃

573. IRIS spathacea.
I. imberbis, foliis ensiformibus rigidis, scapo tereti biflore, spathis longissimis. Thunb. diff. n°. 23.
E Cap. Bonæ Spei.

574. IRIS ramosa.
I. imberbis, foliis ensiformibus, caule paniculato multifloro. Thunb. diff. n°. 24.
E Cap. Bonæ Spei.

575. IRIS pavonia.
I. imberbis, folio lineari villoso, scapo subunifloro. Thunb. diff. n°. 35. r. 1.
E Cap. Bonæ Spei. Filamenta stam. connata, ut in Sisyrinchiis.

576. IRIS papilionacea.
I. imberbis, foliis linearibus reflexis hirtis. Thunb.
E Cap. Bonæ Spei.

577. IRIS bituminosa.
I. imberbis, foliis linearibus spiralibus, scapo viscoso. Thunb. diff. n°. 41. t. 2.
E Cap. Bonæ Spei.

578. IRIS viscaria.
I. imberbis, foliis linearibus planis, scapo viscosa. Thunb. diff. n°. 41.
E Capite Bonæ Spei.

579. IRIS crispa.
I. imberbis, foliis linearibus glabris margine crispis, caule diviso.
E Cap. Bonæ Spei. Thunb.

580. IRIS *comeffible*. Dict. n°. 41.
I. fans barbe, à feuille linéaire pendante g'a
bre, tige glabre rameufe.
Lieu nat. le Cap de Bonne-Efpérance.

581. IRIS *fleurs trifles*. Dict. n°. 42.
I. fans barbe, feuilles linéaires glabres, tige
hériffe rameufe.
Lieu nat. le Cap de Bonne-Efpérance.

582. IRIS *fpatha-frangés*. Dict. n°. 43.
I. fans barbe, à feuilles linéaires, tige ra-
meufe multiflore, fpathes déchirées.
Lieu nat. le Cap de Bonne-Efpérance.

(B) F. *canaliculées, jonciformes ou filiformes.*

583. IRIS *bulbeufe*. Dict. n°. 44.
I. fans barbe, feuilles canaliculées fubulées
plus courtes que la tige.
Lieu nat. l'Efpagne, le Portugal. ♃

584. IRIS *feuille-de-jonc*. Dict. n°. 45.
I. fans barbe, à feuilles en jonc filiformes,
tige multiflore, fpathes mucronées.
Lieu nat. la Barbarie; fleur jaune.

585. IRIS *double bulbe*. Dict. n°. 46.
I. fans barbe, à feuilles canaliculées recour-
bées, bulbes géminés pofés l'un fur l'autre.
Lieu nat. l'Efp., le Portugal, la Barbarie. ♃

586. IRIS *de Perfe*. Dict. n°. 47.
I. fans barbe, à feuilles linéaires-fubulées
canaliculées pétales intérieurs très-petits,
très-ouverts.
Lieu nat. la Perfe. ♃

587. IRIS *feuilles-menues*. Dict. n°. 48.
I. fans barbe, à feuilles linéaires filiformes,
tige biflore, tube filiforme.
Lieu nat. la Tartarie..♃

588. IRIS *fétacée*. Dict. n°. 49.
I fans barbe, à feuille linéaire filiforme
droite glabre, tige glabre (prefqu') uniflore,
fpathes aiguës membraneufes.
Lieu nat. le Cap de Bonne-Efpérance.

589. IRIS *jaune pourpre*. Dict. n°. 50.
I. fans barbe, à feuille filiforme linéaire droite
glabre, tige glabre prefqu'uniflore, fpathes
obtufes.
Lieu nat. le Cap de Bonne-Efpérance.

590. IRIS *tubéreufe*. Dict. n°. 51.
I. fans barbe, à feuilles linéaires canaliculées tétragones, pétales extérieures réfléchies
au fommet.
Lieu nat. le Levant, l'Arabie. ♃

560. IRIS *edulis*.
I. imberbis, folio lineari pendulo glabro, fca-
po glabro ramofo. Thunb. diff. n°. 38.
E Cap. Bonæ Spei.

581. IRIS *triftis*.
I. imberbis foliis linearibus glabris, fcapo hirto
ramofo. Thunb. diff. no. 39.
E Cap. Bonæ Spei.

582. IRIS *lacera*.
I. imberbis, foliis linearibus, fcapo ramofo
multifloro, fpathis laceris. Dict.
E Cap. B. Sp. Iris polyftachis. Th. diff. n°. 40.

(B Folia canaliculata, junciformia S. filiformia.

583. IRIS *xiphium*.
I. imberbis, foliis canaliculato-fubulatis caule
brevioribus.
Ex Hifpania, Lufitania. ♃

584. IRIS *juncea*.
I. imberbis, foliis junceis filiformibus, fcapo
unifl. fpathis mucronatis. D. Poir. it. 1, p. 85.
E Barbaria. Flos luteus.

585. IRIS *fifyrinchium*.
I. imberbis, foliis canaliculatis recurvis, bul-
bis geminis fuperimpofitis. Dict.
Ex Hifpania, Lufitania, Barbaria. ♃

586. IRIS *perfica*. I. 33.♃.
I. imberbis, foliis lineari fubulatis canaliculatis, petalis interioribus minimis patentiffimis. Dict.
E Perfia. ♃

587. IRIS *tenuifolia*.
I. imberbis, foliis lineari-filiformibus, fcapo
bifloro, tubo filiformi.
E Tartaria. ♃ Iris tenuifolia. Pall. it. 3. t. c.

588. IRIS *fetacea*.
I. imberbis, folio filiformi lineari erecto glabro, fcapo glabro (fub) unifloro, fpathis
acutis membranaceis. Thunb. diff. n°. 19. t. 3.
E Cap. Bonæ Spei.

589. IRIS *Anguffla*.
I. imberbis, folio filiformi lineari erecto glabro, fcapo glabro fubunifloro, fpathis obtufis. Thunb. n°. 28.
E Cap. Bonæ Spei.

590. IRIS *tuberofa*.
I. imberbis, foliis linearibus canaliculatis
tetragonis, petalis exterioribus apice reflexis
Dict.
Ex Oriente, Arabia. ♃

Explication des fig.

Tab. 33. fig. 1. IRIS *jaune-sale.* (*a*) Fleur entière. (*b*) Etamine tirée tout son distictions de stigmate, & couchée sur un pétale réfléchi. (*c*) Stigmates.

Tab. 33. fig. 2. IRIS *germanique.* (*a*) Fleur entière. (*b*) Capsule non derisée. (*c*) La même s'ouvrant par son sommet. (*d*) La même coupée en travers.

Tab. 33. fig. 3. IRIS *de Perse.* (*a*) Plante entière. (*b*) l'Pétale entr'ouvert. (*c*) Capsule. (*d*) La même coupée transversalement. (*e*) Semences tuberculeuses. (*f*, *g*) Les mêmes dépouillées de leur écorce spongieuse. (*h*) Embryon.

Tab. 33. fig. 4. IRIS *des prés.* (*a*) Capsule entière. (*b*) La même ouverte à son sommet. (*c*) Une semence séparée. (*d*, *e*, *f*) Semences diversement coupées. (*g*) Embryon séparé & grossi.

Tab. 33. fig. 5. Capsule grossie de l'Iris *grandale.*

Explicatio iconum.

Tab. 33. fig. 1. IRIS *squalens.* (*a*) Flos integer, (*b*) Stamen sub figurarito laciniis, incumbens petalo reflexo. (*c*) Stigmata. *Fig. ex Tournef.*

Tab. 33. fig. 2. IRIS *germanica.* (*a*) Flos integer, (*b*) Capsula indivisa. (*c*) Eadem apice dehiscens. (*d*) Eadem transversè sciss. *Fig ex Tournef.*

Tab. 33. fig. 3. IRIS *Persica.* (*a*) Planta integra. (*b*) Petalum entr'ouvert. *Fig. ex Sicco.* (*c*) Capsula. (*d*) Eadem transversim sect. (*e*) Semina tuberculosa. (*f*, *g*) Eadem denudata. (*h*) Embryo. *Fig. ex D. Germ.*

Tab. 33. fig. 4. IRIS *pratensis.* (*a*) Capsula integra. (*b*) Eadem apice dehiscens. (*c*) Semen separatum. (*d*, *e*, *f*) Semina variè dissecta. (*g*) Embryo separatus & auctus. *Fig. ex D. Germ. Sub nomine iridis Sibirica.*

Tab. 33. fig. 5. Capsula iridis gramineæ aucta. *Fig. ex Tournef.*

81. DILATRIS.

Caract. essent.

CAL. O. cor. supérieure, à 6 pétales velus en dehors. Scap. 3-loculaire, 3-sperme.

Caract. nat.

Cal. nul.

Cor. supérieure, à six pétales ovales-lancéolées, concaves, égaux, droits, velus en dehors, persistans.

Etam. trois filamens filiformes, fertiles, plus longs que la corolle (trois autres stériles & fort courts, selon *M. de Jussieu*). Anthères ovales lancéolées (une plus longue que les autres, *selon M. Bergius*), égales.

Pist. un ovaire inférieur. Style filiforme. Stigmate simple & obtus.

Péris. capsule globuleuse, velue, couronnée, triloculaire, trivalve.

Sem. solitaires, orbiculées, comprimées, glabres, situées perpendiculairement.

Tableau des espèces.

81. DILATRIS

Charact. essent.

Cal. O. cor. supera, 6-petala, extùs hirsuta. Caps. 3-locularis, 3-sperma.

Charact. nat.

Cal. nullus.

Cor. supera, hexapetala ; petala ovato-lanceolata, concava, æqualia, erecta, extùs hirsuta, persistentia.

Stam. filamenta tria, filiformia, fertilia, corolla longiora (tria alia sterilia, brevissima, ex d. *Juss.*). Antheræ ovato-lanceolatæ (una cæteris longior ex *Berg.*), æquales.

Pist. germen inferum. Stylus filiformis. Stigma simplex, obtusum.

Peris. capsula globosa, hirsuta, coronata, trilocularis, trivalvis.

Sem. solitaria, orbiculata, compressa, glabra, perpendicularia.

Conspectus specierum.

593. DILATRIS *inioide*. Dict. n°. 5.
D. à panicule ovale velue, pétales ovales barbus en dehors, étamines plus longues que la corolle.
Lieu nat. le Cap de Bonne-Espérance.

594. DILATRIS *de Caroline*. Dict. suppl.
D. à pétales linéaires canaliculés velus en dehors, panicule en corymbe, feuilles longues nues presque linéaires.
Lieu nat. la Caroline. *Panicule cotonneuse & blanchâtre.*

Explication des fig.

Tab. 34. DILATRIS *visqueuse*. (a) Fleur séparée. (b) Partie supérieure de la plante avec ses fleurs. (c) Partie inférieure de la plante montrant les feuilles.

Obs. Le genre Argolasse doit être rapporté à l'Hexandrie.

81. VANCHENDORF.

Caract. essent.

Cor. à 6 pétales, irrégulière, inférieure. Capsule supérieure, à 3 ob loges.

Caract. nat.

Cal. nul. spathes bivalves.
Cor. à 6 pétales, irrégulière. Pétales oblongs; trois supérieurs plus redressés; trois inférieurs ouverts.
Etam. trois filamens fertiles, filiformes, inclinés, plus courts que la corolle; deux ou trois filamens stériles, très-courts, interposés entre les filamens fertiles. Anthères couchées.
Pist. un ovaire supérieur, arrondi, trigone. Style filiforme, incliné. Stigmate simple.
Peric. capsule supérieure, presqu'ovale, à trois faces, à trois loges & trois valves.
Sem. solitaires, hérissées.

Tableau des espèces.

595. VANCHENDORF *thyrsiflore*. Dict.
V. à tige simple, fleurs disposées en thyrse.
Lieu nat. le Cap de Bonne-Espérance.

596. VACHENDORF *paniculée*. Dict.
V. à feuilles ensiformes plissées, fleurs en panicule.
Lieu nat. le Cap de Bonne-Espérance.

597. VANCHENDORF *graminée*. Dict.
V. à tige velue à plusieurs épis, feuilles ensiformes canaliculées.
Lieu nat. le Cap de Bonne-Espérance.

593. DILATRIS *ixioides*.
D. panicula ovata villosa, petalis ovalibus externè barbatis, flaminibus corolla longioribus Dict.
E Cap. Bonæ Spei.

594. DILATRIS. *Caroliana*.
D. petalis linearibus canaliculatis extus villosis, panicula corymbosa, follis longis medio sublinearibus.
E Carolinia. d Frater. *Panicula incano-tomentosa.*

Explicatio Iconum.

Tab. 34. DILATRIS *visiosa*. (a) Flos separatus. (b) Pars superior caulis cum floribus. (c) Pars inferior caulis folia exhibens. *Fig. ex Sicro.*

Obs. Genus Argolasia ad Hexandriam referendum est.

81. WANCHENDORFIA.

Charact. essent.

Cor. 6-petala, inæqualis, infera. Capsula supera, 3-locularis.

Charact. nat.

Cal. nullus, spathæ bivalves.
Cor. hexapetala, inæqualis. Petala oblonga: tribus superioribus erectioribus; tribus inferioribus patulis.
Stam. filamenta tria, fertilia, filiformia, declinata, corolla breviora; filamenta duo aut tria, sterilia, brevissima, filamentis fertilibus interposita. Antheræ incumbentes.
Pist. germ. superum, subrotundum, trigonum. Stylus filiformis declinatus. Stigma simplex.
Peric. capsula supera, subovata, triquetra, trilocularis, trivalvis.
Sem. solitaria, hirta.

Conspectus specierum.

595. WANCHENDORFIA *thyrsiflora*. t. 34. f. 1.
W. scapo simplici, flor. in thyrsum collectis.
E Cap. Bonæ Spei.

596. WACHENDORFIA *paniculata*. t. 34. f. 1.
W. foliis ensiformibus plicatis, floribus paniculatis. Burm.
E Cap. Bonæ Spei. Smith. ic. pict. 1.

597. WACHENDORFIA *graminifolia*.
W. caule polystachio hirsuto, foliis ensiformibus canaliculatis. L. f. suppl. 101.
E Cap. Bonæ Spei.

Explication des fig.

Tab. 14. fig. 1. VACHENDORF *paniculle*. (a) Fleur séparée. (b) Panicule. (c) Partie de feuille.
Tab. 14. fig. 1. VACHENDORF *thyrsiflore*. (a) Sommité de la tige garnie de fleurs. (b) Deux capsules entières. (c) Capsule coupée par le milieu. (d, e) Semences. (f) Une semence coupée dans sa longueur.

13. COMMELINE.

Caract. essent.

CAL. de 3 folioles, 3 pétales onguiculés, 3 filamens stériles, portant des glandes en croix.

Caract. nat.

Cal. de trois folioles ovales & concaves.
Cor. trois pétales onguiculés, plus grands que le calice, alter es avec ses folioles : quelquefois un seul plus petit.
Etam. trois filamens fertiles, subulés, inclinés; trois autres filamens stériles, munis à leur sommet de glandes cruciformes. Anthères oblongues, vacillantes.
Pist. un ovaire supérieur, arrondi. Style subulé, roulé ou courbé en dehors. Stigmate simple.
Peric. capsule supérieure, nue, presque globuleuse, à trois sillons, trois loges, trois valves : quelquefois à deux loges & deux valves.
Sem. anguleuses, deux dans chaque loge.

Tableau des espèces.

* Deux pétales plus grands ; le troisième petit.

598. COMMELINE *commune*, Diæt. n°. 1.
C. à corolles irrégulières, feuilles ovales-lancéolées pointues, tige glabre, rampante. Lieu nat. l'Amérique. ⊙

599. COMMELINE *d'Afrique*. Diæt. no. 2.
C. à corolles irrégulières, feuilles lancéolées glabres, tige couchée. Lieu nat. l'Afrique. ♃ Fl. jaunes.

600. COMMELINE *molle*. Diæt. suppl.
C. à corolles irrégulières, feuilles ovales-pétiolées velues, tige rampante. Lieu nat. l'Amérique méridionale.

601. COMMELINE *de Bengale*. Diæt. n°. 3.
C. à corolles irrégulières, feuilles ovales obtuses, tige rampante. Lieu nat. le Bengale.

Tab. 14. fig. 1. WACHENDORFIA *paniculata*. (a) Flos separatus. (b) Panicula. (c) Pars folii.
Tab. 14. fig. 2. WACHENDORFIA *thyrsiflora*. (a) Summitas caulis floribus onusta. (b) Capsula duæ integræ. (c) Capsula per medium secta. (d, e) Semina. (f) Semen longitudinaliter sectum. Fig. in D. Gorra.

13. COMMELINA.

Charaxt. essent.

CAL. 3-phyllus. Pet. 3, unguiculata. Filamenta 3, sterilia, glandulis cruciatis instructa.

Charaxt. nat.

Cal. triphyllus : foliolis ovatis concavis.
Cor. petala tria, onguiculata, calyce majora, foliolis calycinis alterna : unico interdum minore.
Stam. filamenta tria, fertilia, subulata, declinata; filamenta tria alia sterilia, filamentis fertilibus superiora, apice glandulis cruciformibus instructa. Anth. oblongæ, versatiles.
Pist. germen superum, subrotundum. Stylus subulatus, revolutus. Stigma simplex.
Peric. capsula supera, nuda, subglobosa, trisulca, trilocularis, trivalvis : interdum bilocularis, bivalvis.
Sem. bina, angulata.

Conspectus specierum.

* Petala duo majora ; tertio parvo.

598. COMMELINA *communis*. t. 15, f. 1.
C. corollis inæqualibus, foliis ovato-lanceolatis acutis, caule repente glabro. L. Ex America. ⊙

599. COMMELINA *Africana*.
C. corollis inæqualibus, foliis lanceolatis glabris, caule decumbente. L. Ex Africa. ♃ Fl. lutei.

600. COMMELINA *mollis*. J.
C. corollis inæqualibus, foliis ovatis petiolatis villosis, caule repente. Ex Amer merid.—Jacq. collect. 3. 235 ic. rar.

601. COMMELINA *Bengalensis*.
C. corollis inæqualibus, foliis ovatis obtusis, caule repente. L. E Bengala.

601. COMMELINE *droite*. Dict. n°. 4.
C. à corolles irrégulières, feuilles ovales-
lancéolées, tige droite scabre très-simple.
Lieu nat. la Virginie. ♃

** *Trois pétales presqu'égaux.*

603. COMMELINE *de Virginie*. Dict. n°. 5.
C. à corolles presque régulières, feuilles lanceolées, presque pétiolées, velues à l'entrée
de leur gaîne, tiges droites.
Lieu nat. la Virginie. ♃

604. COMMELINE *hexandrique*. Dict. n°. 6.
C. à corolles presque régulières, fleurs hexan-
driques disp. en grappe.
Lieu nat. la Guiane. ♃

605. COMMELINE *tubéreuse*. Dict. n°. 7.
C. à corolles régulières, feuilles sessiles ovales-
lancéolées un peu ciliées.
Lieu nat. le Mexique. ♃

606. COMMELINE *barbue*. Dict. suppl.
C. à corolles presque régulières, feuilles
ovales sessiles, gaînes barbues, tige rampante.
Lieu nat. l'Isle de Bourbon.

607. COMMELINE *à feuilles longues*. Dict. sup.
C. à corolles presque régulières, feuilles lan-
ceolées linéaires, pédoncules un peu longs.
Lieu nat. l'Isle de Java.

608. COMMELINE *baccifère*. Dict. n°. 8.
C. à corolles régulières, pédoncules épaisses,
feuilles lancéolées, gaînes velues sur les bords,
bractées geminées.
Lieu nat. l'Amérique mérid. ♃

609. COMMELINE *à gaîne*. Dict. n°. 9.
C. à corolles régulières, feuilles linéaires,
fleurs driandriques en gaîn, par une collerette.
Lieu nat. les Indes orientales. ☉

610. COMMELINE *à fleurs nues*, Dict. n°. 10.
C. à corolles régulières, pédoncules capillaires, feuil. linéaires, collerette nulle, fleurs
driandriques.
Lieu nat. les Indes orientales. ☉

611. COMMELINE *à capuchons*, Dict. n°. 11.
C. à corolles régulières, feuilles ovales, col-
lerettes en capuchon turbinées.
Lieu nat. l'Inde.

612. COMMELINE *bractéolée*. Dict. n°. 12.
C. à corolles régulières, feuilles lancéolées-
linéaires ondulées presque crépues, pédoncules à bractéoles semi-vaginales.
Lieu nat. l'Inde. ☉

Botanique, Tom. I.

---

602. COMMELINA *erecta*.
C. corollis inæqualibus, foliis ovato-lanceo-
latis, caule erecto scabro simplicissimo. L.
E Virginia. ♃

** *Petala 3, subæqualia.*

603. COMMELINA *Virginica*.
C. corollis subæqualibus, foliis lanceolatis
subpetiolatis ore barbatis, caulibus erectis. L.
E Virginia. ♃

604. COMMELINA *hexandra*.
C. corollis subæqualibus, floribus hexandris
racemosis, Dict.
E Guiana. ♃ Aubl. t. 11.

605. COMMELINA *tuberosa*.
C. corol. æqualibus, foliis sessilibus ovato-
lanceolatis subciliatis. L.
E Mexico. ♃

606. COMMELINA *barbata*.
C. corollis subæqualibus à foliis ovatis sessili-
bus, vaginis barbatis, caule repente.
Ex Insula mauritiana. C.

607. COMMELINA *longifolia*.
C. corollis subæqualibus, foliis lanceolato-
linearibus, pedunculis longiusculis.
Ex Java. Commers.

608. COMMELINA *zanonia*. t. 33, f. 4.
C. corollis æqualibus, pedunculis incrassatis,
foliis lanceolatis: vaginis margine hirsutis,
bracteis geminis. L.
Ex America meridionali. ♃

609. COMMELINA *vaginata*.
C. corollis æqualibus, foliis linearibus, flo-
ribus diandriis involucro vaginatis. L.
Ex India orientali. ☉

610. COMMELINA *nudiflora*.
C. corollis æqualibus, pedunculis capillaribus, foliis linearibus, involucro nullo, floribus diandriis. L.
Ex Indiis orientalibus. ☉

611. COMMELINA *cucullata*.
C. corollis æqualibus, foliis ovatis, invo-
lucris cucullatis turbinatis. L.
Ex India.

612. COMMELINA *bracteolata*.
C. corollis æqualibus, foliis lanceolato-
linearibus undulatis subcrispis, pedunculis
paniculatis bracteolis semi-vaginatibus. Dict.
Ex India. ☉ *Sonnerat.*

R

Explication des figs.

Tab. 35. 63. 1. COMMELINE *commune*. (a) Partie supérieure de la tige. (b) Fleur séparée. (c) Filimens stériles avec leurs glandes en crois. (d) Capsule. (e, f) La même ouverte à son inverse. (g) La même coupée transversalement. (h) Valves écartées. (i) Semences dans leur situation nat. (l, m, n, o, p) Semences. (q) Embryon.

Tab. 35. 63. 2. COMMELINE *tubereuse*. (a A) Capsule bivalve. (b Cap ule 3-local. coupée transversalement. (c, d) Valve supérieure vue en dedans & en dehors. (e, f, g) Semences. (h, i) Semences coupées. (l) Embryon grossi.

Tab. 35. fig. 3. COMMELINE *d'Afrique*. (a) Capsule entière. (b, c) La même ouverte, bivalve, triloculaire. (d, e, f) Semences. (g) Une semence coupée. (h) Embryon.

Tab. 35. fig. 4. COMMELINE *baccifere*. (a) Calice, pétales. (b) Fruits en baie, sessiles, ramassés en tête. (c, d, e) Baies fructes, formées par la fleur qui s'est changée en une masque charnu, succulent, trilobé, qui cache la capsule. (f) Capsule entr'ête. (g) La même coupée en travers. (h) Semences (i, l, m) Les mêmes coupées diversement.

Tab. 35. 63. 1. COMMELINA *communis*. (a) Pars superior caulis. (b) Flos separatus. (c) Filamenta sterilia cum glandulis crucinis. (d) Capsula. (e, f) Eadem apice dehiscens. (g) Eadem transversè. scisa. (h) Valvulæ diductæ. (i) Semina in situ naturali. (l, m, n, o, p) Semina. (q) Embryo. Fig. Fr, ex D. Garsa.

Tab. 35. fig. 2. COMMELINA *tuberosa*. (a A) Capsula bivalvis. (b) Capsula 3-locul. transversim sectæ. (c, d) Valvula superior intrinsecus & extrinsecus visa. (e, f, g) Semina. (h, i) Eadem dissecta. (l) Embryo. Fig. ex D. Garsa.

Tab. 35. 63. 3. COMMELINA *Africana*. (a) Capsula integra. (b, c) Eadem dehiscens, bivalvis, trilocularis. (d, e, f) Semina. (g) Semen dissectum. (h) Embryo. Fig. ex D. Garsa.

Tab. 35. 63. 4. COMMELINA *perennis*. (a) Calyx, petala. (b) Fructus baccari, sessiles, congesti in capitulum. (c, d, e) Baccæ spuriæ, formatæ ex flore transformato in phleam carnosam succulentam 3-lobam capsulam occultantem. (f) Capsula integra. (g) Eadem transversè scissa. (h) Semina. (i, l, m) Eadem variè dissecta. Fig. ex D. Garsa.

84. CALLISE.

Caract. essent.

Charact. essent.

Cal. de 3 folioles. 3 pétales. Anthères géminées. Capf. biloculaire.

Cal. 3-phyllus. Petala 3. Antheræ geminæ. Capf. 2-locularis.

Caract. nat.

Charact. nat.

Cal. triphyle : à folioles linéalees-lancéolées carinées droites persistantes.
Cor. trois pétales lancéolés acuminés, droits, ouverts au sommet, de la longueur du calice.
Etam. trois filamens capillaires, plus longs que la corolle, dilatés à leur sommet en une lame arrondie. Anthères géminées, presque globuleuses, attachées au côté intérieur de la lame.
Pist. un ovaire supérieur, oblong, comprimé. Stile capillaire, de la longueur des étamines. Trois stigmates ouverts, pénicilliformes.
Peric. capsule ovale, comprimée, pointue, biloculaire, bivalve : à valvules opposées.
Sem. deux, arrondies.

Cal. triphyllus: foliolis lineari-lanceolatis carinatis erectis persistentibus,
Cor. petala tria lanceolata acuminata erecta apice patula calycis longitudine.
Stam. filamenta tria capillaria corolla longiora apice dilatata lamina subrotunda. Antheræ geminæ subglobosæ laminæ lateri interiori affixæ.
Pist. germen superum, oblongum, compressum. Stylus capillaris longitudine staminum. Stigmata tria patentia penicilliformia.
Peric. capsula ovata, compressa, acuta, bilocularis, bivalvis: valvulis contrariis.
Sem. duo, subrotunda.

Tableau des espèces.

Conspectus specierum.

minales, tige velue supérieurement ainsi que
les pédoncules.
Lieu nat. l'Amérique méridionale. *Fl. à deux*
étamines.

15. GLAIVANE.

Caract. essent.

CAL. o. cor. à 6 pétales, inférieure, régulière.
Caps. 3-loculaire, polysperme.

Caract. nat.

Cal. nul.
Cor. 6 pétales, dont trois extérieurs plus grands,
verdâtres en dehors ; trois intérieurs plus
petits, plus minces, colorés des deux côtés.
Etam. Trois filamens, opposés aux pétales intérieurs. Anthères ovales.
Pist. un ovaire supérieur, arrondi. Style filiforme. Stigmate trigone.
Peric. capsule ovale-arrondie, à trois sillons,
triloculaire.
Sem. nombreuses, arrondies.

Tableau des espèces.

615. GLAIVANE *blanchâtre.* Dict. suppl.
    G. à feuilles ensiformes glabres presqu'entières.
    Fleur blanchâtre.
    Lieu nat. la Martinique. ♈

616. GLAIVANE *bleue.* Dict. p. 721.
    G. à feuilles ensiformes nerveuses dentícu-
    lées velues, fleur bleue.
    Lieu nat. la Guiane. ♈

Explication des fig.

    Tab. 56. GLAIVANE *bleue.* (a) Bouton de fleur.
    (b) Fleur épanouie. (c) Pétale. (d, e) Etamines, pistil.
    (f) Capsule coupée en travers. (g) Partie de la plante
    plus petite que dans la nature.

86. XYRIS.

Caract. essent.

CAL. glumacé, 3-valve. 3 pétales staminifères à
leur base. caps. supérieure, polysperme.

Caract. nat.

Cal. glumacé, trivalve : à valvules cartilagi-
neuses, concaves, l'extérieure quelquefois
plus grande.

---

minalibus, cau'e supeme pedunculisque
villosis.
Ex America meridionali. *Communie. D.*
Richard. flores diandri.

15. XIPHIDIUM.

Caract. essent.

CAL. o. cor. 6. petala, infera, æqualia. capf.
5-locularis, polysperma.

Caract. nat.

Cal. nullus.
Cor. petala sex, quorum tria exteriora majora;
extus viridia ; tria interiora minora, tenulo-
ra, utrinque colorata.
Stam. filamenta tria, petalis interioribus opposita. Antheræ ovatæ.
Pist. germen superum, subrotundum. Stylus
filiformis. Stigma trigonum.
Peric. capfula ovato-subrotunda, trifulcata,
trilocuraris.
Sem. plurima, subrotunda.

Conspectus specierum.

615. XIPHIDIUM albidum.
    X. foliis ensiformibus glabris subintegerri-
    mis, flore albido.
    E Martinica. *Jos. mart. ixia xiphidium.* Iœf. it.

616. XIPHIDIUM cærulum. t. 36.
    X. foliis ensiformibus nervosis denticulatis
    pilosis, flore cæruleo.
    ♈ Guiana. ♈ Aub. t. 11.

Explicatio iconum.

    Tab. 56. XIPHIDIUM cærulum. (a) Flos non ex-
    panfus. (b) Flos expanfus. (c) Petalum. (d, e) Sta-
    mina, pistillum. (f) Capsula transverse fecta. (g) Pars
    plantæ, natura minor. *Fig. ex Aubl.*

86. XYRIS.

Charact. essent.

CAL. glumaceus, 3-valvis. Cor. 3-petala : petalis
basi staminiferis. Capf. supera, polysperma.

Charact. nat.

Cal. glumaceum, trivalvis ; valvulis cartilagineis
concavis, externa interdum majore.

Cor. 3 pétales, planes, ouverts, plus grands que le calice, un peu crénelés, à onglets étroits.

Etam. trois filamens filiformes, plus courts que la corolle, attachés aux onglets des pétales. Anthères droites, oblongues.

Pist. un ovaire supérieur, arrondi : un seul stile. Stigmate trifide.

Péric. capf. arrondie, uniloculaire, (3-loculaire felon Lin.), s'ouvrant aux angles par une fente.

Sem. nombreuses, très petites.

Cor. petala tria, plana, patentia, calyce majora, subcrenulata, ungulbus angustis.

Stam. filamenta tria, filiformia, corolla breviora, unguibus petalorum inserta. Antheræ erectæ oblongæ.

Pist. germen superum, subrotundum. Stylus unicus. Stigma trifidum.

Peric. capfula subrotunda, unlocularis (trilocularis Lin.) ad angulos rima dehiscent. *Germ.*

Sem. plurima, minutissima.

Tableau des espèces.

Conspectus specierum.

617. XYRIS de l'Inde. Dict.
  X. à tige multangulaire, tête ovale.
  Lieu nat. l'Inde.

617. XYRIS indica. T. 36, f. 1.
  X. culmo multangulari, capitulo ovato.
  En India.

618. XYRIS gladif.
  X. à tige comprimée biangulaire, tête presque globuleuse.
  Lieu nat. l'Isle de Madagascar.

  b. Le même ? à tête ovale ; de Cayenne.

618. XYRIS anceps.
  X. culmo compresso biangulari, capitulo subgloboso.
  E. Madagascaria.
  b Eadem ? capitulo ovato. E Cayenna. Stoupy.

619. XYRIS de la Caroline. Dict.
  X. à tige comprimée, tête oblongue, un peu pointue.
  Lieu nat. la Caroline méridionale.

619. XYRIS Caroliniana.
  X. culmo compresso, capit. oblongo subaculo.
  E Carolinia merid. D. Frafer.

620. XYRIS filiforme. Dict.
  X. à tige filiforme comprimée, tête ovale très petite.
  Lieu nat. Siera-Leona.

620. XYRIS filiformis.
  X. culmo filiformi compresso, capitulo ovato minimo.
  E Siera-Leona. D. Smeathm.

621. XYRIS bleue. Dict.
  X. à tige comprimée, feuilles sétacées, fleur bleue.
  Lieu nat. la Guiane dans les marais.

621. XYRIS cærulea. T. 36. f. 2.
  X. culmo compresso, foliis setaceis, flore cæruleo.
  E Guiana, in paludibus. X. Amer. Aubl. L. 14.

Explication des fig.

Tab. 36. fig. 1. Xyris de l'Inde. (A) Tête florifère terminant la tige. (a) Tête fructifère. (b) Valvule ext. du calice vue en-dehors. (c) La même vue en-dedans, avec les deux autres valvules plus petites dans leur situation naturelle. (d) Les deux plus petites valvules du calice séparées. (e) Capsule accompagnée des deux plus petites valvules de calice. (f, f) Capsule s'ouvrant par des fentes latérales. (g) La même coupée en travers. (h) Semences. (i) Une semence coupée dans sa longueur.

Tab. 36. fig. 2. Xyris bleue. (a) Plante entière plus petite que nature. (b) Bouton de fleur. (c) Bâle calicinale ouverte. (d) Fleur épanouie. (e) Pétale, etc. avec. (f) Etam. séparée. (g) Pistil.

Explicatio iconum.

Tab. 36. fig. 1. Xyris indica. (A) Capitulum floriferum culmum terminans. (a) Capitulum fructiferum. (b) Valvula ext. calycis à dorso spectata. (c) Eadem interinè visa cum valvulis duabus minoribus in situ naturali. (d) Valvulæ duæ minores calycis separatæ. (e) Capfula valvulis calycinis minoribus stipata. (f, f) Capfula rimis later. dehiscens. (g) Ead. transverfe scissa. (h) Semina. (i) Semen longitudinaliter sectum. Fig. ex D. Garin.

Tab. 36. fig. 2. Xyris cærulea. (a) Planta integra natura minor. (b) Gemma floris. (c) Gluma calycina dehiscens. (d) Flos expansus. (e) Petalum, stamen. (f) Stamen segregatum. (g) Pistillum. Fig. ex Aubl.

87. MAYAQUE.

Caract. essent.

Cal. de 3 folioles. 3 pétales. Capf. supérieure, 3-valve, 6-sperme.

87. MAYACA.

Caract. essent.

Cal. 3-phyllus. Pet. 3. Capf. supera, 3-valvis, 6-sperma.

TRIANDRIE MONOGYNIE.

Caract. nat.

Cal. triphylle : à folioles linéaires - lancéolées aiguës ouvertes, persistantes.
Cor. trois pétales arrondis, concaves, ouverts, de la longueur du calice.
Etam. trois filam. capillaires. Anth. oblongues.
Pist. ovaire supérieur, arrondi. Style filiforme. Stigmate trifide.
Peric. capsule globuleuse, acuminée par le style, uniloculaire, trivalve.
Sem. six, ovales, striées : deux attachées à chaque valvule ; l'une au-dessus de l'autre.

Tableau des espèces.

622. MAYAQUE des rivières. Dict.
Lieu nat. la Guiane.

Explication des fig.

Tab. 36. Mayaque des rivières. (a) Plante de grandeur naturelle. (b) Extrémité de la tige grosse. (c) Feuille grandie. (d) Bouton de fleur. Pedonc. mont de deux écailles à sa base. (e, f) Fleur épanouie, vue en-dehors & en-dedans. (g, h) Calice. (i) Etam. pist. (l) Pistil (m, p) Capsule. (n) Pétale grandi. (o) Etam. grossie. (q, r) Caps. ouverte. (s) Sem. grossie.

88. MAPANE

Caract. essent.

Bale à 6 valv. embriq. dentées. Cor. O. Sem. 1.

Caract. nat.

Cal. bâle à six valves : valvules ovales-lancéolées, pointues, dentées, concaves, embriquées.
Cor. nulle.
Etam. trois filamens, plus longs que le calice. Anthères oblongues, tétragones.
Pist. un ovaire supérieur, ovale. Style de la longueur des étam. Trois stigmates sétacés.
Peric. nul.
Sem. une seule.

Tableau des espèces.

623. MAPANE des forêts. Dict.
Lieu nat. les forêts inondées de la Guiane. ꝛ

Explication des figures.

Tab. 37. Mapane des forêts. (a) Tête de fleurs avec sa collerette de 3 folioles. (b) Collerette vue en-dessous. (c) Foliole de la collerette presque de grandeur naturelle. (d) Bouton de fleur. (e) Fleur épanouie. (f) Valvule du calice séparée, fort grandie. (g) Etamine. (h) Etamines, pistil.

TRIANDRIA MONOGYNIA. 155

Charact. nat.

Cal. triphyllus : foliolis lineari-lanceolatis acutis patulis persistentibus.
Cor. petala tria, subrotunda, concava, patentia, longitudine calycis.
Stam. filamenta tria, capillar. Antheræ oblongæ.
Pist. germen superum, subrotundum. Stylus filiformis. Stigma trifidum.
Peric. capsula globosa, stylo acuminata, uniloculare, trivalvis.
Sem. sex, ovata, striata : duo singula valvula affixa ; unum supra alterum.

Conspectus specierum.

623. MAYACA fluviatilis. T. 36.
E Guiana. M. Aubl. t. 15.

Explicatio iconum.

Tab. 36. Mayaca fluviatilis. (a) Planta magnitudine naturali. (b) Extremitas caulis amplior. (c) Folium amplicatum. (d) Germen floris. Pedunc. ad basin 1-squamosus. (e, f) Flos expansus, externè & internè visus. (g, h) Calyx. (i) Stam. pistillum. (l) Pistillum. (m, p) Capsula. (n) Petalum auctum. (o) Stamina aucta. (q, r) Caps. aperta. (s) Semen auctum. F. ex Aubl.

88. MAPANIA.

Charact. essent.

Gluma 6-valvis : valvulis imbricatis dentatis. Cor. O. sem. 1.

Charact. nat.

Cal. Gluma sexvalvis : valvulis ovato-lanceolatis acutis dentatis, concavis, imbricatis.
Cor. nulla.
Stam. Filamenta tria, calyce longiora. Antheræ oblongæ tetragonæ.
Pist. Germen superum, ovatum, Stylus longitudine staminum, Stigmata tria setacea.
Peric. Nullum.
Sem. unicum.

Conspectus specierum.

623. MAPANIA sylvatica. T. 37.
Ex Guianæ sylvis inundatis. ꝛ M. Aubl. t. 17.

Explicatio iconum.

Tab. 37. Mapania sylvatica. (a) Florum capitulum, cum involucro 3-phyllo. (b) Involucrum latri visum. (c) Foliolum involucri ferè magnitudine naturali. (d) Flos deflorens. (e) Flos expansus. (f) Valvula calycis separata, valdè aucta. (g) Stamen. (h) Stamina, pistillum. Fig. ex Aubl.

89. P O M E R E U L L E.　　　## 89. P O M E R E U L L A.

Caraő. eſſent.

BALE turbiné, à trois ou quatre fleurs, bivalve : valvules 4-fides, à barbes ſur le dos.

Caraő. nat.

Cal. Bâle turbinée, bivalve, à 3 ou 4 fleurs. Valvules cunéiformes, quadrifides au ſommet : à découpures inégales, pointues, écartées orbiculairement, enveloppant les fleurs ; les latérales plus grandes. Barbes dorſales droites, plus longues que les valvules.
Cor. bâle bivalve : à valvules inégales : l'extérieure plus grande, quadrifide, ariſtée : l'intérieure courte, ovale, entière, mutique.
Etam. Trois filamens très-courts. Anthères linéaires, de la longueur des valvules.
Piſt. Ovaire ſupérieur, linéaire. Style ſimple. Deux ſtigmates velus ſur le côté.
Péric. nol. La corolle contient la ſemence juſqu'à ſa maturité ; alors elle s'ouvre & la quitte.
Sem. Une ſeule, oblongue, plane en ſa face interne, convexe à l'ext., très-glabre, luiſante.

Tableau des eſpèces.

Explication des figures.

Tab. 17. POMEREULLE corne d'abondance. (a) Calice. (b) Corolle. (c) Partie de l'épi.

Charaő. eſſent.

GLUMA turbinata ; [4-flora, 1-valvis : valvulis 4-fidis, dorſo ariſtatis.

Charaő. nat.

Cal. gluma turbinata, bivalvis, trl-ſ. 4-flora. Valvulæ cuneiformes, apice quadrifidæ ; laciniis inæqualibus acutis in orbem dilatatis, floſculos involventibus, lateralibus majoribus, Ariſtæ dorſales, rectæ, valvulis longiores.
Cor. gluma bivalvis : valvulis inæqualibus : exteriore majore, quadrifida, ariſtata; interiore brevi, ovata, indiviſa, mutica.
Stam. filamenta tria, breviſſima ; antheræ lineares longitudine valvularum.
Piſt. germen ſuperum, lineare. Stylus ſimplex. Stigmata duo, latere villoſi.
Péric. nullum. Corolla ſemen ad maturitatem continet; tum dehiſcit, illudque dimittit.
Sem. unicum, obl. latere interiore planum, exteriore convexum, pellucidum, glaberrimum.

Conſpectus ſp.cierum.

Explicatio iconum.

Tab. 17. POMEREULLA cornucopiæ. (a) Calyx. (b) Corolla. (c) Pars ſpicæ. Fig. ex L. f. diſſ. nov. gram. gen.

90. R E M I R E.　　　## 90. R E M I R E A.

Caraő. eſſent.

BALE 2-valve, 1-flore. Cor. 2-valve, plus petite que le calice. Une ſem.

Caraő. nat.

Cal. bâle bivalve, uniflore : à valvules concaves, pointues, inégales.
Cor. bivalve, plus petite que le calice ; à valves minces, concaves, pointues, inégales.
Etam. trois filamens ſort longs ; anth. oblongues.
Piſt. un ovaire ſupérieur, oblong, trigone. Style long. 3 ſtigmates ſétacés.
péric. nul. la corolle enveloppe la ſemence.
Sem. une ſeule, trigone, recouverte par la corolle,

Charaő. eſſent.

GLUMA 2-valvi, 1-flora. Cor. 2-valvi, calyce minor. ſem. 1.

Caraő. nat.

Cal. gluma bivalvis, uniflora : valvulis concavis inæqualibus.
Cor. bivalvis, calyce minor ; valvulis tenuibus, acutis, concavis, inæqualibus.
Stam. filamenta tria longiſſima; antheræ oblongæ.
Piſt. germen ſuperum, oblongum, trigonum. Stylus longus. Stigmata tria, ſetacea.
Péric. nullum. Corolla ſemen obvellient.
Sem. unicum, trigonum, corolla tectum.

Tableau des espèces.   *Conspectus specierum.*

615. REMIRE *maritime.* Did.   **615. REMIREA** *maritima.* T. 17.

Lieu nat. les lieux maritimes & sablonneux de la Guiane. ♃   E Guianæ locis maritimis arenosis. ♃ Aubl. t. 16.

Explication des fig.   *Explicatio iconum.*

Tab. 17 REMIRE *maritime.* (a) Fleur épanouie. (b) Corolle, pistil. (c) Tige avec les feuilles & les fleurs. (a) Racine. ·   Tab. 17. REMIREA *maritima.* (a) Flos expansus. (b) Corolla, pistillum. (c) Caulis cum foliis & floribus. (d) Radix(*Fig. ex Aubl. Affinis Killingia.*

91. CHOIN. ·   91. SCHŒNUS.

Charact. essent.   *Charact. essent.*

BALES univales, paleacées, ramassées. Cor. O. semences arondies, solitaires entre les bâles.   GLUMÆ 1-valves, paleaceæ, congestæ. Cor. o. Sem. 1. Subrotundum, inter glumas.

Charact. nat.   *Charact. nat.*

Cal. bâles univales, paleacées, ramassées.   Cal. glumæ univalves, paleaceæ, congestæ.
Cor. nulle.   Cor.. nulla.
Étam. trois filamens capillaires. Anthères oblongues droites.   Stam. filamenta ula, capillaria. Antheræ oblongæ erectæ.
Pist. un ovaire supérieur, ovale, à trois faces. Syle setacé. Stigmate trifide.   Pist. germ. superum, ovato-triquetrum. Stylus fet. ceus. Stigma trifidum.
Péric. nul.   Peric. nullum.
Sem. solitaire, arrondie, située entre les bâles.   Sem. unicum, subrotundum, inter glumas.

Tableau des espèces.   *Conspectus specierum.*

* *Tous les épillets ou paquets de fleurs sessiles.*   .* *Spiculæ s. florum fasciculi omnes sessiles.*

616. CHOIN *noirâtre.* Did. n°. 3.   **616. SCHŒNUS** *nigricans.* T. 78. f. 1.

C. à tige nue cylindrique, tête ovale, à collerette de deux folioles, dont une est plus longue.   S. culmo tereti nudo, capitulo ovato, involucrt diphyllo valvula altera longiore. L.

Lieu nat. les marais & les prés humides de l'Europe. ♃   Ex Europæ paludibus & pratis humidis. ♃

617. CHOIN *ferrugineux.* Did. n°. 4.   **617. SCHŒNUS** *ferrugineus.*

C. à tige nue cylindrique, épillet double, valve la plus grande de la collerette égalant l'épillet.   S. culmo tereti nudo, spica duplici, involucri valvula majore spicam æquante. L.

Lieu nat. l'Angleterre. ♃   Ex Anglia. ♃

618. CHOIN *brun.* Did. n°. 5.   **618. SCHŒNUS** *fuscus.*

C. à tige cylindrique, feuillée, épillets presqu'en faisceaux, feuilles filiformes, canaliculées.   S. culmo tereti folioso, spiculis subfasciculatis, foliis filiformibus canaliculatis. L.

Lieu nat. l'Espagne, l'Allem., l'Italie. &c. ♃   Ex Hispania, Italia, Germania, &c. ♃

619. CHOIN *des Indes.* Did. n°. 9.   **619. SCHŒNUS** *Indicus.*

C. à tige nue cylindrique très-grêle, tête petite noirâtre, collerette courte subulée, presque triphylle.   S. culmo nudo tereti tenuissimo, capitulo parvo nigricante, involucro brevi subulato subtriphyllo.

Lieu nat. les Indes orientales.   Ex Indiis orientalibus.

620. CHOIN *filiforme.* Did. supl.   **620. SCHŒNUS** *filiformis.*

C. à tige cylindrique filiforme nue, feuilles   S. culmo tereti filiformi nudo, foliis setaceis,

640. CHOIN millacé. Dict. suppl.
C. à tige triangulaire feuillée, panicules latérales & terminales, fl. séparées pédicellées.
Lieu nat. la Caroline méridionale.

641. CHOIN à corymbe. Dict. suppl.
C. à tige triangulaire feuillée, panicules corymbiformes latérales & terminales, épillets cylindriques-subulés.
Lieu nat. Surinam, l'Ile de Java.

642. CHOIN cornicalé Dict. suppl.
C. à tige triang. feuillée, corymb. alternes composés très-lâches, épillets corniculés arist.
Lieu nat. la Floride, la Caroline.

643. CHOIN axillaire. Dict. suppl.
C. à tige triangulaire feuillée, corymbes très petits alternes axillaires, épillets ramassés.
Lieu nat. la Caroline.

644. CHOIN de Virginie. Dict. n°. 14.
C. à tige triangulaire feuillée, fl. en faisceau, feuilles planes, pédoncules latéraux geminés.
Lieu nat. la Virginie.

645. CHOIN brillé. Dict. n°. 8.
C. à tige cylindrique feuillée, gaines brunes, épillets pédonculés aristés; les supér. geminés.
Lieu nat. le Cap de Bonne Espérance.

646. CHOIN bromoïde. Dict. n°. 7.
C. à tige cylindrique feuillée, épillets pédonculés solitaires épais aristés.
Lieu nat. le Cap de Bonne-Espérance.

Explication des fig.

Tab. 18. fig. 1. CHOIN noirâtre. (a) Feuilles radicales. (b) Sommité de la tige avec les fleurs en rés.
Tab. 18. fig. 2. CHOIN marisque. Tab. 18. fig. p. Fleur de Choin, selon Linné.

91. SCIRPE.

Caract. essent.

Paillettes glumacées, embriquées de toute part. Cor. O. 1. semence nue.

Caract. nat.

Cal. épi embriqué de toute part; écailles ovales planes, courbées en-dedans, séparant les fleurs.
Cor. nulle.
Etam. trois filamens, devenant plus longs que les écailles. Anthères oblongues.

Botanique. Tom. 4.

---

640. SCHOENUS millaceus.
S. culmo triquetro folioso, paniculis lateralibus & terminalibus, flos. distinctis pedicellatis.
E Carolina merid. D. Fraser.

641. SCHOENUS farinamensis. Rottb.
S. culmo triquetro folioso, paniculis corymbosis lateralibus & terminalibus, spiculis cylindrico-subulatis.
E Surinamo. Rottb. & ex Java. Commers.

642. SCHOENUS corniculatus.
S. culmo triquetro fol., corymb. alternis compositis laxissimis, spiculis corniculatis aristatis.
E Florida, Carolinia.

643. SCHOENUS axillaris.
S. culmo triquetro folioso, corymbi minimis alternis axillaribus, spiculis confertis.
E Carolinia. D. Fraser.

644. SCHOENUS glomeratus.
S. culmo triquetro folioso, fl. fasciculatis, foliis planis, pedunculis lateralibus geminis. L.
E Virginia.

645. SCHOENUS ustulatus.
S. culmo tereti folioso, vaginis fuscis, spiculis pedunculatis aristatis: superioribus geminis.
E Capite Bonae Spei.

646. SCHOENUS bromoides.
S. culmo tereti folioso, spiculis pedunculatis solitariis crassis aristatis.
E Capite Bonae Spei.

Explicatio iconum.

Tab. 18. fig. 1. SCHOENUS nigricans. (a) Folia radicalia. (b) Summitas culmi cum fl. capitulo. Fig. ex Sieu.
Tab. 18. fig. 2. SCHOENUS marisus. Tab. 18. fig. 1. Flos Schoeni, ex Lin. Amœn. acad.

91. SCIRPUS.

Charact. essent.

Gluma paleacea, undique imbricata. Cor. O. semen imberbe.

Charact. nat.

Cal. Spica undique imbricata: squamis ovatis plano-inflexis, flores distinguentibus.
Cor. nulla.
Stam. Filamenta tria tandem (squamis) longiora. Antherae oblongae.

S

Pist. un ovaire supérieur, très-petit. Style filiforme long. Trois stigmates capillaires.
Peric. nul.
Sem. une seule, ovale, trigone, one, ou environnée de poils plus courts que le calice.

Pist. Germen superum, minimum. Stylus filiformis longus. Stigmata tria capillaria.
Peric. nullum.
Sem. unicum, ovatum, triquetrum, nudum,
vel villis calyce brevioribus cinctum.

Tableau des espèces.

Conspectus specierum.

* Un seul épi.

* Spica unica.

647. SCIRPE à trois styles. Dict.
S. à tige cylindr. nue, épi cylindr. à écailles
lancéolées ayant leur base latérale membr.
Lieu nat. les Indes Orientales. ꝛ

647. SCIRPUS trigynus.
S. culmo tereti nudo, spica cylindrica squa-
mis lanceolatis basi laterali membranaceis. L.
Ex India orientali. ꝛ

648. SCIRPE en spirale. Dict.
S. à tige triangulaire presque nue, épi cylindrique terminal, écailles cunéiformes tronquées disp. en spirale.
Lieu nat. le Malabar.

648. SCIRPUS spiralis. Roth.
S. culmo triquetro subnudo, spica cylindrica terminali, squamis cuneiformibus truncatis spiraliter dispositis.
E Malabaria.

649. SCIRPE geniculé. Dict.
S. à tige cylindr. nue, épi oblong terminal,
écailles ovales convexes un peu carinées.
Lieu nat. Cayenne, la Jamaïque.

649. SCIRPUS geniculans.
S. culmo tereti nudo, spica oblonga terminali,
squamis ovalibus convexis subcarinatis.
E Cayenna, Jamaica. D. Stoupy.

650. SCIRPE des marais. Dict.
S. à tige cylindr. nue, épi terminal ovale-
oblong un peu pointu, écailles lancéolées.
Lieu nat. les marais de l'Europe. ꝛ

650. SCIRPUS palustris. L. 18. f. 1.
S. culmo tereti nudo, spica terminali ovato-
oblonga subacuta, squamis lanceolatis.
· Ex Europae paludibus. ꝛ

651. SCIRPE filiforme. Dict.
S. à tige filiforme un peu anguleuse nue,
épi terminal ovale, écailles obtuses.
Lieu nat. l'Amérique Septentrionale.

651. SCIRPUS filiformis.
S. culmo filiformi subangulato nudo, spica
terminali ovata, squamis obtusis.
Ex America septentrionali.

652. SCIRPE en tête.
S. à tige cylindrique nue sétiforme, épi
terminal presque globuleux.
Lieu nat. l'Amérique.

652. SCIRPUS capitatus.
S. culmo tereti nudo setiformi, spica sub-
globosa terminali. L.
Ex America. Sc. Caribaeus. Roth.

653. SCIRPE en épingle. Dict.
S. à tige cylindrique, nue sétiforme, épi
ovale terminal à deux valves : valves plus
courtes que l'épi.
Lieu nat. l'Eur., dans les fanges, les eaux vives.
* s'en possède des variétés du Brésil & du Pérou.

653. SCIRPUS acicularis.
Sc. culmo tereti nudo setiformi, spica ovata
terminali bivalvi : valvulis spica brevioribus.

Ex Europa, in odis & aquis vivis.
· Varietates possideo è Brasilia, & Peru.

654. SCIRPE des gazons. Dict.
S. à tige nue strice, épi terminal bivalve
pauciflore, valves plus longues que l'épi.
Lieu nat. les gazons des marais ombragés
de l'Europe.

654. SCIRPUS caspitosus.
S. culmo nudo striato, spica terminali bivalvi pauciflora, valvulis spica longioribus.
ex Europae paludibus caespitosis sylvaticis. ꝛ

655. SCIRPE flottant. Dict.
S. à tige feuillée foible, pedoncules alternes
nuds cylindriques, épis terminaux très-
petits pauciflores.
Lieu nat. la France, l'Angl. aux lieux humides.

655. SCIRPUS fluitans.
S. caule foliofo flaccido, pedunculis alternis
nudis teretibus, spicis terminalibus minimis
pauciflorus.
Ex Gallia, Angliae udis.

656. SCIRPE *pigmé.* Did.
S. à tige fétiforme nue un peu anguleuse, épi terminal nud presqu'uniflore.
Lieu nat. les Indes orientales.

657. SCIRPE *lappacée.* Did.
S. à tige triangulaire presque nue, tête terminale solitaire ayant une collerette, bâles firicée recourbées.
Lieu nat. l'Inde. *pl d'un pouce de haut.*

** *Epilets tous seffiles, & ramassés en un seul paquet.*

658. SCIRPE *rude.* Did.
S. à tige triangulaire nue sétacée, épillets ternés seffiles ovales squarreux.
Lieu nat. les Indes orientales.

659. SCIRPE *de Micheli.* Did.
S. à tige triangulaire nue, tête composée globuleuse, collerette longue polyphylle.
Lieu nat. l'Italie, la France.

660. SCIRPE *de Vhal.* Did.
S. à tige triangulaire presque nue, épillets oblongs fasciculés en tête, collerette polyphyle étracée fort longue.
Lieu nat. l'Espagne ; *ressemble au cyperus pygmaeus* de Rotth.

661. SCIRPE *couché.* Did.
S. à tige nue cylindrique, épillets seffiles glomerulés vers le milieu des tiges.
Lieu nat. dans les environs de Paris, aux lieux humides.

662. SCIRPE *fétacé.* Did.
S. à tige nue sétacée, épillets très-petits seffiles situés en-dessous du sommet de la tige.
Lieu nat. l'Europe, dans les lieux humides & couverts. ⊙

663. SCIRPE *pubescent* Did.
S. à tige triangulaire feuillée, épillets ovales ramassés seffiles.
Lieu nat. la Barbarie.

664. SCIRPE *à trois épis.* Did.
S. à tige nue sétacé, épillets ternés seffiles, collerette diphylle.
Lieu nat. le Cap de Bonne-Espérance.

665. SCIRPE *argenté.* Did.
S. à tiges sétacées triangulaires : collerette de quatre folioles fort longues, épis cylindriques nombreux ramassés en tête.
Lieu nat. le Malabar.

---

656. SCIRPUS *pigmaei.*
S. culmo setiformi nudo subangulato, spica terminali nuda subuniflora.
Ex Indis orientali. *Miss. e D. Thunb.*

657. SCIRPUS *lappaceus.*
S. culmo triquetro subnudo, capitulo terminali solitario involucrato, glumis firtacis recurvis.
Ex India. *An var. sc. intricati.* L

** *Spicula omnes seffiles, in fasciculo unico glomerata.*

658. SCIRPUS *squarrosus.* t. 38. f. 3.
S. culmo triquetro nudo setaceo, spicis ternis seffilibus ovatis squarrosis. l. mant. 181.
Ex India orientali. *Rotth. n° 63.*

659. SCIRPUS *michelianus.*
S. culmo triquetro nudo, capitulo globoso composito, involucro polyphyllo longo.
Ex Italia, Gallia.

660. SCIRPUS *Vhalii.*
S. culmo triquetro subnudo, spiculis oblongis fasciculato-capitatis, involucro polyphillo setaceo praelongo.
Ex Hispania. *Commun. D. Vahl.*

661. SCIRPUS *supinus.*
S. culmo tereti nudo, spicis seffilibus in medio culmo glomeratis. L.
in humidis, circa Parisios.

662. SCIRPUS *setaceus.*
S. culmo nudo setaceo, spiculis minimis seffilibus sub apice culmi.
Ex Europa humidis & umbrosis. ⊙

663. SCIRPUS *pubescens.*
S. culmo triquetro foliofo, spiculis ovatis congestis seffilibus pubescentibus.
E Barbaria. *Carex pubescens. D. Poiret. it.*

664. SCIRPUS *triflachyos.*
S. culmo nudo setaceo, spicis ternis seffilibus, involucro diphyllo. Rotth. n° 64, t. 13, f. 4.
E Capite B. Spei.

665. SCIRPUS *argenteus.*
S. culmis setaceis triquetris: involucro tetraphyllo longissimo : spicis cylindricis plurimis in capitulum glomeratis. Rotth.
E Malabaria.

S s

666. SCIRPE barbu. Did.
S. à tiges filacées triangulaires, gaines barbues à leur orifice, épillets fasciculés en tête terminale.
Lieu nat. l'Inde. *Coller. courte, quelquefois nulle.*

667. SCIRPE de Sparman. Did.
S. à tige anguleuse nue, épillets ternés sessiles nuds terminaux.
Lieu nat. l'Afrique.

668. SCIRPE du Sénégal. Did.
S. à tige anguleuse presque nue, épillets terminaux sessiles glomerolés garnis d'une collier.
Lieu nat. le Sénégal. *Epillets blancs.*

669. SCIRPE des Hottentots. Did.
S. à tige triangulaire feuillée, tête globuleuse, paillettes lancéolées hérissées.
Lieu nat. le Cap de Bonne-Espérance.

670. SCIRPE anterrique. Did.
S. à tige triangulaire nue, tête globuleuse composée, collerette monophylle.
Lieu nat. le Cap de Bonne-Espérance. ♃

671. SCIRPE à grosse tête. Did.
S. à tige triangulaire presque feuillée, épillets très-nombreux ramassés en une grosse tête, collerette fort longue.
Lieu nat. Cayenne, Surinam.

672. SCIRPE muronné. Did.
S. à tige triangulaire nue acuminée, épillets glomerulés sessiles latéraux.
Lieu nat. l'Europe & les deux Indes.

673. SCIRPE articulé. Did.
S. à tige cylindrique presque nue semi-articulée, tête glomerulée latérale.
Lieu nat. le Malabar.

674. SCIRPE austral. Did.
S. à tige cylindrique nue, tête conglobée, bractée réfléchie, feuilles canaliculées.
Lieu nat. l'Europe australe.

* * * Epillets ou paquets d'épillets pédonculés.

675. SCIRPE à têtes rondes. Did.
S. à tige cylindrique nue, épis globuleux pédonculés glomerulés, collerette diphylle inégale muctonée.
Lieu nat. l'Europe australe. ♃
♀ Il varie à deux têtes, dont une sessile ; & à une seule tête.

666. SCIRPUS barbatus. L.
S. culmis setaceis triquetris, vaginis ore barbatis, spiculis fasciculato-capitatis terminalibus.
Ex India. S. barbatus. Rom. n°. 68.

667. SCIRPUS spermanni.
S. culmo angulato nudo, spicis terminalibus ternis sessilibus nudis.
Ex Africa. Sc. trispicatus. L. f. suppl. 103.

668. SCIRPUS Senegalensis.
S. culmo angulato subnudo, spiculis terminalibus sessilibus glomeratis invo lucratis.
E Senegalo. D. Roussillon.

669. SCIRPUS Hottentottus. L.
S. culmo triquetro folioso, capitulo globoso composito, glumis lanceolatis hirtis.
E Capite Bone Spei.

670. SCIRPUS antarcticus.
S. culmo triquetro nudo, capitulo globoso composito monophyllo.
E Cap. Bone Spei. ♃

671. SCIRPUS cephalotes L.
S. culmo triquetro subfolioso, spiculis numerosissimis in capitulum maximum glomeratis, involucro praelongo.
E Cayenna, Surinamo Rauch. t. 20.

672. SCIRPUS muronatus.
S. culmo triangulo nudo acuminato, spicis conglomeratis sessilibus lateralibus. L.
Ex Europa & Indiis utrisque.

673. SCIRPUS articulatus.
S. culmo tereti nudiusculo semi-geniculato, capitulo glomerato laterali. L. Rom. n°. 70.
E Malabaria.

674. SCIRPUS australis.
S. culmo tereti nudo, capitulo conglobato, bractea reflexa, foliis canaliculatis.
Ex Europa australi.

* * * Spiculæ vel spicularum fasciculi pedunculati.

675. SCIRPUS holoschænus.
S. culmo tereti nudo, spicis subglobosis pedunculatis glomeratis involucro, diphyllo inaequali mucronato.
Ex Europa australi. ♃
ß. Variat capitulis duobus, altero sessili ; & capitulo unico.

676. SCIRPE *muriqué*. Dict.
S. à tige triangulaire feuillée, ombelle simple, têtes pédonc. presque globuleuses hérissées.
Lieu nat. la Guiane.

677. SCIRPE *renversé*. Dict.
S. à tige triangulaire, ombelle simple ; fleurettes des épillets renversées.
Lieu nat. la Virginie. ♃.

678. SCIRPE *trigone*. Dict.
S. à tige trigone nue, épillets presque sessiles & pédoncules égalant la pointe.
Lieu nat. l'Europe australe.

679. SCIRPE *enroulé*. Dict.
S. à tige trigone nue, ombelle simple feuillée, bâles subulées recourbées.
Lieu nat. l'Inde.

680. SCIRPE *dipsacé*. Dict.
S. à tiges sétacées trigones, ombelle presque simple à collerette sétacée plus petite, bâles subulées recourbées.
Lieu nat. l'Inde.

681. SCIRPE *à feuilles obtuses*.
S. à tige nue, ombelle petite presque simple ; feuilles courtes étroites glauques obtuses.
Lieu nat. l'Inde. Epillets ovales, petits.

682. SCIRPE *en cîme*. Dict.
S. à tige nue grêle un peu comprimée, ombelle ramassée en cîme composée, nue, paillettes obtuses.
Lieu nat. l'Isle de Java.

683. SCIRPE *ombellaire*.
S. à tige nue, ombelle simple terminale, collerette bivalve, très-courte.
Lieu nat. ....

684. SCIRPE *débile*. Dict.
S. à tige filiforme nue, ombelle simple appauvrie, collerette bivalve un peu ciliée plus longue que l'ombelle.
Lieu nat. l'Amér. mérid. épill. un peu roux.

685. SCIRPE *des étangs*. Dict.
S. à tige cylindrique nue, ombelle composée presque terminale, épillets ovales.
Lieu nat. l'Europe, dans les eaux stagnantes. ♃

686. SCIRPE *bivalve*. Dict.
S. à tige nue un peu comprimée, ombelle composée term. collet. bivalve très-courte.
Lieu nat. Madagascar. Epill. ovales.

676. SCIRPUS *muricatus*.
S. culmo triquetro foliofo, umbella simplici, capitulis pedunculatis subglobosis muricatis.
E Guiana. D. Stoupy.

677. SCIRPUS *retrofractus*.
S. culmo triquetro, umbella simplici; spicis rum flosculis retrofractis. L.
E Virginia. ♃

678. SCIRPUS *triqueter*.
S. culmo triquetro nudo, spicis subsessilibus pedunculisque mucronem æquantibus. L.
Ex Europa australi.

679. SCIRPUS *intricatus*.
S. culmo triquetro nudo ; umbella foliola simplici, glumis subulatis recurvis;
Ex India orientali.

680. SCIRPUS *dipsaceus*.
S. culmis setaceis triquetris, umbella subsimplici involucro setaceo majore, glumis subulatis recurvis.
Ex India. Juss. St. dipsaceus. Rottb. n°. 75.

681. SCIRPUS *obtusifolius*.
S. culmo nudo, umbella parva subsimplici; foliis brevibus angustis glaucis obtusis.
Ex India. spicula ovata, parva.

682. SCIRPUS *cymosus*.
S. culmo nudo tenui subcompr., umb. cymosa congesta composita, nuda, glumis obtusis.

Ex Java. Commerf.

683. SCIRPUS *umbellaris*.
S. culmo nudo, umbella terminali simplici; involucro bivalvi brevissimo.
L. n. ....

684. SCIRPUS *debilis*.
S. culmo filiformi nudo, umbella simplici depauperata, involucro bivalvi subciliato umbella longiore. *
Ex America merid. Comm. a. d. Richard. en S. ferrugineus. L.

685. SCIRPUS *lacustris*.
S. culmo tereti nudo, umbella composita subterminali, spiculis ovatis.
Ex Europa, in aquis stagnantibus. ♃

686. SCIRPUS *bivalvis*.
S. culmo nudo subcompresso, umbella terminali composita, involucro bivalvi brevissimo.
Ex Madagascaria. D. Jos Mart.

687. SCIRPE de Caroline. Dict.
S. à tige nue, filiforme un peu trigone, ombelle composée, collerette diphylle un peu longue.
Lieu nat. la Caroline.

688. SCIRPE dichotome. Dict.
S. à tige triangulaire nue, ombelle sur-composée, feuilles velues.
Lieu nat. l'Inde, l'Isle de France.

689. SCIRPE annuel. Dict.
S. à tige triangulaire nue à peine plus longue que les feuilles, ombelle composée feuillée termin.
Lieu nat. l'Italie.

690. SCIRPE milliacé. Dict.
S. à tige triangulaire nue, ombelle sur-composée, épillets intermediaires sessiles, collerette setacée.
Lieu nat. l'Inde. Epillets très-petits.

691. SCIRPE rouge-brun. Dict.
S. à tige triangulaire nue, ombelle composée lâche, épillets ovales rouge-brun.
Lieu nat. la Jamaïque, Cayenne.

692. SCIRPE à gros épillets. Dict.
S. à tige triang. ombelle composée feuillée, épillets épais glomerulés sessiles.
Lieu nat. l'Europe, dans les fossés aquatiques. ⚥

693. SCIRPE glauque. Dict.
S. à tige triangulaire feuillée, ombelle composée un peu paniculée, épillets pedicellés.
Lieu nat. le Sénégal.

694. SCIRPE des bois. Dict.
S. à tige triangulaire feuillée, ombelle feuillée, pedoncules nuds sur-composés, épillets ramassés.

Lieu nat. les bois humides de l'Europe. ⚥

695. SCIRPE reticulé. Dict.
S. à tige gladiée nue rude, ombelle composée feuillée, folioles de la coller. reticulées à leur surface.
Lieu nat. la Caroline.

696. SCIRPE visqueux. Dict.
S. à tige comprimée, ombelle composée feuillée, épillets en tête ovale, écailles striées sur le dos.
Lieu nat. la Jamaïque, Cayenne. ⚥ Il varie à feuilles canaliculées & à f. planes.

687. SCIRPUS Carolinianus.
S. culmo nudo subtriquetro filiformi, umbella composita, involucro diphyllo longiusculo.
E Carolinia D. Fraser.

688. SCIRPUS dichotomus.
S. culmo triquetro nudo, umbella decomposita, foliis hirsutis.
Ex India, Insula Franciæ.

689. SCIRPUS annuus.
S. culmo triquetro nudo foliis vix longiore, umbella composita foliosa terminali.
Ex Italia. S. annuus. Allion. fl. ped.

690. SCIRPUS miliaceus.
S. culmo triquetro nudo, umbella supradecomposita, spicis intermediis sessilibus, involucro setaceo. L.
Ex India. Ronn. t. 5. f. 2.

691. SCIRPUS spadiceus.
S. culmo nudo, umbella composita laxa, spiculis ovatis spadiceis.
Ex Jamaïca, Cayenna. Sloan. hist. 1. t. 76. f. 2.

691. SCIRPUS macrostachyos.
S. culmo triquetro, umbella composita foliosa; spiculis crassis glomeratis sessilibus.
Ex Eur. in fossis aquaticis. ⚥ S. maritimus. L.

693. SCIRPUS glaucus.
S. culmo triquetro folioso, umbella composita subpaniculata, spiculis pedicellatis.
E Senegal. D. Roussillon. procid. officin.

694. SCIRPUS sylvaticus. t. 18. f. 2.
S. culmo triquetro folioso, umbella foliacea; pedunculis nudis supradecompositis, spicis confertis. L.
Ex Europæ sylvis humentibus. ⚥

695. SCIRPUS reticulatus.
S. culmo gladiato nudo aspero, umbella composita foliacea, involucri foliis superficie reticulatis.
E Carolinia. D. Fraser.

696. SCIRPUS viscosus.
S. culmo compresso, umbella composita foliosa, spiculis capitato-ovalibus, squamdorso striatis.
E Jamaïca, Cayenna. ⚥ Cyperus viscosus. L.
Kew. 79. Variat. foliis canaliculatis & f. planis.

Explication des fig.

Tab. 18. fig. 1. Scirpe des marais, Tab. 18. fig. 2.
Scirpe des bois. (a) Panicule dépourvue mal-à propos des grandes folioles de la collerette. (b) Epillet séparé & grossi. (c, d, e) Etamines & pistil. (f, g) Sem. espace 4 poils courts à leur base.

Tab. 18. fig. 3. Scirpe rude. Tab. 18. fig. 4. Fructification du Scirpe.

91. SOUCHET.

Caract. essent.

PAILLETTES. glumacées embriquées sur deux rangées, Cor. O. 1. sem. nue.

Caract. nat.

Cal. épi (ou épillet) embriqué sur deux rangées à écail. ovales, carinées, conv., disting. les B.
Cor. nulle.
Etam. Trois filaments très-courts. Anthères oblongues, sillonnées.
Pist. un ovaire supérieur, très-petit. Style filiforme très long. Trois stigmates capillaires.
Peric. nul.
Sem. une seule, trigone, acuminée, nue.

Tableau des espèces.

* A tige cylindrique.

697. SOUCHET articulé. Dict.
  S. à tige cylindrique nue articulée, ombelle composée nue.
  Lieu nat. la Jamaïque. ꝶ
  a. Le même à ombellules paniculées, épillets une fois plus longs. De l'Isle de Bourbon.

698. SOUCHET nain. Dict.
  S. à tige cylindrique nue, épillets au-dessous du sommet.
  Lieu nat. la Jamaïque, & l'Afrique.

699. SOUCHET pigmé. Dict.
  S. à tige presque cylindrique nue à peine d'un pouce, épillet sessile au-dessous du sommet, écailles striées.
  Lieu nat. le Cap de Bonne-Espérance

700. SOUCHET délicat. Dict.
  S. à tige nue sétacée, épillets solitaires & geminés sessiles.
  Lieu nat. le Cap de Bonne-Espérance.

Explicatio iconum.

Tab. 18. fig. 1. Scirpus palustris. Tab. 18. fig. 2. Scirpus sylvaticus. (a) Panicula foliolis amperioribus involucri perperam detrucis. (b) Spicula separata & aucta. (c, d, e) Stamina & pistillum. (f, g) Semen vitio 4 brevibus cinctum. Fig. ex Lœers.

Tab. 18. fig. 3. Scirpus squarrosus. Ibid. f. 4. Fructificatio Scirpi. Ex Amœn. acad. Linn.

93. CYPERUS.

Charact. essent.

GLUMA paleaceæ distichè imbricatæ, Cor. O. Sem. 1. nudum.

Charact. nat.

Cal. Spica (f. spicula) distichè imbricata: squamis ovatis carinatis convexis, B. distinguentibus.
Cor. nulla.
Stam. Filamenta tria brevissima. Anth. oblongæ sulcatæ.
Pist. germen superum, minimum. Stylus filiformis longissimus. Stigmata tria capillaria.
Peric. nullum.
Sem. unicum, triquetrum, acuminatum, nudum.

Conspectus specierum.

* Culmo tereti.

697. CYPERUS articulatus.
  C. culmo tereti nudo articulato, umbella composita nuda.
  Ex Jamaica. ꝶ
  a. Idem umbellulis paniculatis, spiculis duplo longioribus. Ex inf. Mauritiana.

698. CYPERUS minimus.
  C. culmo tereti nudo, spicis sub apice. L.

  Ex Jamaica, Africa.

699. CYPERUS pygmæus.
  C. culmo teretiusculo nudo vix unciali, spica sessili sub apice, squamis striatis.
  E Cap. Bonæ Spei. An c. lateralis. Suppl. 102.

700. CYPERUS tenellus.
  C. culmo nudo setaceo, spicis solitariis geminisque sessilibus. Suppl. 103.
  E Cap. Bonæ Spei.

701. SOUCHET *ponctué.* Dict.
S. à tige cylindrique nue garnie de gaîne à sa base, épillets sessiles capités prolifères, écailles panachées par des points.
Lieu nat. le Cap de Bonne-Espérance.

702. SOUCHET *de Monti.* Dict.
S. à tige cylindrique, ombelle surcomposée, feuilles à carène lisse.
Lieu nat. l'Inde; naturalisé en Italie.

703. SOUCHET *rampant.* Dict.
S. à tige demi-cylindrique, ombelle surcomposée feuillée, épillets alternes serrés en plumes pauciflores.
Lieu nat. Java. *Épillets courts pointus.*

* Tige triangulaire.

704. SOUCHET *à un épi.* Dict.
S. à tige triangulaire nue, épi simple ovale terminal; écailles mucronées.
Lieu nat. l'Inde.

705. SOUCHET *lisse.* Dict.
S. à tige trigone nue, à tête d'épillets diphylle, écailles lisses.
Lieu nat. le Cap de Boone-Espérance.

706. SOUCHET *compacte.* Dict.
S. à tige triangulaire nue, tête terminale presque tryphylle, écailles striées un peu obtuses.
Lieu nat. l'Isle de Madagascar.

707. SOUCHET *de Hongrie.* Dict.
S. à tige trigone couchée, épillets sessiles ramassés presqu'au nombre de quatre.
Lieu nat. la Hongrie, l'Espagne. ☉

708. SOUCHET *fasciculé.* Dict.
S. à tige triangulaire, ombelle composée fasciculée capitée feuillée, épillets lin. pointus.
Lieu nat. la Barbarie.
β. Le même ayant tous les épillets presque sessiles.
De l'Inde.

709. SOUCHET *jaunâtre.* Dict.
S. à tige triangulaire presque nue, ombelle composée tryphylle, épillets lancéolés,
Lieu nat. l'Europe. ♂

710. SOUCHET *brun.* Dict.
S. à tige triangulaire presque nue, ombelle composée triphy., épillets ramassés linéaires.
Lieu nat. l'Europe. ☉

701. CYPERUS *punctatus.*
C. culmo tereti nudo basi vaginato, spiculis sessilibus capitatis proliferis, squamis puncto-variegatis.
E Cap. Bonæ Spei.

702. CYPERUS *Monti.*
C. culmo tereti, umbella supradecomposita, foliis carina lævibus. L. f. suppl. 102.
Ex India; nunc indigena Italiæ.

703. CYPERUS *pennatus.*
C. culmo semi-tereti, umbella supradecomposita foliosa, spiculis alternis confertis pennatis, paucifloris.
Ex Java. *Commers.*

* Culmo triquetro.

704. CYPERUS *monostachyos.*
C. culmo triquetro nudo, spica simplici ovata terminali : squamis mucronatis. L.
Ex India. Roth. t. 15. f. 3.

705. CYPERUS *lævigatus.*
C. culmo triquetro nudo, capitulo diphyllo; floribus lævigatis. L.
E Cap. B. Spei. ♃ Roth. t. 16. f. 2.

706. CYPERUS *compactus.*
C. culmo triquetro nudo, capitulo terminali subtriphyllo, squamis striatis obtusiusculis.
E Madagascaria. *Commers.* Spicula ovata compr.

707. CYPERUS *pannonicus.*
C. culmo triquetro decumbente, spiculis sessilibus aggregatis subquaternis.
Ex Hungaria, Hispania. ☉ Spicula fusca.

708. CYPERUS *fascicularis.* T. 38. f. 1.
C. culmo triquetro, umbella composita fasciculato-capitata fol., spiculis linearibus acutis.
E Barbaria. D. Poiret.
β. Idem. Spiculis omnibus subsessilibus. Pluk. t. 416. f. 6.

709. CYPERUS *flavescens.* T. 38. f. 1.
C. culmo triquetro subnudo, umbella composita triphylla, spiculis lanceolatis.
Ex Europa. ♂

710. CYPERUS *fuscus.*
C. culmo triquetro subnudo, umbella composita triphylla, spiculis confertis linearibus.
Ex Europa. ☉

711. SOUCHET *long.*
S. à tige triangulaire feuillée, ombelle feuillée furcompofée, pedoncules nuds, épillets alt.
Lieu nat. la France, l'Italie, l'Efpagne. ♃

712. SOUCHET *comeftible.* Dict.
S. à tige triangulaire nue, ombelle feuillée tubéroſités des racines ovales : à zones embr.
Lieu nat. l'Italie, le Levant. ♃

713. SOUCHET *rond.* Dict.
S. à tige triangulaire prefque nue, ombelle compofée, épillets linéaires alternes.
Lieu nat. l'Inde, l'ifle de Java.
β. Le même à tige plus épaiſſe, épillets plus grands.

714. SOUCHET *fquarreux.* Dict.
S. à tige triangulaire nue, ombelle feuillée glomerulée, épillets ftriées fquarreux.
Lieu nat. l'Afie.

715. SOUCHET *luifant.* Dict.
S. à tige triangulaire nue, ombelle compofée tétraphylle, épillets lancéolés luifans ramaffés digités.
Lieu nat. l'Inde.

716. SOUCHET *divergent.* Dict.
S. à tige triangulaire, ombelle compofée ramaffée prefque triphylle, épillets linéaires appluis divergens.
Lieu nat. l'Inde.

717. SOUCHET *fleurs-menues.* Dict.
S. à tige triangulaire, ombelle compofée feuillée, épillets linéaires très-étroites, aigus.
Lieu nat. l'Inde. Epillets alternes.

718. SOUCHET *ramaſſé.* Dict.
S. à tige triangulaire, ombelle furcompofée ramaffée feuillée, épillets menus poinus alter.
Lieu nat. l'Inde.

719. SOUCHET *difforme.* Dict.
S. à tige triangulaire prefque nue, ombelle diphylle, épillets linéaires glomerulés, écailles obtufes.
Lieu nat. l'Inde.

720. SOUCHET *panicoïde.* Dict.
S. à tige triangulaire, ombelle furcompofée triphylle, épillets linéaires, fleurs alt, diftantes très-obtufes.
Lieu nat. l'Inde.
Botanique. Tome I.

711. CYPERUS *longus.*
C. culmo triquetro foliofo, umbella foliofa fupra decompofita, pedunc. nudis, fpicis alt.
E Gallia, Italia, Hifpania. ♃

712. CYPERUS *efculentus.*
C. culmo triquetro nudo, umbella foliofa : radicum tuberibus ovatis : zonis imbricatis. L.
Ex Italia, Oriente. ♃

713. CYPERUS *rotundus.*
C. culmo triquetro fubnudo, umbella decompofita, fpicis alternis linearibus. L.
Ex India, Java. Comm. C. Roth. t. 14. f. 2.
a. Id. culmo craſſiore, fpiculis majoribus. C. procerus. Roth. n°. 37.

714. CYPERUS *fquarrofus.*
C. culmo triquetro nudo, umbella foliofa glomerata; fpicis ftriatis fquarrofis. L.
Ex Afia.

715. CYPERUS *nitidus.*
C. culmo triquetro nudo, umbella compofita tetraphylla, fpiculis lanceolatis nitidis congefto-digitatis.
Ex India. C. pumilus. Roth. t. 9. f. 4.

716. CYPERUS *divaricatus.*
C. culmo triquetro, umbella compofita conferta fub-triphylla, fpiculis linearibus complanatis divaricatis.
Ex India. Sonnerat.

717. CYPERUS *tenuiflorus.*
C. culmo triquetro, umbella decompofita foliofa, fpiculis linearibus acutis anguftiſſimis.
Ex India. Roth. t. 14. f. 2. Burm. Ind. t. 8. f. 2.

718. CYPERUS *confertus.*
C. culmo triquetro umbella, decomp. conferta foliofa, fpiculis tenuibus acutis alternis.
Ex India. Sonner.

719. CYPERUS *difformis.*
C. culmo triquetro fubnudo, umbella diphylla; fpicis linearibus glomeratis, fquamis obtufis.
Ex India. Roth. t. 9. f. 2. Plak. t. 417. f. 5.

720. CYPERUS *panicoïdes.*
C. culmo triquetro, umbella decompofita triphylla, fpiculis linearibus, floribus alternis remotis obtufiſſimis.
Ex India. Sonner. an. C. ferotinus? Roth. t. 9. f. 3.
T

711. SOUCHET *effilé*. Did.
S. à tige un peu triangulaire, ombelle comp.
lég. glomerulée triphylle, feuilles effilées
étroites canaliculées.
Lieu nat. l'Isle de Java. *Collerette fort longue.*

711. CYPERUS *strictus.*
C. culmo subtriquetro, umbella composita
subglomerata triphylla, foliis strictis angustis
canaliculatis.
Ex Java. *Commerf. aff. C. conglomerato Rottb.*

712. SOUCHET *amoureux.* Did.
S. à tige triangulaire nue, ombelle composée
feuillée, épillets glomerulés, écailles un
peu pointues.
Lieu nat. l'Amérique merid. ♃
* *Il varie dans la grandeur de ses épillets.*

712. CYPERUS *eragroftis.*
·C. culmo triquetro nudo, umbella composita
foliosa, spiculis glomer. squamis acutiusculis.
En America merid. ♃ *C. compreffus. Jacq.*
Hort. 3. t. 11.
* *Varias magnitudine spicularum.*

713. SOUCHET *comprimé*. Did.
S. à tige triangulaire nue, ombelle presque
tétraphylle, épillets comprimés d'un verd
blanchâtre, écailles mucronées.
Lieu nat. les deux Indes.

713. CYPERUS *compreffus.*
C. culmo triquetro nudo, umbella subtetra-
phylla, spiculis compreffis è viridi albidis,
glumis mucronatis.
Ex utrisque Indiis. *Rottb.* t. 9. f. 1.

714. SOUCHET *blanchâtre*. Did.
S. à tige triangulaire, ombelle simple triphylle,
épillets glomerulés blanchâtres, écailles lisses.
Lieu nat. l'Inde.

714. CYPERUS *albidus.*
C. culmo triquetro, umbella simplici triphylla,
spiculis conglomeratis albidis, squamis laevib.
Ex India. *Sonner. aff. C. cruento Rottb.*

715. SOUCHET *de Malacca*. Did.
S. à tige triangulaire, ombelle paniculée,
collerette très longue, épillets linéaires un
peu cylindriques, écailles obtuses.
Lieu nat. la presqu'Isle de Malacca. *Panic. petites.*

715. CYPERUS *Malaccenfis.*
C. culmo triquetro, umbella paniculata, involucro longiffimo, spiculis linearibus subteretibus, squamis obtusis.
Ex Malacca. *Sonner. An. Cyp.* n°. 52. *Rottb.*
excluf. fyonymis.

716. SOUCHET *à épis gréles*. Did.
S. à tige triangulaire nue, ombelle composée
feuillée, épillets cylind. subulés horisontaux.
Lieu nat. la Jamaïque, Cayenne. *Sloopy.*

716. CYPERUS *ftrigofus.*
C. culmo triquetro nudo, umbella composita
foliosa, spiculis tered. subulatis horisontalibus.
Ex Jamaica, Cayenna. *Sloan. hift.* 1. t. 74. f. 1.

717. SOUCHET *à fleurs diftantes.* Did.
· S. à tige triangulaire nue, ombelle feuillée
furcompofée, épillets alternes filiformes-
fubulés, fleurs diftantes.
Lieu nat. l'Inde, le Malabar.

717. CYPERUS *diftans.*
C. culmo triquetro nudo, umbella foliosa
supradecompofita, spiculis alternis filiformi-
fubulatis, flosculis diftantibus.
Ex India, Malabaria. *Rottb.* t. 10.

718. SOUCHET *haspan*. Did.
S. à tige triangulaire nue, ombelle fur-
compofée, épillets en ombelle feffiles.
Lieu nat. l'Inde, l'Ethiopie. ♃

718. CYPERUS *haspan.*
C. culmo triquetro foliofo, umbella suprade-
compofita, spiculis umbellato feffilibus. Lin.
Ex India, Æthiopia. ♃

719. SOUCHET *iria*. Did.
S. à tige triangulaire demi-nue, ombelle feuillée
furcompofée, épillets altern. à grains diftincts.
Lieu nat. l'Inde, la Chine.

719. CYPERUS *iria.*
C. culmo triquetro semi-nudo, umbella fo-
liofa decompofita, spiculis alt. granis dift. L.
Ex India, China.

730. SOUCHET *lâche*. Did.
S. à tige triangulaire nue, ombelle feuillée
très-lâche, épillets un peu ramaffés rares squar.
Lieu nat. Cayenne, le Bréfil. *Epillets verdâtres.*

730. CYPERUS *laxus.*
C. culmo triquetro nudo, umbella foliofa
laxiffima, spiculis fubaggregatis raris fquarrofis.
E Cayenna, Brafilia. *Sloan. hift.* 1. t. 75. f. 1.

731. SOUCHET *flabelliforme*. Dict.
8. à tige trigone nue, collerette très-grande
polyphylle ; à folioles alternes, pédoncules
axillaires corymbiferes.
Lieu nat. l'Isle de Madag. *Collet. de 20 à 25 fo-*
lioles planes emff. alt. très-rapprochées entr'elles.

731. CYPERUS *flabelliformis*. R.
C. culmo triquetro nudo, involucro maximo
polyphylo : foliolis alternis, pedunculis co-
rymbiferis axillaribus.
Ex Madagascaria..Cyp. alternifolius. L. *Cyp.*
flab. Roxb. n°. 17. t. 12. f. 1.

732. SOUCHET *d'Egypte*. Dict.
S. à tige trigone nue, ombelle plus longue
que les collerettes : rayons engaînés à leur
base, épillets subulés.
Lieu nat. l'Egypte, Madagascar.

732. CYPERUS *papyrus*.
C. culmo triquetro nudo, umbella involucris
longiore, radiis basi vaginatis, spiculis subulatis.
Ex Ægypto, Madagascaria.

733. SOUCHET *prolifere*. Dict.
S. à tige trigone nue, ombelle plus longue que
la collerette, rayons très-nombreux, épillets
très-petits, proliferes.
Lieu nat. l'Isle de France. *Epillets ovales.*

733. CYPERUS *prolifer*.
C. culmo triquetro nudo, umbella involucro
longiore, radiis numerosissmis, spiculis minimis proliferis.
Ex insula Franciæ. Jos. Martin.

734. SOUCHET *à longs épis*. Dict.
S. à tige triangulaire, ombelle composée fort
ample, épillets linéaires arqués très-longs,
écailles un peu obtuses.
Lieu nat. l'Afrique. *Epillets longs de 2 pouces.*

734. CYPERUS *macrostachyos*.
C. culmo triquetro, umbella composita am-
plissima, spiculis linearibus arcuatis longissimis,
glumis obtusiusculis.
Ex Africa. spicula bipollicaris.

735. SOUCHET *jonçoide*. Dict.
S. à tige triangulaire, ombelle surcomposée
presque nue, épillets petits ramassés denticu-
sur les côtés, écailles pointues.
Lieu nat. .... *Collerette diphylla, courte.*

735. CYPERUS *juncoides*.
C. culmo triquetro, umbella decomposita
subnuda, spiculis parvis aggregatis serrato-
squarrosis, glumis acutis.
...... Senneral. Panicula junci pilosi.

736. SOUCHET *rouge-brun*. Dict.
S. à tige triangulaire, ombelle glomerulée,
collerette subulée presque triphylle, épillets
ramassés, écailles obtuses.
Lieu nat.....

736. CYPERUS *spadiceus*.
C. culmo triquetro, umbella glomerata, involucro subulato subtriphyllo, spiculis aggregatis, glumis obtusis.
...... Sonnerat.

737. SOUCHET *nud*. Dict.
S. à tige triangulaire, à collerette presque nulle.

Lieu nat. le Cap de B. Espérance. ♄

737. CYPERUS *denudatus*.
C. culmo triquetro, involucro subnullo. L.
f. suppl. 101.
E Cap. Bonæ-Spei. ♄

738. SOUCHET *polycephale*. Dict.
S. à tige triangulaire, ombelle polyphylle,
têtes ovales pedonculés, épillets ramassés
très-denses.
Lieu nat. l'Isle de Cayenne.

738. CYPERUS *polycephalus*.
C. culmo triquetro, umbella polyphylla,
capitulis ovatis pedunculatis, spiculis den-
sissimè congestis.
E Cayenna. D. *Stoupy. Roxb. t. 13. f. 2.*

739. SOUCHET *ligulaire*. Dict.
S. à tige trigone, épillets de l'ombelle oblongs
sessiles en tête, collerettes très-longues dentées
rudes au toucher.
Lieu nat. la Jamaïque, l'Afrique. *Ce n'est*
point l'Ira de Rhéede.

739. CYPERUS *ligularis*.
C. culmo triquetro, umbellæ spiculis capitatis
oblongis sessilibus, involucris longissimis
serrato-asperis. Lin. Roxb. t. 11. f. 2.
Ex Jamaica, Africa.

740. SOUCHET *alopécuroïde*. Dict.
S. à tige triangulaire, ombelle surcomposée,

740. CYPERUS *alopecuroides*.
C. culmo triquetro, umbella supradecom-

T 2

épis digités oblongs, épillets très-ramassés embriqués droits.
Lieu nat. l'Arabie, la Guinée. *Collerette poly-phylle, plus longue que l'ombelle.*

Explication des fig.

Tab. 38. fig. 1. SOUCHET *foudre*. Feuilles mal représentées. Tab. 38. f. 2. SOUCHET *fasciculé*. L'ombelle composée, mais très-courte, n'est pas exprimée, les feuilles sont mal rendues. Tab. 38. f. 3. Une fleur & un épillet de Souchet, *d'après Linné*.

.94. KYLLINGE

Caract. essent.

CAL. 2-valve, inégal, 1-flore. COR. 2-valve, plus longue que le calice.

Caract. nat.

Fleurs embriquées en tête ou en épi.
CAL. bâle bivalv. à valves inég. lancéol. pointues concaves comprimées plus courtes que la cor.
COR. bâle bivalve, plus longue que le calice : valves carinées inégales divergentes au sommet ; dont l'une plus grande, lancéolée, très-pointue, pliée en deux, embrasse le bord de l'autre qui est plus courte & plus étroite.
ÉTAM. trois filamens subulés, planes. Anthères linéaires droites.
PIST. un ovaire supérieur, ovoïde, applati, renflé en l'un de ses bords. Style filiforme ; deux ou trois stigmates capillaires.
PÉRIC. nul. Les valves de la corolle conservent la semence jusqu'à sa maturité.
SEM. oblongue, trigone, nue.

Tableau des espèces.

741. KYLLINGE *monocéphale*. Dict.
K. à tige triangulaire feuillée à la base, tête globuleuse sessile, collerette fort longue 3 ou 4-phylle.
Lieu nat. Les Indes orientales.

742. KYLLINGE *à gaines*. Dict.
K. à tige garnie de gaines inférieurement, tête globuleuse sessile, collerette courte 3-phille. K. du Pérou. Dict.
Lieu nat. le Pérou, la Sénégal.

743. KYLLINGE *tricéphale*. Dict.
K. à têtes ternées glomérulées sessiles terminales.
Lieu nat. les Indes.

posita, spicis digitatis oblongis, spiculis confertissimis imbric. erectis. Halib. n° 50. t. 8. f. 2.
Ex Arabia, Guinea. *Roussillon*. In meo specimine spicula non erecta nec imbricata, *sed patentes*.

Explicatio iconum.

Tab. 38. f. 1. CYPERUS *foetiscens*. Folia male depicta. Tab. 38. f. 2. CYPERUS *fasciculatus*. Umbellam compositam at brevissimam non expressit pictor. Folia etiam mala. Tab. 38. f. 3. Flos & spicula Cyperi, *ex Linneo, in Antea. ocad.*

94. KYLLINGIA.

Charact. essent.

CAL. 2-valvis, inaequalis, 1-florus. COR. 2-valvis, calyce longior.

Charact. nat.

Flores in capitulum vel spicam imbricati.
CAL. gluma bivalvis : valvis inaequalibus lanceolatis acutis concavis compr. corolla breviore.
COR. gluma bivalvis, calyce longior, compressa : valvis carinatis, inaequalibus, apice divaricatis ; quarum altera major, lanceolata, acutissima, complicata, marginibus alteram amplectens ; altera brevior angustior.
STAM. filamenta tria, subulata, plana. Antheræ lineares erectæ.
PIST. germen superum, obovatum, complanatum, margine altero gibbum. Stylus filiformis ; stigmata duo vel tria capillaria.
PERIC. nullum, gluma corollinae ad maturitatem Semen conservant.
SEM. oblongum triquetrum nudum.

Conspectus specierum.

741. KYLLINGIA *monocephala*. T. 38. f. 1.
K. culmo triquetro basi folioso, capitulo globoso sessili, involucro subtriphyllo longissimo.
Ex Indiis orientalibus.

742. KYLLINGIA *vaginata*.
K. culmo inferne vaginato, capitulo globoso sessili, involucro brevi triphyllo. K. Peruviana. Dict.
E Peru. Domb. E Senegal. Roussillon.

743. KYLLINGIA *triceps*. T. 38. f. 2.
K. capitulis terminalibus ternis glomeratis sessilibus. L.
Ex Indiis.

744. KYLLINGE *paniée*. Diô.
K. à ombelle terminale ı épis feſſiles & pédonculés cylindriques embriqués, coller. uni-
verſelle preſque de quatre folioles, & partielle nulle.
Lieu nat. l'Inde.

745. KYLLINGE *de Cayenne*. Diô. ſuppl.
K. à ombelle terminale ı épis feſſiles & pédonculés, fleurs réfléchies, colleretie trés-
longue preſque de huit folioles.
Lieu nat. l'Iſle de Cay. Epis ovales, rouſ.

746. KYLLINGE *à ombelle*. Diô.
K. à ombelle terminale ı épis feſſiles & pédonculés cylindriques ſquarreux, coller. uni-
verſelle polyphylle, partielle triphylle.
Lieu nat. les Indes orientales.

747. KYLLINGE *incomplete*. Diô. ſuppl.
K. à tige triangulaire, ombelle compoſée
feuillée, épis oblongs feſſiles divergens en
digitations.
Elle a le port du ſouchet aloplcuroïde.

Explication des fig.

Tab. 38. f. 1. KYLLINGE *monocéphale*. (a) Tige,
colleretie, tête de fleurs. (b) Feuilles radicales. Tab.
38. f. 2. KYLLINGE *tricéphale* (a) Têtes glomerulées.
(b, c, d) Bâle du calice & bâle de la corolle. (e) Etamines, piſtil.

95. FUIRENE.

Caraô. eſſent.

PAILLETTES ariſtées, embriquées de toute part
e o épillets. Cal. o. Cor. 3-valve : à valves
en cœur, ariſtées.

Caraô. nat.

Epillet ovale-oblong, embriqué de toute
part: à écailles caneiformes, ticarinées ſépa-
rant les fleurs.
Cal. aucun.
Cor. bâle trivalve : à valves en cœur, membraneuſes, ticarinées, terminées par une
barbe courbe.
Etam. trois filamens linéaires, inſérés au réceptacle entre les valves de la corolle. Anthères linéaires, droites.
Piſt. un ovaire ſupérieur, grand, trigone ı un
ſtyle filiforme ; deux ſtigm. roulées en dehors.
Peris. aucun. la corolle fanée renferme la ſemence.
Sem. une ſeule, trigone, nue.

744. KYLLINGIA *panicea*.
K. umbella terminali ı ſpicis feſſilibus pedun-
culatiſque cylindricis imbricatis, involucro
univerſali ſubtetraphyllo, partiali nullo. L. f.
ſuppl. 105.
Ex India.

745. KYLLINGIA *Cayennenſis*.
K. umbella terminali : ſpicis feſſilibus pedun-
culatiſque, floſculis reflexis, involucro lon-
giſſimo ſub-octophyllo.
E Cayen. Stoupy. filam. membr. arriculata.

746. KYLLINGIA *umbellata*.
K. umbella terminali : ſpicis feſſilibus pedun-
culatiſque cylindr. ſquarroſis, involucro univerſali polyph., partiali triph. L. f. ſupp. 105.
Ex Indiis orientalibus.

747. KYLLINGIA *incompleta*. J.
K. culmo triquetro, umbella compoſita foli-
loſa, ſpicis oblongis feſſilibus divaricato-
digitatis.
K. incompleta. Jacq. colleô. v. 4. tt. 4. tab. v. 2.

Explicatio iconum.

Tab. 38. f. 1. KYLLINGIA *monocephala*. (a) Culmus,
Involucrum, capitulum. (b) Folia radicali. Tab. 38.
f. 2. KILLINGIA *triceps*. (a) Capitula glomer. tt. (b, c, d)
Gluma calycina cum gluma corollina. (e) Stamina,
piſtillum. Fig. ex Romb.

95. FUIRENA.

Charaô. eſſent.

PALEE ariſtatæ, in ſpiculas undique imbricatæ.
Cal. o. cor. 3-valvis ı valv. obcordatis,
ariſtatis.

Charaô. nat.

Spicula oblongo-ovata, undique imbricata ı
ſquamis caneiformibus, tricarinatis, flores
diſtinguentibus.
Cal. nullus.
Cor. gluma trivalvis : valvulis obcordatis, membranaceis, tricarinatis, ariſta incurva termi-
natis.
Stam. filamenta tria, linearia, inter valvulas
corollinas receptaculo inferta. Antheræ lineares erectæ.
Piſt. germen ſuperum, magnum, obquetrum.
Stylus filiformis; ſtigmata duo, revoluta.
Peris. nullum. corolla emarcida, ſemen includens.
Sem. unicum, triquetrum, nudum.

Tableau des espèces.

748. FUIRENE *paniculée*. Dict. p. 566.
F. à pédoncules rameux, panicules latérales
& terminales.
Lieu nat. Surinam , Cayenne.

749. FUIRENE *glomerulée*, Dict. suppl.
F. à pédoncules non divisés , épillets ramassés par quets sessiles & pédoncules.
Lieu nat. l'Isle de Madagascar.

Explication des fig.

Tab. 39. FUIRENE *paniculée*. (a) Fleur ouverte
(b) Fleur resserrée. (c) Ecaille de l'épillet. (d) Épillet.
(e) Panicule. (f) Feuille.

96. LINAIGRETTE.

Caract. essent.

PAILLETTES glumacées embriquées de toute part
en épillet ovale. Cor. o. 1. Sem. environnée
de poils très-longs.

Caract. nat.

Cal. épi ou épillet embriqué de toute part : à
écailles ovales-oblongues, acuminées, membraneuses, scarieuses sur les bords, & qui
séparent les fleurs.
Cor. nulle.
Étam. trois filamens capillaires. Anthères droites, oblongues.
Pist. un ovaire supérieur, ovale, très-petit.
Un style filiforme, de la longueur de l'écaille
calicinale. Trois stigmates plus longs que le
style, velus, recourbés.
Péric. nul.
Sem. une seule, ovale, trigone, acuminée,
environnée de poils fins, très-longs.

Tableau des espèces.

750. LINAIGRETTE *commune*. Dict. n°. 1.
L. à épis fructifères pédoncules un peu pendans, tige feuillée.
Lieu nat. l'Europe, aux lieux marécageux. ꝛ

751. LINAIGRETTE *à gaine*. Dict. n°. 2.
L. à tige munie de gaines, nue supérieurement; épi simple, droit, scarieux.
Lieu nat. l'Europe, aux lieux humides &
montueux. ꝛ

Conspectus specierum.

748. FUIRENA *paniculata*. T. 39.
F. pedunculis ramosis, paniculis lateralibus
& terminalibus.
E Surinamo , Cayenna.

749. FUIRENA *glomerata*.
F. pedunculis indivisis , spiculis conglomeratis , glomerulis pedunculatis sessilibusque.
E Madagascaria. Commers.

Explicatio Iconum.

Tab. 39. FUIRENA *paniculata*. (a) Flos expansus.
(b) Flos connivens. (c) Squama spiculæ. (d) Spicula.
(e) Panicula. (f) Folium. Fig. in Roth.

96. ERIOPHORUM.

Charact. essent.

GLUMA paleaceæ undique imbricatæ in spiculam ovatam. Cor. o. Sem. 1. Lana longissima cinctum.

Charact. nat.

Cal. Spica f. spicula undique imbricata : squamis ovato-oblongis, acuminatis, membranaceis, margine scariosis, flores distinguentibus.
Cor. nulla.
Stam. filamenta tria capillaria. Antheræ erectæ oblongæ.
Pist. germen superum , ovatum , minimum.
Stylus filiformis longitudine squamæ calycis.
Stigmata tria, stylo longiora, villosa, reflexa.
Peric. nullum.
Sem. unicum , ovatum, triquetrum, acuminatum , villis longissimis cinctum.

Conspectus specierum.

750. ERIOPHORUM *polystachion*. T. 39. f. 1.
E. spicis fructiferis pedunculatis subpendulis
culmo folioso. Dict.
Ex Europa , in uliginosis. ꝛ

751. ERIOPHORUM *vaginatum*. T. 39. f. 1.
E. culmo vaginato superne nudo , spica simplici erecta scariosa. Dict.
Ex Europa, in humidis & montosis. ꝛ

7ſ1. LINAIGRETTE *des Alpes.* Diſt. n°. j.
L. à tige trigone nue , feuilles ßliformes-
ſubuléea trigones, épi pauciflore, ſtulis à
polls rares.
Lieu nat. les montagnes de l'Europe. ƿ

7ſ1. ERIOPHORUM *Alpinum.* T. jɔ , ſ. j.
E. culmo triquetro nudo , foliis ßliformi-
fubulatis triquetris, ſpica pauciflora, papb
raro. Diſt.
Ex Europæ Alpibus. ƿ.

7ſj. LINAIGRETTE *de Virginie.* Diſt. n°. 4.
L. à tiges feuillées cylindriques , feuilles
planes , épi droit.
Lieu nat. la Virginie. ƿ.

7ſj. ERIOPHORUM *Virginicum.*
E. culmis foliofis teretibus, foliis planis ,
ſpica erecta. L.
E Virginia. ƿ

7ſ4. LINAIGRETTE *cypéroïde.* Diſt. n°. ſ.
L. à tiges cylindriques feuillées , panicule
furcompofée proliftre ; épillem preſquejernés.
Lieu nat. l'Amérique feptentrionale.

7ſ4. ERIOPHORUM *cyperinum.*
E. culmis teretibus foliofis , panicula ſupra
decompofita prolifera , ſpiculis fubternis. L.
Ex America feptentrionali.

Explication des fig.

Tab. 19, ſ. 1. LINAIGRETTE *commune.* (a) Épillet
ßeuri. (b) Fleur enure ſépatée. (c , d,) Ecaille de la
ß. œ & du fruit. (4) Etamines , poil. (g) Fruit (h)
Semence feparée.

Tab. jɔ. ſ. 1. LINAIGRETTE *à galnu,* Tab. 39. ſ. j.
LINAIGRETTE *des Alpes.*

Explicatio iconum.

Tab. 19. ſ. 1. ERIOPHORUM *polyſtachion.* (a) Spicula ßorida. (b) Flos integer ſeparatus. (c , d) Squama
ßoris & fructus. (4) Stamina , poßdium. (g) Fructus.
(ſ) Semen ſolutum. *Fig. ex Litrra.*

Tab. 19. ſ. 1. ERIOPHORUM *vaginatum.* Tab. 19.
ſ. j. ERIOPHORUM *alpinum.*

97. NARD.

Caraſt. eſſens.

CAL. o. cor. 1-valve.

Caraſt. nat.

Cal. nul.
Cor. bivalve : valve extérieure lanceolée-
linéaire, longue, mucronée, embraſſant la
plus petite ; valve intérieure plus petite,
linéaire, mucronée.
Etam. trois filamens capillaires, plus courts que
la corolle. Anthères oblongues.
Piſt. un ovaire ſupérieur , oblong. Un ſtyle
filiforme long pubeſcent ; ſtigmate ſimple.
Péric. aucun. La corolle adhère à la ſemence
qu'elle enveloppe , & ne s'ouvre point.
Sem. une feule , couverte , linéaire-oblongue ,
acuminée aux deux bouts , plus étroite ſupérieurement.

97. NARDUS.

Charaſt. eſſent.

CAL. o. cor. 1-valvis.

Charaſt. nat.

Cal. nullus.
Cor. bivalvis : valvula exterior lanceolato lineari, longa, mucronata , ventre amplectens
minorem ; valvula , interior minor , linearis,
mucronata.
Stam. filamenta tria , capillaria , corolla breviora. Antheræ oblongæ.
Piſt. germen ſuperum oblongum. Stylus filiformis longus pubeſcens ; ſtigma ſimplex.
Peric. nullum. Corolla adnaſcitur femini , nec
dehiſcit.
Sem. unicum , tectum , lineari-oblongum , utrinque acuminatum , ſuperne anguſtius.

Tableau des eſpèces.

Conſpectus ſpecierum.

7ſſ. NARD *ſerré.* Diſt.
N. à épi ſetacé, droit, unilatérale.
Lieu nat. l'Europe, aux lieux ſtériles. ƿ

7ſſ. NARDUS *ſtricta.* T. jɔ.
N. ſpica ſetacea , recta , ſecunda. L.
Ex Europa , locis ſterilibus. ƿ.

7ſ6. NARD. *ariſté.* Diſt.
N. à épi cylindrique-ſubulé articulé courbé,
ßeurs munies de barbes.
Lieu nat. la France , l'Italie.

7ſ6. NARDUS *ariſtata.*
N. ſpica tereti-ſubulata articulata incurva ;
ßoribus ariſtatis.
Ex Gallia , Italia.

757. NARD d'Inde. Dict.
N. à épi ftracé, unilatéral, un peu courbé.
Lieu nat. l'Inde, près de Tranquebar.

758. NARD de Saint-Thomas. Dict.
N. à épi filiforme, droit, embriqné de
chaque côté.
Lieu nat. l'Inde, fur le Mont de St.-Thomas.

759. NARD cilié. Dict.
N. à épi unilatéral, mutique : bâles ftriées
fur le dos, blanches & ciliées fur les bords.
Lieu nat. l'Inde.

760. NARD fcorpioïde.
N. à épi unilatéral, roulé en dehors, aïllé;
deux rangées de fleurs.
Lieu nat. l'Amérique.

Explication des fig.

Tab. 39. NARD ferré. (a) Plante entière, un peu
plus petite que nature. (b) Tige féparée, avec fon épi.
(c) Partie du rachis avec une fleur groffie. (d) Rachis
avec fa rad. (e) Fleur féparée. (f) Etamines, piftil. (g)
Piftil. (h) Semence.

98. ALVARDE.

Caraël. effent.

SPATHE 1-phylle. 1 corolles fur le même ovaire-
noir 1-loculaire.

Caraël. nat.

Cal. fpathe monoph., ovale, pointue, concave,
à bords roulés en dedans, bifl., perfiftante.
Cor. geminées, adnées ou réunies à l'ovaire de
chaque côté par leur bafe, ce qui les fait
paroître fupérieures. Chaque corolle eft bivalve : la valve extérieure eft convexe, oblongue, pointue, plus petite; la valve intér. eft linéaire, étroite, brifide, une fois plus longue.
Etam. (à chaque fleur) trois filamens longs,
un peu planes, très-minces. Anth. linéaires.
Pift. l'ovaire de chaque fleur réuni en un feul
qui paroît inférieur, velu en dehors. Un ftyle
fimple (compofé peut-être de a ftyles réunis),
un peu plane, long. Stigmate fimple.
Peric. noix oblongue, très-velue, biloculaire,
ne s'ouvrant point.
Sem. folitaires, linéaires-oblongues, convexes
d'un côté; un peu planes de l'autre.

Tableau des efpèces.

761. ALVARDE fpathacée. Dict.
Lieu nat. l'Efpagne. ♃

757. NARDUS Indica.
N. fpica fetacea fecunda fubincurva. L. f.
Ex India, prope Tranquebariam.

758. NARDUS Thomae.
N. fpica biformi recta, utrinque imbricata:
L. f. fupp.
Ex India, in monte Sancti Thomae.

759. NARDUS ciliata.
N. fpica fecunda mutica: glumis dorfo ftria-
tis, margine albo ciliato.
Ex India. Sonnerat. ann. ciliaris. L.

760. NARDUS fcorpioïdes.
N. Spica fecunda revoluta ariftata; florum
duplici ferie.
Ex America. Morif. fec. 8. t. 13. fig. ult.

Explicatio iconum.

Tab. 39. NARDUS ftricta. (a) Planta integra, naturā
paulo minor. (b) Culmus feparatus cum fpica. (c) Pars
rachidis cum flore auctâ. (d) Rachis denudata. (e) Flos
feparatus. (f) Stamina, piftillum. (g) Piftillum. (h)
Semen. Fig. ex Leers.

98. LYGEUM.

Caraël. effent.

SPATHA 1-phylla. Corollae binae fupra idem
germen, nux 1 locularis.

Caraël. nat.

Cal. fpatha monophylla, convoluta, concava
ovata, acuta, biflora, perfiftens.
Cor. binae, bafi utrinque germini adnatae f.
coalitae, indeque fuperae videntur. corollulae
gluma bivalvis : valva exterior convexa,
oblonga, acuta, minor; valva interior linearis, angufta, acuta, bifida, duplo longior.
Stam. (lingulo flori) filamenta tria, tenuiffi-
ma, planiufcula, longa. Antherae lineares.
Pift. germen uniufque floris in unum coali-
tum, germen inferum mentiens, hirfutum,
Stylus fimplex (ex duobus coalitis forte com-
pofitus?), planiufculus, longus. Stig. fimplex.
Peric. nux oblonga, hirfutiffima, bilocularis,
non dehifcens.
Sem. folitaria, lineari-oblonga, hinc convexa,
inde planiufcula.

Confpectus fpecierum.

761. LYGEUM fpathaceum. T, 19.
Ex Hifpania. ♃ Lygeum fparium. L.

DIGYNIE.

DIGYNIE.

99. BOBART.

CaraB. essent.

CAL. embriqué, 1-flore, cor. à bâle 2-valve, supérieure.

Caract. nat.

CAL. uniflore, embriqué, à bâles nombreuses, cylindriques, dont les extérieures sont nombreuses, courtes, univalves; les intérieures égales, plus longues, bivalves: à valve extérieure très grande; l'intérieur linéaire, tronquée, de même longueur.
Cor. bâle bivalve, très mince, supérieure, marcescente, plus courte que le calice.
Etam. trois filamens, capillaires, très courts. Anthères oblongues.
Pist. un ovaire presqu'inférieur, court. Deux styles, filiformes; stigmates simples.
Peric. nul. Les calices en tiennent lieu.
Sem. une seule, un peu oblongue.

Tableau des espèces.

100. COQUELUCHIOLE.

Caract. essent. •

COLLERETTE 1-phylle, infundib. crénelée, multiflore. Cal. 2 valve. Cor. 1-valve.

CaraB. nat.

Collerette monophylle, infundibuliforme, multiflore: à bord crénelé, obtus, demi-ouvert.
Cal. bâle uniflore, bivalve: valves oblongues obtusément acuminées, égales.
Cor. univalve, très semblable par la figure, la grandeur, & la situation aux valves du calice.
Etam. trois filamens capillaires; anthères oblon.
Pist. un ovaire supérieur, turbiné. Deux styles capillaires; stygmates en veille.
Peric. aucun. La corolle renferme la semence.
Sem. une seule, turbinée, convexe d'un côté, plane de l'autre;

Tableau des espèces.

DIGYNIA.

99. BOBARTIA.

CharaB. essent.

CAL. imbricatus, 1-florus, cor. gluma a valvi, supera.

CharaB. nat.

Cal. uniflorus, imbricatus, glumis numerosis cylindricis 1 quarum exteriores plurimæ, breves, univalves; interiores æquales, longiores, bivalves: valvula exteriore maxima; interiore lineari, trunc. ejusdem longitudinis.
Cor. gluma bivalvis, tenuissima, calyce brevior; supera, marcescens.
Stam. filamenta tria, capillaria, brevissima. Antheræ oblongæ.
Pist. germen subinferum, breve. Styli duo filiformes; stigmata simplicia.
Peric. Nullum. Calyces immutati.
Sem. Unicum, oblongiusculum.

Conspectus specierum.

100. CORNUCOPIÆ.

CharaB. essent.

INVOLUCR. 1 - phyllum, infundibulif. crenatum, multiflorum. Cal. 2-valvis. Cor. 1-valv.

CharaB. nat.

Involucrum monophyllum, infundibuliforme; multifl.: ore crenato, obtuso, patenti erectm.
Cal. Gluma uniflora, bivalvis: valvulis oblongis obtuse acuminatis æqualibus.
Cor. univalvis, figura, magnitudine & sit., valvulis calycis simillima.
Stam. Filamenta tria, capillaria; antheræ obl.
Pist. Germen superum ~turbinatum. Styl. duo capillares; stigmata cirrhosa.
Peric. Nullum. Corolla semen includens.
Sem. unicum, turbinatum, hinc convexum; inde planum.

Conspectus specierum,

V.

764. COQUELUCHIOLE *alopécuroïde*. D. n°. 1.
C. à épi ariflé, reçu dans un urcéole hémifphéri.
Lieu nat. l'Italie.

Explication des fig.

Tab. 40. COQUELUCHIOLE *de Smyrne*. (*a*) Fleur
entière, féparée. (*b*) Collerette enveloppant les fleurs.
(*c*) Partie fupérieure de la plante.

101. CANAMELLE.

Caraɐ. ɐɛns.

CAL. garni de longs poils à l'extérieur.

Caroɐ. nat.

Cal. bâle bivalve, uniflore, quelquefois nulle :
à valves oblongues-lancéolées acuminées concaves égales : environnées de longs poils
à leur bafe.
Cor. bivalve, plus courte que le calice, un peu
pointue, très délicate.
Etam. trois filamens capillaires, de la longueur
de la corolle, Anthères un peu oblongues.
Pift. un ovaire fupérieur, oblong. Deux ftyles :
ftigmates plumeux.
Peric. nul. La corolle enveloppe la femence.
Sem. une feule, oblongue.

Tableau des efpèces.

765. CANAMELLE *officinale*. DIᐧ. n°. 1.
C. à fleurs paniculées, feuilles planes.
Lieu nat. les 1 Indes; aux lieux inondées. ҭ

766. CANAMELLE *fpontanée*. Diᐧ. n°. 2.
C. à fleurs paniculées, feuilles roulées en jonc.
Lieu nat. les lieux aquatiques du Malabar. ҭ

767. CANAMELLE *de ravenne*. n°. 3.
C. à panicule lâche, ayant le rachis laineux;
fleurs ariftées.
Lieu nat. l'Italie, la France mérid. &c. ҭ

768. CANAMELLE *de teneriffe*. Diᐧ. n°. 4.
C. à feuilles fubulées planes, fleurs paniculées
mutiques, collerette piteufe nulle, calice
très velu.
Lieu nat. l'Ifle de Teneriffe.

769. CANAMELLE *cylindrique*. Diᐧ. n°. 5.
C. à panicule en épi, foyeufe, compofée de
rameaux très-courts, fleurs mutiques.
Lieu nat. la France méridionale, l'Inde. ҭ

764. CORNUCOPLÆ *alopecuroides*.
C. fpica ariftata, cucullo hemifphærico recepta.
Ex Italia. *Urceolus fpicæ margine integro.*

Explicatio iconum.

Tab. 40. CORNUCOPIÆ *recullatum*. (*a*) Flos integer
feparatus. (*b*) Involucrum flores obvolvens. (*c*) l'au
fuperior plantæ.

101. SACCHARUM.

Charaɐ. ɐɛns.

LANUGO longa extra calycem.

Charaɐ. nat.

Cal. gluma bivalvis, uniflora, interdum nulla:
valvis oblongo-lanceolatis acuminatis concavis
æqualibus: bafi lanugine longa cinɐis.
Cor. bivalvis, calyce brevior, acutiufcula
tenerrima.
Seam. filamenta tria, capillaria, longitudine
corollæ. Antheræ oblongiufculæ.
Pift. germen fuperum oblongum. Styli duo:
ftigmata plumofa.
Peric. nullum. Corolla femen inveftit.
Sem. unicum, oblongum.

Confpectus fpecierum.

765. SACCHARUM *officinarum*. t. 40. f. 1.
S. floribus paniculatis, foliis planis. L.
Ex Indiis utrifque; locis inundatis. ҭ

766. SACCHARUM *fpontaneum*.
S. floribus paniculatis, foliis convolutis. L.
Ex Malabariæ aquofis. ҭ

767. SACCHARUM *ravenne*.
S. panicula laxa rachi lanata, floribus
ariftatis. L.
Ex Italia; Gallia merid. &c. ҭ

768. SACCHARUM *Teneriffæ*.
S. foliis fubulatis planis, floribus paniculatis
muticis, involucro pilofo nullo, calyce
villofiffimo. Suppl.
Ex Teneriffa.

769. SACCHARUM *cylindricum*. t. 40. f. 1.
S. panicula fpicata fericea ramulis breviffimis
compofita, floribus muticis. Diᐧ.
Ex Gallia merid. India. ҭ

770. CANAMELLE *rampante*. Diô. fuppl.
C. à panicule étroite mutique, feuilles roulées
fubulées, tige rampante & ftolonifère à fa bafe.
Lieu nat. Monte-Vidéo. Cal. *velu.*

771. CANAMELLE *à épi*. Diô. n°. 6.
C. à fleurs en épi, feuilles ondulées.
Lieu nat. l'Inde. ☉

772. CANAMELLE *panicée*. Diô. n°. 7.
C. à fleurs en épi, ariftées ; tige rameufe à
plufieurs épis.
Lieu nat. les Indes orientales.

773. CANAMELLE *papifère*. Diô. fuppl.
C. à panicule étroite en épi, bâles multifides
ciliées à leur fommet, comme pappifères.
Lieu nat. l'Amérique méridion. Cal. o. *comme
dans les deux précédentes.*

Explication des fig.

Tab. 40. f. 1. CANAMELLE *officinale*. (a) Fleur
féparée. (b) Panicule réduite. Tab. 40. f. 2. (a, b)
CANAMELLE *cylindrique*. Tab. 40. f. 3. (a, b) CA-
NAMELLE *panicée*.

101. LAGURE.

Caraô. effent.

CAL. à 1 barbes oppofées velu. Cor. 1-valve;
à valve ext. ariftée au fommet & fur le dos.

Caraô. nat.

Cal. uniflore, bivalve : à valves longues linéaires
très-grêles ouvertes, formant chacune une
barbe velue qui les termine.
Cor. bivalve, plus épaifle que le calice. Valve
extérieure plus longue, terminée par deux
barbes droites petites ; la troifième barbe,
torfe & coudée, étant inférée au milieu du
dos de la même valve ; valve intérieure petite acuminée.
Etam. 3 filamens capillaires. Anthères oblongues.
Pift. un ovaire fupérieur, turbiné. Deux ftyles
fciacés velus. Stigmates fimples.
Peric. nul. La corolle adhère à la femence.
Sem. une feule, oblongue, couverte, ariftée.

Tableau des espèces.

774. LAGURE *ovale*. Diô.
Lieu nat. la France auftrale, l'Italie, &c. ☉

770. SACCHARUM *repens.*
S. panicula anguftata mutica, foliis involuto-
fubulatis, culmo bafi repente ftolonifero.
E Monte-video. *Comers. Cal. villofus.*

771. SACCHARUM *fpicatum.*
S. floribus fpicatis, foliis undulatis. L.
Ex India. ☉ *procis* Hort. kew. 85.

772. SACCHARUM *paniceum.* T. 40. f. 3.
S. floribus fpicatis ariftatis, culmo ramofo
polyftachio.
Ex Indiis orientalibus. *Cal. O.*

773. SACCHARUM *pappiferum.*
S. panicula anguftata fubfpicata, glumis fuperne multifido-ciliatis quafi pappiferis.
Ex Amer. merid. *Communic. aD Richard. An.
genus proprium.*

Explicatio iconum.

Tab. 40. f. 1. SACCHARUM *officinarum.* (a) Flos
feparatus. (b) Panicula reducta, *ex fcana.* Tab. 40. f. 2.
(a, b) SACCHARUM *cylindricum.* Tab. 40. f. 3.
(a, b) SACCHARUM *paniceum. Fig. ex Sicco.*

101. LAGURUS.

Charaô. effent.

CAL. ariftis 2 oppofitis villofis. Cor. 2-valvis :
valvula ext. apice dorfoque ariftata.

Charaô. nat.

Cal. uniflorus, bivalvis : valvulis longis linearibus perulis tenuiffimis, definentibus fingulis
in ariftam villofam.
Cor. bivalvis, calyce craffior. Valvula exterior
longior, terminata ariftis duabus parvis rectis ; arifta tertia e medio dorfo valvulæ ejufdem, reflexo-torta.- Valvula interiore parva
acuminata.
Stam. filamenta tria capillaria. Antheræ oblongæ.
Pift. germen fuperum turbinatum. Styli duo
feucel villofi. Stigmata fimplicia.
Peric. nullum. Corolla femini adnafcitur.
Sem. Solitarium, oblongum, tectum, ariftatum.

Confpectus fpecierum.

774. LAGURUS *ovatus.* T. 41.
Ex Gallia auftr. Italia, &c. ☉

V 1

103. ARISTIDE.

Caract. essent.

CAL. 1-valve. Cor. 1-valve : à trois barbes terminales.

Caract. nat.

Cal. bâle uniflore, bivalve : à valves linéaires-subulées inégales.
Cor. bâle univalve, connivente longitudinalement, velue à sa base : à trois barbes terminales.
Etam. trois filam. capillaires. Anth. oblongues.
Pist. un ovaire supérieur, turbiné. Deux styles capillaires ; stigmates velus.
Peric. nul. la bâle connivente enveloppant la semence, s'ouvre, & s'en sépare.
Sem. ure seule, filiforme, de la longueur de la corolle, nue.

Tableau des espèces.

775. ARISTIDE de l'Ascension. Dict. n°. 1.
A. à panicule ramense oblongue étroite, bâles éparses presque filiformes.
Lieu nat. l'Isle de l'Ascension, &c. &c. ⚦.
β Le même à bâles & barbes plus courtes. Des Antilles ; communiquée par M. Richard.

776. ARISTIDE d'Amérique. Dict. n°. 2.
A. à rameaux de la panicule très-simples, épis alternes.
Lieu nat. l'Amérique.

777. ARISTIDE capillacée. Dict. suppl.
A. basseue, à panicule composée capillacée ; barbes lisses, divergentes.
Lieu nat. l'Amérique mérid. près d'un agrestis.

778. ARISTIDE plumeuse. Dict. n°. 3.
A. à barbe intermédiaire laineuse, tige barbue aux articulations.
Lieu nat. le Levant, la Barbarie.

779. ARISTIDE en roseau. Dict. n°. 4.
A. paniculée, à barbe intermédiaire plus longue lisse.
Lieu nat. l'Inde.

780. ARISTIDE géante. Dict. n°. 5.
A. à panicule alongée lâche unilatérale, calices uniflores, barbes de la corolle presque égales droites.
Lieu nat. l'Isle de Ténériffe.

---

103. ARISTIDA.

Charact. essent.

CAL. 2-valvis. Cor. 1-valvis, aristis 3 terminalibus.

Charact. nat.

Cal. gluma uniflora, bivalvis : valvulis lineali-subulatis inæqualibus.
Cor. gluma univalvis, longitudinaliter connivens, basi hirsuta : aristis tribus terminalibus.
Stam. filamenta tria, capillaria. Anth. oblongæ.
Pist. germen superum, turbinatum. Styli duo capillares ; stigmata villosa.
Peric. nullum. gluma connivens, semen involvens, dehiscit, dimittit.
Sem. unicum, filiforme, longitudine corollæ ; nudum.

Conspectus specierum.

775. ARISTIDA Adscensionis. L.
A. panicula ramosa oblonga angustata, glumis spathis subfiliformibus.
Ex insula Adscensionis, &c. ⚦.
. Eadem. glumis aristisque brevioribus. gramen. Sloan. jam. hist. t. T. 1, fig. 5, 6.

776. ARISTIDA Americana.
A. paniculæ ramis simplicissimis, spicis alternis. L.
Ex America.

777. ARISTIDA capillacea. R.
A. humilis panicula composita capillacea; aristis lævibus divaricatis.
Ex America merid. Communic. à D. Richard.

778. ARISTIDA plumosa. T. 41, f. 1.
A. arista intermedia longiore lanata, culmis ad genicula barbatis.
Ex oriente, Barbaria. Com. D. Desfontaines.

779. ARISTIDA arundinacea.
A. paniculata, arilla intermedia longiore lævi. L.
Ex India. Cal. subquinqueflorus.

780. ARISTIDA gigantea.
A. panicula elongata effusa secunda, calycibus unifloris, aristis corollinis subæqualibus rectis. L. f.
E Teneriffa.

781. ARISTIDE *flipiforme*. Dict. fuppl.
Ar. à panicule compofée capillacée lâche, ca-
lices uniflores, barbe trifide liffe fort longue.
Lieu nat. le Sénégal.

782. ARISTIDE *hériffonne*. Dict. n°. 6.
A. a panicule divergente très-ouverte, fleurs
glabres très-fimples, barbes droites divergentes.
Lieu nat. le Malabar.

Obs. voyez *Ariflide* n°. 61. & 63. dans les obf.
de M. Retzius, fafc. 4.

Explication des fig.

Tab. 41, f. 1. ARISTIDE *plumeufe.* (a) Blé féparée.
(b) Partie fupérieure de la plante. (c) Partie inf. de
la tige dont le peintre n'a pas exprimé les articul. velues.

* Tab. 41. f. 2. Fleur d'Ariflide, d'après Linné.

104. STIPE.

Caract. effent.

CAL. 2-valve, 1-flore. Cor, à valve ext. terminée par une barbe articulée à fa bafe.

Caract. nat.

Cal. bâle uniflore, bivalve, acuminée.
Cor. bivalve : valve extérieure terminée par une
barbe longue tortillée articulée à fa bafe ; valve
Intérieure linéaire enmique.
Etam. trois filamens capillaires ; anthères linéaires.
Pif. un ovaire fupérieur, oblong. Deux ftyles
velus, réunis à leur bafe ; fligmates pubefcens.
Peric. nul. bâle adhérente à la femence.
Sem. une feule, oblongue, couverte.

Tableau des efpèces.

783. STIPE *empenné*. Dict.
St. à barbes très-longues velues plumeufes.
Lieu nat. la France, l'Allemagne, &c. ⚥

784. STIPE *joncier*. Dict.
S à barbes nues courbées en divers fens, calyces
blanchâtres plus longs que la femence.
Lieu nat. la France, l'Allemagne. ⚥

785. STIPE *d'Ukraine*. Dict.
S. à barbes nues droites, calices roufsâtres
plus longs que la femence.
Lieu nat. l'Ukraine. ⚥

786. STIPE *ariflelle*. Dict.
S. à barbes nues droites à peine une fois plus
longues que le calice, ovaires laineux.
Lieu nat. .....

---

781. ARISTIDA *flipoides.*
A. panicula compofita effufa capillacea,
calycibus unifloris, ariftis trifida prælonga lævi.
E Senegal. D. Rouffillon. *Panicula flipa juncea.*

782. ARISTIDA *hyftrix.*
A. panicula divaricata patentiffima, flofculis
fimpliciffimis glabr. ariftis rectis divaricatis L. f.
E Malabaria.

Obs. Conf. Ariftidas n°. 61. & 63. in obf.
Retzil fafc. 4.

Explicatio iconum.

Tab. 41. f. 1. ARISTIDA *plumofa.* (a) Gluma feparata.
(b) Pars fuperior plantæ. (c) Pars inferior culmi cujus
articulatos villofos non exprefsit pictor.

Tab. 41. f. 2. Flos Ariftidæ, ex Lin. Amæn. acad.

104. STIPA.

Charact. effent.

CAL. 2-valvis, 1-florus. Cor. valvula ext. arifla
terminali, bafi articulata.

Charact. nat.

Cal. gluma uniflora, bivalvis, acuminata.
Cor. bivalvis : valvula exterior apice terminata
arifla longa tortili, bafi articulata ; valvula
interior linearis mutica.
Stam. filamenta tria, capillaria ; Antheræ lineares.
Pif. germen fuperum, oblongum. Styll duo,
hirfuti, bafi uniti ; fligmata pubefcentia.
Peric. nullum. Gluma femini adnata.
Sem. unicum, oblongum, tectum.

Confpectus fpecierum.

783. STIPA *pennata.* T. 41. f. 1.
S. ariftis longiffimis lanato-plumofis.
Ex Gallia, Germania, &c. ⚥

784. STIPA *juncea.*
S. ariftis nudis varie flexis, calycibus albidis
femine longioribus.
Ex Gallia, Germania. ⚥

785. STIPA *Ukranenfis.*
S. ariftis nudis rectis, calycibus fubruffis
femine longioribus.
Ex Ukrania. Tirfa. Guettard. mem. v. 1. t. 1. 2.

786. STIPA *ariftella.*
S. ariftis nudis rectis calyce vix duplo longio-
ribus, germinibus lanatis. L.
Ex..... Gouan. ill. p. 4.

787. STIPE de Sibérie. Dict.
S. paniculée, à barbes nues une fois plus lon-
gues que le calyce, semences laineuses.
Lieu nat. la Sibérie.

787. STIPA sibirica.
S. paniculata, aristis nudis calyce duplo lon-
gioribus, seminibus lanatis.
E Sibiria. Avena Sibirica. L.

788. STIPE tenax. Dict.
S. à barbes velues inférieurement, panicule
en épi, feuilles filiformes.
Lieu nat. l'Espagne. ♈ Le vrai sparte.

788. STIPA tenacissima. T. 41. f. 2.
S. aristis basi pilosis, panicula spicata, foliis
filiformibus.
Ex Hispania. ♈ Aristæ basi contortæ.

789. STIPE élancée. Dict.
S. à panicule alongée étroite, ayant les
pédoncules articulés très-resserrés, barbes
nues flexueuses.
Lieu nat. la Caroline.

789. STIPA stricta.
S panicula elongata angustata: pedunculis
articulatis strictissimis, aristis nudis subflexuosis.
E Carolinia. Ex D. Fraser. Facies andropog.

790. STIPE capillaire. Dict.
S. à panicule capillacée éparse, calice trois
fois plus court que la corolle, barbes nues.
Lieu nat. la Caroline.

790. STIPA capillaris.
S. panicula capillacea effusa, calyce corolla
triplo breviore, aristis nudis.
E Carolinia. D. Fraser.

791. STIPE avenacé. Dict.
S. à barbes nues, calices de même longueur
que les semences.
Lieu nat. la Virginie.

791. STIPA avenacea.
S. aristis nudis, calycibus semen æquantibus. L.

E Virginia.

792. STIPE membraneux. Dict.
S. à pédoncules propres dilatés membraneux.
Lieu nat. l'Espagne.

792. STIPA membranacea.
S. pedicellis dilatatis membranaceis. L.
Ex Hispania.

793. STIPE à faisceaux. Dict.
S. à barbes nues, bractées barbues à leur
base, fleurs sessiles fasciculées.
Lieu nat. l'Inde.

793. STIPA arguens.
S. aristis nudis, bracteis basi barbatis, flos-
culis sessilibus fasciculatis. L.
Ex India.

794. STIPE panicoïde.
S. à panicule étroite pauciflore, barbes nues
trois fois plus longues que le cal. Sem. lenticul.
Lieu nat. Monte-Video. Feuilles sétacées.

794. STIPA panicoidei.
S. panicula angustata pauciflora, aristis nudis
calyce triplo longioribus, semine lenticulari.
E Monte Video. Commerf. (Ex herb. D. Thoin.)

795. STIPE à épi. Dict.
S. à barbes demi-nues, fleurs en épi.
Lieu nat. le Cap de Bonne Espérance. ♈

795. STIPA spicata.
S. aristis semi-nudis, fl. spicatis. L. f. suppl.
E Capite Bonæ Spei. ♈

Explication des fig.

Explicatio lconum.

Tab. 41. f. 1. STIPA campesad. (a) Fleur ouverte &
grossie. (b) Semence avec sa barbe plumeuse.

Tab. 41. f. 1. STIPA pennata. (a) Flos expansus &
amplicatus. (b) Semen cum arista plumosa.

Tab. 41. f. 2. STIPA tenace. (a) Fleur séparée. (b)
Panicule réduite.

Tab. 41. f. 2. STIPA tenacissima. (a) Flos separatus.
(b) Panicula reducta.

105. AGROSTIS.

105. AGROSTIS.

Caract. essent.

Charact. essent.

CAL. 1-valve, 1-flore. cor. 2-valve. Stigmates
velus longitudinalement.

CAL. 1 valvis, 1-florus. cor. 2-valvis. Stigmata
longitudinaliter villosa.

Caraff. nat.

Cal. Bâle uniflore, bivalve, acuminée.
Cor. bivalve, acuminée : une valve plus grande que l'autre.
Etam. Trois filamens, capillaires, plus longs que la corolle. Anth. fourchues aux extrémités.
Pist. un ovaire supérieur, arrondi. Deux styles réfléchis, velus. Stig. velus longitudinalement.
Peric. nul. La corolle adhère à la semence & ne s'ouvre point.
Sem. une seule, arrondie, acuminée aux extrém.

Tableau des espèces.

* Fleurs munies de barbes & disposées en panicule.

796. AGROSTIS des champs. Dict. n°. 1.
A. à pétale extérieur muni d'une barbe droite très-longue, panicule ouverte.
Lieu nat. l'Europe, dans les champs. ☉

797. AGROSTIS interrompu. Dict. n°. 2.
A. à pétale extérieur muni d'une barbe, panicule amincie resserrée interrompue.
Lieu nat. la France, l'Allemagne, &c. ☉

798. AGROSTIS miliacé. Dict. n°. 3.
A. à pétale extérieur muni d'une barbe terminale, droite, médiocre.
Lieu nat. la France australe, l'Espagne. ♈

799. AGROSTIS bromoïde. Dict. n°. 4.
A. à panicule simple étroite, corolle pubescente : barbe droite plus longue que le calice.
Lieu nat. Montpellier. ♈

800. AGROSTIS australe. Dict. n°. 5.
A. à panicule presqu'en épi, semences ovales pubescentes : barbe de la longueur du calice.
Lieu nat. le Portugal.

801. AGROSTIS en roseau. Dict. n°. 6.
A. à panicule oblongue, pétale extérieur velu à la base, & muni d'une barbe torse plus longue que le calice.
Lieu nat. l'Europe. ♈

802. AGROSTIS argenté. Dict. n°. 7.
A. à panicule épaisse, pétale extérieur entièrement velu, avec une barbe au sommet, tige rameuse.
Lieu nat. les montagnes de la France, la Suisse, &c. ♈

Charact. nat.

Cal. Gluma uniflora, bivalvis, acuminata.
Cor. bivalvis, acuminata : valvula altera majore.
Stam. Filamenta tria, capillaria, corolla longiora. Antheræ furcatæ.
Pist. Germen superum, subrotundum. Styli duo, reflexi, villosi; stigmata longitudinaliter villosa.
Peric. Nullum. Corolla adnata semini, nec dehiscens.
Sem. unic. subrotundum, utrinque acuminatum.

Conspectus specierum.

* Flores aristati, paniculati.

796. AGROSTIS spica venti. T. 4t. f. 1.
A. petalo exteriore arista recta stricta longissima; panicula patula. L.
Ex Europa, inter segetes. ☉

797. AGROSTIS Interrupta.
A. petalo exteriore aristato, panicula attenuata coarctata interrupta. L.
Ex Gallia, Germania, &c. ☉ *Var. præc?*

798. AGROSTIS miliacea.
A. petalo exteriori arista terminali recta stricta mediocri. L.
Ex Gallia australi, Hispania. ♈

799. AGROSTIS bromoides.
A. panicula simplici angusta, corolla pubescente : arista recta calyce longiore. L.
E Monspelio. ♈ *Conf. cum stipa Sibirica.*

800. AGROSTIS australis.
A. panicula subspicata, seminibus ovatis pubescentibus : arista longitudine calycis. L.
E Lusitania.

801. AGROSTIS arundinacea.
A. panicula oblonga, petalo exteriore basi villoso aristaque torta calyce longiore. L.
Ex Europa. ♈

802. AGROSTIS calamagrostis.
A. panicula incrassata, petalo exteriore toto lanato apice aristato, culmo ramoso. L.
Ex alpibus Galliæ, Helvetiæ, &c. ♈

103. AGROSTIS *tardif.* Dict. n°. 8.
A. à panicule munie de fleurs oblongues mucronées, tige couverte de feuilles très-courtes.
Lieu nat. Véronne.

804. AGROSTIS *rouge.* Dict. n°. 9.
A. à rameaux fleuris de la panicule très-ouverts, pétale extérieur glabre, barbe terminale torse recourbée.
Lieu nat. l'Angleterre, la Suède.

805. AGROSTIS *des montagnes.* Dict. n°. 11.
A. à panicule petite un peu étroite, calice coloré plus long que la cor. , feuilles sétacées.
Lieu nat. les montagnes de l'Auvergne, de la Suisse, &c. ♉

806. AGROSTIS *genouillé.* Dict. n°. 10.
A. à calices alongés, barbe dorsale des pétales recourbée, tiges couchées un peu ram.
Lieu nat. les pâturages un peu humides de l'Europe. ♃

807. AGROSTIS *de Magellan.* Dict. suppl.
A. à calice velu une fois plus longs que la corolle, barbe du pétale extérieur un peu longue recourbée.
Lieu nat. le Magellan. *Panicule oblongue.*

808. AGROSTIS *à fruits noirs.* Dict. n°. 17.
A. à panicule très lâche, calices glabres d'un verd blanchâtre plus longs que la corolle, barbe terminale.
Lieu nat. la Provence. ♉

809. AGROSTIS *en épi.* Dict. n°. 12.
A. à panicule en épi, fleurs à deux barbes enroulées velues.
Lieu nat. l'Isle de Ténériffe.

810. AGROSTIS *velu.* Dict. n°. 13.
A. à panicule en épi, tige & feuilles velues, bâles des corolles bifides au sommet & munies d'une barbe fine fur le dos.
Lieu nat. l'Isle de Ténériffe,

811. AGROSTIS *panic.* Dict. n°. 14.
A. à panicule en épi, fleurs fubulées tin peu huifantes munies d'un petit nœud à leur bafe, barbes droites courtes.
Lieu nat. la France méridionale. ☉

812. AGROSTIS *alopécuroïde.* Dict. suppl.
A. à panicule compofée prefqu'en épi, bâles calicinales munies de barbes plus longues que celles des corolles.
Lieu nat. la France & l'Europe auftrale. ☉

803. AGROSTIS *ferotina.*
A. panicula flofculis oblongis mucronatis; culmo obtecto foliis breviffimis. L.
E Verona.

804. AGROSTIS *rubra.*
A. paniculæ parte florente patentiffima, petalo exteriore glabro, arifta terminali tortili recurva. L.
Ex Anglia, Suecia.

805. AGROSTIS *alpina.*
1 A. panicula parva fubanguftata, calyce colorato corolla longiore, foliis fetacei-.
Ex alpibus Arvernicis, Helveticis, &c. ♉
A dorfali.

806. AGROSTIS *canina.*
A. calycibus elongatis, petalorum arifta dorfali recurva, culmis prolhatis fubramofis. L.
Ex Europæ pafcuis humidiufculis. ♃

807. AGROSTIS *Magellanica.*
A. calycibus hirfutis corolla duplo longioribus, petail exterioris arifta recurva longiufcula.
E Magellania. *Commers.*

808. AGROSTIS *melanofperma.*
A. panicula laxiffima, calycibus lævibus ex viridi albidis corolla longioribus, arifta terminali.
E Gallo-Provincia. ♃ *Afilium paradoxum.* L.

809. AGROSTIS *fpicæformis.*
A. panicula fpicæformi, flofculis biariftatis, corollis hirfutis. L. f. fuppl.
E Teneriffa.

810. AGROSTIS *hirfuta.*
A. panicula fubfpicata, caule foliifque hirfutis, corollinis glumis dorfo ariftatis apice blfidis. L. f. fuppl.
E Teneriffa,

811. AGROSTIS *panicea.*
A. panicula fpicata, flofculi h fubulatis fubnitidis bafi nodulo inftruAis, ariftis reAis brevibus,
E Gallia auftrali. ☉ *Mil. lndig.* L.

812. AGROSTIS *alopecuroides.*
A. panicula compofita fubfpicata, glumis calycinis longius ariftatis.
Ex Gallia & Europa auftrali, ☉ *Aloper. maif pelienfis & panicea.* L.

813. AGROSTIS du Cap. Did. n°. 15.
A. à panicule capillaire, calices acuminées, corolles terminées par une barbe courbée.
Lieu nat. le Cap de Bonne-Espérance.

* * Fleurs sans barbes ; & disposées en panicule.

814. AGROSTIS, cornu d'abondance. Did. supp.
A. à panicule lâche mutique, calices pointus plus longs que la corolle, pédoncules scabres.
Lieu nat. la Caroline.

815. AGROSTIS épars. Did. n°. 21.
A. à panicule lâche, fleurs éparses mutiques, calices glabres un peu obtus.
Lieu nat. l'Europe, dans les bois. ♃.

816. AGROSTIS trepant. Did. n°. 21.
A. à rameaux de la panicule courts mutiques un peu ramassés, tige géniculée rampante.
L. nat. l'Europe, aux endroits sablonneux. ♃

817. AGROSTIS piquant Did. n°. 23.
A. à panicule petite ramassée presqu'ovale, feuilles roulées en leurs bords, tiges rameuses rampantes.
Lieu nat. les environs de Narbonne, dans les sables. ♃

818. AGROSTIS en jonc. Did. n°. 31.
A. à panicule petite presqu'en épi, feuilles distiques roulées en jonc, racines rampantes.
Lieu nat. l'Inde, l'Isle de France. Les fleurs sont en tout semblables à celles de la précédente.

819. AGROSTIS maritime. Did. n°. 32.
A. à panicule en épi ayant des rameaux très-courts, calices mutiques lisses égaux.
Lieu nat. les sables maritimes près de Narbonne.

820. AGROSTIS des rives. Did. suppl.
A. à panicule resserrée presqu'en épi, calices inégaux, gaines des feuilles barbues.
Lieu nat. l'Amérique mérid.
β. La même à rameaux de la panicule plus longs.
Du Sénégal.

821. AGROSTIS pyramidale. Did. suppl.
A. à panicule ouverte petite pyramidale, calices plus longs que la corolle, gaines pileuses à leur orifice.
Lieu nat. l'Amérique mérid.

822. AGROSTIS capillaire. Did. n°. 24.
A. à panicule capillaire ouverte, calices pointus colorés presqu'égaux, fleurs mutiq.
Lieu nat. les pâturages secs de l'Europe. ♃
Botanique. Tom. I.

---

813. AGROSTIS Capensis.
A. panicula capillari, calyclbus acuminatis, corollis arista terminali curva. L. sub milio.
E Cap. Bonæ Spei.

* * Flores mutici ; paniculati.

814. AGROSTIS cornucopia.
A. panicula laxa mutica, calycibus acutis corolla longioribus, pedunculis scabris.
E Carolina. cornucopiæ perennans. Walt. 74.

815. AGROSTIS effusa.
A. panicula laxa, floribus dispersis muticis, calycibus obtusiusculis lævibus.
Ex Europæ nemoribus. ♃. Milium effusum. L.

816. AGROSTIS stolonifera. L.
A. panicula ramulis brevibus muticis subconfertis, culmo geniculato repente.
Ex Europa, locis arenosis. ♃

817. AGROSTIS pungens.
A. panicula parva conferta subovata, foliis convolutis pungentibus, culmo ramoso repente.
Ex arenosis, circa Narbonam. ♃. Scret. t. 27, f. 3.

818. AGROSTIS juncea. T. 41, f. 1.
A. panicula parva subspicata, foliis convoluto-junceis bifariis, radice repente.
Ex India, Insula Francia. A. maritella. L. forté varietas præcedentis.

819. AGROSTIS maritima.
A. panicula spicata ramulis brevissimis, calycibus muticis lævibus æqualibus.
Ex arenosis maritimis circa Narbonam.

820. AGROSTIS lateralis.
A. panicula contracta subspicata, calycibus inæqualibus, vaginis foliorum barbatis.
Ex Amer. merid. Communic. à D. Richard.
β. Eadem ramis paniculæ longioribus. E Senegal. Communic. à D. Rouffillon.

821. AGROSTIS pyramidata.
A. panicula patente parva pyramidata, calycibus corolla longioribus, vaginis ore pilosis.
Ex. Amer. merid. Communic. à D. Richard.

822. AGROSTIS capillaris.
A. panicula capillari patente, calycibus acutis coloratis subæqualibus, flosculis muticis.
Ex Europæ pascuis siccis. ♃

X

823. AGROSTIS des bois. Dict. n°. 23.
A. à panicule reſſerrée mutiques , calices
égaux ; plus courts que la corolle avant la
floraiſon , & une fois plus longs enſuite.
Lieu nat, l'Angleterre, &c. dans les bois.

824. AGROSTIS blanc. Dict. n°. 26.
A. à panicule lâche, calices mutiques égaux,
tige rampante.
Lieu nat. les bois de l'Europe.

825. AGROSTIS cinna.
A. à panicule oblongue reſſerrée, bâles très-
pointues tige rameuſe droite.
Lieu nat. l'Amérique. ⚥ Cinna. Dict. 2,
p. 10, & agroſtis du Mexique, n°. 19.

826. AGROSTIS alongé. Dict. ſuppl.
A. à panicule reſſerrée alongée mutique :
rameaux alternes très - rapprochés de l'axe,
bâles liſſes inégales.
Lieu nat. l'Amérique mérid. les Antilles ; panicule étroite, longue d'un pied à un pied & demi.

827. AGROSTIS tenace. Dict. n°. 33.
A. à panicule reſſerrée filiforme, fleurs mu-
tiques linéaires , valves parallèles.
Lieu nat. les Indes orientales. ⚥

828. AGROSTIS panicoïde. Dict. ſuppl.
A. à panicules oblongues mutiques glabres ,
calices très - courts, tige couchée très-ram.
L. nat..... Sem. groſſes , rouſſâtres , luiſantes.

829. AGROSTIS de Virginie. Dict. ſuppl.
A. à panicule alongée, mutique ;
à rameaux courts , feuilles à bords roulés
en dedans ſubulées.
Lieu nat. la Virginie , la Caroline.

830. AGROSTIS nain. Dict. n°. 27.
A. à panicule mutique unilatérale , tiges
faſciculées droites.
Lieu nat. l'Europe. ⚥

* * * Fleurs en épi, Un ſeul épi, ou pluſieurs.

831. AGROSTIS filiforme. Dict. n°. 28.
A. à épi mutique filiforme un peu en grappe ,
fleurs alternes, calice coloré.
L. nat. la France, l'Allem. &c. ⊙ Fl. en Mars.

832. AGROSTIS verticillé. Dict. n°. 20.
A. à épis très-nombreux preſque verticillés,
fl. géminées ciliées mutiq. l'une d'elles ſeſſile.
Lieu nat. l'Inde, l'Iſle de France. La Velhwen.

---

823. AGROSTIS Sylvatica.
A. panicula coarctata mutica, calycibus æqualibus : virgineis corolla brevioribus , ſecun-
dariis duplo longioribus. L.
Ex Anglia, &c. in ſylvis.

824. AGROSTIS alba.
A. panicula laxa , calycibus muticis æquali-
bus , culmo repente. L.
En Europæ nemoribus. Conf. cum a. ſtoloniferâ.

825. AGROSTIS cinna.
A. panicula oblonga contracta , glumis acu-
tiſſimis , culmo ramoſo erecto.
Ex America. ⚥ Cinna. Lin. & forté etiam
agroſtis Mexicana ejuſd.

826. AGROSTIS elongata.
A. panicula contracta elongata mutica ; ra-
mulis alternis ſtrictiſſimis glumis lævibus inæ-
qualibus.
En Amer. merid. A. indica. L. a. tenacissima.
Jac. collect. ?, p. 85. ic. rar. a. purpuraſcens.
Swartz.

827. AGROSTIS tenacissima.
A. panicula contracta filiformi , floribus mu-
ticis linearibus, valvulis parallelis. L. ſ. ſuppl.
Ex India orientali. ⚥

828. AGROSTIS panicoïdes.
A. paniculis oblongis muticis lævibus , caly-
cibus breviſſimis, culmo reclinato ramoſiſimo.
—. Cult. in hort. reg. Culmi genicul. fol. glabra.

829. AGROSTIS Virginica.
A. panicula elongata contracta mutica ; ramulis numeroſis brevibus , foliis involuto-
ſubulatis.
E Virginia , Carolinia. Fraſer. A. Virginia. L ?

830. AGROSTIS pumila.
A. panicula mutica ſecunda , culmis faſci-
culatis erectis. L.
Ex Europa. ⚥

* * * Flores ſpicati. Spica unica, vel ſpicæ plures.

831. AGROSTIS minima.
A. ſpica ſubracemoſa mutica filiformi, floſ-
culis alternis , calyce colorato.
E Gallia, Germania.&c. ⊙ Floret Martio :

832. AGROSTIS verticillata.
A. ſpicis numeroſidiis ſubverticillatis, flori-
bus geminis ciliato muricatis : altero ſeſſili.
Ex India, Luſ Franciæ. Phalaris zizanoïdes. L ?

833. AGROSTIS punaise.
A à grappes digitées, valve extérieure des
calices ciliée. *Agrostis digit.* Dict. n° 19.
Lieu nat. le Malabar.

834. AGROSTIS à rayons. Dict. n°. 18.
A. à épis presque quinés, en croix, velus à
leur base; valves petaloïdes aristées.
Lieu nat. la Jamaïque.

835. AGROSTIS. en croix. Dict. Suppl.
A à épis quaternés, en croix, glabres à leur
base; valves petaloïdes aristées.
Lieu nat. la Jamaïque.

Explication des fig.

Tab. 41. f. 1. AGROSTIS des champs. (a) Panicule
ouverte. (b b) Fleur entière. (c, d, e) Corolle. (f, g)
Etamines, pistil. (i, l) Semence.
Tab. 41. f. 2. AGROSTIS en jonc.

106. ALPISTE.

Caract. essent.

CAL. 2-valve, carinné, égal, renfermant la cor.

Corall. nat.

Cal. bâle uniflore, bivalve, comprimée: valves
naviculaires, carinées, égales.
Cor. bivalve, plus petite que le calice: valves
oblongues concaves pointues inégales.
Etam. trois filaments capillaires, plus courts que
le calice: anthères oblongues.
Pist. un ovaire supérieur, arrondi. Deux styles,
capillaires; stigmates velus.
Peric. aucun. la corolle est adhérente à la semence
& ne la quitte point.
Sem. une seule, arrondie-ovale, acuminée,
couverte, glabre.

Tableau des espèces.

836. ALPISTE de Canarie. Dict. n°. 1.
A. à panicule presqu'ovale spiciforme,
bâles carinées.
Lieu nat. les Isles Canaries, l'Europe australe. ☉

837. ALPISTE tubeuse. Dict. n°. 2.
A à panicule cylindrique, bâles carinées.
Lieu nat. le Levant.

838. ALPISTE pubescente. Dict. n°. 3.
A. à épi ovale cylindrique, bâles mutiques
ciliées, tige rameuse pubescente.
Lieu nat. la Provence. ☉ *Les Fl.* ont quelquefois des barbes courtes.

831. AGROSTIS cimicina.
A. racemis digitatis, calycum valvula exte-
riore ciliata. Lin. *Sub milio.*
Ex Malabaria.

834. AGROSTIS radiata.
A. spicis subquinis crucialis basi villosis, val-
vulis petaloïdeis aristatis. L.
Ex Jamaica.

835. AGROSTIS cruciata.
A. spicis quaternis crucialis basi glabris, val-
vulis petaloïdeis aristatis. L.
Ex Jamaica.

Explicatio iconum.

Tab. 41. f. 1. AGROSTIS spica venti. (a) Panicula
expansa. (b, b) Flos integer. (c, d, e) Corolla. (f, g)
Stamina, pistillum. (i, l) Semen.
Tab. 41. f. 2. AGROSTIS juncea.

106. PHALARIS.

Charact. essent.

CAL. 2-valvis, carinatus, æqualis, cor. includens.

Charact. nat.

Cal. gluma uniflora, bivalvis, compressa: valvulis navicularibus, æqualibus carinatis.
Cor. bivalvis, calyce minor: valvis oblongis concavis acutis inæqualibus.
Stam. filamenta tria, capillaria, calyce breviora: antheræ oblongæ.
Pist. germen superum. subrotundum. Styli duo,
capillares; stigmata villosa.
Peric. nullum. Corolla adnascitur, semini,
nec dehiscit.
Sem. unicum, tectum, glabrum, subrotundo-
ovatum, acuminatum.

Conspectus specierum.

836. PHALARIS Canariensis. Tab. 42.
Ph. panicula subovata spiciformi, glumis
carinatis. L.
E Canariis, Europa australi. ☉

837. PHALARIS bulbosa.
Ph. panicula cylindrica, glumis carinatis. L.
Ex Oriente. Conf. cum ph. nodosa.

838. PHALARIS pubescens.
Ph. spica ovato-cylindrica, glumis ciliatis
muticis, culmo ramoso pubescente.
E Gallo provincia. ☉ *Phleum Gerardi.* allion.
fl. ped. n°. 2133.

839. ALPISTE *noueuse*. n°. 4.
A. à panicule oblongue, feuilles roides.
Lieu nat. l'Europe australe.

840. ALPISTE *aquatique*. Dict. n°. 5.
A. à panicule ovale-oblongue spiciforme, bâles carinées lancéolées.
Lieu nat. l'Italie, l'Egypte. ♃

841. ALPISTE *phléoïde*. Dict. o° 6.
A. à panicule cylindrique spiciforme rameuse à sa base, bâles étroites un peu ciliées à deux pointes.
Lieu nat. l'Europe.

842. ALPISTE *utriculée*. Dict. n°. 8.
A. à épi ovale muni de barbes, gaine de la feuille supérieure en forme de spathe.
Lieu nat. l'Italie. ☉

843. ALPISTE *rongée*. Dict. n°. 9.
A. à panicule spiciforme étroite & comme rongée à sa base, calices aigus, fleurs inférieures avortées.
Lieu nat. le Portugal, le Levant. ☉

844. ALPISTE *en roseau*. Dict. n°. 10.
A. à panicule oblongue pyramidale, bâles un peu ramassées, calice nerveux.
Lieu nat. l'Europe. ♃ P. Il varie à f. panachées.

845. ALPISTE *lunetiere*. Dict. n°. 11.
A. à panicule linéaire unilatérale, calices presqu'uniflores comprimés semi-orbiculés naviculaires.
Lieu nat. la Sibérie, la Russie. ☉ Calices uniflores, plus rarement biflores.

846. ALPISTE *dentée*. Dict. n°. 14.
A. à épi cylindrique, bâles mutiques velues carinées: carène dentée, à dents globuleuses au sommet.
Lieu nat. l'Afrique.

847. ALPISTE *semi-verticillée*. Dict. n°. 15.
A. à rameaux de la panicule semi-verticillés, épillets mutiques ciliés, feuilles glabres.
Lieu nat. l'Egypte.

848. ALPISTE *distique*. n° 16.
A. à panicule ovale mutique, feuilles distiques à bords roulés en-dedans, tige ram. rampante.
Lieu nat. l'Egypte, aux endroits sablonneux.

849. ALPISTE *veloutée*. Dict. n° 18.
A. à épis alternes filiformes, tige & feuilles très velues.

839. PHALARIS *nodosa*.
Ph. panicula oblonga, foliis rigentibus. L.
Ex Europa australi. *Spica mutica.*

840. PHALARIS *aquatica*.
Ph. panicula ovato oblonga spiciformi; glumis carinatis lanceolatis. L.
Ex Italia, Ægypto. ♃

841. PHALARIS *phleoides*.
Ph. panicula cylindrica spiciformi basi ramosa; glumis angustis subciliatis bicuspidatis.

Ex Europa.

842. PHALARIS *utricularis*.
Ph. spica ovata aristata, vagina supremi folii spathiformi.
Ex Italia. ☉ Scop. delic. fasc. 1. t. 12.

843. PHALARIS *praemorsa*.
Ph. panicula spiciformi basi angustata subpraemorsa, calycibus acutissimis, flosculis inferioribus abortivis.
E Lusitania, Oriente. ☉ Ph. paradoxa. L.

844. PHALARIS *arundinacea*.
Ph. panicula oblonga pyramidata, glumis subcongestis, calyce nervoso.
Ex Europa. ♃ P. Variat foliis variegatis.

845. PHALARIS *canariformis*.
Ph. panicula lineari secunda, calycibus subunifloris compr. semi-orbiculatis navicularibus.

E Sibiria, Russia. ☉ Paryaram cynosuri species in H. Kew.

846. PHALARIS *dentata*.
Ph. spica cylindrica, glumis muticis hirsutis carinatis: carina denata, dentibus apice globosis. L. f.
Ex Africa.

847. PHALARIS *semi-verticillata*.
Ph. paniculae ramis semi-verticillatis, spicellis muticis ciliatis, foliis glabris. Forsk.
Ex Ægypto.

848. PHALARIS *disticha*.
Ph. panicula ovata mutica, foliis distichis involutis, culmo ramoso repente. Forsk.
Ex Ægypto, in arenosis.

849. PHALARIS *velutina*.
Ph. spicis alternis filiformibus, culmo foliis que villosissimis. Forsk.

850. ALPISTE hériffée. Diâ. n°. 11.
A. à épi cylindrique, fleurs geminées, calice fructifère, hériffé de piquans.
Lieu nat. le Levant.

Explication des fig.

Tab. 41. ALPISTE de Canarie. (a, b) Fleur entière.
(c) Calice. (d) Corolle. (d) Etamines. (f, g) Piftil.
(h) Calice fructifère. (i) Semence couverte. (l) Semence en partie découverte. (m, p) Semence nue.
(n, o) Valves du calice & de la corolle défunies.

Tab. 41. E. 2. Fleur de l'Alpifte, d'après Lin.

107. FLÉOLE.

Caraâ. effent.

CAL. 1-valve, feffile, linéaire, tronqué, à 2 pointes au fommet. Cor. enfermée.

Caraâ. nat.

Cal. bâle uniflore, bivalve, oblongue, comprimée, à deux pointes au fommet : valves droites, concaves, comprimées, embraffantes, égales, tronquée, à fommet de la carène mucr.
Cor. bivalve, plus courte que le calice.
Etam. trois filamens, capillaires; anthères oblongues, fourchues aux extrémités.
Pift. un ovaire fupérieur, arrondi. Deux ftyles capillaires; ftigmates plumeux.
Peric. nul. Le calice & la corolle renf. la femence.
Sem. une feule, arrondie.

Tableau des efpèces.

851. FLÉOLE des prés. Diâ. n°. 1.
F. hépi cylindrique très long cilié, tige droite.
Lieu nat. les prés de l'Europe. ⚥

852. FLÉOLE noueufe. Diâ. n°. 2.
F. à épi cylindrique cilié, tige genouillée afcendante, racine bulbeufe.
Lieu nat. l'Europe, fur le bord des chemins. ⚥

853. FLÉOLE des Alpes. Diâ. n°. 3.
F. à épi ovale-cylindrique prefque noirâtre, calices à dents longues & plumeufes.
Lieu nat. les montagnes de la France, de la Suiffe, &c. ⚥

854. FLÉOLE rude.
F. à épi cylindrique glabre compofé à fa bafe, bâles à dents courtes, tige droite un peu rameufe.
Lieu le Dauph., &c. *alpifte rude.* Diâ. n°. 30.

---

850. PHALARIS muricata.
Ph. fpica cylindrica, floribus geminatis, calyce fructifero aculeato-muricato. Forsk.
En Oriente.

Explicatio iconum.

Tab. 41. PHALARIS Canariensis. (a, b) Flos integer. (c) Calyx. (d) Corolla. (c) Stamina. (f, g) Piftillum. (h) Calyx fructifer. (i) Semen tectum. (l) Semen partim denudatum. (m, p) Semen nudum. (n o) Valvulæ calyctl-æ & corollinæ disjunctæ. Fig. ex bot.

Ibid. f. 2. Flos Phalaridis, ex Lin.

107. PHLEUM.

Charaâ. effent.

CAL. 1-valvis, feffilis, linearis, truncatus, apice 2-cufpidato. Cor. inclufa.

Charaâ. nat.

Cal. gluma uniflora, bivalvis, oblonga, com-preffa, apice bicufpide dehifcens : valvulis rectis, concavis, compreffis, amplexantibus, æqualibus, truncatis, carinæ apice mucronatæ.
Cor. bivalvis, calyce brevior.
Stam. filamenta tria, capillaria : antheræ oblongæ, bifurcatæ.
Pift. germen fuperum, fubrotundum. Styli duo capillares; ftigmata plumofa.
Peric. nullum. Calyx & corolla includentia femen.
Sem. unicum, fubrotundum.

Confpectus fpecierum.

851. PHLEUM pratenfe. T. 42.
Ph. fpica cylindrica longiffima ciliata; culmo erecto.
En Europa prati. ⚥

852. PHLEUM nodofum.
Ph. fpica cylindrica ciliata, culmo geniculato adfcendente, radice bulbofa.
En Europa, ad oras viarum. ⚥

853. PHLEUM Alpinum.
P. fpica ovato-cylindracea fubnigricante, glumarum dentibus longis plumofis.
Ex Alpibus gallia, Helvetiæ, &c. ⚥

854. PHLEUM afprum.
P. fpica cylindrica glabra bafi compofita; glumarum dentibus brevibus, culmo erecto fub-ramofo.
E Delphinatu, &c, *Phalaris afpera.* Diâ.

❦ *Explication des figures.*

Tab. 4L. FLÉOLE *des prés.* (*a* , *a*) Fleur ouverte.
(*b*) Calice. (*c*) Corolle. (*d, e*) Etamines , pistil. (*f, g, h*)
Bâles fructifères. (*i, l*) Semence séparée.

108. CRYPSIS.

Caract. essent.

CAL. 2-valve , sessile , lancéolé. Cor. 1-valve ,
plus longue que le calice.

Caract. nat.

Cal. bâle uniflore, bivalve : à valves oblongues-
lancéolées, un peu planes, légèrement inég.
Cor. bivalve , plus longue que le calice : à valves lancéolées , mutiques , un peu inégales.
Etam. trois filaments (quelquefois deux) capillaires , plus longs que la corolle. Anthères
oblongues.
Pist. un ovaire supérieur, oblong. Deux styles
capillaires ; stigmates plumeux.
Péric. aucun. La corolle renferme la semence.
Sem. une seule , ovale , pointue.

Tableau des espèces.

855. CRYPSIS *schænoïde.*
C. à épis ovoïdes glabres enveloppés à leur
base par les gaines des feuilles, tiges rameuses
couchées.
Lieu nat. l'Italie , la France australe. ☉ *Fléole
schænoïde.* Dict. n°. 5.

856. CRYPSIS *piquante.*
C. à épis en tête hémisphérique , glabres ,
enveloppés par des gaines mucronées presque
piquantes , tiges rameuses.
Lieu nat. l'Italie , la France australe. ☉ *Fléole
piquante.* n°. 6.

857. CRYPSIS *des sables.*
C. à épi ovale-cylindrique rétréci aux deux
bouts , bâles pointues ciliées , tige un peu
rameuse.
Lieu nat. les sables maritimes de l'Europe. ☉
Fléoles des sables. Dict. n°. 4.

109. ASPÉRELLE.

Caract. essent.

CAL. O. Cor. 1 val : valves naviculaires ciliées.

Caract. nat.

Cal. nul.

Explicatio iconum.

Tab. 41. PHLEUM *pratense.* (*a* , *a*) Flos expansus
(*b*) Calyx. (*c*) Corolla (*d , e*) Stamina , pistillum.
(*f , g , h*) Glumae fructiferae. (*i , l*) Semen separatum.
Fig. 11. Mill.

108. CRYPSIS.

Charact. essent.

CAL. 1-valvis , sessilis , lanceolatus. Cor. 1-
valvis , calyce longior.

Charact. nat.

Cal. gluma uniflora, bivalvis : valvulis oblongo-
lanceolatis planiusculis subinæqualibus.
Cor. bivalvis , calyce longior : valvulis lan-
ceolatis muticis subinæqualibus.
Stam. filamenta tria (interdum duo), capillaria;
corolla longiora. Antheræ oblongæ.
Pist. germen superum , oblongum. Styli duo ;
capillares ; stigmata plumosa.
Peric. nullum. Corolla semen includens.
Sem. unicum , ovatum , acutum.

Conspectus specierum.

855. CRYPSIS *schænoïdes.* T. 41 , f. 1.
C. spicis obovatis glabris basi vagina foliacea cinctis , caulibus ramosis procumben-
tibus.
Ex Italia , Gallia australi. ☉ *Phleum scha-
nvides.* Dict. *Crypsis...* 5. *Hort. kew.*

856. CRYPSIS *aculeata.* T. 41 , f. 2.
C. spicis capitato-hemisphæricis , glabris ,
vaginis mucronatis subpungentibus cinctis ;
caulibus ramosis.
Ex Italia , Galaia australi ☉ *Crypsis aculeata.*
(*a*) Hort. kew.

857. CRYPSIS *arenaria.*
C. spica ovato-cylindrica utrinque attenuata ;
glumis acutis ciliatis , culmo subramoso.
Ex Europæ arenis maritimis. ☉ *Affinitas
nulla cum phleoide ; ergo non est ejusd. variet.
ut videtur in horto hivernsi.*

109. ASPERELLA.

Charact. nat.

CAL. O. Cor. 1-valvis : val. naviculatibus ciliatis.

Charact. essent.

Cal. nullus.

TRIANDRIE DIGYNIE.

Cor. bâle bivalve : à valves naviculaires concaves comprimées ciliées presqu'égales; l'extérieure plus large.
Etam. trois filamens, capillaires, plus courts que la corolle; anthères oblongues.
Pist. un ovaire supérieur, ovale, comprimé : deux styles capillaires, courts; stig. plumeux.
Peric. nul. la corolle renferme la semence.
Sem. une seule, ovale, comprimée.

Tableau des espèces.

858. ASPÉRELLE *oryzoïde.*
A. panicule lâche, cachée des bâles ciliées.
Lieu nat. La France, l'Italie, &c. aux lieux humides. *Alpiste Aspérelle.* Dict. n°. 13.

859. ASPÉRELLE *digitaire.* Dict. suppl.
A. à épis linéaires quaternés presque digités, bâles applaties musiques frangées sur les bords.
Lieu nat. l'Amérique méridionale.

110. VULPIN.

Caract. essent.

Cal. 1-valve, presque sessile. **Cor.** univalve.

Caract. nul.

Cal. bâle uniflore, bivalve : à valves ovales-lancéolées, concaves, comprimées, égales, connées à leur base.
Cor. univalve : valve ovale-lancéolée, concave, à bords réunis inférieurement, plus courte que le calice; une barbe géniculée, du double plus longue, & insérée sur le dos de la valve vers sa base.
Etam. trois filamens, capillaires. Anthères fourchues aux deux bouts.
Pist. un ovaire supérieur, arrondi : deux styles capillaires, plus longs que le calice; stig. velus.
Peric. aucun. La corolle enveloppe la semence.
Sem. une seule, ovale, couverte.

Tableau des espèces.

860. VULPIN de l'Inde. Dict.
V. à épi cylindrique, involucelles sétacées fasciculées biflores, pédoncules velus.
Lieu nat. l'Inde. Cette plante paroît congénère de la houque à épi de notre Dict. & semble avoir des rapports avec la variété i de cette houque.

TRIANDRIA DIGYNIA. 167

Cor. gluma bivalvis : valvulis navicularibus concavis compressis ciliatis subæqualibus; exteriore latiore.
Stam. filamenta tria, capillaria, corolla breviora; antheræ oblongæ.
Pist. germen superum, ovatum, compressum. Styli duo, capillares; stigmata plumosa.
Peric. nullum. Corolla semen includit.
Sem. unicum, ovatum, compressum.

Conspectus specierum.

858. ASPERELLA *oryzoïdes.*
A. panicula effusa, glomarum carinis ciliatis, F. Gallia, Italia, &c. in humidis. *Phalaris oryzoïdes.* L. *letrsia oryzoïdes.* Swartz.

859. ASPERELLA *digitaria.*
A. spicis linearibus quaternis subdigitatis; glumis complanatis muticis ad latera fimbriatis. Ex America merid. *Commun. à D. Richard.*

110. ALOPECURUS.

Character. essent.

Cal. 1-valvis, subsessilis. **Cor.** 1-valvis.

Character. nul.

Cal. gluma uniflora, bivalvis : valvolis ovato-lanceolatis, concavis, compressis, æqualibus, basi connatis.
Cor. univalvis : valvula ovato-lanceolata concava, marginibus basi coadunatis, calyce paulo brevior. Arista duplo longior, geniculata, dorso valvulæ versus basin inserta.
Stam. filamenta tria, capillaria. Antheræ utrinque bifurcatæ.
Pist. germen superum, subrotundum. Styli duo, capillares, calyce longiores; stigmata villosa.
Peric. nullum. Corolla semen obvestiens.
Sem. unicum, ovatum, tectum.

Conspectus specierum.

860. ALOPECURUS *indicus.*
A. spica tereti, involucellis setaceis fasciculatis bifloris, pedunculis villosis. L.
Ex India. *An potius ho'ci species? Conf. cum holco spicato, var. ß Diction. nostri, cui videtur admodum affinis.*

861. VULPIN des prés Diô.

V. à tige droite, épi ovale-cylindrique mollet velu ariflé, bâles eiliées.
Lieu nat. les prés de l'Europe. ꝛ

862. VULPIN de Magellan. Diô.

V. à tige droite, épi ovale-cylindre très-velu ariflé, gaine fupérieure fans feuille.
Lieu nat. le Magellan.

863. VULPIN foyeux. Diô.

V. à tige droite, nue fupérieurement ; épi ovale - cylindrique très-velu ariflé.
Lieu nat. l'Allemagne. S'il n'est pas conftamment diftinct, il eft plutôt variété du V. des prés que du V. bulbeux.

864. VULPIN des champs. Diô.

V. à tige droite, épi cylindrique grêle ariflé, bâles liffes.
Lieu nat. les champs & les lieux cultivés de l'Europe. ⊙

865. VULPIN bulbeux.

V. à tige coudée aux aniculations Inférieures, épi cylindre, petit liffe ariflé, racine bulbeufe.
Lieu nat. la France, l'Angleterre, &c.

866. VULPIN genouillé. Diô.

V. à tige couchée, coudée aux articulations; épi cylindrique, barbes à peine apparentes.
Lieu nat. l'Europe, dans les marais & les foffés aquatiques. ꝛ

867. VULPIN en tête. Diô.

V. à tige prefque droite, épi en tête ovale velu ariflé, racine tubéreufe.
Lieu nat. la France, fur le fommet des montagnes. ꝛ. Epi prefque comme dans le cynos. Échinatus, mais plus petit.

868. VULPIN hordéiforme. Diô.

V. à grappe fimple, &. environnées de barbes.
Lieu nat. l'Inde. Cette plante paroit avoir des rapports avec le Panic glauque. Le fynon. de Pluk. qu'on y a joint ne lui appartient pas.

Explication des fig.

Tab. 41. VULPIN des prés. (a, b) Fleur fermée. (c) La même ouverte. (d) Corolle, examinée à piftil. (e) Corolle. (f) Etamines. (g) Calice. (i, l, m) Piftil. (n, o, p) Bâle fructiferes; femence féparée.

---

866. ALOPECURUS pratenfi. T. 41.

A. culmo erecto, fpica ovato-cylindrica molli villofa ariftata, glumis ciliatis.
Ex-Europæ pratis. ꝛ

862. ALOCUPERUS Magellanicus.

A. culmo erecto, fpica ovato cylindrica hirfutiffima ariftata, vagina fuperiore aphylla.
E Magellanio. Commers.

863. ALOPECURUS fericeus.

A. culmo erecto fupeme nudo, fpica ovato-cylindrica villofiffima ariftata.
E Germania. A. fericeus. germ. p. 1, t. 1; f. 2. *An varietas a. pratenfis ?*

864. ALOPECURUS agreftis.

A. culmo erecto, fpica cylindracea gracili ariftata, glumis lævibus.
Ex Europæ arvis & oleraceis. ⊙

865. ALOPECURUS bulbofus.

A. culmo caulis inferioribus infracto, fpica cylindracea parva levi ariftata, bulbofa radice.
E Gallia, Anglia, &c.

866. ALOPECURUS geniculatus.

A. culmo reclinato geniculis infracto, fpica cylindrica, ariftis vix perfpicua.
Ex Europa, in paludibus & foffis aquofis. ꝛ

867. ALOPECURUS capitatus.

A. culmo fuberecto, fpica capitato-ovata villofa ariftata, tuberofa radice.
E Gallia, in Alpium jugis. ꝛ *Phleum, ... Gerard. prov.* p. 73. n°. 4.

868. ALOPECURUS hordeiformis.

A. racemo fimplici, fl. ariftis circumvallatis. L. *Ex India. An hujus generis, cum corolla bivalvis ex Linnaeo ?*
Synon. Pluknetii ad faccharum fpicatum pertinet.

Explicatio Iconum.

Tab. 41. ALOPECURUS pratenfis. (a, b) Flos inapertus. (c) Idem expanfus. (d) Corolla, ftamina, piftillum. (e) Corolla. (f) Stamina. (g) Calyx. (i, l, m) Piftillum. (n, o, p) Glumæ fructiferæ; femen feparatum. Fig. ex Mill.

III. PANIC.

Caract. effent.

CAL. 3-valve: à troifième valve très petite

III. PANICUM.

Charact. effent.

CAL. 3-valvis: valvula tertia minima, ꝛ

Caract.

Caraff. nat.

Cal. bâle uniflore, trivalve ; à valves prefqu'ovales; la troifième fque plufieurs prennent pour une fleur neutre) fort petite, fituée derrière l'une des 2 autres.

Cor. bivalve : à valves prefqu'ovales, l'une plus petite & plus plane.

Etam. trois filamens capillaires, un peu courts. Anthères oblongues.

Pift. un ovaire fupérieur, arrondi; deux ftyles capillaires, ftigmates plumeux.

Péric. aucun. La corolle adhère à la femence & ne l'en fepare point.

Sem. une feule, couverte, arrondie, un peu applatie d'un côté.

Tableau des efpèces.

* Fleurs en épi. Un feul épi, ou plufieurs.

169. PANIC *glaucus.* Diâ.
P. à épi cylindrique jaunâtre, involucelles fétacées fafciculées biflores, fem. ridées tranfverfalement.
Lieu nat. l'Europe, les Indes orient. ⊙

870. PANIC *virid.* Diâ.
P. à épi cylindrique prefque compofé, entier, involucelles fétacées non accrochantes.
Lieu nat. l'Europe. ⊙
. La même à épi plus court, prefqu'ovale.

871. PANIC *rude.* Diâ.
p. à épi prefque compofé, ayant à fa bafe de petites grappes lâches un peu longues, Involucelles fétacées accrochantes.
Lieu nat. l'Europe. ⊙

872. PANIC *cultivé.* Diâ.
P. à épi compofé, épillets ramaffés entremêlés de filets fétacés, pedoncules velus.
Lieu nat. les Indes. ⊙
a il varie à épi blanc, ou d'un rouge violet, d filets courts, même prefque nuls, quelquefois un peu longs.

873. PANIC *violet.* Diâ.
P. à épi fimple cylindrique violet, Involucelles fétacées uniflores, valves calycinales prefqu'égales.
Lieu nat. Le Sénégal.

874. PANIC *alopecuroïde.* Diâ.
P. à épi cylindrique fimple rougeâtre, involucelles fétacées, uniflores, ciliées & plu meufes inférieurement.
Lieu nat. Le Bréfil. Cal. glabre. Tige ram. élevée.
Botanique. Tom. I.

Charaft. nat.

Cal. gluma uniflora, trivalvis: valvulis fubovatis; tertia (flofculus neuter quorumdam) minima, a tergo alterius pofita.

Cor. bivalvis: valvulis fubovatis ; altera minor; planior.

Stam. Filamenta tria, capillaria, breviufcula. Antheræ oblongæ.

Pift. Germen fuperum, fubrotundum. Styli duo capillares ; ftigmata plumofa.

Peric. nullum. Corolla adnafcitur femini, nec dehifcit.

Sem. unicum, tectum ,-fubrotundum, inde planiufculum.

Confpeâus fpecierum.

* Flores fpicati. Spica unica, f. multiplex.

869. PANICUM *glaucum.*
P. fpica tereti fubflavida, Involucellis biflovis fafciculato-fetofis, feminibus tranfver, rugofis.
Ex Europa, Indiis orientalibus. ⊙

870. PANICUM *viride.*
P. fpica tereti fubcompofita, indivifa, Involucellis fetofis militibus.
Ex Europa. ⊙
a. Idem fpica breviore, fubovato.

871. PANICUM *verticillatum.* T. 41. f. 1:
P. fpica fubcompofita, racemulis infimis laxis longiufculis, Involucellis fetofis retrorfum afp.
Ex Europa. ⊙

871. PANICUM *italicum.*
P. fpica compofita, fpiculis glomeratis fetis immixtis, pedunculis hirfutis. L.
Ex Indiis. ⊙
a. Varias fpica alba, vel rubro-violacea, fetis brevibus, etiam fubnullis, interdum longiufculis.

873. PANICUM *violaceum.*
P. fpica fimplici tereti violacea, Involucellis fetofis unifloris, valvulis calyc. fubæqualibus.
E Senegal. Ex D. Rouffillon.

874. PANICUM *alopecuros.*
P. fpica tereti fimplici rubente, involucellis fetofis unifloris, inferne ciliato plumofis.
E Brafilia. Commerf. Cal glaber ; valv. tertia non vidi. An. P. polyftachion. L.

Y

875. PANIC *hordeoïde.* Dict.
P. à épi alongé cylindrique grêle blanchâtre, Involucelles fétacées glabres uniflores, tige à plusieurs éph.
Lieu nat. Siera-Leona. *Je n'ai pas vû la 3°, valv. du cal.*

875. PANICUM *hordeoides.*
P. spica elongata tereti tenui albicante, Involucellis fetosis glabris uniß. culmo polystachio.
E Siera-Leona. *Smeathm. valv.* 3. *calyc. non vidi.*

876. PANIC *à petit épi.* Dict.
P. à épi linéaire petit nud, bâles striées ventrues alternes pedicellées.
Lieu nat. l'Inde. *Tige filiforme.*

876. PANICUM *microstachyon.*
P. spica lineari parva nuda, glumis striatis ventricosis alternis pedicellatis.
Ex India. *Sonner. An P. curvatum.* L.

877. PANIC *à trois barbes.* Dict.
P. à épis alt. multifl. seßiles, toutes les valves calicinales aristées: barbe ext. très-longue.
Lieu nat. l'Inde, naturalisé en Italie.
s Le même à épis serrés contre la tige, fleurs une fois plus petites. De l'Isle de France.

877. PANICUM *hirtellum.*
P. spicis alternis multifloris seßilibus, valvulis calycinis omnibus aristatis: extima longißima.
Ex India, nunc in Italia.
ß. Idem spicis culmo adpreßis, flosculis duplo minoribus. Ex Inf. Franciæ.

878. PANIC *setaire.* Dict.
P. à épis alternes très-contus seßiles à peine triflores, calices aristés: barbe ext. très-longue.
Lieu nat. l'Amér. méridionale.

878. PANICUM *setarium.*
P. spicis alternis brevißimis subtrifloris seßilibus, cal. aristatis: arista extima longißima.
Ex Amer. merid. Commsa. a D. Richard.

879. PANIC *bromoïde.* Dict.
P. à épis alternes velus seßiles, calices aristés, involucelles fétacées, feuilles courtes.
Lieu nat. l'Isle de France.

879. PANICUM *bromoides.*
P. spicis alternis hirsutis seßilibus, calycibus aristatis. Involucellis fetosis, foliis brevibus.
Ex inf. Franciæ. Commerf.

880. PANIC *toliacé.* Dict.
P. à épis alternes longs seßiles, fleurs distiques géminées, écartées; calices munis de barbes.
Lieu nat. les Philippines. *Feuilles larges.*

880. PANICUM *loliaceum.*
P. spicis alternis longis seßilibus, floribus distichis geminis remotis, calycibus aristatis. An P. compofitum. L.
E Philippinis. Commerf. off. Panico hirtello.

881. PANIC *colonien.* Dict.
P. à épis alternes mutiques seßiles, bâles ovales mucronées scabres par des poils courts.
Lieu nat. les terreins cultivés des Indes. ☉
ß. Il varie à tige plus élevée, & à tige rameufe.

881. PANICUM *colonum.*
P. spicis alternis muticis seßilibus, glumis ovatis mucronatis piloso-fcabris.
Ex Indiarum cultis. ☉ Gluma fufco purp.
ß. Variat culmo elatiore, & culmo ramefi.

882. PANIC *briçoïde.* Dict.
P. à épis alternes mutiques seßiles serrés contre la tige, bâles ovales mucr. très-glabres.
Lieu nat. l'Inde. *Bâles blanchâtres.*

882. PANICUM *brizoides.*
P. spicis alternis muticis appreßis seßilibus; glumis ovatis mucronatis glaberrimis.
Ex India. Facies paspali.

883. PANIC *granulaire.* Dict.
P. à épis alternes mutiques droits seßiles, bâles lißes presque globuleuses, tige rameuse.
Lieu nat. l'Isle de France. Très-diff. du Manifuris.

883. PANICUM *granulare.*
P. spicis alternis nuculeis erectis seßilibus; glumis lævibus fubglobolis, culmo ramofo.
Ex inf. Franciæ. Commerf.

884. PANIC *à deux épis.* Dict.
P. à deux épis alternes glabres, fleurs unilatérales, tige pileuse à fon sommet.
Lieu nat. l'Inde.
ß. le même à quatre épis. Isle de Fr. Commerf.

884. PANICUM *distachyon.* T. 43. f. 1.
P. spicis geminis alternis lævibus, floribus fecundis, culmo fuperne pilofo.
Ex India. Flores fubclavati.
ß. Idem spicis quatuor. — Ex infula Franciæ.

885. PANIC couché. Diô.
P. à épis presqu'en grappes linéaires alternes,
tige fort longue un peu rameuse rampante.
L'eu nat. les Antilles. Vulg. le cens pour cent.
*. le même à dents du rachis garnis de quelques
poils sétacés.

886. PANIC squarreux. Diô.
P. à épis linéaires alternes presqu'en faisceau,
calices subulés scabres: à troisième valve obtuse.
Lieu nat. l'Inde. Fl. toutes sessiles.

887. PANIC pied-de-coq. Diô.
P. à épis alternes & geminés épels squarreux,
bâles hispides aristées, rachis anguleux.
Lieu nat. l'Europe.
*. Il varie à épi presque sans barbes.

888. PANIC glabre. Diô.
P. à épis alternes épais presqu'unilatéraux scabres,
bâles aristées hispides, rachis tuberculeux.
Lieu nat. le Sénégal.

889. PANIC hispidule.
P. à épis alternes unilatéraux un peu divisés,
bâles aristées hispidules, rachis légèrement
comprimé.
Lieu nat. l'Inde.

890. PANIC barbu. Diô.
P. à épis alternes un peu divisés, bâles glabres
aristées à peine aristées, rachis & gaînes des
feuilles barbus.
Lieu nat. l'isle de France.

891. PANIC pyramidale. Diô.
P. à épis alternes nombreux en pyramide,
bâles muriquées presque lisses, feuilles glauques.
Lieu nat. le Sénégal. Bâles courtes, blanchâtres.

892. PANIC plissé. Diô.
P. à épis alternes écartés quelques courts,
corolles ridées, feuilles plissées & sillonnées.
Lieu nat. l'isle de France ? Cal. glab. verd, nerv.

893. PANIC en queue. Diô.
P. à grappe en queue, ayant des épis alternes
insensiblement plus petits, rachis sétifère,
bâles lisses mutiques.
Lieu nat. le Brésil, l'isle de Cayenne.

* * Fleurs en panicule.

894. PANIC brun rougeâtre. Diô.
P. à grappes linéaires effilées, bâles en massue,
poils tous les divisions de la panicule.
Lieu nat. les Antilles. Bâles un peu nerveuses.

885. PANICUM prostratum.
P. spicis subracemosis linearibus alternis;
culmo prælongo subramoso repente.
Ex Insulis Carlhæis. An P. grossarium. L.
*. Id. racheos denstbus setigeris. E China. Sonner.

886. PANICUM squarrosum.
P. spicis linearibus alternis subfasciculatis;
calycibus subulatis scabris: valv. tertia obtusâ.
Ex India. Sonner. Andropog. squarrosum. L. C

887. PANICUM crus galli.
P. spicis alternis conjugatisque crassis squar-
rosis, glumis hispidis aristatis, rachi angulato.
Ex Europa. ⊙
*. Variat spicis submuticis.

888. PANICUM scabrum.
P. spicis alternis crassis subsecundis scabris;
glumis aristatis hispidis, rachi tuberculato.
E Senegal. D. Roussillon.

889. PANICUM hispidulum.
P. spicis alternis secundis subdivisis, glumis
subaristatis hispidulis, rachi compressiusculo.
Ex India. —Sonner. An P. crus cœvi. L.

890. PANICUM barbatum.
P. spicis alternis subdivisis, glumis glabris
aristatis subaristatis, rachi vaghusque foliorum
barbatis.
Ex Insula Franciæ.

891. PANICUM pyramidale.
P. spicis alternis numerosis pyramidatis, glumis muticis subluvibus, foliis glaucis.
E Senegal. D. Roussillon. Variat gl. luribus &
subpubescentibus.

892. PANICUM plicatum.
P. spicis alternis remotis muticis brevibus;
corollis rugosis, foliis plicato-sulcatis.
Ex Insula Franciæ ? Species distinctissima.

893. PANICUM caudatum.
P. racemo caudato: spicis alternis sensim mi-
noribus, rachi setifera, glumis lævibus muticis.
E Brasilio. Commers. & Cayenna. D, Richard.

* * Flores paniculati.

894. PANICUM fusco-rubens.
P. racemis linearibus virgatis, glumis clavatis,
pilis subpaniculæ divisuris.
Ex loc. Caribæh. — Sloan. hist. 3. t. 72, f. 1.
Y 2

895. PANIC *agroflidiforme*. Diꞔ.
P. à grappes linéaires ferrées très-glabres, bâles ovales-oblongues un peu obtuses lisses.
Lieu nat. l'Amer. mérid. *Bâles fort petites.*

896. PANIC, *queue de rat.* Diꞔ.
P. à panicule linéaire très-longue : grappes latérales très-courtes ferrées, bâles pointues.
Lieu nat. l'Amérique mérid. *Bâles glabres.*

897. PANIC *ftriꞔ.* Diꞔ.
P. à panicule oblongue, bâles un peu grandes glabres vertes élégament striées.
Lieu nat. la Caroline.

898. PANIC *effiꞔ.* Diꞔ.
P. à panicule effilée, bâles acuminées glabres : l'extérieure ouverte.
L. nat. la Virginie. *Panic. fort long. fl. rares.*

899. PANIC *luisant.* Diꞔ.
P. à panicule rameuse un peu violette, bâles obtuses striées hispidules, femence luisante.
Lieu nat. la Caroline.

900. PANIC *dichotome.* Diꞔ.
P. à panicules simples, tige rameuse dichotome.
Lieu nat. la Virginie.

901. PANIC *rameux.* Diꞔ.
P. à rameaux de la panicule simples, fleurs presque ternées : l'inférieure presque sessile, tige rameuse.
Lieu nat. les Indes.

902. PANIC *de Numidie.* Diꞔ.
P. à rameaux de la panicule presque simples en grappe lâches, bâles ovales-pointues, pistils colorés.
Lieu nat. la Numidie.

903. PANIC *coloré.* Diꞔ.
P. à panicule ouverte, bâles ovales, étamines & pistils colorés, tige rameuse.
Lieu nat. l'Espagne, l'Egypte. ☉
β. *Le même à tige plus élevée. Bon fourage.*

904. PANIC *millet.* Diꞔ.
P. à panicule lâche feuible, gaines des feuilles hérissées, bâles mucronées nerveuses.
Lieu nat. l'Inde. ☉ *Le millet commun.*

905. PANIC *lisse.* Diꞔ.
P. à panicule lâche un peu foible, bâles oblongues lisses, gaines des feuilles glabres.
Lieu nat. Saint Domingue, l'Isle de France.
β. *Le même à bâles obscurément striées.*

895. PANICUM *agroflidiforme.*
P. racemis linearibus strictis glaberrimis, glumis ovato-oblongis obtusiusculis lævibus.
Ex Amer. merid. Communis. A. D. Richard.

896. PANICUM *myruos.*
P. panicula lineari longissima : racemulis lateralibus brevissimis strictis, glumis acutis.
Ex America merid. Comm. à D. Richard.

897. PANICUM *ftriatum.*
P. panicula oblonga, glumis majusculis glabris viridibus pulchrè striatis.
E Carolinia. Com. D. frafer.

898. PANICUM *virgatum.*
P. panicula virgata, glumis acuminatis lævibus : extima dehiscente. L.
E Virginia. Panicula prælonga. fl. rari.

899. PANICUM *nitidum.*
P. panicula ramosa subviolacea, glumis obtusis striatis hispidulis, femine nitido.
E Carolinia. Com. D. frafer.

900. PANICUM *dichotomum.*
P. paniculis simplicibus, culmo ramoso dichotomo. L.
E Virginia.

901. PANICUM *ramosum.*
P. panicula ramis simplicibus, fl. subternis : inferiore subsessili, culmo ramoso. L.
Ex Indiis.

902. PANICUM *Numidianum.*
P. panicula ramis subsimplicibus racemosis laxis, glumis ovato-acutis lævibus, pistillis coloratis.
Ex Numidia. Com. D. Poiret.

903. PANICUM *coloratum.*
P. panicula patente, glumis ovatis, staminibus pistillisque coloratis, culmo ramoso.
Ex Hispania, Ægypto. ☉
β. Idem culmo altiore. Ex Abyssinia.

904. PANICUM *miliaceum.*
P. panicula laxa flaccida, foliorum vaginis hirtis, glumis mucronatis nervosis. L.
Ex India. ☉ Variat colore seminum.

905. PANICUM *læve.*
P. panicula laxa subflaccida, glumis oblongis lævibus, foliorum vaginis glabris.
E Domingo, inf. Franc. Cal. interdum4-valv.
β. Idem glumis obscurè striatis. Ex India.

906. PANIC miliaire. Dict.
P. à panicule lâche un peu foible, bâles un peu ramassées aiguës ferrées, gaines glabres.
Lieu nat. l'Inde.

907. PANIC capillaire. Dict.
P. à panicule capillaire ouverte dans sa partie supér. bâles acuminées, gaines hérissées.
Lieu nat. la Virginie. ☉

908. PANIC de Cayenne. Dict.
P. à panicule oblongue ouverte : à rameaux divergens, gaines velues, tige rameuse.
Lieu nat. l'Isle de Cayenne.

909. PANIC capillacé. Dict.
P. à panicule capillacée ouverte, bâles obtuses très-petites, feuilles larges dont la base & la gaine sont ciliées.
Lieu nat. l'Amérique métid. Calices unifl.

910. PANIC délicat. Dict. •
P. très-glabre, à panicule perlhe ouverte, bâles obtuses courbées, tige rameuse filiforme.
Lieu nat. Sierra-Leona. Valv. calic. égales.

911. PANIC des gazons. Dict.
P. à panicule capillaire lâche rameuse, bâles rares acuminées, tige filiforme.
Lieu nat. l'Amér. mérid. F. velues en dedans.

912. PANIC à petites feuilles. Dict.
P. à panicule petite ouverte, bâles obtuses, tige filiforme, feuilles velues très petites.
Lieu nat. L'Amér. mérid. Tige ram. génic.

913. PANIC pâle. Dict.
P. à panicule composée ovale, à rameaux droits rameux, bâles ovales pointues, feuilles ovales lancéolées, gaines à bords ciliés. •
Lieu nat. la Jamaïque, &c. Bâles verddires.

914. PANIC ventru. Dict.
P. à panicule rameuse, bâles ventrues obtuses nerv. presqu'hispides, tige rampante à sa base.
Lieu nat. l'Inde. Panicule petite.

915. PANIC velu. Dict.
P. à panicule en grappe fort petite, ayant ses rameaux à termes courts, cal. & ped. velus.
Lieu nat. l'Inde.

916. PANIC disperme. Dict.
P. à panicule comp. capil. ouverte, semences géminées, feuilles arundinacées très-glabres.
Lieu nat. l'Amer. mérid. Je n'ai point vu les fl.

906. PANICUM miliare.
P. panicula laxa subflaccida, glumis subcontentis aculis strictis, vaginis glabris.
Ex India. Sonnerat.

907. PANICUM capillare.
P. panicula capillari superně expansa, glumis acuminatis, vaginis hirtis.
E Virgnia. ☉

908. PANICUM Cayennense.
P. panicula oblonga patente: ramis divaricatis; vaginis hirsutis, culmo ramoso.
E Cayenna. D. Stoupy, affinis praes.

909. PANICUM capillaceum.
P. panicula capillacea patente, glumis obtusis minimis, foliis latis basi vaginifque ciliatis.
Ex Amer. merid. Gram. floan. 1, t. 71, f. 3.

910. PANICUM tenellum.
P. glaberrimum, panicula parva patente, glumis obtusis curvatis, culmo ramoso filiformi.
E Sierra-Leona, Smeathm. plat T. 92, f. 8?

911. PANICUM cespitirium.
P. panicula capillari laxe ramosa, glumis rasis acuminatis, culmo filiformi.
Ex Amer. merid. communic. D. Richard.

912. PANICUM parvifolium.
P. panicula parva patente, glumis obtusis; culmo filiformi, foliis minimis villosis.
Ex Amer. merid. Communic. D. Richard.

913. PANICUM pallens.
P. panicula composita ovata: ramis confertis erectis, glumis ovatis acutis, foliis ovato-lanceolatis, vaginis margine ciliatis. P. pallens. Swartz. prodr.
E Jamaica, &c. Com. D. Rich.

914. PANICUM ventricosum.
P. panicula ramosa, glumis ventricosis obtusis nervosis subhispidis, culmo basi repente.
Ex India. Sonnerat. conf. cum P. curvato. L.

915. PANICUM villosum.
P. panicula racemosa minima; ramulis alternis brevibus, calycibus pedunculisque villosis.
Ex India. Sonnerat.

916. PANICUM dispermum.
P. panicula composita capillari patente, seminibus geminis, fol. arundinaceis glaberrimis.
Ex Amer. merid. Com. D. Richard.

917. PANIC *biflore.* Dict.
P. à panicule capillaire flexueuſe, fleurs geminées, gaines ciliées Jongitudinalement.
Lieu nat. l'Iſle de France. *Tige ram: panicule
médiocre. La cal. m'a paru univalve.*

918. PANIC *divergent.* Dict.
P. à panicules courtes mutiques, tige très-
rameuſe très-divergente, pedicules biflores:
l'un plus court.
Lieu nat. la Jamaïque.

919. PANIC à larges feuilles. Dict.
P. à panicules ayant les grappes latérales
ſimples, feuilles ovales-lancéolées velues aux
bords de leur gaine.
Lieu nat. l'Amérique. ħ

920. PANIC. *arboreſcent.* Dict.
P. très-rameux, à feuilles ovales-oblongues
acuminées.
Lieu nat. les Indes orientales. ħ

921. PANIC *glutineux.* Dict.
P. à panicule compoſée ouverte : rameaux
flexueux, bâles ovales viſqueuſes aſſez grandes,
tige un peu rameuſe.
Lieu nat. l'Amerique mérid. l'Iſle de France.
Il paroit avoir des rapports avec le précédent.

Oɴs. *Voyez pluſieurs autres eſp. dans les obſ. de M.
Rettzius, & dans le prodr. de M. Swartz.*

Explication des figures.

Tab. 41. fig. 1. PANIC *rude.* (m) Partie de la tige
avec l'épi. Par erreur du deſſinateur, les fig. ſuivantes
priſes de Lettre, telles que (a, b) Fleurs ſeparées ; (c, c)
Etamines, piſtil ; (d, e, i) Semence ; & ces dernières
telles que (f) Bâle fermée ; (g, g) Bâle ouverte ;
(A, A) Semence : ſont celles ci du Panic glauque,
& celles-là du Panic verd.
Tab. 41. fig. 2. PANIC à deux épis. Tab. 41. f. 3.
PANIC glutineux. Tab. 41. fig. 4. Fleur de Panic
donné pour exemple par Linné.

112. PASPALE.

Caract. eſſent.

Rachis membraneux, unilatéral. Cal. 2-valve,
1-flore. Cor. à valve preſqu'égale au calice.

Caract. nat.

Cal. receptacle commun linéaire, un peu
plane, membraneux, unilatérale. Bâle uniflore, bivalve : à valves preſqu'égales, ovales
ou arrondies.

917. PANICUM *biflorum.*
P. panicula capillari flexuoſa, floribus geminis, vaginis longitudinaliter ciliatis.
*Ex infula Franciæ. An P. brevifolium. L. Cal.
1-valvis ; valv. interioribus deficientibus.*

918. PANICUM *divaricatum.*
P. paniculis brevibus muticis, culmo ramoſiſſimo divaricatiſſimo, pedicellis bifloris : altero breviore. L.
E Jamaica. Pedicelli bifidi, altero ramulo brev.

919. PANICUM *latifolium.*
P. panicula racemis lateralibus ſimplicibus,
foliis ovato-lanceolatis collo piloſis. L.

Ex Amer. ♄ Cult. in H. Reg.

920. PANICUM *arboreſcens.*
P. ramoſiſſimum, foliis ovato-oblongis acu-
minatis. L.
Ex Indiis orientalibus. ♄

921. PANICUM *glutinoſum.* T. 41. f. 3.
P. panic. comp. patente : ramis flexuoſis, glumis
ovatis viſcoſis majuſculis, culmo ſubramoſo.

*Ex Amer. merid. Inſula Franciæ. An P. glu-
tinoſum. Swartz. prodr. 14.*

Oɴs. *Vide plures alias ſpec. in obſerv. Rettzii ;
faſc. 3 & 4, & in prodromo. D. Swartz.*

Explicatio iconum.

Tab. 41. f. 1. PANICUM *verticillatum.* (m) Pars
culmi cum ſpica. Fig. ex Sicco. Pictoris errore, fig. ſe-
quentes ex Lærſo deſumptæ, (a, b) Flores ſeparati ;
(e, e) Stamina, piſtillum. (d, e, i) Semina : ut &
poſteriora-et, (f) Gluma clauſa ; (g, g) Gluma aperti ;
(A, A) Semen, ſunt hæ Panici glauci, illa vero
Panici viridis.
Tab. 41. fig. 2. PANICUM *diſtichum.* Fig. ex Sicco.
Tab. 41. fig. 3. PANICUM *glutinoſum.* Etiam ex
Sicco. Tab. 41. fig. 4. Flos Panici, ex Lin. Anno, etad.

112. PASPALUM.

Charact. eſſent.

Rachis membranacea, unilateralis. Cal. 2-val-
vis, 1 florus. Cor. valva, 2-valvis, calyci ſubæqualis.

Charact. nat.

Cal. receptaculum commune lineare, planiuſcu-
lum, membranaceum, unilaterale : gluma uniflora, bivalvis : valvulis ſubæqualibus, ovatis
vel ſubrotundis,

Cor. bivalve, presqu'égale au calice ; à valves concaves; l'intérieure plus plane.
Etam. trois filamens, capillaires, de la longueur - de la bâle. Authères ovales.
Pist. un ovaire supéqieur , arrondi. Deux styles capillaires, de la longueur de la fleur. Stigmates péniciliformes , velus , colorés.
Peric. nul. Les bâles perfillantes renferment la semence.
Sem. une feule, arrondie, un peu applatie d'un côté, convexe de l'autre.

Observ. Ce genre est très-voisin du Pani: & de -f'Agrostis. Il diffère du premier par son calice bivalve , & du second par son rachis (ou axe) unilatéral , plus ou moins membraneux. On le distingue de l'Eleusine par son calice uniflore.

Cor. bivalvis, calyci subaequalis : valvulis concavis; interiore planiore.
Stam. filamenta tria , capillaria , longitudine glumae. Antherae ovatae.
Pist. germen superum, subrotundum. Styli duo capillares, longitudine floris. Stigmata penicilliformia , pilosa, colorata.
Peric. nul. Glumae perfillentes semen includunt.
Sem. unicum , subrotundum , hinc planiusculum, indè convexum.

Observ. genus Panico & Agrostidi proximum. A Panico differt calyce bivalvi, & ab Agrostide rachi unilaterali submembranacea. Distinguitur ab Eleusine calyce uniflora.

Tableau des espèces.

911. PASPALE penché. Diâ.
P. à un seul épi penché, fleurs alternes elliptiques compr. d'un côté glabres, feuille velue.
Lieu nat. l'Amér. mérid, Bâles pédicellées.

921. PASPALE pileux. Diâ.
P. à épi solitaire, fleurs elliptiques alternes ramassées, rachis pileux, feuilles très-veluef.
Lieu nat. Les pays chauds de l'Amer. Épi long.

911. PASPALE cilié. Diâ.
P. à deux épis, fleurs presqu'orbiculaires compr. pileufes ciliées sur à rangées fessiles.
Lieu nat. les pays chauds de l'Amer.

915. PASPALE distique. Diâ.
P. à deux éph, dont un fessile; β. acuminées.
Lieu nat. la Jamaïque.

916. PASPALE de Coromandel. Diâ.
P. à épis alternes fessiles, fleurs orbiculaires glabres sur deux rangées, rachis semi septistre.
Lieu nat. l'Inde. Feuilles glabres.

927. PASPALE de Commerson. Diâ.
P. à trois épis l'inférieur pédouculé , fleurs orbiculaires glabres sur à rangées, gaines à orifice pileux:
Lieu nat. l'Iste de France.

918. PASPALE lentifère. Diâ.
P. à épis alternes fessiles, fleurs comprimées lenticulaires glabres presque sur 3 rangées.
Lieu nat. la Caroline. Feuilles glabres.

Conspectus specierum.

911. PASPALUM nutans.
P. spica unica nutante, flosculis alternis ellipticis hinc compressis glabris, folio villofo.
Ex America merid Communit. D. Richard.

923. PASPALUM pilosum.
P. spica soliaria, flosculis ellipticis alternis conferis , rachi pilosa, foliis villosissimis.
Ex America calidiore. Comm. D. Richard.

924. PASPALUM ciliatum.
P. spicis duabus, floribus suborbicnladis compressis pilofo ciliatis bifariis fessilibus.
Ex America calidiore. Comm. D. Richard.

925. PASPALUM distichum.
P. spicis duabus: altera fessili; β. acuminatis.
E Jamaica. Cenf. T. 43. f. 1.

926. PASPALUM Coromandelianum.
P. spicis alternis fessilibus, floribus orbiculatis bifariis glabris , rachi semi-septacea.
Ex India. Sonnerat. An P. scrobiulatum. L.

927. PASPALUM Commersonii. T. 43. f. 1.
P. spicis ternis : infima pedunculata , floribus orbiculatis glabris bifariis, vaginis ore pilosis.
Ex Insula Frandae. Commerf.

928. PASPALUM lentiferum.
P. spicis alternis fessilibus, floribus compressis lentiformibus glabris subtrifariis.
E Carolinia. D. Fraser.

929. PASPALE *ferré*. Diā.
P. à épis nombreux alternes sessiles serrés
contre la tige, fleurs ovales acuminées sur
deux rangées.
Lieu nat. l'Amérique mérid. Pl. glabre.

930. PASPALE *velu*. Diā.
P. à épis alternes unilatéraux, rachis velu;
fleurs sur 1 rangées, alternes unilatérales.
Lieu nat. le Japon. Épis au nombre de 3 ou 4.

931. PASPALE *lâche*. Diā.
P. à épis alternes lâches: les inférieurs pédonculés, fleurs ovales pedicellées geminées.
Lieu nat. l'Amer. mérid. Épis grêles, distans;
rachis étroit, flexueux.

932. PASPALE *capillaire*. Diā.
P. à épis filiformes geminés ou ternés, pédon-
cules capillaires, fleurs ovales-oblongues alter.
Lieu nat. l'Amer. mérid. B.lles glabres.

933. PASPALE à *grappe*. Diā.
P. à épis très-nombreux presque verticillés
ouverts un peu courts, bâles ovales plissées
& crépues sur les bords.
Lieu nat. le Pérou. Bâles acuminées, disp.
sur 1 rangées. 40 à 50 épis formans une grappe.

934. PASPALE à *quatre rangées*. Diā.
P. à épis nombreux droits presqu'en panicule, bâles ovales sur 3 ou 4 rangées,
rachis pileux.
Lieu nat. Monte-Video. Il paroit diff. du P.
virgatum & du P. panicularum de Linné.

935. PASPALE *bicorne*. Diā.
P. à deux épis longs presque filiformes,
fleurs alternes sessiles, corolles velues.
Lieu nat. l'Inde. Cal. glabre.

936. PASPALE à *trois épis*. Diā.
P. à épis ternés presque digités filiformes,
fleurs alternes sessiles oblongues.
Lieu nat. l'Amér. mérid.

937. PASPALE *dactyle*. Diā.
P. à épis presque digités linéaires ouverts,
fleurs solitaires, tiges rampantes.
Lieu nat. l'Europe australe. ♈

938. PASPALE *fanguin*.
P. à épis presque digités fasciculés linéaires,
fleurs geminées: l'une d'elles sessile.
Lieu nat. l'Europe, les Indes. ☉
a. Le même à épis plus nombreux droits.

929. PASPALUM *appreſſum*. R.
P. spicis pluribus seſſilibus alternis culmo
appreſſis, floribus ovatis acuminatis bifariis.
Ex America merid. Com. D. Richard.

930. PASPALUM *villoſum*.
P. spicis alternis secundis, rachi hirſuta,
floribus duplici ordine alternis secundis. Thunb.
E*Japonia. Tunb. Jap. 45. t. 8.

931. PASPALUM *laxum*.
P. spicis alternis laxis: inferioribus pedun-
culatis, floribus ovatis pedicellatis geminis.
Ex America merid. Comm. D. Richard. An
P. virgatum. L. excluſo floaal synonymo.

932. PASPALUM *capillare*.
P. spicis geminis ternisve filiformibus, ped.
capillaribus, flor. ovato-oblongis alternis.
Ex America merid. Comm. D. Richard.

933. PASPALUM *racemoſum*.
P. spicis numeroſiſſimis subverticillatis breviusculis patentibus, glumis ovatis lateribus
plicato criſpis.
E Peru. Com. D. bourelou. gluma acuminata,
bifaria. Spica 40 ad 50 in racem. dig-ſta.

934. PASPALUM *quadrifarium*.
P. spicis plurimis erectis subpaniculatis, glumis ovatis 3 f. 4 fariis, rachi pilosa.
E Monte-Video. Commurf. Sloan. 1. t. 69.
f. 1. gluma acutiuſcula. An P. virgatum. Jacq.
coll. 3. 112. ic. rar. 1.

935. PASPALUM *bicorne*.
P. spicis geminis longis subfiliformibus, flof-
culis alternis seſſilibus, corollis hirſutis.
Ex India. Sonnerat. gluma oblonga.

936. PASPALUM *triſtachyon*.
P. spicis ternis subdigitatis filiformibus, flof-
culis seſſilibus alternis oblongis.
Ex America merid. Communic. D. Richard.

937. PASPALUM *dactylon*.
P. spicis subdigitatis linearibus patentibus,
floribus solitariis, culmis repentibus.
Ex Europa auſtrali. ♈ Panicum dactylon. L.

938. PASPALUM *fanguinale*.
P. spicis subdigitatis fasciculatis linearibus;
floribus geminis: altero seſſili.
Ex Europa & Indiis. ☉ Panicum fanguinale. L.
a. Idem spicis numeroſiorib. erectis. P. filif. Jacq.
939.

939. PASPALE en ombelle. Dict.
P. à épis linéaires digités en ombelle, fleurs comprimées, pointues sessiles, tige rampante.
Lieu nat. l'Inde, l'Isle de France.

940. PASPALE membraneux. Dict.
P. à épis alternes sessilles, rachis membraneux cymbiforme, fleurs très-velues sur 2 rangées.
Lieu nat. Le Pérou. ♃ Fl. mutique; cor. glabre.

Explication des fig.

Tab. 63. fig. 1. PASPALE de Commerson. Fig. 1.
PASPALE membraneux. Fig. 3. Fructification du Paspale, d'après Linné.

113. CANCHE.

Caract. essent.

CAL. 2-valve, 2-flore. Aucun corps particulier interposé entre les fleurs.

Caract. nat.

Cal. bâle biflore, bivalve : à valves ovales-lancéolées pointues presqu'égales.
Cor. bivalve, mutique, ou aristée à sa bâle.
Etam. trois filamens capillaires, de la longueur de la fleur. Anthères oblongues, fourchues aux 2 bouts.
Pist. un ovaire supérieur, ovale. Deux styles sétacés, stigmates pubescens.
Peric. aucun. La corolle renferme la semence.
Sem. une seule, presqu'ovale, couverte.

Tableau des espèces.

* Fleurs mutiques.

941. CANCHE arondinacée. Dict. n°. 1.
C. à panicule oblongne unilatérale mutique embriquée, feuilles planes.
Lieu nat. le Levant.

942. CANCHE capillacée. Dict. suppl.
C. à panicule capillacée éparse très-grande, fl. mutiques plus longues que le calice: l'une d'elles pédicellée.
Lieu nat. la Caroline.

943. CANCHE naine. Dict. n°. 2.
C. à panicule lâche un peu en cîme très-rameuse, fleurs mutiques.
Lieu nat. l'Espagne. ☉
Botanique, Tome I.

---

939. PASPALUM umbellatum.
P. spicis linearibus digitato-umbellatis, flosculis compr. acutis sessilibus, culmo repente.
En India, Insula Franciae.

940. PASPALUM membranaceum. T. 43. f. 2.
P. spicis alternis sessilibus, rachi membranacea cymbiformi, floribus bifariis hirsutissimis.
E Peru. ♃ H. B. Fl. mutici; cor. glabra.

Explicatio iconum.

Tab. 45. fig. 1. PASPALUM Commersonii. Fig. 2.
PASPALUM membranaceum. Fig. 3. Fructificatio paspali, ex Lin. Amoen. acad.

113. AIRA.

Charact. essent.

CAL. 2-valvis, 2-florus. Flosculi absque interjecto rudimento.

Charact. nat.

Cal. gluma biflora, bivalvis : valvulis ovato-lanceolatis acutis subaequalibus.
Cor. bivalvis, mutica, aut e basi aristata.
Stam. filamenta tria, capillaria, longitudine floris. Antherae oblongae, utrinque furcatae.
Pist. germen superum, ovatum. Styli duo setacei; stigmata pubescentia.
Peric. nullum. Corolla semen includit.
Sem. unicum, subovatum, tectum.

Conspectus specierum.

* Flores mutici.

941. AIRA arundinacea.
A. panicula oblonga secunda mutica imbricata, foliis planis. L.
Ex Oriente.

942. AIRA capillacea.
A. panicula capillacea effusa maxima, flosculis muticis calyce longioribus; altero pedicellato.
E Carolina. D. Fraser.

943. AIRA minuta.
A. panicula laxa subfastigiata ramosissima; flosculis muticis. L.
Ex Hispania. ☉

Z

944. CANCHE *aquatique*. Dîû. n°. 3.
C. à panicule ouverte , fleurs muriques gla-
bres plus longues que le calice , feuilles planes.
Lieu nat. l'Europe , aux lieux aquatiques. ♃

944. AIRA *aquatica*.
A. panicula patente , floribus muticis lævibus
calyce longioribus , foliis planis. L.
Ex Europæ loch aquofis. ♃

* * *Fleurs munies de barbes.*

* * *Flores aristati.*

945. CANCHE *en épi*. Dîû. n°. 5.
C. à feuilles planes , panicule en épi , fleurs
aristées fur leurs dos ; barbe reflechie plus lâche.
Lieu nat. les mont. de la Suisse , la Laponie. ♃

945. AIRA *fubfpicata*.
A. foliis planis , panicula fpicata , flofculis
medio ariftatis ; arifta reflexa laxiore. L.
Ex Alpibus Helvetiæ , Laponiæ. ♃

946. CANCHE *élevée*. Dîû. n°. 6.
C. à feuilles planes striées rudes , panicule
lâche luifante , barbes à peine faillantes.
L n. les bois & les prés couverts de l'Europe. ♃
a. Elle varie à feuilles roulées & fubulées.

946. AIRA *altiffima*.
A. foliis planis ftriatis afperis , panicula effufa
fplendente , ariftis vix flores fuperantibus.
Ex Europæ fylvis & pratis umbrofis. ♃
a. Variat foliis involuto fubularis.

947. CANCHE *flexueufe*. Dîû. 7.
C. à feuilles fetacées , tiges prefque mues ,
panicule divergente , pédoncules flexueux.
Lieu nat. l'Europe , aux lieux fecs , mont. ♃

947. AIRA *flexuofa*.
A. foliis fetaceis , culmis fubnudis , panicula
divaricata , pedunculis flexuofis. L.
Ex Europæ ficcis & alpinis.

948. CANCHE *des Alpes*. Dîû. n° 8.
C. à feuilles fubulées , panicule denfe , fleurs
velues à leur bafe & ariftées : barbe courte.
Lieu nat. les Alpes de la Laponie , l'Allem.

948. AIRA *Alpina*.
A. foliis fubulatis , panicula denfa , flofculis
bafi pilofis ariftatis , arifta brevi. L.
Ex Alpibus Laponlæ , è Germanla.

949. CANCHE *blanchâtre*. Dîû. n° 9.
C. à feuilles fetacées : la fup. prefque fpathacée,
barbe fort conne épaiffie fupérieurement.
Lieu nat. la France , &c. aux lieux fabl. ☉

949. AIRA *canefcens*.
A. foliis fetaceis : fummo fubfpathaceo , arifta
brevi fuperne craffiore.
E Gallia , &c. loch arenofis. ☉ *F. glaucina*.

950. CANCHE *précoce*. Dîû. n°. 10.
C. à feuilles fetacées vertes , panicule petite
prefqu'en épi , barbes faillantes.
Lieu nat. l'Europe , aux lieux fabl. & hum. ☉

950. AIRA *præcox*.
A. foliis fetaceis viridibus , panicula parva
fubfpicata , ariftis exfertis.
Ex Europæ locis arenofis & humidis. ☉

951. CANCHE *aillette*. Dîû. n°. 11.
C. à feuilles fetacées , panicule divergente ,
fleurs ariftées diftantes.
Lieu nat. les lieux fecs & pierreux de l'Europe. ☉

951. AIRA *Caryophyllea*. T. 44.
A. foliis fetaceis , panicula divaricata , floribus
ariftatis diftantibus. L.
Ex Europæ glareofis. ☉

952. CANCHE *velue*. Dîû. n°. 12.
C. à feuilles fubulées , panicule alongée
étroite , fleurs plus grandes velues ariftées :
barbe droite courte.
Lieu nat. le Cap de Bonne-Efpérance.

952. AIRA *villofa*.
A. foliis fubulatis , panicula elongata angufta :
flofculis fefqui-alteris hirtis ariftatis : arifta
recta brevi. L. f.
E Capite B. Spei.

Explication des fig.

Explicatio iconum.

Tab. 44. CANCHE *aillette*. (a) Bâle bifore. (b) La
même ouverte. (b) Calice de la bâle. (d) Fleur féparée ,
ouverte. (e) Corolle. (f , g) Etamines , piftil. (h) Bâle
fructifère. (i) Semence. (Fig. 2.) Fructification de
la Canche , felon Linné.

Tab. 44. AIRA *caryophyllea*. (a) Gluma billora.
(b) Eadem aperta. (b) Calyx glumæ. (d) Flos feparatus
expanfus. (e) Corolla. (f , g) Stamina , piftillum. (h)
Gluma fructifera. (i) Semen. Fig. ex Mill. (f) Planta
integra. (Fig. 2.) Fruc. Airæ. Ex Linn. dimin. acad.

114 MELIQUE.

Caraß. effrat.

CAL. 1-valve, 2-flore. Une ébauche de fl. ou un corps particulier interposé entre les fleurs.

Caraß. nat.

Cal. bâle biflore, bivalve: à valves ovales concaves presqu'égales.
Cor. bivalve: à valves ovales: l'une concave, l'autre plane & plus petite.
* Un corps particulier, comme turbiné, pédicellé, situé entre les fleurs.
Etam. trois filamens capillaires, de la longueur de la fleur. Anthères oblongues, fourchues aux 2 bouts.
Pijl. un ovaire supérieur, ovoïde. Deux styles sétacés, nuds à leur base. Stigmates obl. velus.
Peric. aucun. La cor. renferme la sem. & la quinte.
Sem. une seule, ovale, sillonnée d'un côté.

Tableau des espèces.

953. MELIQUE *ciliée.* Diß.
M. à fleurs en épi, fleur inférieure ayant le pétale extérieur cilié.
Lieu nat. l'Europe, aux lieux flétris & pier.

954. MELIQUE *papilionacée.* Diß.
M. à panicule en épi, l'une des valves du calice très-grande colorée transparente.
Lieu nat. le Brésil. *Commerf. herb.*

955. MELIQUE *de Sibérie.* Diß.
M. à panic. en épi, bâ es ram., feuilles planes.
Lieu nat. la Sibérie. *Esp. très-diff. de la suiv.*

956. MELIQUE *pyramidale.* Diß.
M. à panicule ouverte pyramidale, bâles rares, feuilles roulées.
Lieu nat. l'Eur. auftrale. *Cor. glabres, striées.*
p. Il varie à corolles un peu velues.

957. MELIQUE *penchée.* Diß.
M. à panicule lâche foible un peu penchée, feuilles à gaines mucronées à leur orifice.
L.n. les bois & les lieux ombragés de l'Eur.

958. MELIQUE *de montagne.* Diß.
M. à panicule serrée en épi unilatérale ayant des rameaux très-courts, gaines muriquées à leur orifice.
L.n. les lieux montueux & couverts de l'Eur.

114 MELICA.

Charaß. effent.

CAL. 1-valvis, 2-florus. Rudimentum floris inter flosculos.

Charaß. nat.

Cal. Gluma biflora, bivalvis: valvulis ovatis subæqualibus.
Cor. bivalvis: valvulæ ovatæ: altera concava, altera plana, minore.
* Corpusculum inter flosculos, subturbinatum, pedicellatum.
Stam. Filamenta tria, capillaria, longitudine floris. Antheræ oblongæ, utrinque furcatæ.
Pijl. germen superum, obovatum. Styli duo; setacei, basi nudi. Stigmata oblonga, plumosa.
Peric. nullum. Corolla includit semen, dimittit.
Sem. unicum, ovatum, altero latere sulcatum.

Conspectus specierum.

953. MELICA *ciliata.*
M. floribus spicatis, flosculi inferioris petalo exteriore ciliato.
Ex Europæ locis sterilibus & saxosis.

954. MELICA *papilionacea.*
M. panicula spicata, calycis valvula altera maxima colorata pellucida.
E Brasilia. *Arduin.spec. t.1.6.*

955. MELICA. *Sibirica.*
M. panic. spicata, glumis confertis, follisplanis.
E Sibiria. *Melica. gmel. fib.1. n°. 30. t. 20.*

956. MELICA *pyramidalis.* Fl. fr.
M. panicula patente pyramidata, glumis raris, foliis convolutis. *An Melica minata.* Lin.
En Eur. auftr. *Moris sec. 8.1.7.f.51.*
p. *Var.cor.subvillosis. M. gmel.fib.1.t.19.f.1.*

957. MELICA *mutans.* T. 44.
M. panicula laxa debili subnutante; vaginis foliorum ore mucronatis.
Ex Europæ sylvis & umbrosis.

958. MELICA *montana.*
M. panicula stricta spicata secunda; ramulis brevissimis, vaginis ore muricis.
Ex Europæ montibus umbros.

Z 4

959. MELIQUE *embriquée*. Dict.
M. à épi embriqué comprimé unilatéral.
Lieu nat. le Cap de Bonne-Espérance.

960. MELIQUE *bleue*. Dict.
M. à panicule alongée serrée bleuâtre, fleurs
cylindriques-pointues saillantes hors du calice.
Lieu nat. les prés humides de l'Europe. ♃

Explication des fig.

Tab. 40. fig. 1. MELIQUE *penchée*. (a) Bâle séparée.
(b) Calice. (c, d, e, f, g) Corolle, étamines, pistil.
(h, i) Bâle fructifère, semence. (l) Feuille, panicule.
Les bâles sont trop penchées dans cette fig. Tab. 44. fig. 2.
Fructification de la Melique, selon Linné.

115. DACTILE.

Caract. essent.

CAL. 2-valve, comprimé : l'une des valves carinée & plus longue que la fleur.

Caract. nat.

Cal. Bâle multiflore (quelquefois uniflore),
bivalve, comprimée : à valves concaves carinées ; l'une plus longue que l'autre.
Cor. bivalve : à valves concaves pointues mucronées inégales.
Étam. trois filamens capillaires, plus longs que
la corolle. Anthères oblongues fourchues.
Pist. un ovaire supérieur, ovale. Deux styles capillaires ; stigmates plumeux.
Peric. nul la corolle renferme la semence & la
gaîne.
Sem. une seule, ovale-oblongue, sillonnée
d'un côté.

Tableau des espèces.

961. DACTILE *de Virginie*. Dict. n°. 1.
D. à épis linéaires épars droits nombreux,
fleurs embriquées unilatérales.
Lieu nat. la Virginie, la Caroline. ♃

962. DACTILE *fasciculé*. Dict. suppl.
D. à épis linéaires droits fasciculés presque
digités, fleurs distiq. serrées contre le rachis.
L. nat. les pays chauds de l'Am. *cal.* 1 *flores.*

963. DACTILE *pelotonné*. Dict. n°. 2.
D. à panicule glomerulée unilatérale.
Lieu nat. les prés de l'Europe. ♃

---

959. MELICA *falx.*
M. spica secunda compressa imbricata. L. L.
E Capite Bonæ Spei.

960. MELICA *cærulea.*
M. panicula elongata coarctata cærulescens,
flosculis tereti acutis exsertis.
Ex Europæ pascuis humidis. ♃

Explicatio iconum.

Tab. 44. fig. 1. MELICA *nutans.* (a) Gluma separata. (b) Calyx. (c, d, e, f) Corolla, stamina, pistillum. (b, i) Gluma fructifera, semen. Fig. *ex Mill.*
(l) Folium, panicula. *Gluma nimis cernua.* Tab. 44.
f. 2. Fructificatio Melicæ, ex Lin. Amæn. acad.

115. DACTYLIS.

Charact. essent.

CAL. 2-valvis, compressus : altera valvula carinata flosculo longiore.

Charact. nat.

Cal. gluma multiflora (interdum uniflora),
bivalvis, compressa : valvulis concavis carinatis ; altera longiore.
Cor. bivalvis: valvulis concavis acutis mucronatis inæqualibus.
Stam. filamenta tria, capillaria, corolla longiora. Antheræ oblongæ bifurcæ.
Pist. germen superum, ovatum. Styli duo,
capillares ; stigmata plumosa.
Peric. nullum. Corolla semen includens, de-
ciduum.
Sem. unicum, ovato-oblongum, hinc sulca-
rum.

Conspectus specierum.

961. DACTYLIS *cynosuroides.*
D. spicis linearibus sparsis erectis numerosis,
floribus imbricatis secundis.
E Virginia, Carolinis. ♃ Cal. 1-flori.

962. DACTYLIS *fasciculata.*
D. spicis linearibus erectis fasciculatis subdi-
gitatis, floribus distichis rachi appressis.
Ex America calid. Communic. D. Richard.

963. DACTYLIS *glomerata.* T. 44. f. 2.
D. panicula secunda glomerata. L.
Ex Europæ pratis. ♃

564. DACTILE *tilié.* Diâ. n°. 3.
D. à épi en tête unilatérale, calices triflores,
tige rampante.
Lieu nat. le Cap de Bonne-Espérance.

565. DACTILE *lagopoïde.*
D. à épis composés ovales pubescens, feuilles
roulées subulées, tige rampante rameuse.
Lieu nat. Inde. ♃

566. DACTILE *capité.* Diâ. n°. 5.
D. à épis en tête, lisses, tige couchée, rameuse.
Lieu nat. le Cap de Bonne-Espérance. ♃

Explication des fig.

Tab. 44. f. 1. DACTILE *pelotonnal.* (a) Bâle séparée,
biflore. (b) Calice. (c) Fleur séparée. (d) Corolle.
(e, f) Etamines, pistil. (g, h, i) Bâle fructifère,
semence. (l) Sommité de la plante avec sa panicule.

Tab. 44. f. 2. DACTILE *lagopoïde.* Tab. 44. f. 3.
(a, b) Fructification du Dactile, selon Linné.

116. PATURIN.

Caraâ. essent.

CAL. 1-valve, multifl. épillet distique: à valves
scarieuses sur les bords, & un peu pointues.

Caraâ. nat.

Cal. bâle multiflore, bivalve, unique, comprennent des fleurs ramassées en un épillet diftique ovale ou oblong: à valves ovales, un
peu pointues.
Cor. biv. valves ovales, conc. un peu pointues,
plus longues que le cal. à bords scarieux.
Etam. trois filamens capillaires. Anthères fourchues aux 2 bouts.
Pift. un ovaire supérieur, arrondi. Deux ftyles
réfléchis, velus; ftigmates semblables.
Peric. nul. La corolle adhère à la fem. & ne la
quitte point.
Sem. une feule, oblongue, acuminée, comprimée, couverte.

Tableau des espèces.

* 1 à 5 fleurs dans les épillets.

567. PATURIN *des prés.* Diâ.
P. à panicule diffuse ouverte, épillets un
peu larges, ayant 4 ou 5 fleurs, f. planes,
tige droite.
Lieu nat. les prés de l'Europe. ♃
β. Le même à épillets 3 ou 4-flores, feuilles un
peu plus étroites.

564. DACTYLIS *tiliaris.*
D. spica capitata secunda, calycibus trifloris,
caule repente. L.
E Cap. Bonæ Spei.

565. DACTYLIS *lagopoïdes.* T. 44, f. 2.
D. spicis compofitis ovatis pubefcentib. foliis
convoluto-fubulatis, culmo proftrato ramofo.
Ex India. ♃

566. DACTYLIS *capitata.*
D. spicis capitatis lævibus, culmo proftrato
ramofo. L. f.
E Cap. Bonæ Spei. ♃

Explicatio Iconum.

Tab. 44. f. 1. DACTYLIS *glomerata.* (a) Gluma feparata biflora. (b) Calyx. (c) Flos feparatus. (d) Corolla. (e, f) Stamina, piftillum. (g, h, i) Gluma
fructifera, femen. F. ex M.l (l) Summitas pl. cum panic.

Tab. 44. f. 2. DACTYLUS *lagopoïdes.* Tab. 44. f. 3.
(a, b) Fructificatio Dactyla, ex Lin. Amœn. acad.

116. POA.

Charaâ. effent.

CAL. 1 valvis, multifl. fpicula difticha: valvulis
margine fcariofis, aculiafculis.

Charaâ. nat.

Cal. gluma multiflora; bivalvis, mutica, flores
in fpiculam difticham ovatam f. oblongam
colligens: valvulis ovatis, acutiufculis.
Cor. 2-valvis: valvulæ ovatæ, concavæ, acu-
tiufculæ, cal. paulo longiores, marg. fcariofa.
Stam. filamenta tria, capillaria. Anthe. bifurcatæ.
Pift. germen fuperum, fubrotundum. Styli duo,
reflexi, villofi; ftigmata fimilia.
Peric. nullum. Corolla adnafcitur femini;
nec demittit.
Sem. unicum, oblongum, acuminatum, compreffum, tectum.

Confpeâus fpecierum.

* Flofculi 1 ad 5 in fpiculis.

567. POA *pratenfis.*
P. panicula diffufa patente, fpiculis 4 f. 5-
floris latiufculis, foliis planis, caule erecto.
Ex Europæ pratis. ♃
β. Eadem fpiculis 3 f. 4-floris, foliis paulo anguf-
tioribus. P. trivialis. L.

968. PATURIN *à feuilles étroites*. Dict.
P. à panicule diffuse un peu étroite, épillets
trifflores, feuilles étroites roulées sur les bords,
tige droite.
Lieu nat. les prés secs de l'Europe. ♉

968. POA *angustifolia*.
P. panicula diffusa subangustata, spiculis tri-
floris, foliis angustis involutis, culmo erecto.
Ex Europæ pratis ficch. ♉

969. PATURIN *annuel*. Dict.
P. à panicule diffuse ouverte, épillets pref-
que 4-flores, tige oblique comprimée.
Lieu nat. l'Europe, le long des chem. ☉

969. POA *annua*. T. 45. f. 3.
P. panicula diffusa patente, spiculis subqua-
drifloris, culmo obliquo compresso.
Ex Europa, ad vias. ☉

970. PATURIN *bulbeux*. Dict.
P. à panicule ouverte presqu'unilatérale,
épillets ovales 4-flores à bâles membraneuses
sur les bords.
Lieu nat. les paturages mont. de l'Europe. ♉
a. Le même à bâles viviparei.

970. POA *bulbosa*.
P. panicula patente subsecunda, spiculis ovatis quadrifloris: glumis margine membranaceis.
Ex Europæ pascuis montosis. ♉
a. Eadem glumis viviparis.

971. PATURIN *des Alpes*.
P. à panicule petite un peu ramassée; épillets
à 4 ou 5 fleurs, un peu larges, tachetés
de pourpre.
Lieu nat. les montagnes de l'Europe. ♉

971. POA *alpina*.
P. panicula parva subglomerata; spiculis 4 f.
5 floris latiufculis purpureo-maculosis.
Ex Europæ alpibus. ♉ *An var. præcedentis.*

972. PATURIN *panaché*. Dict.
P. à panicule oblongue contractée; épillets
à 3 ou 4 fleurs, un peu cylindriques, tachetés de pourpre.
Lieu nat. les mont. de l'Auvergne.

972. POA *variegata*.
P. panicula oblonga contracta, spiculis 3. f.
4 floris teretiufculis purpureo-maculosis.
Ex alpibus Arvern. Folla involuta.

973. PATURIN *feftucoïde*. Dict.
P. à panicule alongée étroite interrompue,
épillets presque quinqueflores, fl. gla. diftantes.
Lieu nat. ... panicule varie. Fl. paillées.

973. POA *feftucoïdes*.
P. panicula elongata angusta interrupta, spi-
culis subquinquefl. floscnlis glabris distantibus.
...... Communic. D. Pourret. Conf. cum P. spicata.

974. PATURIN *peftiné*. Dict.
P. à panicule en épi luisante, bâles ouvertes
pectinées presque 5-fl. tige velue supérieur.
Lieu nat. ... bâles liffes, luisantes, mutiques.

974. POA *pectinata*. T. 45. f. 4.
P. panicula spicata nitida, glumis patulis pec-
tinatis subquinquefl. culmo supernè villoso.
.... glumæ laves albido nitidæ muticæ.

975. PATURIN *à crête*. Dict.
P. à panicule en épi, calices un peu
pileux presque 4-flores plus longs que leur
pedoncule, pétales aristées.
Lieu nat. la France, &c. aux lieux secs. ♉

975. POA *cristata*.
P. panicula spicata, calycibus subpilosis subquadrifloris pedunculo longioribus, petalis
aristatis. L.
Ex siccis Galliæ, &c. ♉

976. PATURIN *phléoïde*. Dict.
P. à épi cylindrique non divisé, bâles presque
sessiles à 2 ou 3 fleurs velues un peu aristées.
Lieu nat. la France australe. ☉ *Tiges de 4
en 5 pouces. Feuilles velues.*

976. POA *phleoïdes*.
P. spica teres indivisa, glumis subsessilibus
2 f. 3 floris villosis subaristatis.
Ex Gallia australi. ☉ *An Pou. .. Gerard. prov.
P. 91. n°. 13. Folia villosa.*

977. PATURIN *luisant*. Dict.
P. panicule en épi un peu rameux & inter-
rompu à la base, épillets bifl. luisans mutiques.
Lieu nat. la France, aux lieux secs & mont.

977. POA *nitida*.
P. panicula spicata basi interrupta subramosa;
spiculis bifloris nitidis muticis.
Ex Gallia siccis & montosis. Leers. T. 5. f. 4.

978. PATURIN *pyramidal.* Dict.
P. à panicule pyramidale, bâles lisses luisantes murtiques triflores, gaines velues pubescentes.
Lieu nat. . . . Panicule ouverte & lâche inf.

979. PATURIN *diffus.* Dict.
P. à rameaux de la panicule un peu divisés, épillets 5 flores, fleurs distantes obtuses.
Lieu nat. l'Autriche.

980. PATURIN *à épi.* Dict.
P. à panic. en épi, fleurs subulées, fl. distantes.
Lieu nat. le Portugal.

981. PATURIN *divergent.*
P. à rameaux de la panicule d'vergens, épillets presque quadriflores, fleurs écartées, cal. très court.
Lieu nat. la France auür.

982. PATURIN *des bois.* Dict.
P. à panicule diffuse lâche capillaire, épillets la plupart biflores rares acuminés, tige foible.
Lieu nat. les bois de l'Europe. ♃

983. PATURIN *d'Abyssinie.* Dict.
P. à panicule lâche capillaire penchée, bâles lisses à 4 ou 5 fleurs, feuilles étroites un peu roulées.
Lieu nat. l'Abyssinie. ☉ *Vulg. le Tef.*

984. PATURIN *strié.* Dict.
P. à panicule diffuse capillaire, épillets à environ cinq fleurs, corolles fortement striées.
Lieu nat. la Virg. la Carol. Bon fourage.

985. PATURIN *lâche.* Dict.
P. à panicule lâche verticillée à la base, épillets rares à environ 5 fl. Corolles lisses.
Lieu nat. la Virginie F. glabres.

986. PATURIN *capillaire.*
P. à panicule lâche très-ouverte capillaire, feuilles pileuses, tige très rameuse.
Lieu nat. la Virginie, le Canada.

** Six fleurs ou devantage dans la plupart des épillets.

987. PATURIN *aquatique.* Dict.
P. à panicule diffuse, épillets de 6 à 7 fleurs corolles striées, tige fort haute.
Lieu nat. l'Europe, fur le bord des étangs. ♃

988. PATURIN *des sables.* Dict.
P. à panicule rameuse, épillets un peu cylin-

978. POA *pyramidata.*
P. panicula pyramidali, glomis lævibus nitidis muticis trifloris, vaginis villoso pubescentibus.
...Cult. in H. R. a. p. criftata distinctiss. spec.

979. POA *diffans.*
P. panicula ramis subdivisis, spiculis quinquefloris : flosculis distantibus obtusis. L.
Ex Austria.

980. POA *spicata.*
P. panicula spicata, floribus subulatis, flosculis remotis. L.
E Lusitania.

981. POA *divaricata.*
P. paniculæ ramis divaricatis, spiculis subquadrifl. flosculis remotis, calyce brevissimo.
E Gallia australi. Guett. ith. t. 1. f. 1.

982. POA *nemoralis.*
P. panicula diffusa laxa capillari, spiculis subbifloris raris acuminatis, caule debili.
Ex Europæ nemoribus. ♃

983. POA *abyssinica.*
P. panicula laxa capillari nutante, glomis lævibus 4 f. 5 fl. foliis angustis subconvolutis.
Ex Abyssinia. ☉ D. Bruce.

984. POA *striata.*
P. panicula diffusa capillari, spiculis glabris subquinquefloris, corollis exquisite striatis.
E Virginia, Carol. Cal. brevis. F. glabra.

985. POA *laxa.*
P. panicula laxa basi verticillata, spiculis raris subquinquefloris, corollis lævibus.
E Virginia. An Poa flava. L.

986. POA *Capillaris.*
P. panicula laxa patentissima capillari, foliis pilosis, culmo ramosissimo. L.
E Virginia, Canada.

* * Flosculi fex f. plures in plerisque spiculis.

987. POA *aquatica.*
P. panicula diffusa, spiculis 6 ad 9-floris, corollis striatis, culmo altissimo.
Ex Europa, ad ripas flagnorum. ♃

988. POA *armeria.*
P. panicula ramosa, spiculis teretiusculis fex-

driques à 6 fleurs , bâles obtufes liffes membraneufes fur les bords.
Lieu nat. les fables marit. de l'Europe. ♃
a. Le même à feuilles étroites roulées , épillets
plus grêles.

989. PATURIN *comprimé.* Diâ.
P. à panicule refferrée , épillets un peu roldes
prefqu'à fix fleurs, tige comprimée montante.
Lieu nat. l'Eur. aux lieux fecs & fur les murs. ⊙

990. PATURIN *dur.*
P. à panicule lancéolée un peu rameufe roide
unilatérale , ram. alternes, épiL prefqu'à 8 fl.
Lieu nat. les fieux fecs de l'Europe. ⊙

991. PATURIN *amourettes.* Diâ.
P. à panicule oblongue lâche, pédoncules fi-
liformes , épillets dentés bruns à env. 9 fl.
Lieu nat. l'Europe auftrale. ⊙ *Bâles liffes.*

992. PATURIN *rougeâtre.* Diâ.
P. à panicule petite ouverte , épillets obtus
à 18 fleurs, bâles liffes très-ferrées.
Lieu nat. l'Inde. *Epillets comprimés.*

993. PATURIN *fubunilatéral.* Diâ.
P. à panicule oblongue lâche, épillets linéaires
pointus multiflores : ceux des rameaux latéraux tournés en-dehors.
Lieu nat. la Chine. *Ep. glabres de 11 à 30 fl.*
a la même à épillets plus petits. De l'Inde. Sonn.

994. PATURIN *délicat.* Diâ.
P. à panicule oblongue lâche capillaire un
peu pileufe, épillets très-petits à 6 fl. Cor.
un peu ciliée.
Lieu nat. l'Inde. *Epillet verdâtre.*
a. Le même à ép. pourpre-brun , un peu plus gr.

995. PATURIN *vifqueux.* Diâ.
P. à panicule rameufe étroite un peu denfe,
épillets prefqu'à dix fleurs , cor. obtufes nerveufes légèrement ciliées.
Lieu nat. l'Inde. Il a des rapports avec le précéd.

996. PATURIN *cilié.* Diâ.
P. à panicule étroite contractée rougeâtre ,
épillets prefqu'à dix fleurs , corolles pileufes
ciliées.
Lieu nat. l'Amér. mérid. l'Ifle de Bourb. ⊙

997. PATURIN *du Pérou.* Diâ.
P. à panicule en épi denfe, épillets à environ
fix fleurs, cor. un peu pointues , feuil. pil.
Lieu nat. le Pérou. ⊙ *Tiges de 4 à 5 pouces.*

floris , glumis obtufis lævibus margine membranaceis.
Ex Europæ maritimis arenofis. ♃
a. Eadem foliis anguftis convolutis , fpiculis
gracilioribus.

989. POA *compreffa.*
P. panicula coarctata , fpiculis rigidulis fub-
fexfloris , culmo compreffo adfcendente.
Ex Eur. ficcis , muris. ⊙ *Spicula fept 5-fl.*

990. POA *rigida.*
P. panicula lanceolata fubramofa fecunda ri-
gida , ramulis alternis , fpiculis fuboctofloris.
Ex Europæ ficcis. ⊙

991. POA *eragroftis.*
P. panicula oblonga laxa, pedunculis filifor-
mib. fpiculis ferratis fubnovemfl. fufcefcentib.
Ex Europa auftrali. ⊙ *Glumæ læves.*

992. POA *rubens.* T. 45. f. 2.
P. panicula parva patente, fpiculis octodecim-
floris obtufis , glymis lævibus confertiffimis.
Ex India. Sonner. *An. P. amabilis. L.*

993. POA *fubfecunda.*
P. panicula oblonga laxa , fpiculis linearibus
acutis multifloris : lateralibus extrorfum verfis.
E China. D. Sonn. *Spicula glab. flofc.* 11-30.
a. Ead. fpic. minorib. Ex Ind. (Plaf. t. 190. f. 34)

994. POA *tenella.*
P. panicula oblonga laxa capillari fubpilofa ;
fpiculis minimis fexfloris , corollis fubciliatis.
Ex India. Sonner. *Spicula virid. ut in brit. vir.*
a. Eadem fpiculis purpureo-fufcis, paulo maj.

995. POA *vifcofa.*
P. panicula ramofa angufta denfiufcula , fpiculis fubdecemfloris, corolis obtufis nervofis
fubciliatis.
Ex India. D. Sonner. *An p. vifcofa. Retz.*

996. POA *ciliaris.*
P. panicula angufta contracta purpurafcente ;
fpiculis fubdecemfloris, corollis pilofo-ciliaris.
Ex Amer. merid. & infula Borb. ⊙ *Jacq. ic.*

997. POA *Peruviana.*
P. panicula denfe fpicam , fpiculis fubfex-
floris , corollis acutiufculis , foliis pilofis.
E Peru. H. R. Jac. coll. t. p. 107 & ic. rar. 3.
998.

998. PATURIN *des rives.* Dict.
P. à panicule en épi denſe, épil. de 6 fleurs,
feuilles roulées courtes, tige rampante.
Lieu nat. la France auſtrale. ♃ *Epillets preſ-*
que ſeſſiles ; feuilles roides, un peu piquantes.

999. PATURIN *interrompu.* Dict.
P. à panicule longue étroite interrompue,
épil. glabres preſqu'à fix fl., bâles très-petites.
Lieu nat.... (l'Inde ou le Cap.) *très-belle eſpice.*

1000. PATURIN *feſterioïde.* Dict.
P. à panicule ramaſſée en un épi ovale, épillets
à fix fleurs un peu velus d'un blanc bleuâtre.
Lieu nat. l'Italie. ♃ *Notre plante ſemble être*
une variété de celle de MM. Allioni & Jacquin,
ſes feuilles étant plus courtes, & les pédoncules
un peu plus longs.

1001. PATURIN *hypnoïde.* Dict.
P. à épillets linéaires preſque ſeſſiles ramaſſés
fort longs à preſque 50 fleurs, tige rameuſe
très - courte.
Lieu nat. l'Amér. mérid. *Eſpèce très-ſingulière.*

1002. PATURIN *écailleux.* Dict.
P. à pluſieurs panicules diſtantes, épillets
linéaires-lancéolés à environ 15 fleurs, valves
intérieures des corolles perſiſtantes.
Lieu nat. Siera-Leona ? *Panicules inf. axil.*

1003. PATURIN *rude.* Dict.
P. à panicule très - rameuſe ouverte, pédoncules rudes, épillets à 10 fleurs, gaîne des
feuilles velues antérieurement.
Lieu nat.... *Tiges rameuſes ; épillets pourp.*

1004. PATURIN *de Madagaſcar.* Dict.-
P. à panicule ram. lâche très-ouverte, épillets
preſqu'à 10 fleurs, gaînes nues, tige ſimple.
L. nat. l'Iſle de Madagaſ. *Epillets verdâtres.*

1005. PATURIN *tremblant.* Dict.
P. à panicule très - rameuſe capil. ouverte,
épillets linéaires glabres à environ 30 fleurs.
Lieu nat. le Sénégal. *Très-belle eſpèce.*

1006. PATURIN *ſeſſile.* Dict.
P. à épillets linéaires ſeſſiles droits, fleurs
nombreuſes, tige droite.
Lieu nat. l'Inde. Pluk. t. 191.f. 1.

1007. PATURIN *brizoïde.* Dict.
P. à panicule en grappe, épillets ovales com-
primés à 8 ou 9 fleurs, tige comprimée.
Lieu nat. l'Afrique.
Botaniques. Tom. I.

998. POA *littoralis.* t. 45. f. 5.
P. panicula denſa ſpicata, ſpiculis ſexfloris;
foliis convolutis brevibus, culmo repente.
E Gallia auſtral. Gouan. fl. monſp. 470. An
potius critici ſpecies ?

999. POA *interrupta.*
P. panicula longa anguſta interrupta, ſpiculis
glabris ſubſexfloris, glumis minutiſſimis.
Ex.... D. Sonnerat.

1000. POA *feſterioïdes.*
P. panicula in. ſpicam ovatam glomerata,
ſpiculis ſexfloris ſubhirſutis albo-cæruleſcen-
tibus.
Ex Italia. ♃ Comm. D. Vhal. P. ſeſterioïdes.
Allion. fl. ped. n°. 2201,t.91, f. 1. P. diſticha.
Jacq. miſc. 1. 74. ic. tar. 1.

1001. POA *hypnoïdes.* -
P. ſpiculis linearibus ſubſeſſilibus conſertis
longiſſimis ſub50 floris, culmo breviſſimo
ramoſo.
Ex America merid. Comm. D. Richard.

1002. POA *ſquamata.*
P. paniculis pluribus remotis, ſpiculis lineari-
lanceolatis ſubi 5-floris, corollar. valv. inter.
perſiſtentibus.
E Siera-Leona ? Smeathm. An P. prolif. Swartz.

1003. POA *aſpera.*
P. panicula ramoſiſſima patentiſſima, pedunculis aſperis, ſpiculis 10 floris, vaginis foliorum antice hirſutis. Jacq. hort. 3. t. 56.
.... II. R. Culmi ramoſi. Spicul. purpuraſc.

1004. POA *Madagaſcarienſis.*
P. panicula ramoſa laxa patentiſſima, ſpiculis
ſub 10 floris, vaginis nudis, culmo ſimplici.
Ex inſula Madagaſcariæ. D. Joſ. Martin.

1005. POA *mutata.*
P. panicula ramoſiſſima capillari patente, ſpi-
culis linearibus glabris ſub 30-floris.
E Senegal. D. Rouſſillon. Pulcherr. ſpec.

1006. POA *ſeſſilis.*
P. ſpiculis linearibus ſeſſilibus erectis, floſculis
numeroſis, culmo erecto.
Ex India. Burm. fl. ind. t. 11. f. 3.

1007. POA *brizoïdes.*
P. panicula racemoſa, ſpiculis ovatis com-
preſſis 8 f. 9-floris, culmo compreſſo. L. F.
Ex Africa.

A a

1008. PATURIN *ponctué*. Dict.
P. à panicule diffuse , épillets à 12 fleurs :
corolles diaphanes lisses avec un point brun
intérieurement.
Lieu nat. le Malabar.

1009. PATURIN *glutineux*. Dict.
P. à panicule ouverte , épillets un peu velus
glutineux presqu'à 9 fleurs, tige simple, feuilles
un peu pilleuses.
Lieu nat. la Jamaïque.

1010. PATURIN *du Japon*. Dict.
P. à panicule ouverte capillaire , épillets à
7 fleurs glabres ainsi que les feuilles , tige
rameuse.
Lieu nat. le Japon.

Explication des fig.

Tab. 45. f. 1. Fructification du Paturin, d'après Lin.
(a) Épillet. (b) Fleur séparée. Tab. 45. f. 2. PATURIN
maigre. Tab. 45. f. 3. PATURIN *annuel.* (a) Calice,
avec le rachis nul. (b) Épillet. (c, d) Corolle.
(e f g, h) Étamines , pistil. (i) Semence. (l) Plante
presqu'entière.
Tab. 45. f. 4. PATURIN *printanier.* — Tab. 45. f. 5.
PATURIN *des prés.*

117. BRIZE.

Caract. essent.

CAL. 2-valve, multiflore, épillet distique : à
valves un peu en cœur vernrues.

Caract. nat.

Cal. bâle multiflore , bivalve , mutique , comprenant des fleurs ramassées en un épillet distique presqu'en cœur : à valves concaves le
plus souvent obtuses.
Cor. bivalve : à valve inférieure plus petite &
plus plane.
Étam. Trois filamens capillaires. Anthères obl.
fourchues aux deux bouts.
Pist. un ovaire supérieur , arrondi. Deux styles
capillaires , ouverts ; stigmates plumeux.
Peric. nul. La corolle renferme la sem. , s'ouvre,
& la quitte.
Sem. une seule , arrondie , comprimée.

Obs. Les Brizes ne sont pas assez distinguées des
Paturins , & peuvent à peine constituer un
genre particulier.

1008. POA *punctata.*
P. panicula diffusa , spiculis 12-floris : floribus
diaphanis lævibus puncto intus fusco. L. F.
E Malabaria.

1009. POA *glutinosa.*
P. panicula patente stricta , spiculis subpi-
floris hirsutiusculis glutinosis , culmo simplici , foliis subpilosis. Swartz. prodr.
E Jamaica. — Sloan. 1. 114. t. 71. f. 2.

1010. POA *Japonica.*
P. panicula parula capillari , spiculis 7-floris
foliisque glabris , culmo ramoso. Thunb.
Jap. 51.
E Japonia.

Explicatio Iconum.

Tab. 45. f. 1. Fructificatio POÆ. Ex Lin. Amœn.
acad. (a) Spicula. (b) Flos separatus. Tab. 45. f. 2.
POA *rubens.* Tab. 45. f. 3. POA *annua.* (a) Calyx ,
cum rachi demudata. (b) Spicula. (c, d) Corolla.
(e, f, g, h) Stamina , pistillum. (i) Semen. Fig. ist
D. Lœvs. (l) Planta fere integra.
Tab. 45. f. 4. POA *prætinaria.* — Tab. 45. f. 5.
POA *littoralis.*

117. BRIZA.

Charact. essent.

CAL. 2-valvis , multiflorus. Spicula disticha :
valv. subcordatis ventricosis.

Charact. nat.

Cal. gluma multiflora , bivalvis , mutica , flores
in spiculam disticham subcordatam colligens :
valvulis concavis sæpius obtusis.
Cor. bivalvis : valvulá luseriore minore &
planiore.
Stam. Filamenta tria , capillaria. Antheræ obl.
bifurcatæ.
Pist. Germen superum , subrotundum. Styli duo ,
capillares , patentes ; stigmata plumosa.
Peric. Nullum. Corolla continet semen , dehiscit ,
demittit.
Sem. unicum ; subrotundum , compressum.

Obs. Briza omnis à pois non satis distincta , &
proprium genus constituere vix possunt.

Tableau des espèces.   *Conspectus specierum.*

1011. BRIZE verdâtre. Dict. n°. 2.
B. à épillets triangulaires, ayant environ 7
fleurs, calice plus long que les fleurs, feuille
sup. presque spathacée.
Lieu nat. l'Eur. austr. ⊙
a. Brize à petite panicule. Dict. n°. 2.

1011. BRIZA virens.
B. spiculis triangulis subseptemfloris, calyce
flosculis longiore, folio supremo subspathaceo.

En Europa austral. ⊙
a. Briza minor. Dict. n°. 1.

1012. BRIZE tremblante. Dict. n°. 3.
B. à épillets ovales à env. 7 fleurs, calice pres-
que plus court que les fl., tige nue supér.
Lieu nat. l'Europe, dans les prés secs. ♉

1012. BRIZA media. T. 45. f. 1.
B. spiculis ovatis subseptemfloris, calyce flos-
culis subbreviore, culmo superne nudo.
Ex Europæ pratis siccis. ♉

1013. BRIZE à gros épillets. Dict. n°. 5.
B. à panicule simple, épillets en cœur ovales
très penchés ayant presque 15 fleurs.
Lieu nat. l'Europe australe. ⊙

1013. BRIZA maxima. T. 45. f. 2.
B. panicula simplici, spiculis cordato-ovali-
bus raris cernuis subquindecimfloris.
Ex Europa australi. ⊙

1014. BRIZE rouge.
B. à panicule presque simple, épillets en
cœur-ovales droits ayant 9 fleurs, bâles rouges
sur les bords.
Lieu nat. l'Inde. Cor. un peu velues sup.

1014. BRIZA rubra.
B. panicula subsimplici, spiculis cordato-
ovalibus erectis novemfloris, glumis margine
rubris.
Ex India. Sonner. Br. max. var. y. Dict.

1015. BRIZE droite. Dict. suppl.
B. à panicule presqu'en épi, épillets ovales
droits à env. 9 fl., cor. un peu pointues, lisses.
Lieu nat. Monte-Video. Feuilles canalie.

1015. BRIZA erecta.
B. panicula subspicata, spiculis ovatis erectis
subnovemfloris, cor. acutiusculis lævibus.
E Monte-Video. Commerf. Gluma albida.

1016. BRIZE subaristée. Dict. suppl.
B. à panicule resserrée, épillets ovales droits
à sept fleurs, cor. mucronées presqu'aristées.
Lieu nat. Monte-Video.

1016. BRIZA subaristata.
B. panicula coarctata, spiculis ovatis erectis
septemfloris, cor. mucronatis subaristatis.
E Monte-Video. Commerf. Spicul. virid.

1017. BRIZE enneaneus. Dict. n°. 4.
B. à panicule oblongue, épil. ovales-lancéolés
comprimés multiflores, côtés des bâles munis
d'une nervure.
Lieu nat. la France, l'Europe austr. ⊙

1017. BRIZA eragrostis.
B. panicula oblonga, spiculis ovato-lanceolatis compressis multifloris, glumarum lateribus uninervosis.
Ex Gallia, Eur. austr. ⊙ Var. a. Dict. deltatur.

1018. BRIZE de Caroline. Dict. n°. 6.
B. à épillets ovales comprimés multiflores,
panicule ample terminale.
Lieu nat. la Caroline. Épill. à bords tranchans.

1018. BRIZA Caroliniana. T. 45. f. 3.
B. spiculis ovatis compressis multifloris, pa-
nicula ampla terminali. Dict.
E Carolinia. Uniola paniculata. L.

1019. BRIZE empenné. Dict. n°. 7.
B. presqu'en épi, à grappes pinnées embri-
quées en-dessous.
Lieu nat. l'Egypte.

1019. BRIZA bipennata.
B. subspicata, racemis pinnatis subtus imbri-
catis.
Ex Ægypto.

1020. BRIZE mucronée. Dict. n°. 8.
B. à épi distique, épillets ovales, calices
presqu'aristés.
Lieu nat. l'Inde. Épill. alt. presque sess. à env. 7 fl.

1020. BRIZA mucronata.
B. spica disticha, spiculis ovatis, calycibus
subaristatis.
Ex India. Spicale alt. subsess. subseptflora.

1021. BRIZE en épi. Dict. n°. 9.
B. presqu'en épi, épillets à 4 fleurs, feuilles roulées roides.
Lieu nat. l'Amér. septentr. aux lieux marit.

Explication des fig.

Tab. 45. fig. 1. Briza oculeata. (a) Epillet grossi. mauvaise fig. (b) Calice. (c, d) Corolle, étamines. (e, f, g, h) Pistil, femence. (i) Partie sup. de la tige, avec la panicule.

Tab. 45. fig. 2. Briza à gros épillets. Tab. 45. C. 3. Briza de Caroline.

1021. BRIZA spicata.
B. subspicata, spiculis quadrifloris, foliis involutis rigidis.
Es maritimis America borealis.

Explicatio iconum.

Tab. 45. C. 1. Briza media. (a) Spicula multiflora mala. (b) Calyx. (c, d) Corolla, stamina. (e, f, g, h) Pistillum, femen. Fig. 12 Abell. (i) Pars superior culmi, cum panicula.

Tab. 45. fig. 2. Briza maxima. Tab. 45. C. 3. Briza Caroliniana.

118. FÉTUQUE.

Caract. essent.

Cal. 1-valve, multiflore. Epillet obl. un peu cylindrique: à bâles pointues.

Caract. nat.

Cal. Bâle multiflore, bivalve, comprenant des fleurs ramassées en un épillet oblong, un peu cylindrique: à valves subulées, acuminées, légèrement inégales.
Cor. bivalve: à valves inégales, acuminées; l'extérieure plus longue, concave, mucronée, le plus souvent aristée.
Etam. trois filaments capillaires, plus courts que la cor. Anthères oblongues.
Pist. un ovaire sup. turbiné. Deux styles courts, velus, ouverts; stigmates simples.
Péric. nul. La corolle étroitement fermée, adhère à la femence, & ne s'ouvre point.
Sem. une seule, oblongue, pointue aux deux bouts, couverte, marquée d'un sillon longitud.

Tableau des espèces.

* Bâles aristées ou presqu'aristées.

1021. FÉTUQUE ovine. Dict. n°. 1.
F. à panicule resserrée, épillets droits presqu'à cinq fleurs aristées, feuilles setacées.
Lieu nat. l'Europe, aux lieux secs.

1023. FÉTUQUE rougeâtre. Dict. n°. 3.
F. à panicule unilatérale scabre, épillets à 6 fleurs aristées: fleur termin. musique, tige femi cylindrique.
Lieu nat. l'Europe, aux lieux secs & stériles.
B. Fétuque noirâtre. D.a. n°. 9.

118. FESTUCA.

Charact. essent.

Cal. 2-valvis, multiflorus. Spicula oblonga teretiuscula: glumis acutis.

Charact. nat.

Cal. gluma multiflora, bivalvis, flosculos in spiculam oblongam teretiusculam continens: valvulis subularis acuminatis subiraequalibus.
Cor. bivalvis: valvulis inaequalibus acuminatis; exteriore longiore, concava, mucronata, saepius aristata.
Stam. Filamenta tria, capillaria, corolla breviora. Antheræ oblongæ.
Pist. germen superum, turbinatum, styli duo, breves, patentes, villosi; stigmata simplicia.
Peric. nullum. Corolla arctissime clausa, adnascitur femini, nec dehiscit.
Sem. unicum, oblongum, utrinque acutum, tectum, sulco longitudinali notatum.

Conspectus specierum.

* Gluma aristata s. subaristata.

1021. FESTUCA ovina.
F. panicula coarctata, spiculis erectis subquinquefloris aristatis, foliis setaceis.
En Europa siccis. Var. B. Dict. deleatur.

1023. FESTUCA rubra.
F. panicula secunda scabra, spiculis sexfloris aristatis: flosculo ultimo musico, culmo semitereti.
Es Europa sterilibus, siccis.
B. Festuca nigricans Dict. L

1024. FÉTUQUE *heterophylle*, Dict. n°. 2.
F. à panicule unilatérale un peu lâche, épillets verdâtres arillés à env. 5 fleurs, feuilles radicales capillacées: les caulinaires plus larges.
Lieu nat. la France, dans les bois & les lieux couverts. ℞

1025. FÉTUQUE *queue-de-rat*. Dict. n°. 11.
F. à panicule longue serrée presqu'en épi penchée, calices aigus à valv. inégales, fleurs scabres à barbes fort longues.
Lieu nat. l'Eur., sur les murs, aux l. sablon. ☉

1026. FÉTUQUE *bromoïde*. Dict. n°. 12.
F. à panicule droite unilatérale un peu lâche, épillets glabres, fleurs à barbes fort longues.
Lieu nat. l'Eur., aux l. pierreux, sablonneux. ☉

1027. FÉTUQUE *à un épi*. Dict. n°. 13.
F. à épillet solitaire terminal, barbes longues, senilles ciliées sur les bords.
Lieu nat. la Barbarie. ☉ Quelquefois il y a 2 ép.

1028. FÉTUQUE *de Magellan*. Dict. n°. 14.
F. à panicule unilatérale serrée presqu'en épi, épillets violet-brun à environ 6 fleurs, feuilles rad. sétacées.
Lieu nat. le Magellan.

1029. FÉTUQUE *durète*. Dict. n°. 4.
F. à panicule unilatérale oblongue serrée, épillets presqu'à 4 fl. lisses à barbes courtes, feuilles pliées & roulées en-dedans.
Lieu nat. la France, aux lieux secs. ℞
β. Le même à feuilles sétacées de la long. de la tige.

1030. FÉTUQUE *fasciculaire*. Dict. Suppl.
F. à épis linéaires alternes ramassés en faisceau, épillets sessiles alt. presqu'à 6 fleurs, ayant des barbes courtes.
Lieu nat. l'Amér. mérid. Tigerram.

1031. FÉTUQUE *effilée*.
F. à épis alternes grêles, épillets pourprés arillés presqu'à 6 fleurs, les dernières fleurs presque mutiques.
Lieu nat. l'isle de Saint-Domingue. ℞ Crété de effilée. D.A. n°. 11.

1032. FÉTUQUE *de S.-Domingue*. D.A. suppl.
F. à épis alternes filiformes, épillets blanchâtres presqu'à 5 fleurs toutes arillées.
Lieu nat. l'île de S.-Domingue. Ep. de 5 à 5 fl.

1024. FESTUCA *heterophylla*.
F. panicula secunda laxiuscula, spiculis viridantibus subquinquefloris aristatis, foliis radicalibus capillaceis: caulinis latioribus.
Ex Galliæ nemoribus & umbrofis. ℞

1025. FESTUCA *myuros*.
F. panicula longa stricta subspicata nutante; calycibus acutis inæquivalvibus, flosculis scabris longissimè aristatis.
Ex Eur. muris, locis arenosis. ☉ Leers. t. 1. f. 3.

1026. FESTUCA *bromoïdes*. T. 46. 4.
F. panicula erecta secunda laxiuscula, spiculis lævibus, flosculis longissimè aristatis.
Ex Europæ glareosis, arenosis. ☉ Aff. præced. conf. Bromus ambiguus, Cyrill. t. 2.

1027. FESTUCA *monostachyos*.
F. spicula unica terminali, aristis longis, foliis margine ciliatis.
E Barbaria. ☉ D. Poiret. it. 1. p. 98.

1028. FESTUCA *Magellanica*.
F. panicula secunda stricta subspicata, spiculis violaceo-fuscis aristatis subsexflosis, fol. radicalibus setaceis.
E Magellania. Commerf.

1029. FESTUCA *duriuscula*.
F. panicula secunda oblonga stricta, spiculis subquadrifloris lævibus breviter aristatis, foliis complicato-involutis.
Ex Galliæ siccis. ℞ Calmi 4 f. 5 radicars.
β. Ead. foliis setaceis caulis longitudine. F. hell. helv. n°. 1439.

1030. FESTUCA *fascicularis*.
F. spicis linearibus alternis conferto-fascicularis, spiculis sessilibus alternis subsexfl. breviter aristatis.
Ex Amer. merid. Comm. D. Richard.

1031. FESTUCA *virgata*.
F. spicis alternis gracilibus, spiculis præterascentibus subsexflris aristatis: flosculis ultimis submuticis.
Ex Inf. Domingi. ℞ Cynofurus virgatus. L. Sican. jam. 1. 1. 70. f. 2.

1032. FESTUCA *Domingensis*.
F. spicis alternis filiformibus, spiculis albidis subquinquefloris: flosculis omnibus aristatis.
Ex inf. Domingi. Jacq. misc. 2. p. 363. ic. rar. 1.

1033. FÉTUQUE des buissons. Dict. n°. 5. A.
F. à panicule spiciforme lâche & ouverte à
sa base, épillets à env. 5 fleurs aristés pubescens blanchâtres.
Lieu nat. l'Auvergne. F. filiformes, glabr.

1034. FÉTUQUE glauque. Dict. n°. 6.
F. à panicule serrée spiciforme, épillets lisses
presqu'à cinq fleurs aristés, feuilles rad.
roulées sétacées.
Lieu nat. la France aussi. l'Auvergne. F.

1035. FÉTUQUE à crêtes. Dict. n°. 13.
F. à panicule en épi, lobée; épillets ovales,
larges, velus, à six fleurs.
Lieu nat. le Portugal.

1036. FETUQUE phalaroïde. Dict. suppl.
F. à épi court dense lobé unilatéral, épillets
à 2 ou 3 fl. velus, munis de barbes courtes.
Lieu nat. la France australe.

1037. FÉTUQUE port de canche. Dict. n°. 24.
F. à panicule petite serrée droite; épillets cyl.
pédicellés un peu luisans 3 flor. à barb. courtes.
Lieu nat. les montagnes de l'Auvergne.

1038. FÉTUQUE pauciflore. Dict. n°. 25.
F. à panicule ouverte, épillets scabres aristés
presqu'à 4 fleurs, feuilles velues.
Lieu nat. le Japon.

1039. FÉTUQUE chétive. Dict. n°. 26.
F. à panicule resserrée; bâles aristées scabres,
tige genouillée.
Lieu nat. le Japon.

1040. FÉTUQUE élevée. Dict. n°. 20.
F. à panicule lâche un peu unilatérale, épillets
cylindriques-lancéolés lisses presque mutiques;
valv. pointues scarieuses sur les bords.
Lieu nat. les prés de l'Europe. F.

1041. FÉTUQUE bâlet-d'ivroie. Dict. n°. 29.
F. à panicule rameuse longue étroite, épillets
comprimés presqu'à 8 fl.; bâles les unes aristées,
les autres mutiques.
Lieu nat. la France australe.

1042. FÉTUQUE piquante. Dict. n°. 16.
F. à grappe simple, épillets alternes presque
sessiles cylindriques, feuilles roulées aiguës
piquantes.
Lieu nat. les lieux marit. de la Fr. australe. F.

1033. FESTUCA dumetorum.
F. panicula spiciformi basi laxa patente, spiculis subquinquefloris aristatis incano-pubes-
centibus.
Ex Arvernia. Fol. filiform. An F. dumetorum. L.

1034. FESTUCA glauca. T. 46. f. 3.
F. panicula stricta spiciformi, spiculis levibus
subquinquefloris aristatis, foliis rad. involuto-
setaceis.
Ex Gallia austr. Arvenia.

1035. FESTUCA cristata.
F. panicula spicata lobata, spiculis ovatis
latis sexfloris hirsutis. L.
E Lusitania. An spicula aristata.

1036. FESTUCA phalaroides.
F. spica brevi densa lobata secunda, spiculis
2 f. 3-floris hirsutis breviter aristatis.
Ex Gallia austral. Aff. dict. glomerata.

1037. FESTUCA airoides.
F. panicula parva stricta erecta, spiculis te-
retibus pedicellatis nitidulis 3-fl. brev. aristatis.
Ex montibus Arveniæ. Culm. 3 f. 4-pollicaris.

1038. FESTUCA pauciflora. Th.
F. panicula paula, spiculis subquadrifloris
aristatis scabris, foliis villosis. Thunb.
E Japonia.

1039. FESTUCA misera. Th.
F. panicula contracta, glumis aristatis scabris,
culmo geniculato. Thunb.
E Japonia.

1040. FESTUCA elatior.
F. panicula subsecunda laxa, spiculis tereti-
lanceolatis submuticis lævibus, valv. acutis
margine scariosis. Dict.
Ex Europæ prads. F.

1041. FESTUCA loliacea.
F. panicula ramosa longa angusta, spiculis
compressis suboctofloris: glumis aliis aristatis,
aliis muticis.
Ex Gallia australi. Aff. præcedenti, sed dist.

1042. FESTUCA phœnicoides.
F. racemo indiviso, spiculis alternis subsessilibus teretibus, foliis involutis mucronato-
pungentibus. L.
Ex Galliæ austr. marhimis. F.

** Bâles mutiques.

1043. FÉTUQUE triticoïde. D'Œ. fuppl.
F. à grappe en épi un peu ram. ferrée, épil.
de 5 à 9 fl. mutiques liffes, f. roulées fubulées.
Lieu nat. la Caroline.

1044. FÉTUQUE filiforme. Dià. fuppl.
F. à épis épais nombreux filiformes, épillets
feffiles très-petits mutiques à env. deux fl.
Lieu nat. l'Amér. mérid. Ep. rarement 3 flores.

1045. FÉTUQUE rampante. Dià. n°. 7.
F. à rameaux de la panicule fimples, épillets
prefque feffiles mutiques à fix fleurs.
Lieu nat. l'Arabie, la Paleftine. ♉

1046. FÉTUQUE de Paleftine. Dià. n°. 18.
F. à panicule droite rameufe, épillets feffiles
carinés mutiques.
Lieu nat. la Paleftine.

1047. FÉTUQUE inclinée. Dià. n°. 21.
F. à panicule droite un peu fimple, épillets
d'env. 4 fleurs : les fructiferes penchés, calice
plus long que les fleurs.
Lieu nat. les pât. fecs de l'Europe. ♉

1048. FÉTUQUE caliculaele. Dià. n°. 22.
F. à panicule refferrée, épillets linéaires, calice plus long que les fleurs, feuilles barbues
à la bafe.
Lieu nat. l'Efpagne. ☉

1049. FÉTUQUE flottante. Dià. n°. 17.
F. à panicule rameufe, épillets cylindriques
mutiques ferrés, bâles obtufes ftriées à bord
fcarieux.
Lieu nat. les foffes aquat. de l'Europe. ♉

1050. FÉTUQUE à grandes fl. Dià. fuppl.
F. à panicule fimple droite; épillets en petit
nombre, à fept fleurs ; cor. pointues diftantes.
Lieu nat. la Caroline.

1051. FÉTUQUE dorée. Dià. n°. 8.
F. à panicule un peu refferrée liffe d'un jaune
rouffâtre, épillets comprimés mutiques à env.
4 fleurs.
Lieu nat. la France, dans les prés des mont.

1052. FÉTUQUE des fables. Dià. fuppl.
F. à panicule refferrée en épi, épillets comprimés droits triflores, glumes pointus.
Lieu nat. le Magellan, dans les fables marit.
à Fétuque en éventail. Dià. n°. 15.

** Gluma mutica.

1043. FESTUCA triticoïdes.
F. racemo fpicato fubramofo ftrido, fpiculis
5-9-fl. mut. lævibus, folüs involuto-fubulatis.
E Carolinia. D. Frafer.

1044. FESTUCA filiformis.
F. fpicis fparfis plurimis filiformibus, fpiculis
feffilibus minimis muticis fubbifloris.
Ex Amer. merid. Comm. D. Richard.

1045. FESTUCA repaetrix. L.
F. paniculæ ramis fimplicibus, fpiculis fub-
feffilibus muticis fexfloris.
Ex Arabia, Palæftina. ♉

1046. FESTUCA fufca. L.
F. panicula erecta ramofa, fpiculis feffilibus
carinatis muticis. L.
E Palæftina. Spicula 16-14 flora.

1047. FESTUCA decumbens.
F. panicula erecta fimpliufcula, fpiculis fub-
4-floris : fructiferis nutantibus, calyce flofculis majore.
Ex Europæ pafcuis ficcis. ♉ Culm. fubtecl.

1048. FESTUCA calycina. T. 46. f. 5.
F. panicula coarctata, fpiculis linearibus,
calyce flofculis longiore, foliis bafi barbatis. L.
Ex Hifpania. ☉ Glum. marg. fcariofo-albida.

1049. FESTUCA fluitans.
F. panicula ramofa, fpiculis teretibus ftrictis
muticis, glumis obtufis ftriatis margine
fcariofis.
Ex Europæ foffis aquofis. ♉

1050. FESTUCA grandiflora.
F. panicula fimplici erecta, fpiculis perpaucis
fubfeptemfloris, flofculis acutis diftantibus.
E Carolinia. Frafer.

1051. FESTUCA aurea.
F. panicula fubcontracta lævigata aureo-rofa;
fpiculis compreffis muticis fubquadrifloris.
E Gallia, in pafcuis alpium. F. fpadicea. L. ?

1052. FESTUCA arenaria.
F. panicula coarctata fpiciformi, fpiculis com-
preffis erectis trifloris, glumis acutis.
E Magellania, in arenis maritimis. Commerf.
A. Festuca flabellata. Dià. n°. 15.

1053. FÉTUQUE de *Buenos-Aires.* Dict. fuppl.
F. à panicule oblongue étroite un peu luisante, épillets triflores, bâles pointues légèrement velues.
Lieu nat. Buenos-Ayres.

1054. FÉTUQUE *capillacée.* Dict. fuppl.
F. à panicule étroite presqu'unilatérale, épillets à environ 4 fl. tige liffe filiforme, feuilles capillaires.
L. n, les bois & les pâ. ombragés de l'Eur. ♈ *p.* la même à epillets 5 flores, violet-brun. Dans les pâ. fecs.

Explication des fig.

Tab. 46. f. 2. FÉTUQUE *ovale.* (a) Epillet, (b) Fleur féparée. (c) Calice de l'épillet. (4, e) Étamines, piftil, détailles de la fl. (f, g) Ovaire, corolle fruétifere. (h) Partie fupérieure de la tige, avec la panicule.

Tab. 46. f. 3. FÉTUQUE *glauque.* Tab. 46. f. 4. FÉTUQUE *bromoïde.* Tab. 46. f. 5. FÉTUQUE *capillacée.* Tab. 46. f. 1. Epillet de Fétuque, d'après Liv.

119. BROME.

Caraét. effent.

CAL. 2-valve, multiflore. Epillet oblong: valves arifées au-deffous du fommet.

Caraét. nat.

Cal. bâle multiflore, bivalve, comprenant des fleurs ramaffées en un épillet oblong (diftique ou cylindrique): à valves ovales-oblongues acuminées mutiques inégales.
Cor. bivalve: valve extérieure plus grande, concave, bifide au fommet, au-deffous duquel naît une barbe droite; valve intérieure lancéolée, petite, mutique.
Etam. trois filamens capillaires, plus courts que la corolle, anthères oblongues.
Pift. un ovaire fup. turbiné. Deux ftyles courts, ouverts, velus; ftigmates fimples.
Péric. nul. La cor. femxie, adhère à la femence & ne s'ouvre point.
Sem. une feule, oblongue, couverte, convexe d'un côté, fillonnée de l'autre.

Tableau des efpèces.

1055. BROME *mollet.*
B. à panicule un peu droite, épillets ovales pubefcens; barbes droites, feuilles chargées de poils fort doux.
L. a. l'Eur., fur les bords des chemins, &c. ⊙

1053. FESTUCA *bonarienfis.*
F. panicula oblonga angufta fubnuda, fpiculis trifloris, glumis acutis villofiufculis.

E Bonaria. *Commerf.*

1054. FESTUCA *capillata.* Fl. ft.
F. panicula angufta fubfecunda, fpiculis fubquadrifloris, culmo lævi filiformi, foliis capillaribus.
Ex Europæ pafcuis umbrofis & nemoribus. ♈ *y.* Ead, fpiculis 5 floris, violaceo fufcis. F. Amethyftina. L. In paft. ficcis.

Explicatio iconum.

Tab. 46. f. 2. FESTUCA *ovina.* (a) Spicula. (b) Flos feparatus. (c) Calyx fpiculæ. (d, e) Stamina, piftillum, fquamulæ floris. (f, g) Germen, corolla fructifet. F. ex Liv. (h) Pars fuperior culmi, cum panicula.

Tab. 46. f. 3. FESTUCA *glauca.* Ibid. F. 4 FESTUCA *bromoïdes.* Ibid. f. 5. FESTUCA *capillata.* Ibid. f. 1. Spicula fefturie, ex Linn. Amœn. acad.

119. BROMUS.

Charaét. effent.

CAL. 2 valvis, multiflorus, Spicula oblonga, valvulis fub apice ariftatis.

Charaét. nat.

Cal. Gluma multiflora, bivalvis, flofculos in fpiculam oblongam (difticham f. teretem) colligens; valvulis ovato oblongis acuminatis muticis inæqualibus.
Cor. bivalvis; valvula exterior major, concava, apice bifida; ariftam rectam infra apicem emittens; valvula interior lanceolata, parva mutica.
Stam. Filamenta tria, capillaria, corolla brev. antheræ oblongæ.
Pift. germen fuperum, turbinatum. Styli duo, breves, patentes, villofi; ftig. fimplicia.
Péric. nullum. Cor. claufa, femini adnata, nec dehifcens.
Sem. unicum, oblongum, tectum, hinc convexum, inde fulcatum.

Confpectus fpecierum.

1055. BROMUS *mollis.* T. 46. f. 1.
B. panicula erectiufcula, fpiculis ovatis pubefcentibus; ariftis rectis, fol. mollifimè villofis.
Ex Eur. ad margines viarum, &c. ⊙ *Seq. affinis.*
1056.

1056. BROME *seplin*. Dict. n°. 1. (a. a.)
B. à panicule un peu penchée , épillets ovales-
oblongs comprimés nuds ; barbes droites,
sem. écartées.
Lieu nat. l'Europe , dans les champs. ☉

1056. DROMUS *secalinus*. T. 46. f. 1.
B. panicula subnutante, spiculis ovato-oblongis compressis nudis : aristis rectis , seminibus
distinctis.
Ex Europæ agris. ☉ *Spicula 9-flore.*

1057. BROME *du Japon*, Dict. suppl.
B. à panicule ouverte rameuse , épillets obl.
glabres , barbes divergentes.
Lieu nat. le Japon. ☉

1057. BROMUS *Japonicus*.
B. panicula patente ramosa , spiculis oblongis
glabris , aristis divaricatis. Thunb. Jap. 51.
E Japonia. ☉

1058. BROME *à barbes divergentes*. Dict. n°. 2.
B. à panicule simple, un peu penchée , épillets
ovales : barbes divergentes.
Lieu nat. l'Eur. austr. , dans les lieux secs. ☉
β. Le même plus élevé , à bâles velues.

1058. BROMUS *squarrosus*.
B. panicula simplici subnutante , spiculis ovatis : aristis divaricatis.
Ex Europæ austr. siccis. ☉
β. Idem elatior , glumis villosis. L.

1059. BROME *cathartique*, Dict. n°. 3.
B. à panicule penchée crépue , feuilles nues
des deux côtés , gaînes pileuses, bâles velues.
Lieu nat. le Canada. ♃

1059. BROMUS *purgans*, L.
B. panicula nutante crispâ , foliis utrinque
nudis, vaginis pilosis, glumis villosis. L.
E Canada. ♃

1060. BROME *brizoïde*. Dict. suppl.
B. à panicule droite , épillets ovales glabres
aristés , corolles dilatées auriculées & membraneuses supérieurement.
Lieu nat. Monte-Video.

1060. BROMUS *brizoïdes*.
B. panicula erecta, spiculis ovatis glabris aristatis , corollis supernè dilatato - auriculatis
membranaceis.
E Monte-Video. *Commerf.*

1061. BROME *mutique*. Dict. suppl.
B. à panicule droite, épillets un peu cylin-
driques subulés , presque mutiques.
Lieu nat. l'Allemagne.

1061. BROMUS *inermis*.
B. panicula nutante, spiculis subteretibus su-
bulatis nudis submuticis. L.
E Germania. *Descript. dictionnarii excludatur.*

1062. BROME *des buissons*, Dict. n°. 5.
B. à panicule rameuse penchée, épillets oblongs
velus aristés presque à 10 fleurs, tige fort haute.
Lieu nat. l'Europe , dans les lieux couverts,
les buissons, les haies. ☉ *Tiges de 4 à 6 pieds.*
F. *veluse*. Panic. lâche.

1062. BROMUS *dumetorum*. Fl. fr.
B. panicula ramosa nutante , spiculis oblon-
villosis aristatis subdecemfl., culmo præalto.
Ex Europæ umbrosis , dumetis & sepibus. ☉
B. *asper*, L. f. suppl. B. *nemoralis*, Huds. L. p. 51.
B. *momanus*. Pollich. n°. 116.

1063. BROME *à petits épillets*. Dict. n°. 9.
B. à panicule en grappe penchée, épillets menus glabres quadriflores presque plus courts
que les barbes.
Lieu nat. les collines ombragées & les haies
de l'Europe. ♃ *Tige à peine de 3 pieds.*

1063. BROMUS *strigosus*.
B. panicula racemosa nutante , spiculis stri-
gosis glabris quadrifloris aristis subbrevioribus.
Ex Europæ collibus umbrosis & sepibus. ♃
B. *giganteus*. L. Culmus vix 3 pedalis.

1064. BROME *des champs*, Dict. suppl.
B. à panicule rameuse presqu'en corymbe,
bâles glabres à 6 fl. à barbes longues , f. velue.
Lieu nat. la France , dans les champs. ♃
Esp. distincte ; moyenne entre la précéd. & la suiv.

1064. BROMUS *arvensis*.
B. panicula ramosa subcorymbosa , glumis
lævibus sexfloris longius aristatis , folio villoso.
E Gallia, in arvis. ♃ *Bromus.... Leers. t. 10.
f. 1. Exclusô nomine. Festa Rudb. reliq. p. 13.*

1065. BROME *épillets-droits*. Dict. n°. 10.
B. à panicule droite presque simple , épillets
oblongs à 9 fleurs , barbes droites plus courtes
que les bâles.
Lieu nat. les prés secs, les champs de l'Eur. ♃
Botanique, Tom. I.

1065. BROMUS *pratensis*.
B. panicula erecta subsimplici , spiculis oblongis novemfloris, aristis rectis gluma brevioribus.
Ex Europæ pratis siccis & arvis.

B b

1066. BROME cilié. Diä. n°. 6.
B. à panicule penchée, feuilles un peu pi-
leuſes de chaque côté, ainſi que les gaines,
bâles ciliées.
Lieu nat. le Canada. ♈

1066. BROMUS ciliatus.
B. panicula nutante, foliis utrinque vaginiſque
ſubpiloſis, glumis ciliatis. L.
E Canada. ♈ Spicula 8 flora.

1067. BROME ſtérile. Diä. n°. 7. (a)
B. à panicule un peu penchée, épillets très-
grands oblongs comprimés à env. 7 fleurs,
barbes longues terminales.
Lieu nat. les bords des chemins & des champs
de l'Europe auſtrale. ☉

1067. BROMUS ſterilis.
B. panicula ſubnutante, ſpiculis maximis
oblongis compreſſis ſubſeptemfloris, ariſtis
longis terminalibus.
Ex Europæ auſtr. marginibus viarum & agro-
rum. ☉

1068. BROME des toits. •
B. à panicule un peu penchée, épillets li-
neaires velus preſqu'à 5 fleurs, barbes longues
terminales.
Lieu nat. l'Europe, ſur les toits, les murs,
les collines ſèches. ♂ Bâles blanches & ſca-
rieuſes ſur les bords, comme dans la précéd.

1068. BROMUS tectorum.
B. panicula ſubnutante, ſpiculis linearibus
villoſis ſubquinquefloris, ariſtis longis terminalibus.
Ex Europæ tectis muris & collibus ſiccis.
♂ Vix à præced. diſt. at minor, hirſutior, &
ſpicula anguſtiores.

1069. BROME genouillé. Diä. n°. 8.
B. à panicule droite, fleurs diſtantes, péd.
anguleux, tige couchée juſqu'à l'articulation.
Lieu nat. le Portugal.

1069. BROMUS geniculatus.
B. panicula erecta, floſculis diſtantibus, pe-
dunc. angulatis, culmo genu procumbente. L.
E Luſitania.

1070. BROME triflore. Diä. n°. 15.
B. à panicule ouverte, épillets à env. 3 fleurs.
Lieu nat. l'Allemagne, dans les bois.

1070. BROMUS triflorus. L.
B. panicula patente, ſpiculis ſubtrifloris.
E Germaniæ nemoribus.

1071. BROME avenacé. Diä. ſuppl.
B. à panicule reſſerrée preſque ſimple, épillets
droits, glabres à 3 ou 4 fleurs, ariſtés.
Lieu nat..... Barbes droites, preſque term.

1071. BROMUS avenaceus.
B. panicula coarctata ſubſimplici, ſpiculis erec-
tis, glabris, 3 f. 4 floris, ariſtatis.
. . . . . Facies av. pratenſis; at ariſtæ non dorſales.

1072. BROME ſipoïde.
B. à panicule droite ovale-pyramidale, épillets glabres preſque 4-flores, pédoncules
épaillis & dilatés vers leur ſommet.
Lieu nat. l'Espagne. ☉ Brome – Diä. n°. 16.

1072. BROMUS ſipoïdes.
B. panicula erecta ovato-pyramidata, ſpiculis
glabris ſubquadrifloris, pedicellis ſuperne
dilatato incraſſatis.
Ex Hiſpania. ☉ Br. incraſſatus. Diä. n°. 16.

1073. BROME dilaté. Diä. n°. 13.
B. à panicule droite, épillets pédonculés
oblongs dilatés ſupérieurement preſqu'à 6 fl.
barbes divergentes.
Lieu nat. l'Eſpagne. Epillets un peu velus.

1073. BROMUS dilatatus.
B. panicula erecta, ſpiculis pedunculatis oblongis ſuperne dilatatis ſubſexfloris, ariſtis divaricatis.
Ex Hiſpania. An B. madriſenſis. L.

1074. BROME en balais. Diä. n°. 12.
B. à panicule en faiſceau, épillets preſque
ſeſſiles glabres, barbes ouvertes.
Lieu nat. l'Eſpagne.

1074. BROMUS ſcoparius.
B. panicula faſciculata, ſpiculis ſubſeſſilibus
glabris, ariſtis patulis. L.
Ex Hiſpania.

1075. BROME rougeâtre. Diä. n°. 11.
B. à panicule en faiſceau, épillets preſque
ſeſſiles velus; barbes droites.
Lieu nat. l'Eſpagne.

1075. BROMUS rubens.
B. panicula faſciculata, ſpiculis ſubſeſſilibus
villoſis; ariſtis erectis. L.
Ex Hiſpania.

TRIANDRIE DIGYNIE.

1076. BROME à épi roide. Dict. n°. 14.
B. à panicule en épi, épillets presque sessiles droits pubescens à environ 4 fleurs.
Lieu nat. le Portugal.

1077. BROME hordeiforme. Dict. suppl.
B. à panicule en épi, épillets presque sessiles droits serrés glabres à env. 4 fleurs, dont la dernière est stérile.
Lieu nat. l'Italie. *Valv. ext. du calic. fort grande.*

1078. BROME à crête. Dict. n°. 20.
B. à épillets sessiles, comprimés, embriqués sur deux côtés opposés.
Lieu nat. la Sibérie, la Tartarie. ⚤

1079. BROME à épis plats. Dict. n°. 11.
B. à 3 ou 4 épillets sessiles droits roides comprimés, bâles ciliées sur les bords.
Lieu nat. l'Eur. austr. ☉ Fl. aristées.

1080. BROME rameux. Dict. n°. 17.
B. à tige rameuse inférieurement, épillets sessiles en très-petits nombre, à barbes très courtes, feuilles roulées subulées.
Lieu nat. l'Europe australe, la Barbarie. ⚤

1081. BROME cornicule. Dict. n°. 18.
B. à épillets alt. presque sessiles cylindriques à barbes courtes; feuille plane.
Lieu nat. l'Eur. aux l. secs & sur les collines. ⚤

1082. BROME des bois. Dict. n°. 19.
B. à épillets sessiles alt. presque cylindriques droits velus, barbes de la longueur des glumes.
Lieu nat. la France, dans les bois. ⚤

Explication des fig.

Tab. 46. f. 1. BROME mollis. (La panicule.) F. 2. BROME scalin. (2 épillets séparés.) F. 3. Epillet de Brome, d'après Linné.

110. ROSEAU.

Caract. essent.

CAL. 1-valve, nud (1-flore ou multifl.). Fleurs environnées de poils.

Caract. nat.

Cal. bâle uniflore ou multiflore, bivalve : à valves oblongues pointues quelques, inégales,

TRIANDRIA DIGYNIA. 195

1076. BROMUS rigens.
B. panicula spicata, spiculis subsessilibus erectis pubescentibus subquadrifloris. L.
E Lusitania.

1077. BROMUS hordeiformis.
B. panicula spicata, spiculis subsessilibus erectis stridis glabris subquadrifloris : flosculo ultimo sterili.
Ex Italia. D. Vahl. Facies hordei murini. An satis diff. a præced.

1078. BROMUS cristatus.
B. spiculis distichè imbricatis sessilibus depressis.
L. Amœn. acad. 2. 338.
E Sibiria, Tartaria. ⚤ Cur non tritici spec. ut etiam sequens?

1079. BROMUS platystachyos.
B. spiculis ternis quaternisve erectis compressis rigidis sessilibus, glumis margine ciliatis.
Ex Europa australi. ☉ B. distachyos. L.

1080. BROMUS ramosus.
B. culmo basi ramoso, spiculis sessilibus perpaucis brevissimè aristatis, foliis involuto-subulatis.
Ex Europa australi, Barbaria. ⚤ Pluk. t. 33: f. 1. Sequens i valdè affinis.

1081. BROMUS pinnatus.
B. spiculis alternis subsessilibus teretibus breviter aristatis; folio plano.
Ex Europæ siccis & collibus. ⚤

1082. BROMUS sylvaticus.
B. spiculis sessilibus subteretibus alternis erectis villosis, aristis glumarum longitudine.
E Galliæ sylvis. ⚤ Folia hirsuta.

Explicatio Iconum.

Tab. 46. F. 1. BROMUS mollis. (Panicula.) F. 2. BROMUS scalinus. (Spiculæ 2 separatæ.) F. 3. Spicula Bromi, Ex Linn. Amœn. acad.

110. ARUNDO.

Charact. essent.

CAL. 2-valvis, nudus (1-florus f. multifl.). flosculi lana cincti.

Charact. nat.

Cal. gluma uni-vel multiflora, bivalvis: valvis oblongis acutis muticis inæqualibus.

B b 2

Cal. bivalve : valves de la longueur du calice, oblongues , acuminées , de la base de laquelle naissent des poils presqu'aussi longs que la fl.
Etam. Trois filamens capillaires ; anthères fourchues aux deux bouts.
Pist. un ovaire supérieur, oblong. Deux styles capillaires, réfléchis, velus ; stigmates simples.
Peric. nul. La corolle adhère à la sem. & ne s'ouvre point.
Sem. une seule, oblongue , acuminée , munie de longs poils à sa base.

Cal. bivalvis : valvulæ longitudine calycis ; oblongæ , acuminatæ , è quarum basi lanugo longitudine fere floris assurgit.
Stam. filamenta tria , capillaria ; anthera utrinque furcatæ.
Pist. germen superum , oblongum. Styli duo capillares , reflexi , villosi ; stigmata simplicia.
Peric. nullum. Corolla adnascitur semini nec dehiscit.
Sem. unicum , oblongum , acuminatum , basi pappo longo instructum.

Tableau des espèces.

1083. ROSEAU commun. Diô.
R. à calices presque 5-flores , plus courts que les fleurs, panicule lâche d'un pourpre noirâtre.
Lieu nat. l'Europe , dans les étangs, les fossés aquat. ℞

Conspectus specierum.

1083. ARUNDO phragmites. T.46.
A. calycibus subquinquefloris , flosculis brevioribus ; panicula laxa spadiceo fusca.
Ex Europæ lacubus & fossis aquosis. ℞

1084. ROSEAU cultivé. Diô.
R. à calices presque quinqueflores , aussi longs que les fleurs ; panicule oblongue diffuse d'un jaune pourpré.
Lieu nat. l'Italie , la Provence , &c. ℞

1084. ARUNDO donax.
A. calycibus subquinquefloris longitudine flosculorum; panicula oblonga diffusa luteopurpurascente.
Ex Italia, Galloprov. , &c. ℞ Culmi subfruticosi.

1085. ROSEAU bistore. Diô.
R. à calices bistores plus courts que les fleurs ; panicule alongée , feuilles rudes.
Lieu nat. l'Italie , la Barbarie. *Cor.* plus grande que dans le précéd. mucronée.

1085. ARUNDO biflora.
A. calycibus bifloris flosculis brevioribus; panicula elongata , foliis asperis.
Ex Italia, Barbaria. D. Vaal. culm. 4 f. 5-pedales. Panicula flavescens.

1086. ROSEAU plumeux. D'Ô.
R. à calices uniflores , baies subulées sétacées, panicule oblongue resserrée lobée d'un verd noirâtre.
Lieu nat. l'Europe , dans les prés marécageux & conv. ℞
p. Le même plus petit. (Les bois des mont.)

1086. ARUNDO calamagrostis.
A. calycibus unifloris , glumis subulato setaceis , panicula oblonga contracta lobata è viridi nigrescente.
Ex Europæ pratis paludosis & umbrosis. ℞
p. Ead. minor. A. Epigejos. Lin.

1087. ROSEAU à petites fleurs, Diô.
R. à calices unifl. acuminés , panicule droite dense jaunâtre , gaines pileuses à leur orifice.
Lieu nat. la Barbarie. Pan. du R. cultivé.

1087. ARUNDO micrantha.
A. calycibus unifloris acuminalis , panicula erecta densa flavescente , vaginis ore pilosis.
E Barbaria. Comm. D. Desfontaines.

1088. ROSEAU bicolor. Diô.
R. à calices uniflores scarieux en leurs bords , panicule étroite droite , f. glabres roulées.
Lieu nat. la Barbarie. *Cal.* mucronés , violets , bordés de blanc.

1088. ARUNDO bicolor.
A. calycibus unifloris ore scariosis , panicula angusta erecta , foliis glabris convolutis.
E Barbaria. A. bicolor. Poiret. voyag. 2. p. 104. Cal. flosculo longior.

1089. ROSEAU des sables. Diô.
R. à calices unifores , panicule en épi , feuilles droites glauques roulées aiguës piquantes.
Lieu nat. les sables marit. de l'Europe. ℞

1089. ARUNDO arenaria.
A. calycibus unifloris , panicula spicata , foliis erectis glaucis involutis mucronato-pungentibus.
Ex Europæ arenis maritimis. ℞

1090. ROSEAU distique. Diâ.
R. à tige droite feuillée, feuilles distiques, panicule resserrée, calices triflores.
Lieu nat. l'Inde.

1091. ROSEAU barba. Diâ.
R. à calices uniflores nuds beaucoup plus courts que la fleur qui est subulée, & velue en dedans, panicule unilatérale penchée.
Lieu nat. l'Inde. Cal. & cor. nuds en dehors.

111. CRÊTELLE.

Caraâ. essent.

CAL. 2-valve, multiflore. Braâée foliacée, subpectinée, unilatérale.

Ceraâ. nat.

Cal. bâle multifl. bivalve : à valves linéaires acuminées presqu'égales. Braâée pectinée ou pinnée sous chaque bâle.
Cor. bivalve, plus longue que le calice : valves inégales, presqu'arillées.
E.am. Trois filamens capillaires ; anthères oblongues.
Pist. un ovaire supérieur, turbiné. Deux styles velus ; stigmates simples.
Peric. nul. La cor. contient la sem. & la quitte.

Sem. une seule, ovale, sillonnée d'un côté.

Tableau des espèces.

1091. CRÊTELLE des prés. Diâ. n°. 1.
C. à épi unilatérale mutique, braâées alternes distiques pinnées peâinées.
Lieu nat. l'Europe, dans les prés. ꝟ
a. Le même à épi plus dense courbé, braâées très nombreuses embriquées. L.n, la Barbarie.

1092. CRÊTELLE hérissée. Diâ. n°. 2.
C. à grappe courte glomérulée unilatérale arillée, br d'es pinnées à paillettes.
Lieu nat. l'Europe australe, le Levant. ☉

1093. CRÊTELLE dorée. Diâ. n°. 6.
C. à panicule en grappe ; braâées pedicellées fasciculées mutiques, en forme d'épillets, épillets presque triflores arillés.
Lieu nat. l'Europe australe, le Levant. ☉
Grappe unilat. Braâées trépillets presqu'pendans.

1090. ARUNDO bifaria.
A. culmo ereâo foliofo, foliis bifariis, panicula coarâata, calycibus triâ oris. Reiq. obf. 4.
Ex India.

1091. ARUNDO barba.
A. calycibus unifloris nudis flore fubulato imus lanato multo brevioribus, panicula fecunda nutante. Reiq. obf. 4.
Ex India. An hujus gen. an potius agrost. Spec.

111. CYNOSURUS.

Charaâ. effent.

CAL. 1 valvis, multiflorus. Braâea foliacea, fubpeâinata, unilateralis.

Charaâ. nat.

Cal. gluma multiflora, bivalvis : valvulis linearibus acuminatis fubæqualibus. Braâea pectinata aut pinnata, glumis fubjeâa.
Cor. bivalvis, calyce longior : valvulis inæqualibus fubarillatis.
Stam. Filamenta tria capillaria; antheræ oblongæ.

Pist. germen fuperum, turbinatum. Styli duo, villofi; stigmata fimplicia.
Peric. nullum. Corolla femen includit, & dimittit.

Sem. unicum, ovatum, altero latere fulcatum.

Confpeâus fpecierum.

1091. CYNOSURUS criftatus. T. 47. f. 1.
C. fpica fecunda mutica, braâeis alternis diftichis pinnato-peâinatis.
Ex Europæ pratis. ꝟ
a. Id. fpica denfior incurva, braâeis numerofiffimis imbricatis. C. polybraâeatus. Poiret. voy. 97.

1093. CYNOSURUS echinatus. T. 47. f. 1.
C. racemo brevi glomerato fecundo arillato, braâeis pinnato-paleaceis.
Ex Europa auftrali, Oriente. ☉

1094. CYNOSURUS aureus.
C. panicula racemofa ; braâeis pedicellatis fafciculatis muticis fpiculæ formibus, fpiculis fubtrifloris ariftatis.
Ex Europa auftrali, Oriente. ☉ Braâ. pinnato-paleaceæ, paleis obtufis concavis alternis.

Explication des fig.

Tab. 47. f. 1. CRÈTELLE *des prés.* (*a*, *b*) Braĉée & épillet, *d'après Linné.* (*b*) Epillet devant la braĉée. (*c*, *d*) Calice, braĉée. (*e*, *f*, *g*) Corolle, étamines, pistil. (*h*, *i*, *k*) Bâle fructifère, femence. (*m*) Partie supérieure de la tige avec l'épi.

Tab. 47. f. 2. CRÈTELLE *hérissée.* (*a*, *b*, *c*) Braĉée partagée en 2 ou 3 parties. (*d*) Corolle contenant la semence. (*e*, *f*) Semence vue antérieurement & postérieurement. (*g*) La même coupée transversalement. (*h*) Embryon. (*i*) Partie supérieure de la tige, avec la grappe.

111. SESLERE.

Caraĉt. essent.

CAL. 2-valves, submultiflore. Cor. 2-valve : à valve ext. à 3 dents.

Caraĉt. nat.

Cal. bâle bivalve, biflore ou triflore : valves acuminées, presqu'égales.
Cor. bivalve : valve extérieure plus grande, concave, à 3 dents mucronées au sommet : l'intérieure plus petite, terminée par 2 dents.
Etam. trois filamens capillaires ; anthères oblongues, fourchues aux 2 bouts.
Pist. un ovaire supérieur, ovale, très-petit. Deux styles, velus ; stigmates simples.
Peric. nul. La corolle contient la semence.
Sem. une seule, oblongue.

Tableau des espèces.

1095. SESLERE *bleuâtre.* Diĉt.
S. à épi ovale-cylindrique, épillets presque triflores, munis de barbes courtes.
Lieu nat. les pâturages humides & mont. de l'Europe. ⚥ *Fleurit de très-bonne heure.*

1096. SESLERE *à tête ronde.* Diĉt.
S. à épi arrondi inerme collé, épillets à env. deux fleurs.
Lieu nat. l'Italie. *Tiges simples, hautes de 4 à 5 pouces, sans nœud, nues sup.*

1097. SESLERE *hérissée.* Diĉt.
S. à épi arrondi hérissé collé, épillets presque quinqueflores : fleurs aristées.
Lieu nat. la Barbarie. *Tiges de 5 à 7 pouces, ayant un nœud inf.*

Explicatio iconum.

Tab. 47. fig. 1. CYNOSURUS *cristatus.* (*a*, *b*) Bractea & spicula, *ex Linn. Amœn. acad.* (*b*) Spicula ante bracteam. (*c*, *d*) Calyx, bractea. (*e*, *f*, *g*) Corolla, Stamina, pistillum. (*h*, *i*, *k*) Gluma fructifera, semen. *Fig. ex Mill.* (*m*) Pars superior culmi, cum spica.

Tab. 47. f. 2. CYNOSURUS *echinatus.* (*a*, *b*, *c*) Bractea à f. 3-partita. (*d*) Corolla semine prægnans. (*e*, *f*) Semen antice posticeque spectatum. (*g*) Sem. transverse sectum. (*h*) Embryo. *Fig. ex D. Gærtn.* (*i*) Pars superior culmi, cum racemo.

111. SESLERIA.

Charaĉt. essent.

CAL. 2-valvis, submultiflorus. Cor. 2-valvis: valvula ext. 3-dentata.

Charaĉt. nat.

Cal. gluma bivalvis, bifl. f. triflora : valvulis acuminatis subæqualibus.
Cor. bivalvis : valvula exterior major, concava, apice demibus 3 mucronatis : interior minor, apice bidentata.
Stam. Filamenta tria, capillaria; antheræ oblongæ, utrinque bifurcatæ.
Pist. germen superum ovatum minimum. Styli duo, villosi ; stigmata simplicia.
Peric. nullum. Corolla continet semen.
Sem. unicum, oblongum.

Conspeĉtus specierum.

1095. SESLERIA *cærulea.* T. 47. f. 1.
S. spica ovato cylindrica, spiculis subtriflora breviter aristatis.
Ex Europæ pascuis humidis & montosis. ⚥ *Cynosurus cæruleus.* L. *Sesleria. Arduin.* 1. 1. 6. f. 3, 4, 5.

1096. SESLERIA *sphærocephala.*
S. spica subrotunda inermi involucrata, spiculis subbifloris.
Ex Italia. *Sesleria. Arduin.* 2. 1. 7. *Cynos. sphærocephalus. Jacq. misc.* 2. 71. 6 ic. rar. 1.

1097. SESLERIA *echinata.* T. 47. f. 2.
S. spica subrotunda echinata involucrata ; spiculis subquinquefl. 2 is: flosculis aristatis.
E Barbaria. *Comm. D. Desfontaines.*

TRIANDRIE DIGYNIE.

113. ANTHISTIRE

Caract. essent.

CAL. 4-valve, presque 3-flore : à valves égales, papilleuses pileuses.

Caract. nat.

Col. bâle quadrivalve, triflore ou quadriflore : valves égales, oblongues, planes, un peu obtuses, droites, papilleuses au sommet : à papilles pileuses.
* Une fleur hermaphrodite sessile ; & 2 ou 3 fleurs mâles pedicellées, dans le même calice.
Cor. bivalve : à valves lancéolées pointues mutiques, inégales.
Etam. Trois filamens, courts, filiformes ; anth. oblongues, droites.
Pist. un ovaire supérieur, oblong, de la base duquel naît une barbe torse. Deux styles : stigmates en massue, pileux.
Peric. nul. Le calice fermé garantit la semence.
Sem. une seule, oblongue, glabre, marquée d'on sillon.

Tableau des espèces.

1098. ANTHISTIRE cilié.
L. n. l'Inde. — Barbon quadrivalve. Dist. n°. 6.

114 AVOINE.

Caract. essent.

CAL. 2-valve, multiflore, barbe dorsale torse.

Caract. nat.

Cal. bâle multiflore (2-8 fleurs), bivalve : à valves lancéolées, pointues, concaves, mutiques, grandes, presqu'égales.
Cor. bivalve : à valve extérieure plus grande, plus dure, un peu cylindrique, presque ventrue, acuminée, & qui porte sur son dos une barbe geniculée, torse en spirale.
Etam. trois filamens capillaires. Anthères oblongues, fourchues.
Pist. un ovaire supérieur, obtus. Deux styles réfléchis, pileux ; stigmates simples.
Peric. nul. La corolle fermée adhère à la sem. & ne s'ouvre point.
Sem. une seule, couverte, oblongue, pointue aux deux bouts, marquée d'un sillon longitudinal.

TRIANDRIA DIGYNIA. 199

113. ANTHISTIRIA.

Charact. essat.

CAL. 4-valvis, sub 3 floris; valvulis aequalibus apice papilloso pilosis.

Charact. nat.

Cal. gluma quadrivalvis, triflora f. quadriflora : valvulae aequales, oblongae, planae, obtusiusculae, erectae, apice papillosae : papillis pilosis.
* flosculus hermaphroditus sessilis ; flosculi masculi pedicellati, 2 f. 3, in eodem calyce.
Cor. bivalvis : valvulis lanceolatis acutis muticis inaequalibus.
Stam. Filamenta tria, brevia, filiformia ; antherae oblongae erectae.
Pist. germen superum, oblongum, è cujus basi arista torta. Styli duo : stigmata clavata, pilosa.
Peric. nullom. Calyx clausus sem. fovet.
Sem. unicum, oblongum, glabrum, sulco exaratum.

Conspectus specierum.

1098. ANTHISTIRIA ciliata. T. 47.
In India. — Andropogon quadrivalve. L.

114. AVENA.

Charact. essent.

CAL. 2-valvis, multiflorus. Arista dorsali contorta.

Charact. nat.

Cal. gluma multiflora (2-8 flora), bivalvis : valvulis lanceolatis acutis concavis muticis magnis subaequalibus.
Cor. bivalvis: valvula exterior major, durior, teretiuscula, subventricosa, acuminata, è dorso aristam geniculatam, spiraliter intortam, emittens.
Stam. Filamenta tria, capillaria. Antherae obl. bifurcatae.
Pist. germen superum, obtusum. Styli duo, reflexi, pilosi; stigmata simplicia.
Peric. nullum. Corolla clausa semini adnascitur nec dehiscit.
Sem. unicum, tectum, oblongum, utrinque acuminatum, sulco longitudinali notatum.

Tableau des espèces.

Conspectus specierum.

1099. AVOINE *cultivée*. Dict. n°. 1.
A. paniculée, calices dispermes, semences
lisses, dont une ariflée.
(a) à semence noire.
(b) à semence blanche.
Lieu nat. l'isle de Jean Fernandès. ⊙

1099. AVENA *sativa*.
A. paniculata, calycibus dispermis, seminibus lævibus: altero ariftato. L.
(a) Semine nigro.
b. Semine albo.
Ex insula Juan Fernandez. ⊙

1100. AVOINE *nue*. Dict. n°. 2.
A. paniculée, calices triflores, fleur soillantes
hors du calice, pétales ariflées sur le dos,
troisième fleur mutique.
Lieu nat. ... ⊙

1100. AVENA *nuda*.
A. paniculata, calycibus trifloris, flosculis
calycem excedentibus, petalis dorso ariflatis:
tertio flosculo mutico.
Loc. ... ⊙

1101. AVOINE *folliette*. Dict. n°. 3.
A. paniculée, calices 3 ou 5-flores, fleurs
extérieures ariflées & velues à leur base; les
intérieures mutiques.
(a) Calices triflores; la dernière fleur mutique.
(b) Calices 5-flores; les 3 fl. int. mutiques.
Lieu nat. la France, la Barbarie. ⊙

1101. AVENA *fatua*.
A. paniculata, calycibus 3 C 5-floris: flosculis exterioribus ariftatis basique pilofis; interioribus muticis.
(a) Calyces triflori: flosc. ultimo mutico.
(b) Calyces 5-flori; flosc. 3 int. mutica.
Ex Gallia, Barbaria. ⊙

1102. AVOINE *de Pensylvanie*. Dict. n°. 7.
A. à panicule amincie, calices biflores, semences velues, barbes une fois plus longues
que le calice.
Lieu nat. la Pensylvanie. ⊙

1102. AVENA *Pensylvanica*.
A. panicula attenuata, calycibus bifloris, seminibus villosis, ariftis calyce duplo longioribus.
E Pensylvania. ⊙

1103. AVOINE *fromentale*. Dict. n°. 4.
A. paniculée, calices biflores; fleur hermaphrodite munie d'une barbe courte, fleur
mâle à barbe plus longue.
Lieu nat. les prés de l'Europe.

1103. AVENA *elatior*.
A. paniculata, calycibus bifloris; flosculo hermaphrodito submutico (breviter ariftato), masculo (longius) ariftato. L.
Ex Europæ pratis. ♃

1104. AVOINE *stride*. Dict. n°. 5.
A. paniculée, calices biflores, fleurs ariflées
velues à leur base, feuilles roulées striées
en leur face int.
Lieu nat. les mont. du Dauphiné. ♃ Tiges presque de 4 pieds, Gaines à orifice velu.

1104. AVENA *striata*.
A. paniculata, calycibus bifloris, flosculis ariftatis basi villofis, foliis involutis intus ftriatis.
Ex montibus Delphinatûs. ♃ Culmi subquadripedales, vagina ore villofe.

1105. AVOINE *stipiforme*. Dict. n°. 6.
A. paniculée, calices biflores, barbes une
fois plus longue que la semence.
Lieu nat. le Cap de Bonne-Espérance.

1105. AVENA *stipiformis*.
A. paniculata, calycibus bifloris, ariftis semine duplo longioribus.
E Capite Bonæ Spei.

1106. AVOINE *calicinale*. Dict. suppl.
A. paniculée, calices biflores une fois plus
longs que les fleurs. Cor. ariflées, pédoncules
capillaires.
Lieu nat. le Cap de Bonne-Espérance.

1106. AVENA *calycina*.
A. paniculata, calycibus bi floris flosculis duplo longioribus, corollis ariftatis, pedunculis capillaribus.
E Capite Bonæ Spei.

Pl. 1.

Canna. *Balisier*.

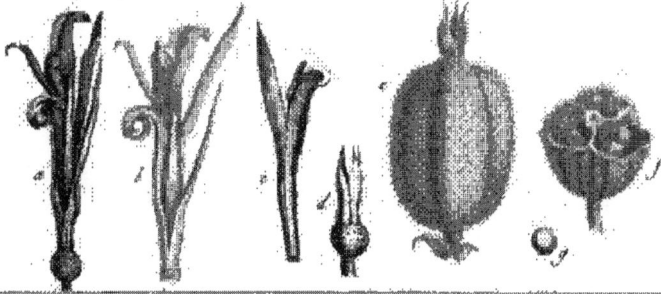

Kœmpferia. *Zédoaire*.

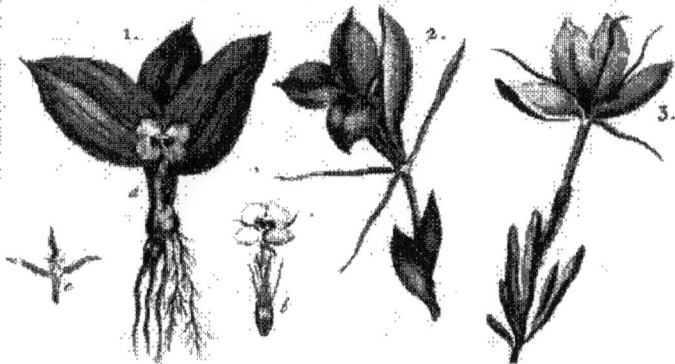

Maranta. *Galanga*.

HISTOIRE NATURELLE, *Botanique*.

Amomum. *Amome*).

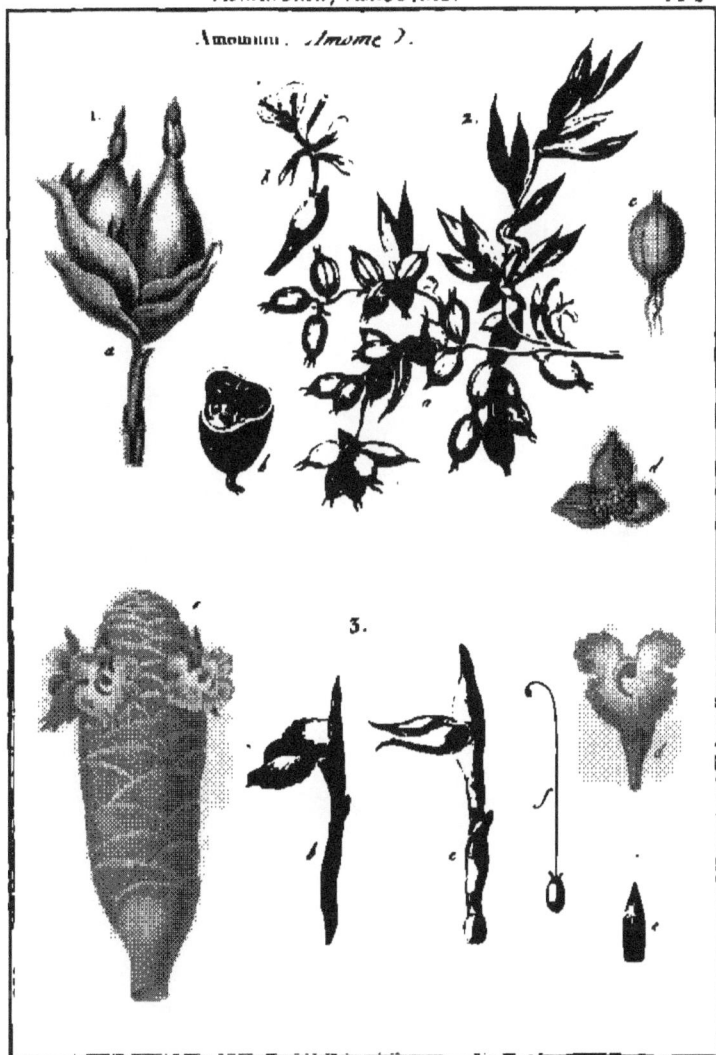

Amone Velue.

HISTOIRE NATURELLE, *Botanique.*

Pl. 4

Qualea. *Cuahier*.

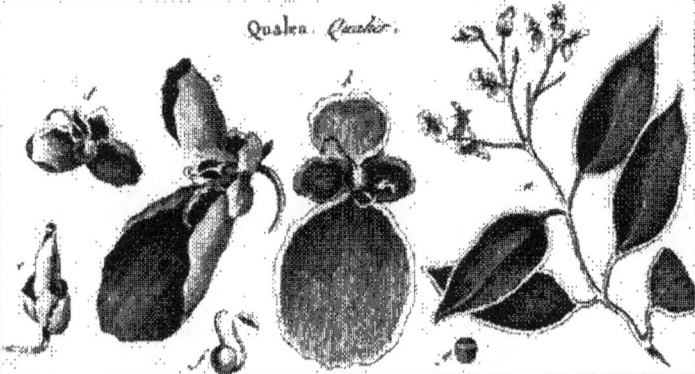

Phylydrum. *Philydre*.

Boerhavia. *Tarsuie*.

Salicornia. *Salicorne*.

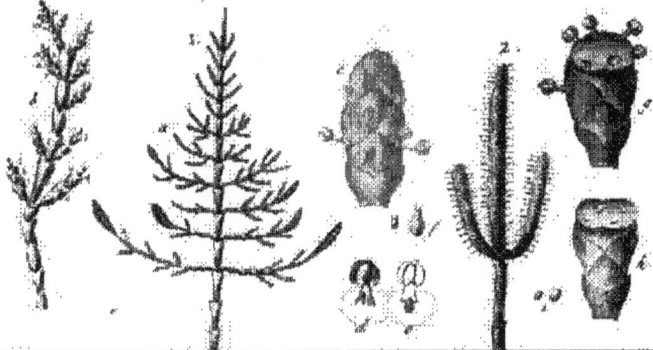

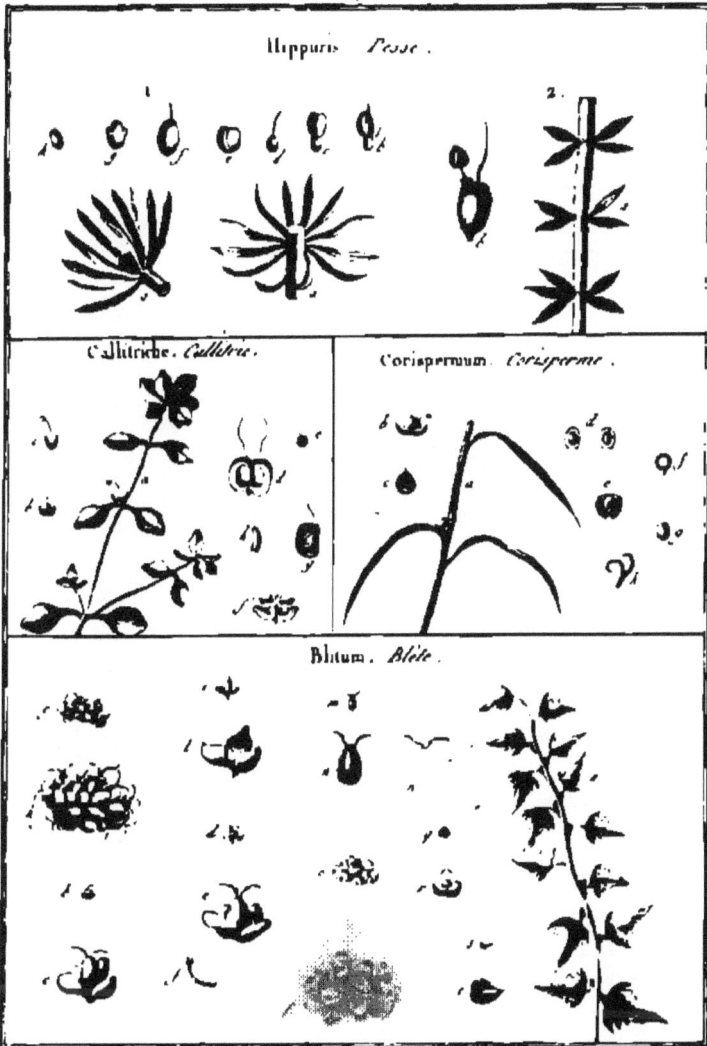

Hippuris. *Pesse.*

Callitriche. *Callitric.*

Corispermum. *Corisperme.*

Blitum. *Blite.*

Maiaram. *Maïar*.

Nyctanthes. *Nictanthe*.

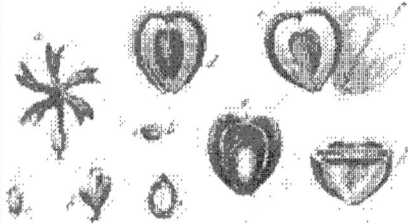

Mogorium. *Mogori*.

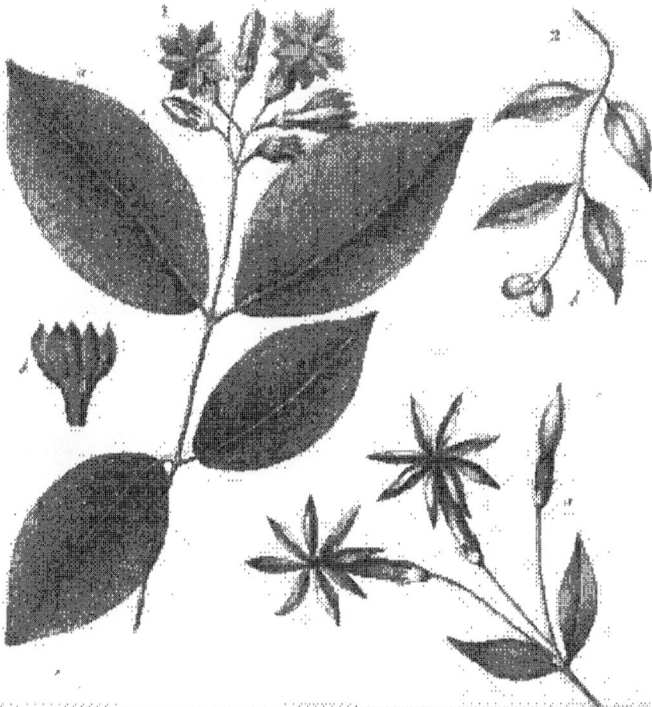

Jasminum. *Jasmin.*

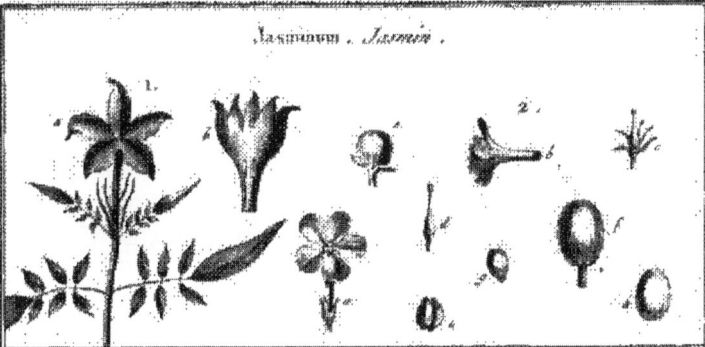

Lilac. *Lilas.*

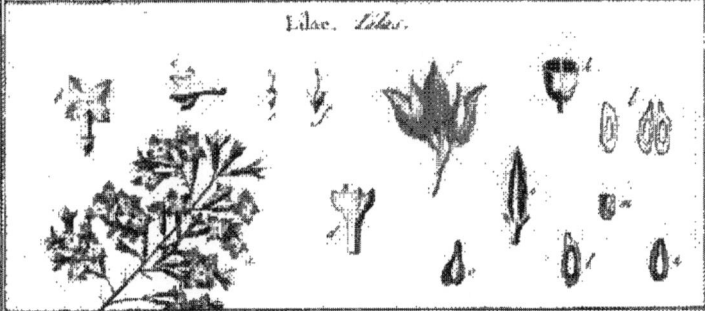

Ligustrum. *Troêne.*

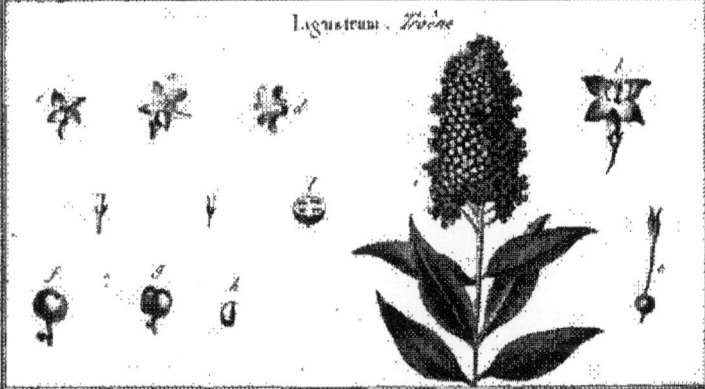

Phillyrea. *Filaria.*

Olea. *Olivier.*

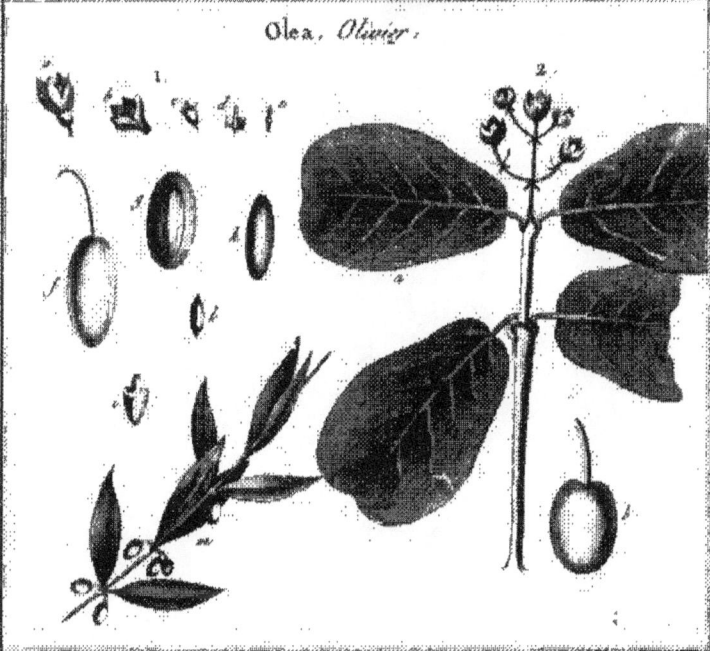

Chionanthus. *Chionanthe*.

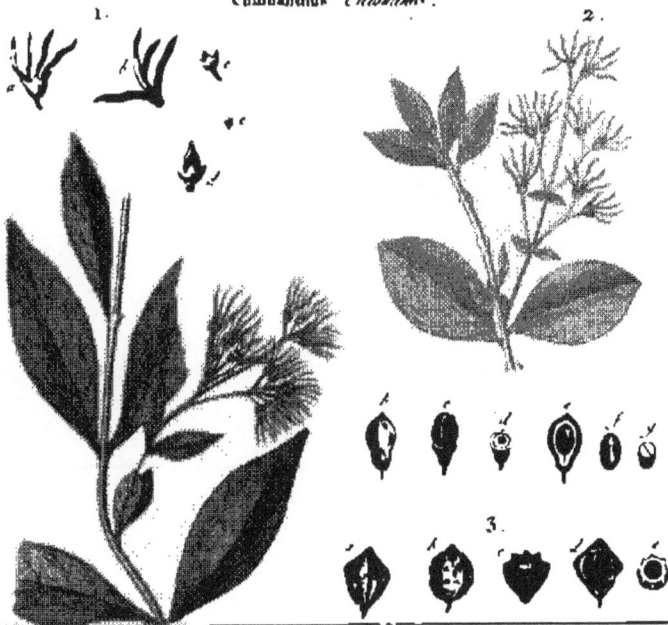

Pimelea. *Pimélée*.

Pl. 10.

Aréona. *Aréonier.*

Galipea. *Galipier.*

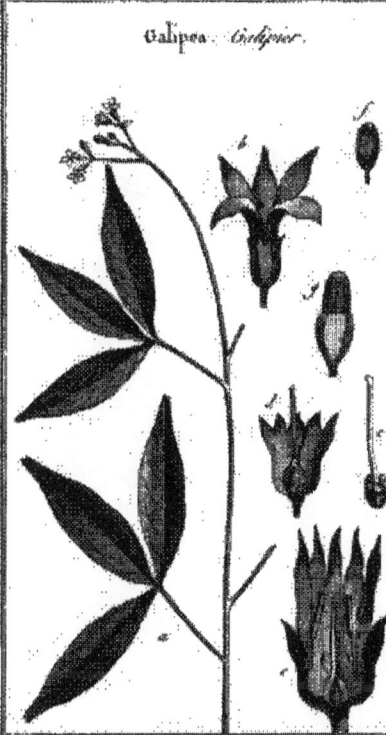

Raputia. *Raputier.*

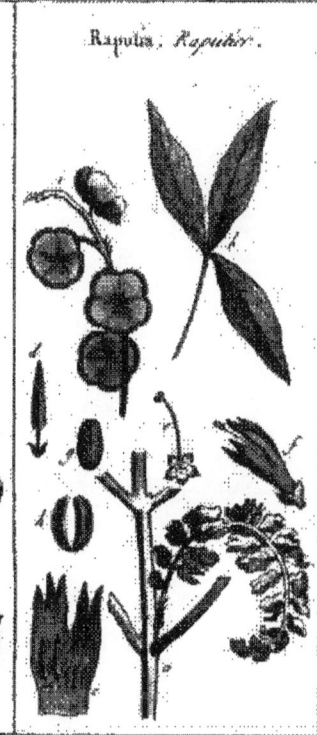

Cyrtandra. *Cyrtandre.*

Vochysia. *Vochy.*

HISTOIRE NATURELLE, *Botanique.*

Pl. 12

Justicia. *Carmantine*.

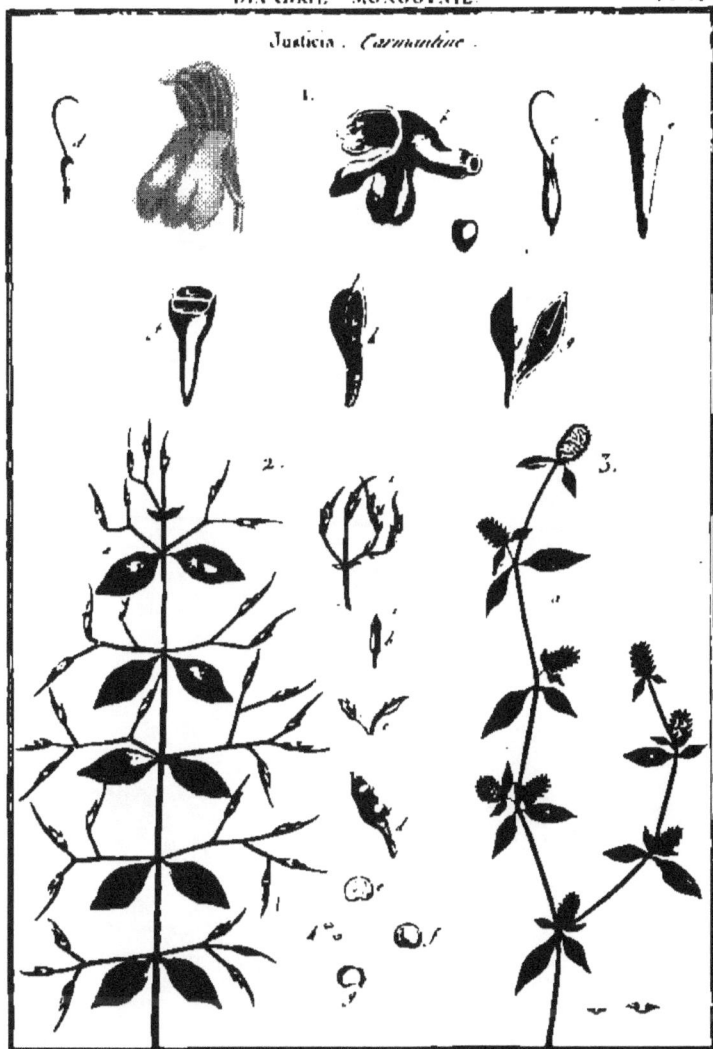

Veronica *Véronique*.

Paederota. *Pédérote*.

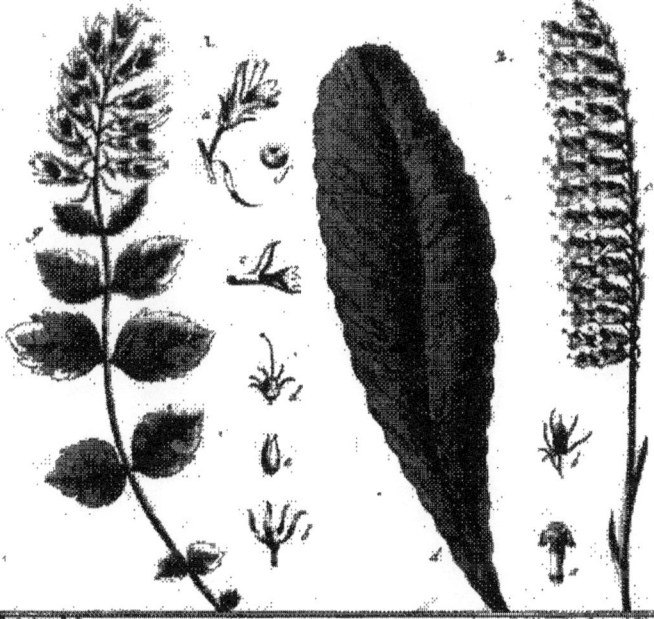

HISTOIRE NATURELLE, *Botanique*.

Pinguicula. *Grassete*.

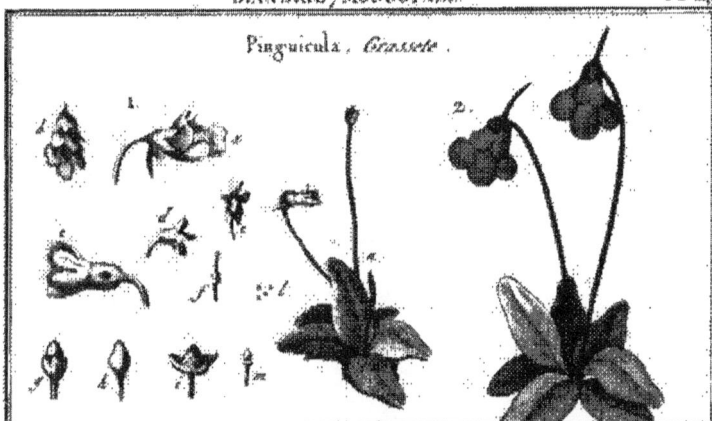

Utricularia. *Utriculaire*.

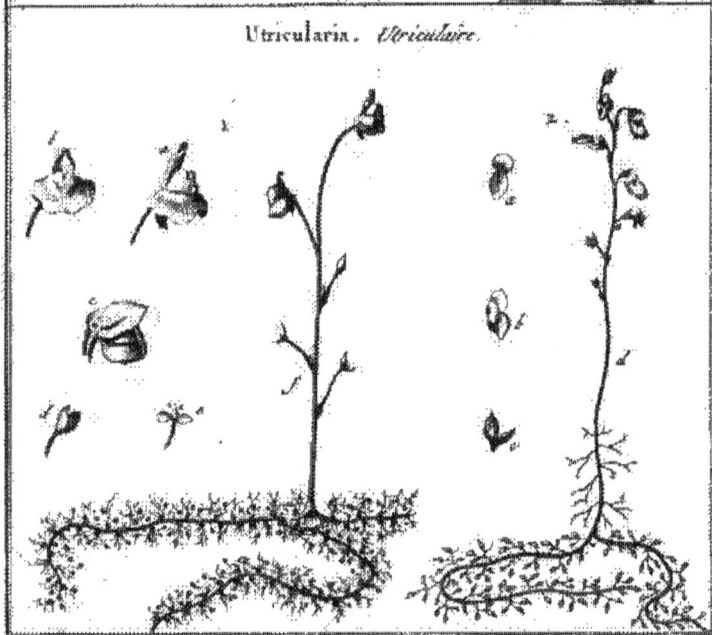

Calceolaria. *Calceolaire*.

Bœa. *Béole*.

Gratiola. *Gratiole.*

Circœa. *Circée.*

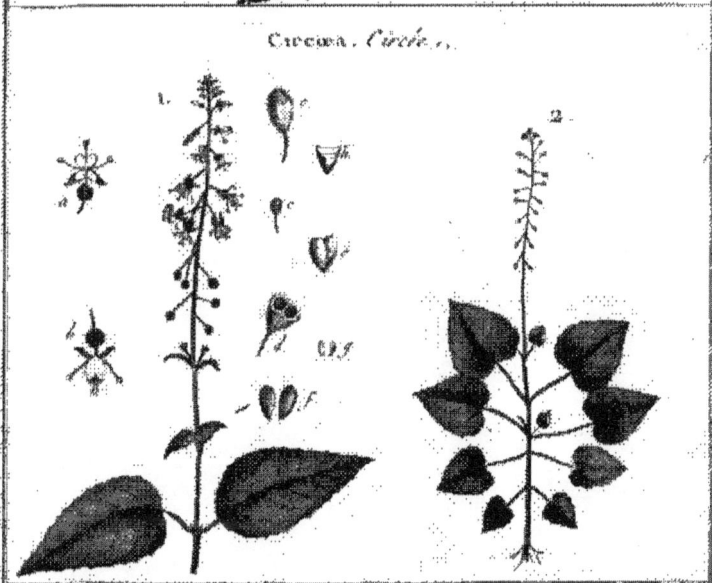

HISTOIRE NATURELLE, *Botanique.*

Verbena . *Verveine* .

Zapania . *Zapane* .

Eranthemum . *Éranthème* .

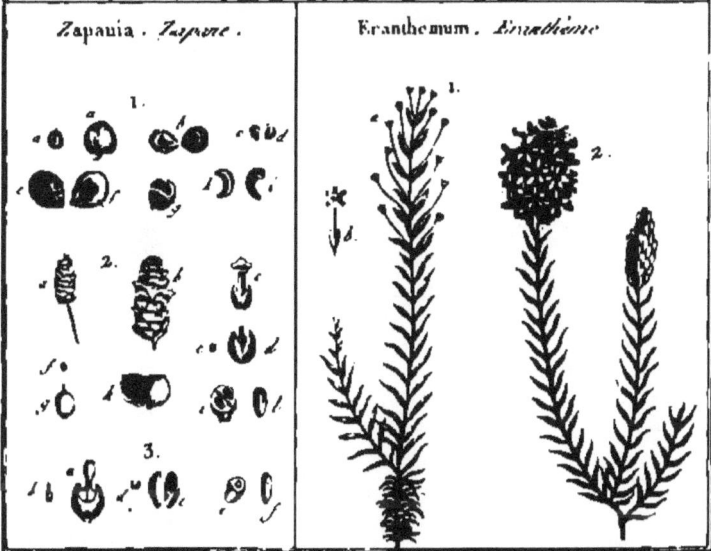

Lycopus. *Lycope.*

Amethystea. *Amethystée.*

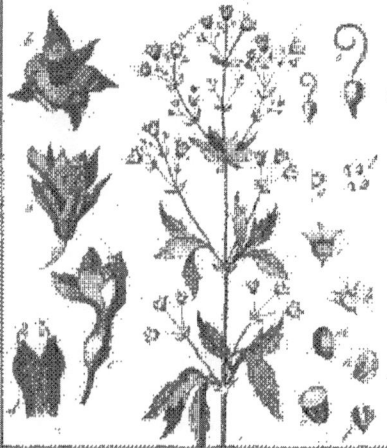

Ziziphora. *Ziziphore.*

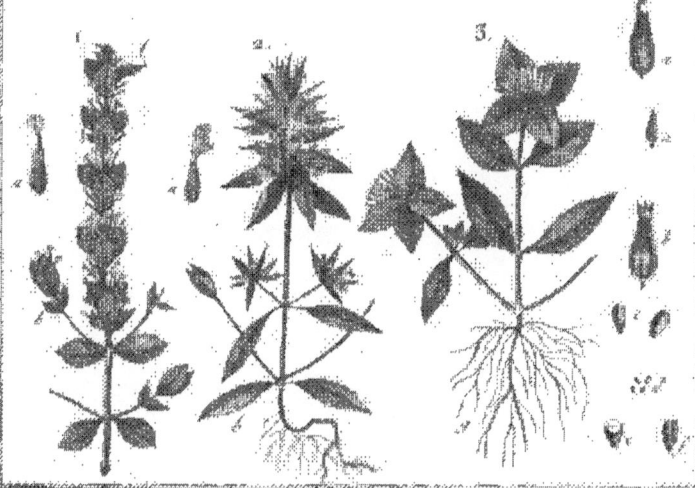

Cunila. *Cunile.*

Rosmarinus. *Romarin.*

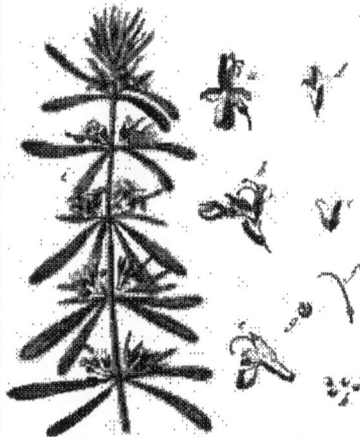

Monarda. *Monarde.*

Salvia. *(rouge.)*

Collinsonia. *Collinsone*.

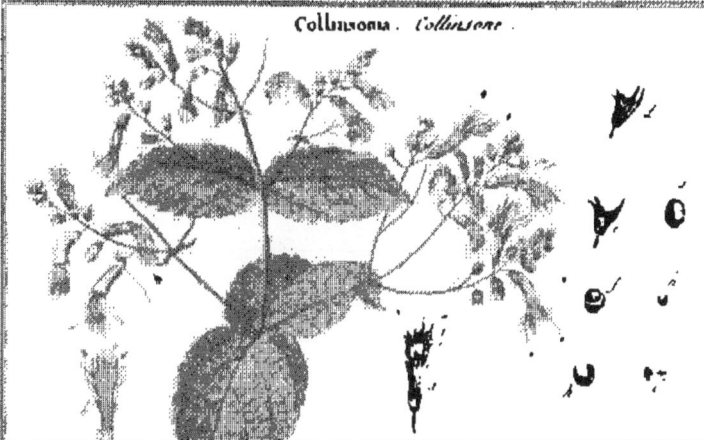

Morina *Morine*.

Ancistrum, *Ancistre*.

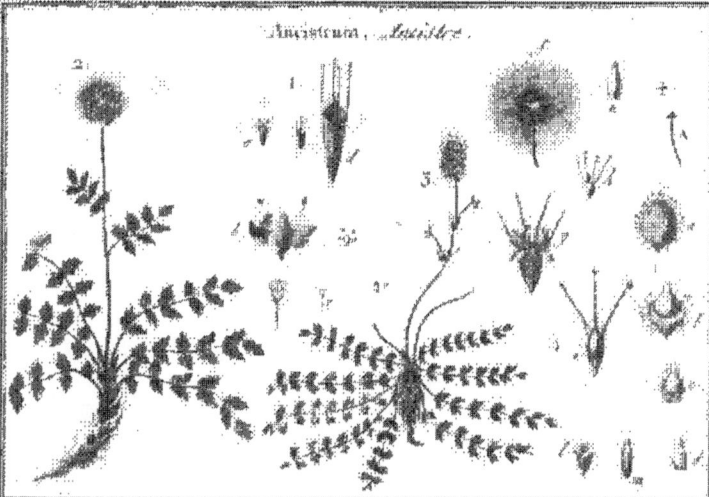

Fontanesia, *Fontanésie*.

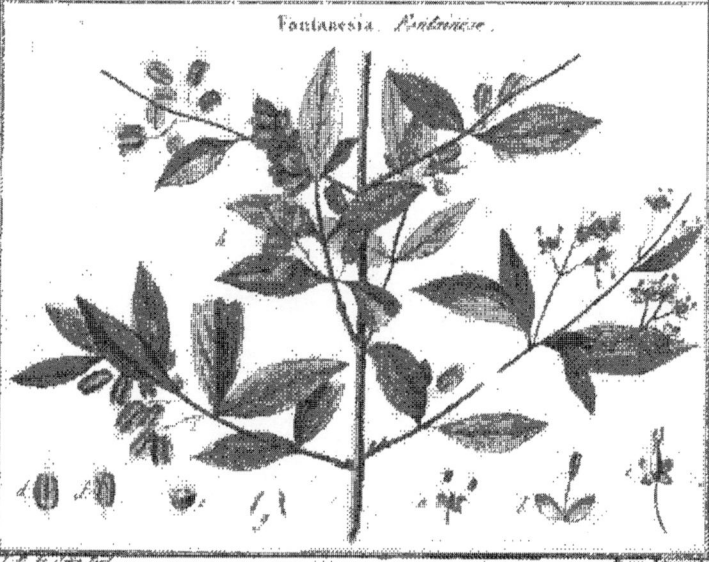

HISTOIRE NATURELLE, *Botanique.*

Anthoxanthum. *Floure.*

Piper. *Poivrier.*

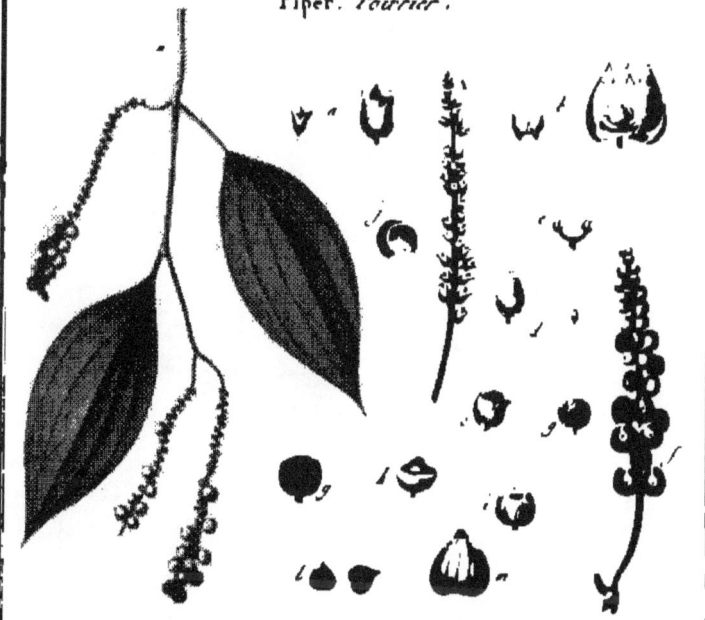

HISTOIRE NATURELLE, *Botanique.*

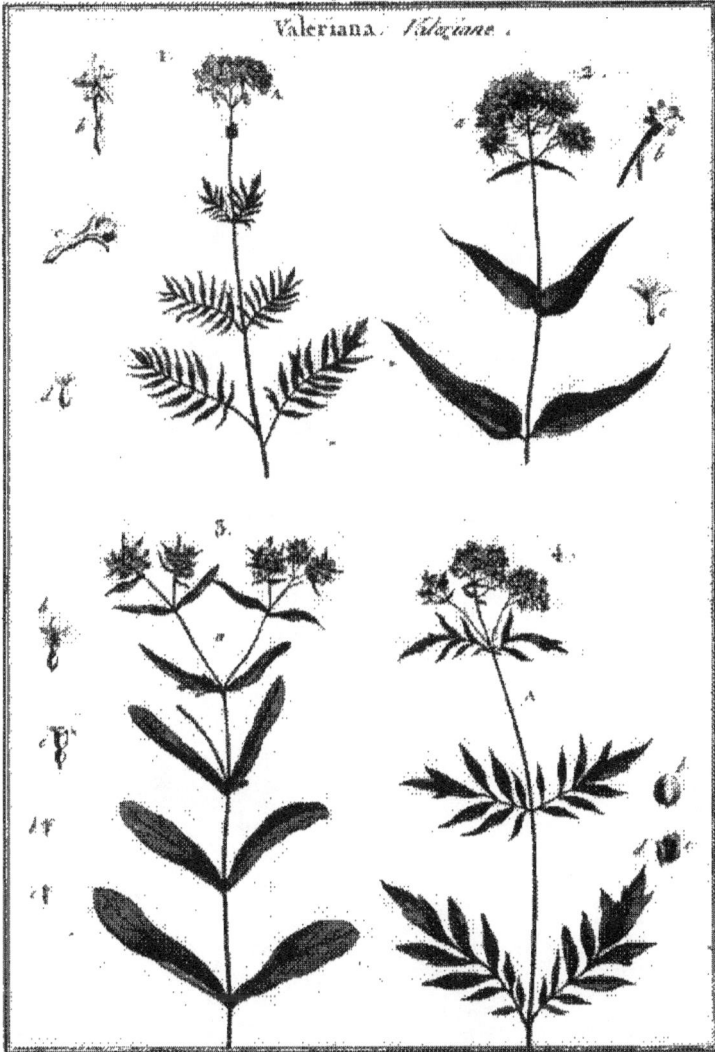

Valeriana. *Valeriane.*

Tamarindus . *Tamarinier* .

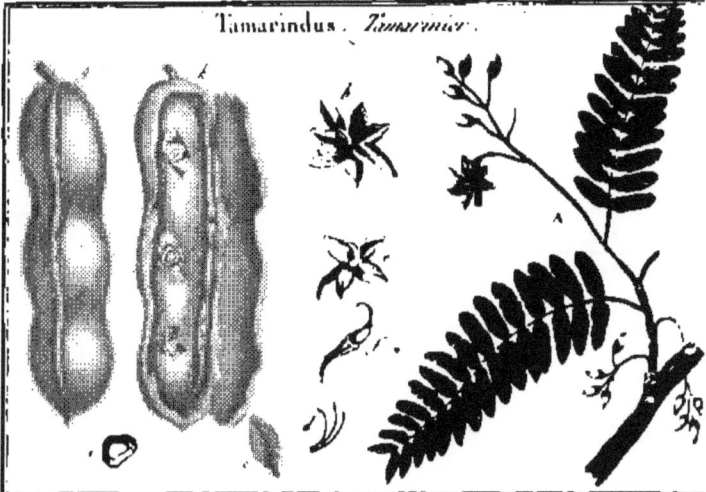

Rumphia . *Rumphe* .

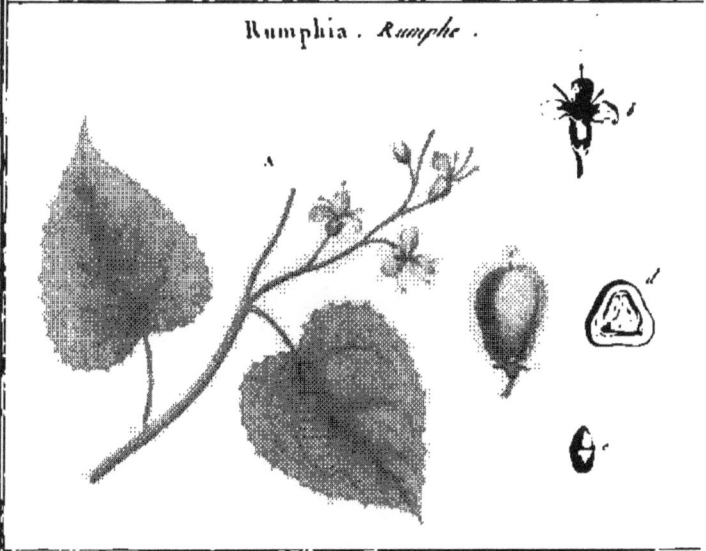

Vouapa

Outea. *Outti* Toutelea. *Toutel*

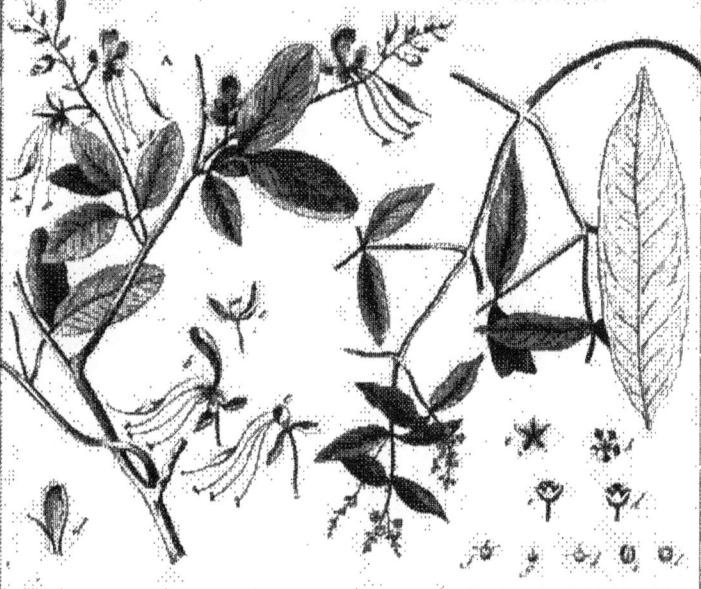

HISTOIRE NATURELLE, *Botanique*.

Cneorum. *Camelée*

Comocladia. *Comoclade*.

HISTOIRE NATURELLE, *Botanique*.

Hippocratea. *Bejuco.*

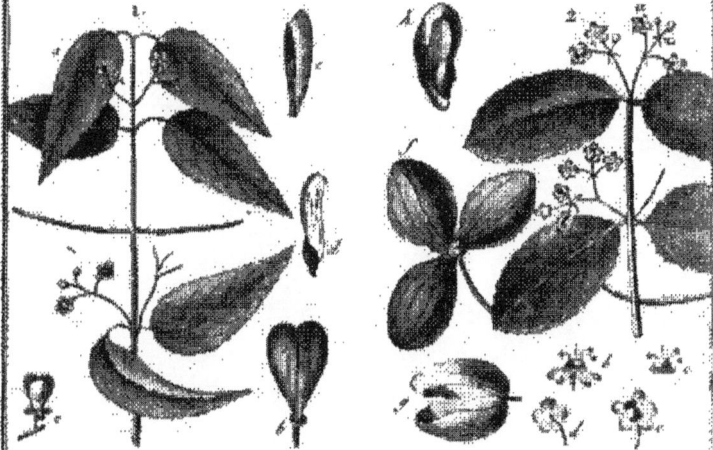

Melothria. *Melothrie.*

Fissilia. *Fissilier.*

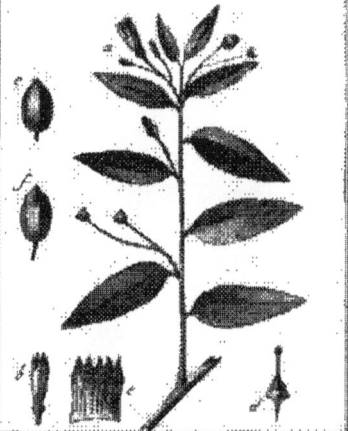

Ortegia. *Ortegie*.

Loefligia. *Leflinge*. | Polycnemum. *Polinème*.

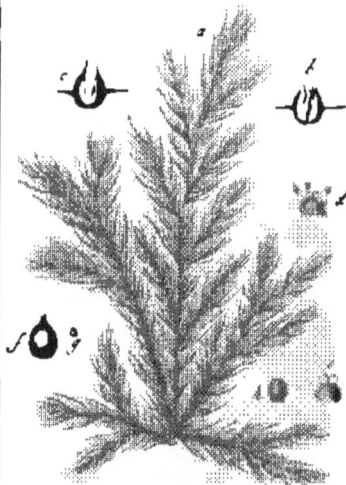

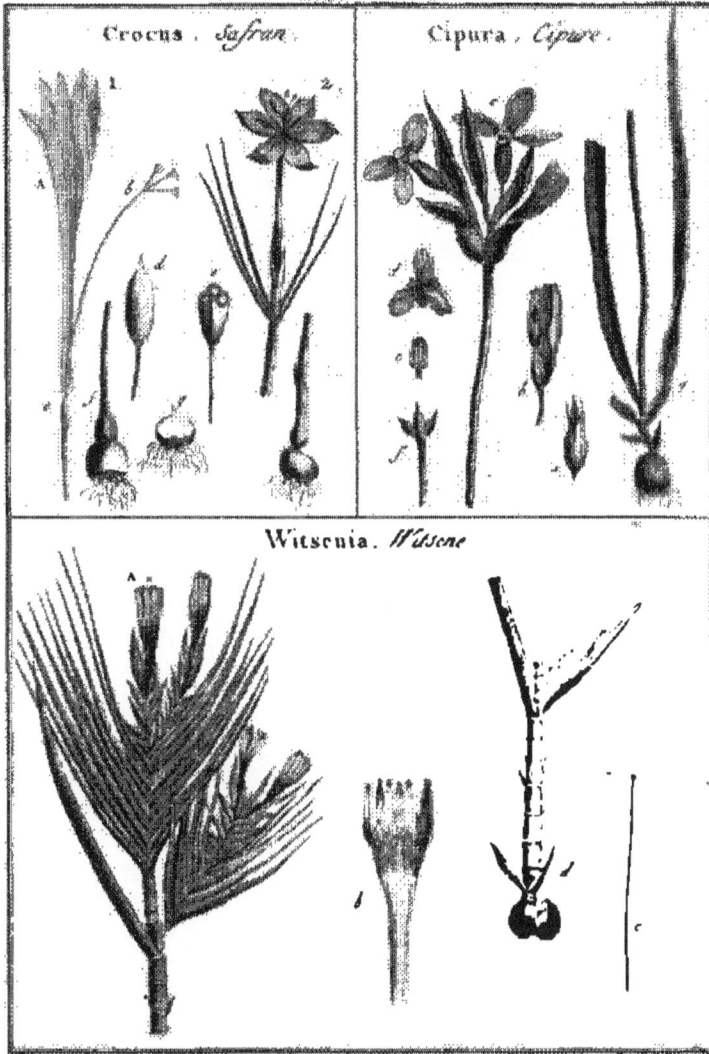

Crocus . *Safran* .　　　　Cipura . *Cipure* .

Witsenia. *Witsene*

Ixia. *Ixie*.

Morœa. *Morée*.

Gladiolus, *Glayeul.*

Iris. *Iris.*

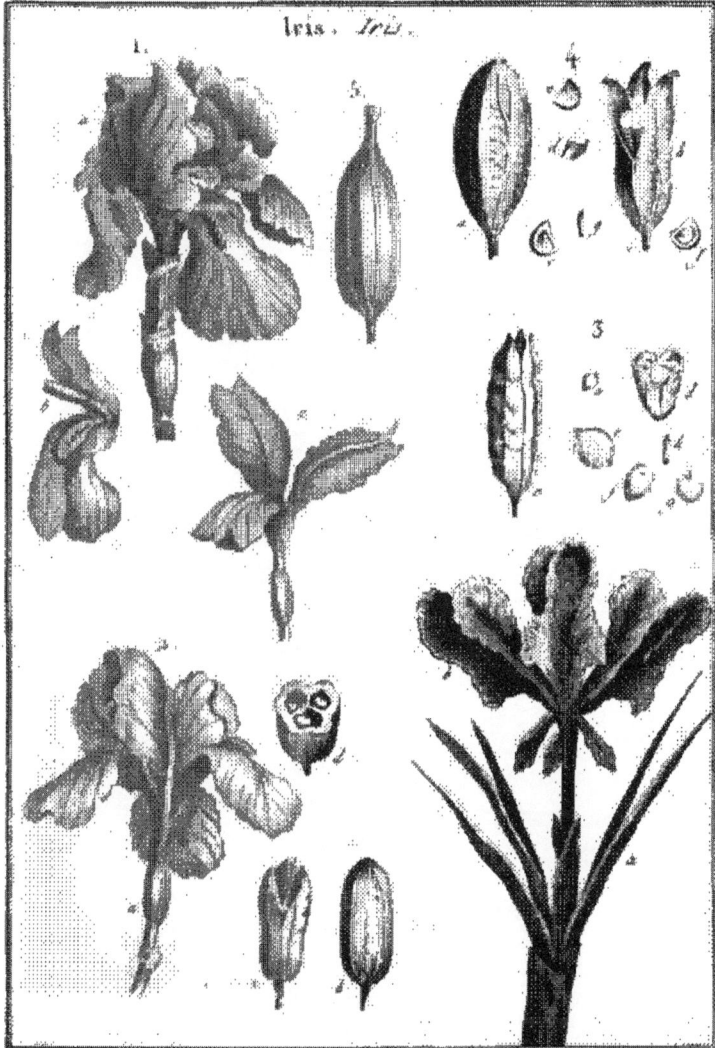

Dilatris.   Argolasia. *Arsolaise*.

Wanchendorsia. *Vanchendorf*.

Commelina. *Commelina*

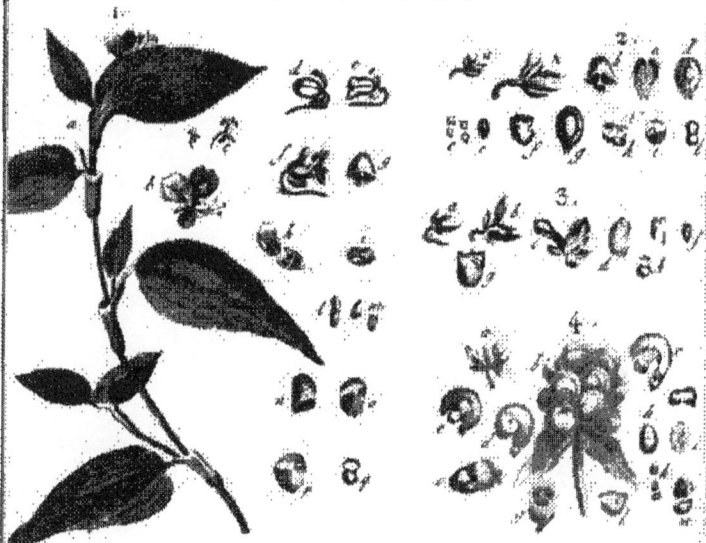

Callisia. *Callise*.

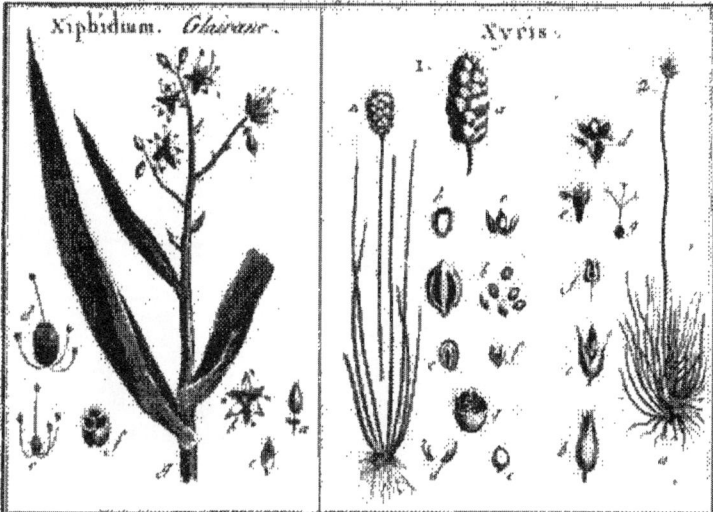

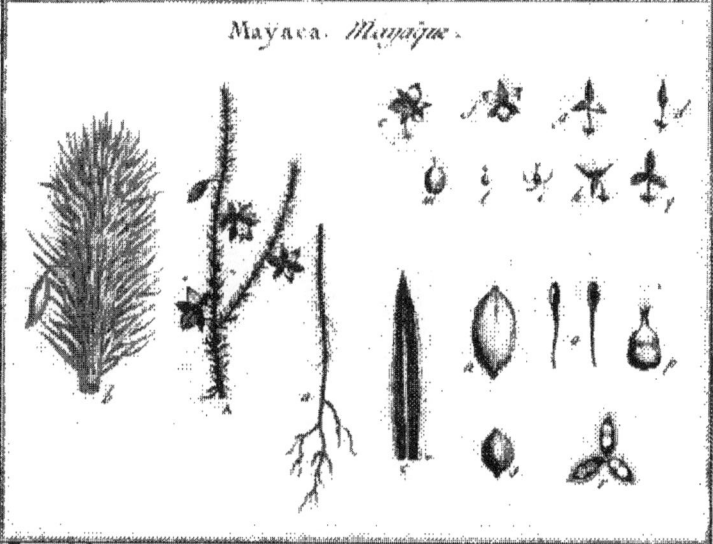

Xiphidium. *Glaivane.*

Xyris.

Mayaca. *Mayaque.*

Mapania.   *Mapane.*

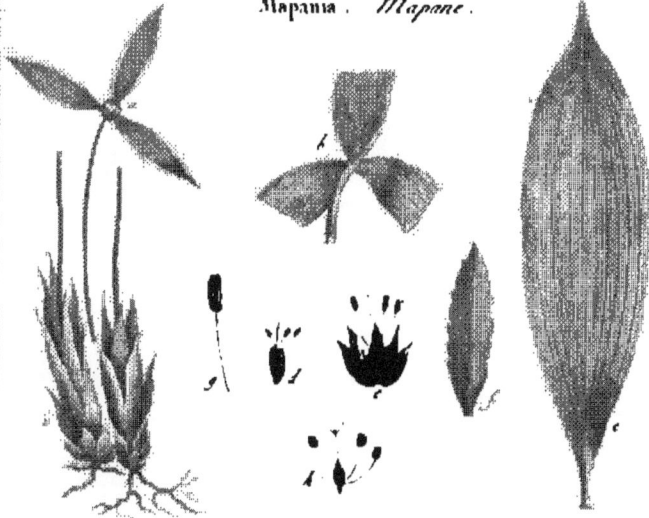

Pomereuil.
Pomereuil.

Remirea   *Remire.*

HISTOIRE NATURELLE, *Botanique.*

Schœnus . *Chein* .

Kyllingia . *Kyllinge* .

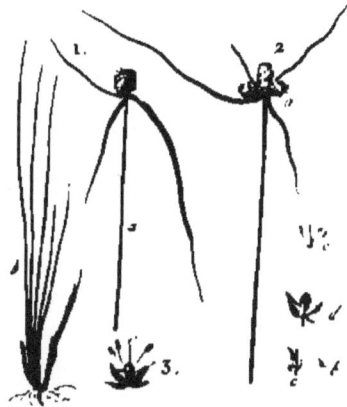

Scirpus . *Scirpe* .

Cyperus . *Souchet* .

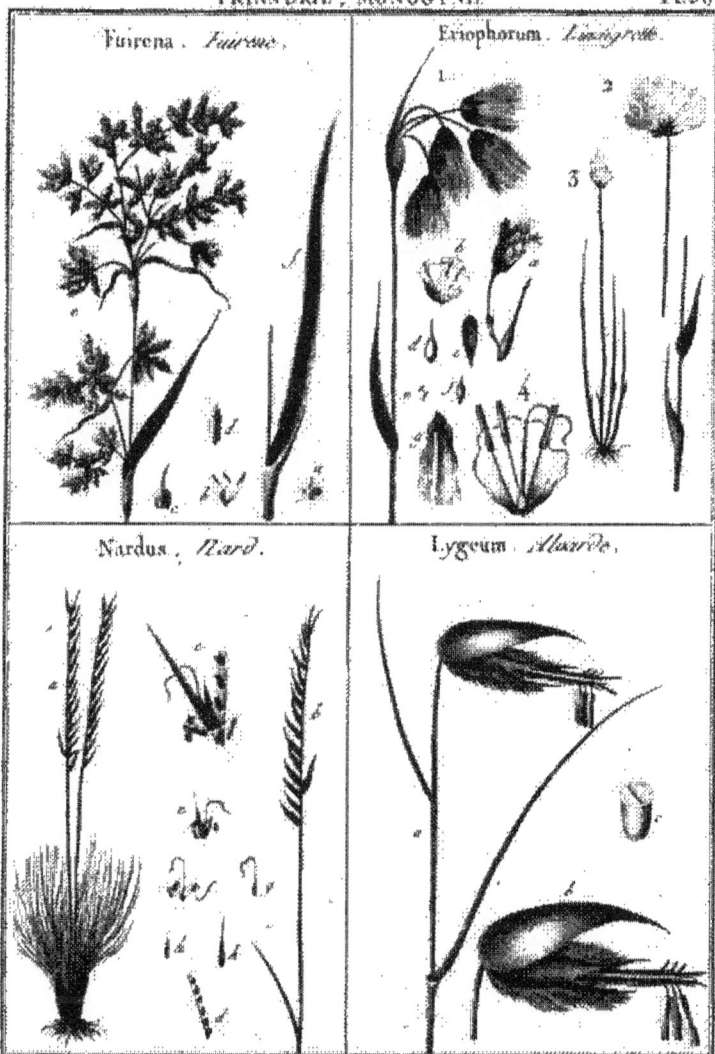

Fuirena. *Fuirene.*

Eriophorum. *Linaigrette.*

Nardus. *Nard.*

Lygeum. *Albarde.*

HISTOIRE NATURELLE, *Botanique.*

Bobartia. *Bobart*.

Cornucopiæ. *Cornucopiæ*.

Saccharum. *Canamelle*.

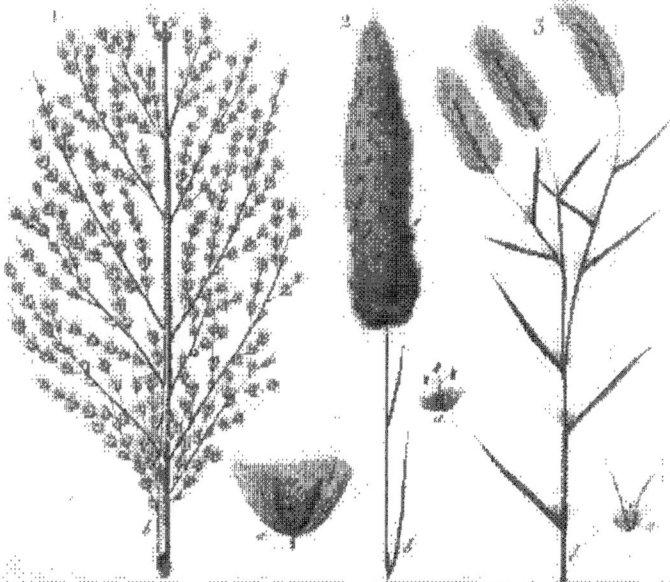

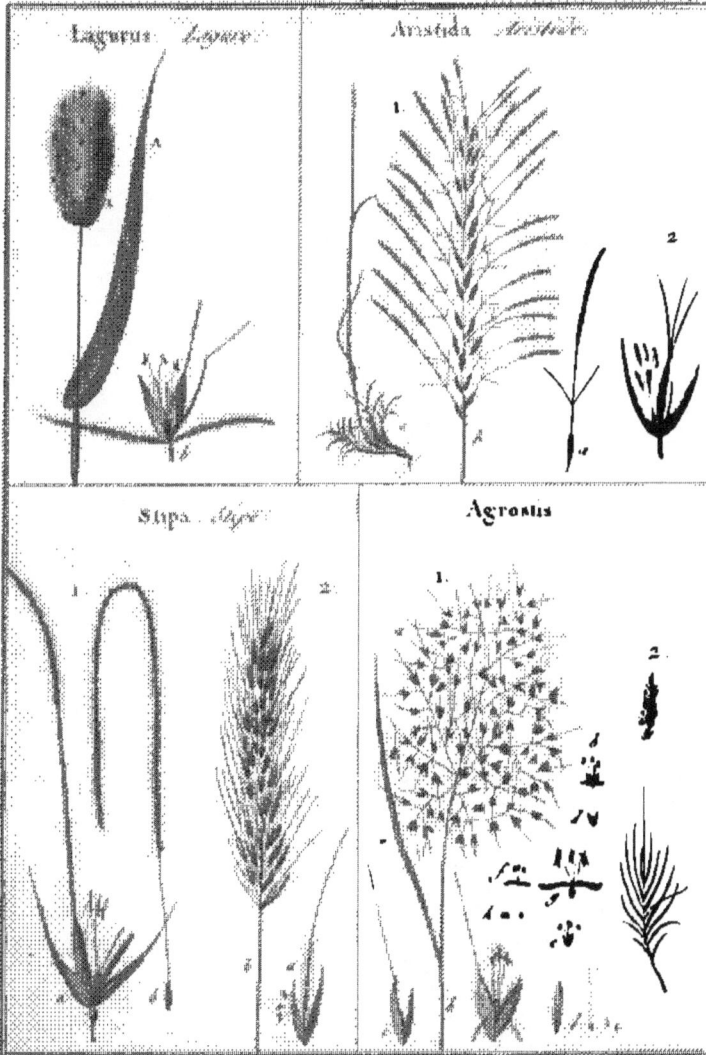

Lagurus — *Lagure*

Aristida — *Aristide*

Stipa — *Stipe*

Agrostis

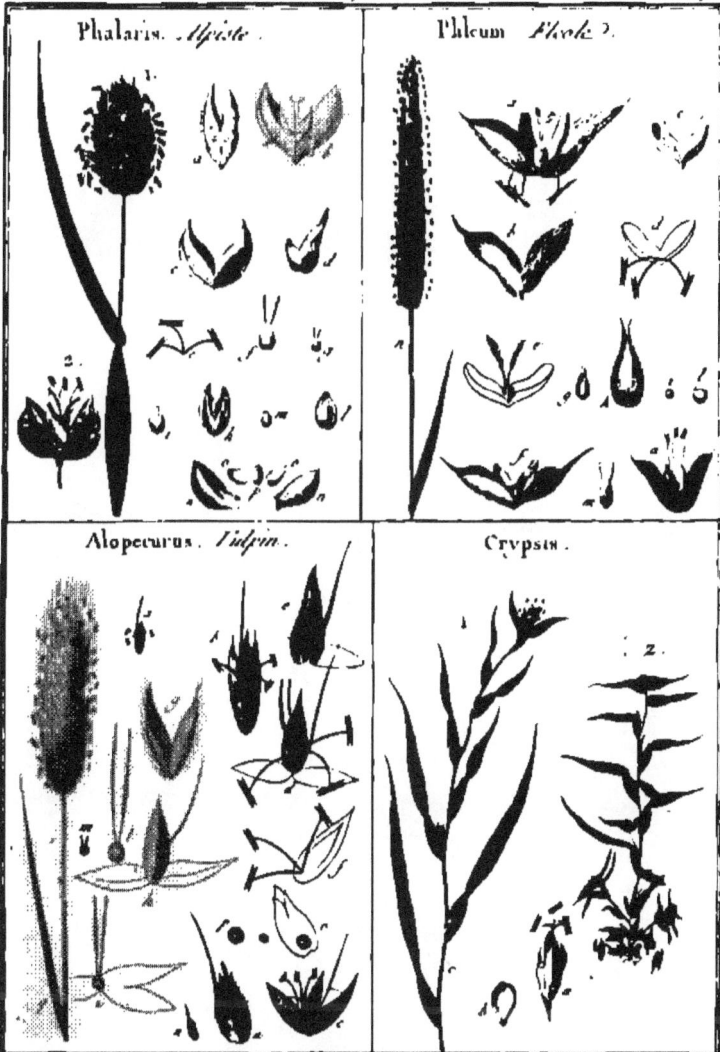

Phalaris. *Alpiste.*

Phleum. *Fléole ?.*

Alopecurus. *Vulpin.*

Crypsis.

Panicum. *Panic.*

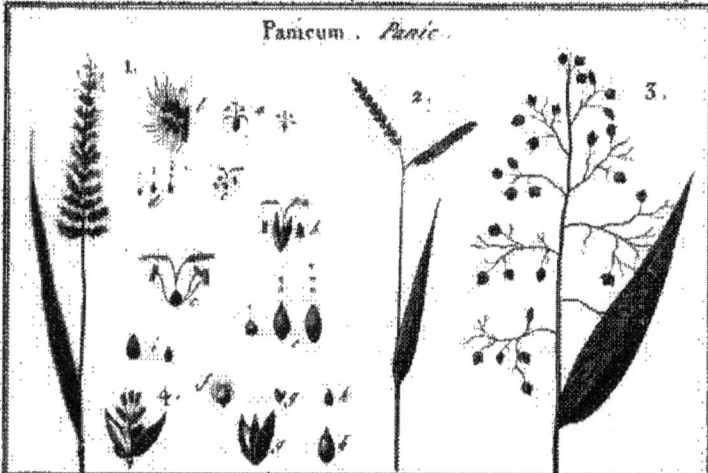

Paspalum. *Paspale.*

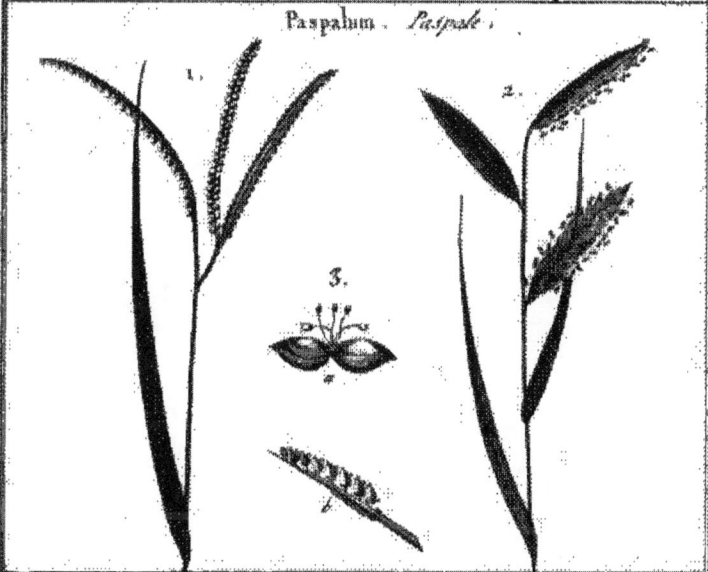

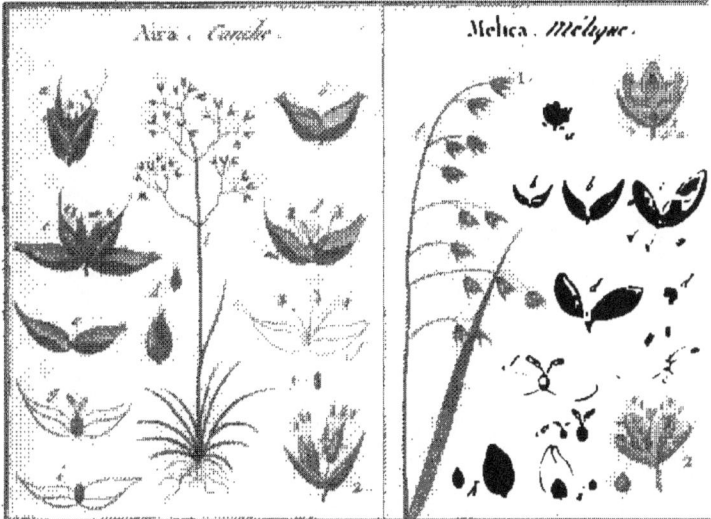

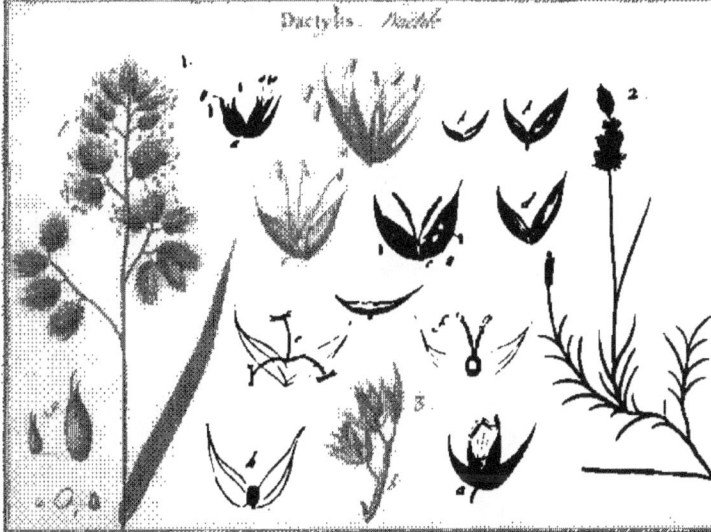

Aira. *Canche.*

Melica. *Mélique.*

Dactylis. *Dactile.*

Poa . *Paturin* .

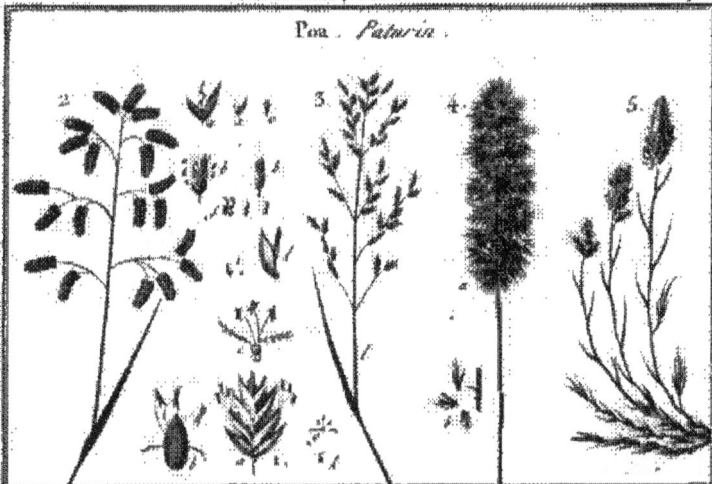

Briza . *Brize* .

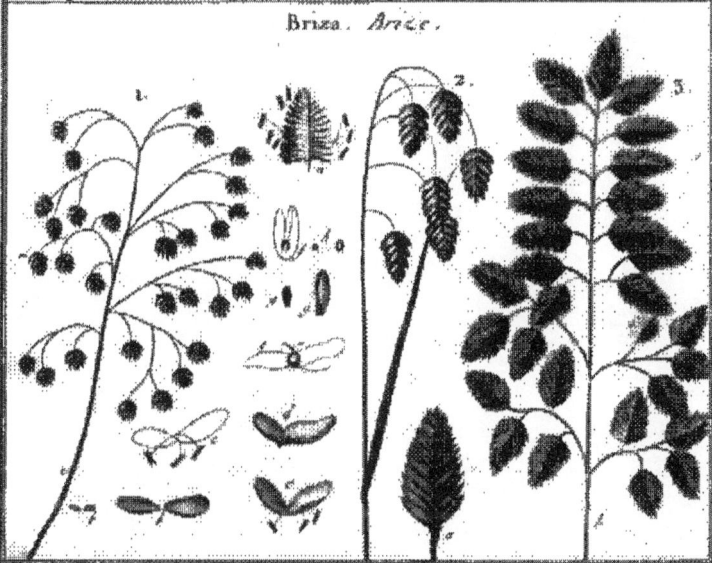

Festuca *Fétuque*

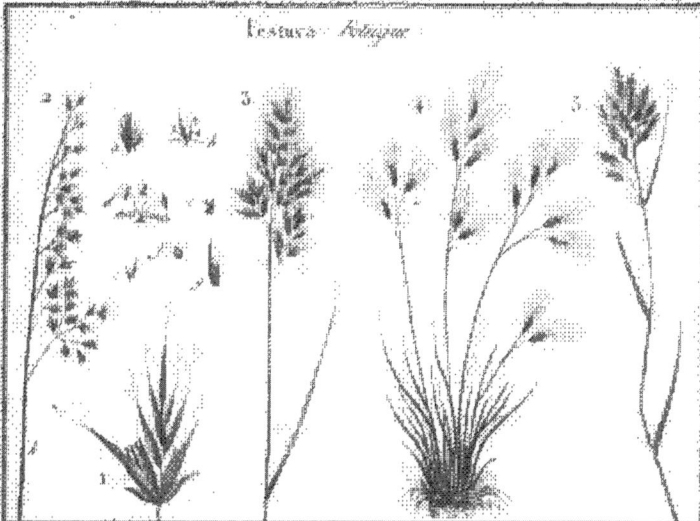

Bromus *Brome*

Arundo *Roseau*

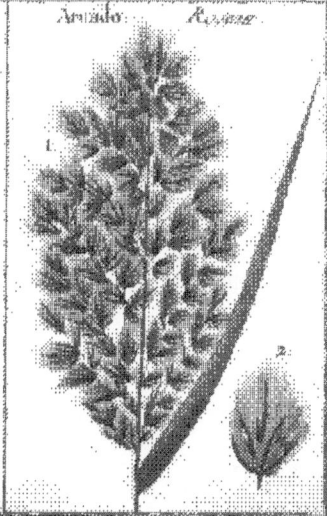

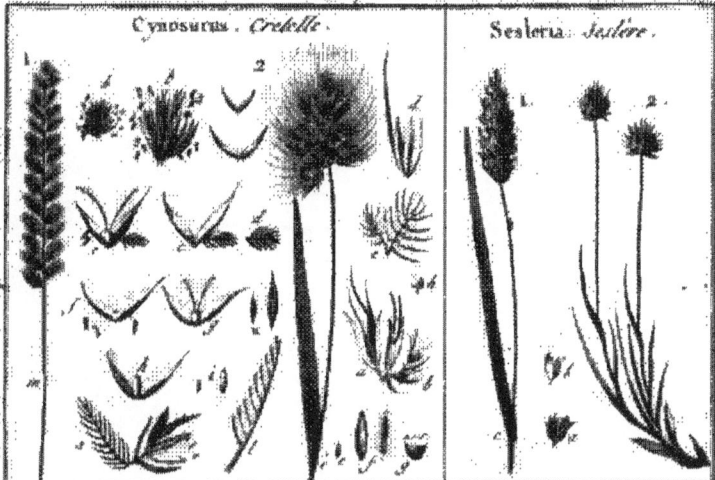

Cynosurus. *Cretelle.*

Sesleria. *Seslere.*

Anthistiria. *Anthistire.*

Avena. *Avoine.*

HISTOIRE NATURELLE, *Botanique.*

Eleusine *Eleusine*.

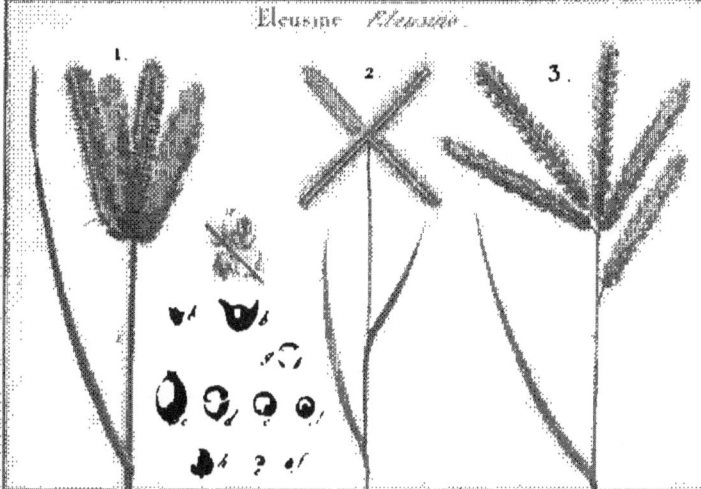

1.   2.   3.

Reuболlia *Reuboblia*.   Lolium *Lolium*.

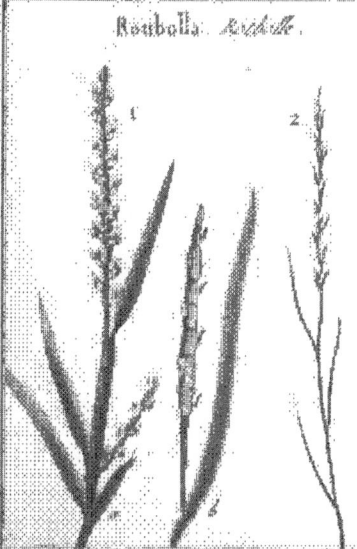
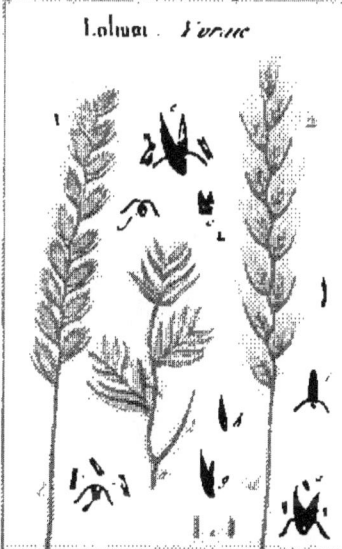

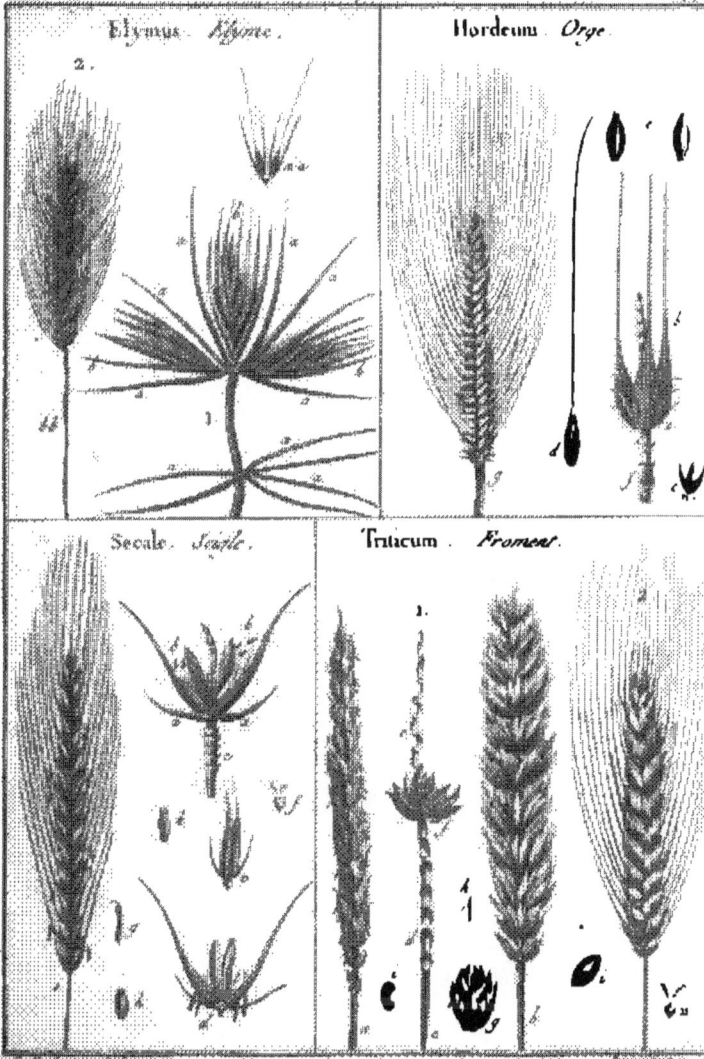

Elymus. *Elyme.*

Hordeum. *Orge.*

Secale. *Seigle.*

Triticum. *Froment.*

HISTOIRE NATURELLE, *Botanique.*

Eriocaulon.　*Joncinelle*.

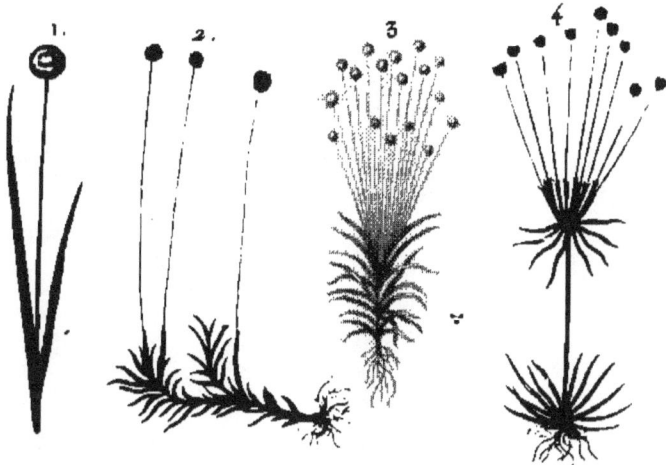

Proserpinaca.　*Triside*.

Montia.　*Montie*.

J. E. de Seve Del.　　HISTOIRE NATURELLE, *Botanique*.　　Bernard Direx.

25

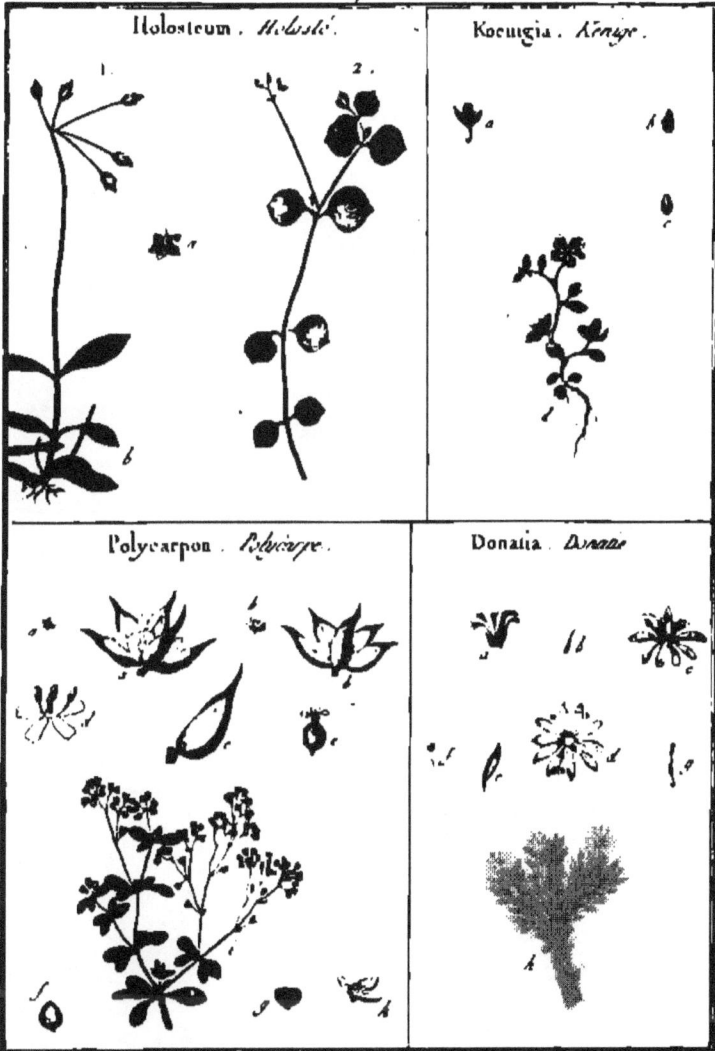

Holosteum. *Holostée.*

Koenigia. *Kénigie.*

Polycarpon. *Polycarpe.*

Donatia. *Donatie.*

Mollugo. *Mollugine*.

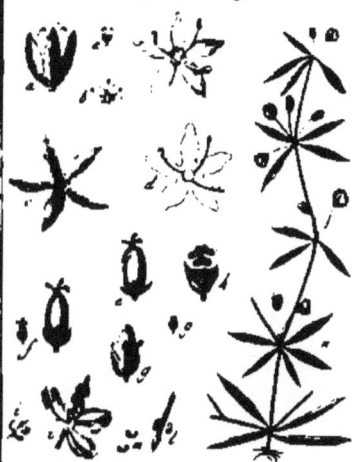

Miouartia. *Minuart*.

Queria. *Quérie*.

Lechea. *Léjucé*.

HISTOIRE NATURELLE, *Botanique*.

Protea. *Proté.*

Banksia. *Banesie*

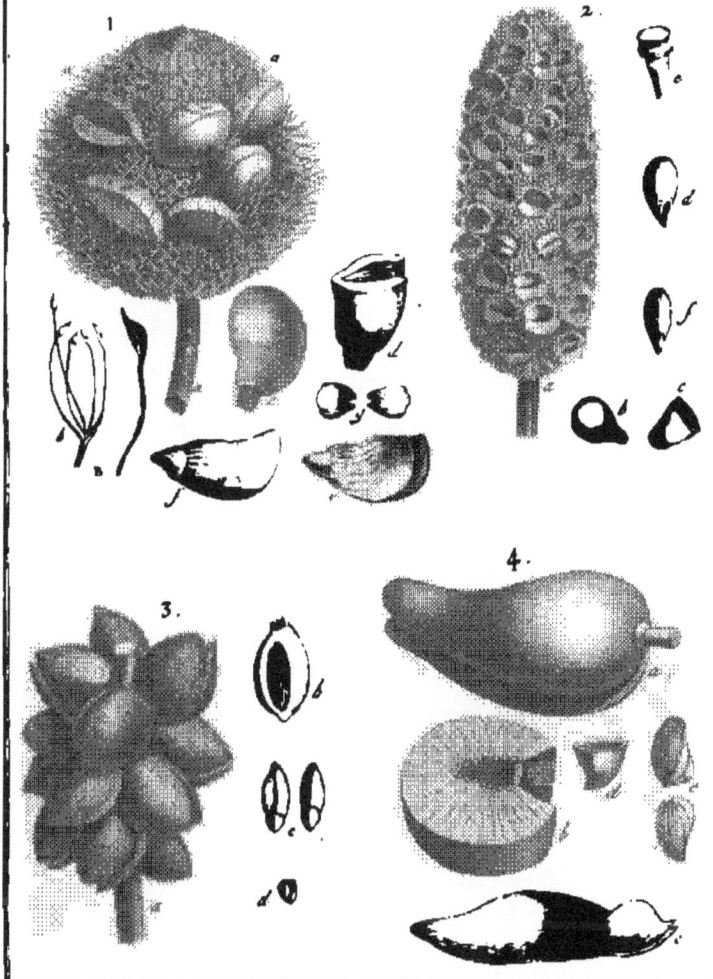

Roupala. *Roupale.*

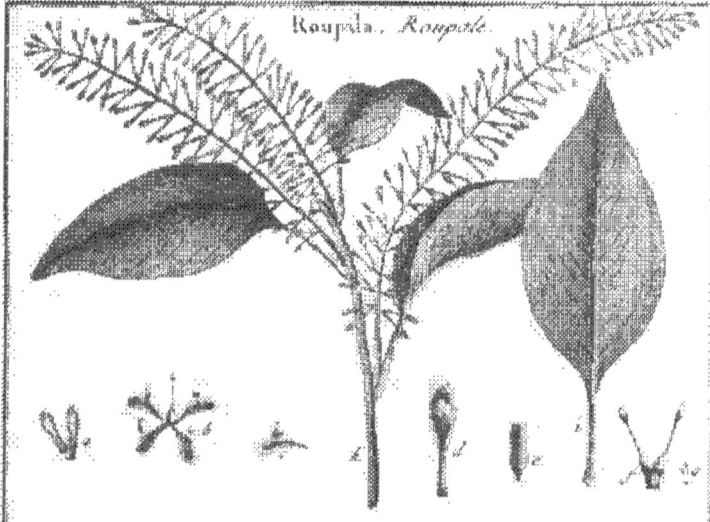

Embathrium. *Embothrium.*

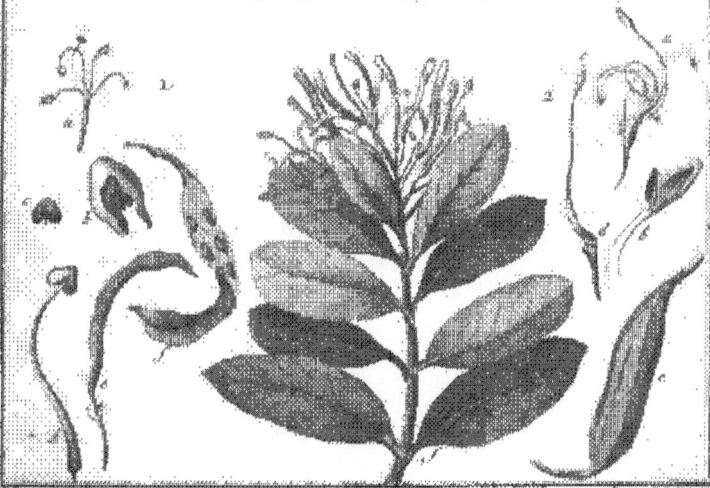

HISTOIRE NATURELLE, *Botanique.*

Pl. 56

Globularia. *Globulaire*.

Dipsacus. *Cardère*.

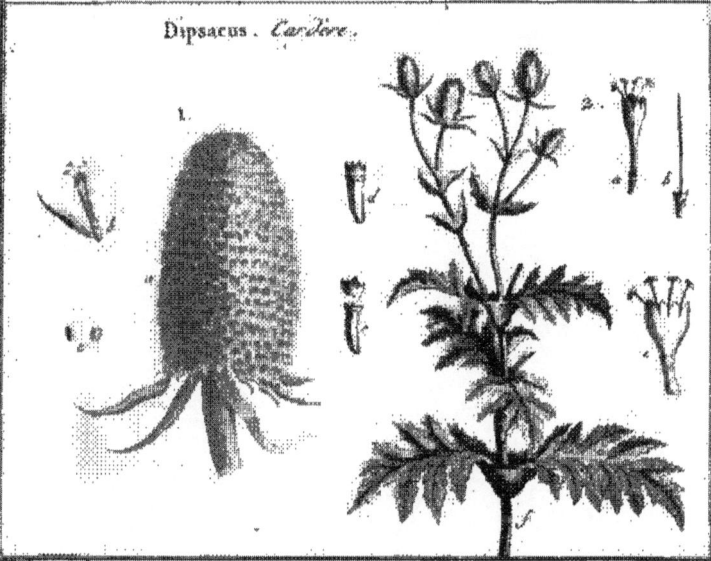

Scabiosa   *Scabieuse*

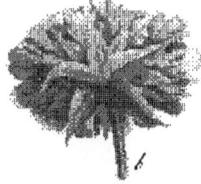

Knautia. *Knautie.*

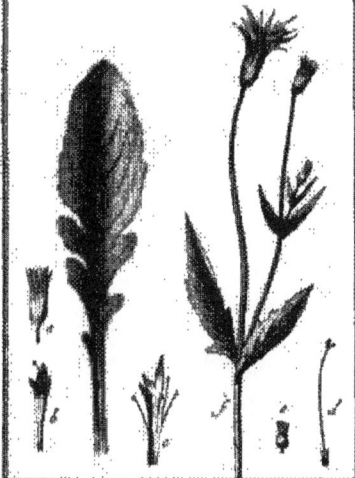

Opercularia. *Operculaire.*

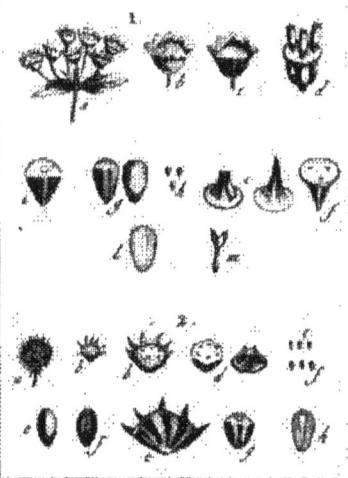

Allionia. *Allione.*

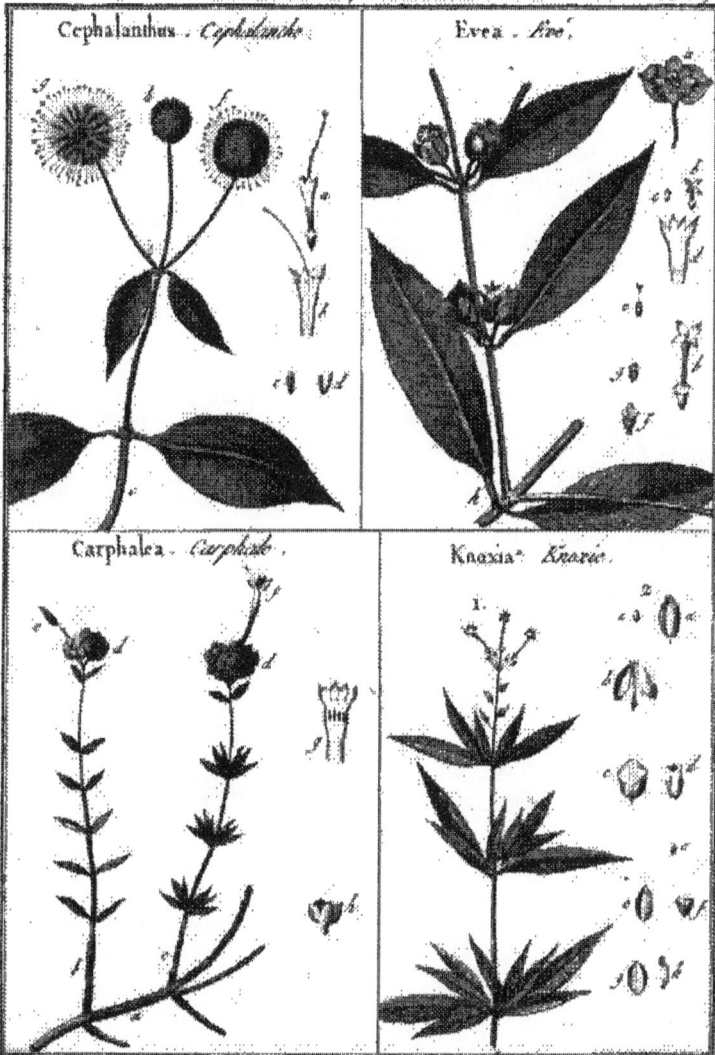

Cephalanthus. *Cephalanthe.*

Evea. *Evee.*

Carphalea. *Carphale.*

Knoxia. *Knoxie.*

HISTOIRE NATURELLE, *Botanique.*

Galium . *Caillet* .

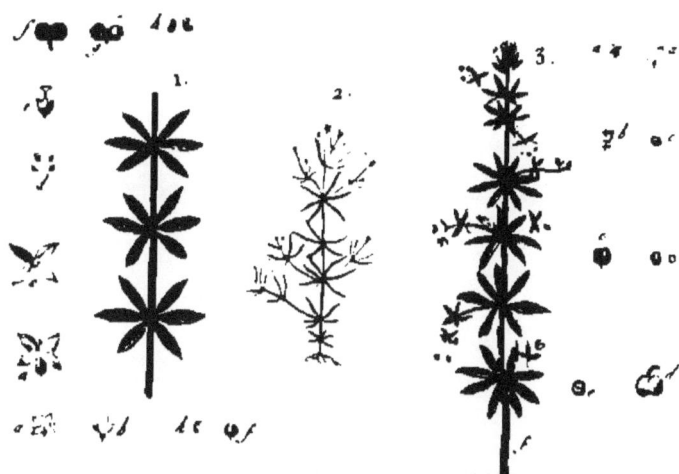

Rubia . *Garance* .

Asperula. *Asperule*.

Sherardia. *Sherarde*.

Crucianella. *Crucianelle*.

Oldenlandia. *Oldenlande*.

Hedyotis, *Hedyote ?*

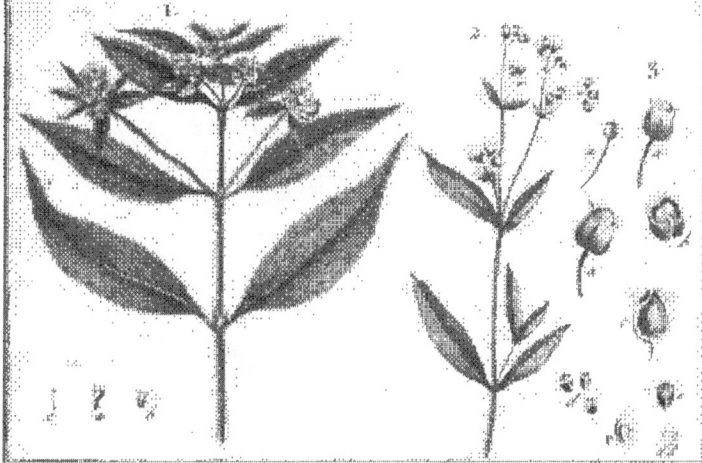

Spermacoce.

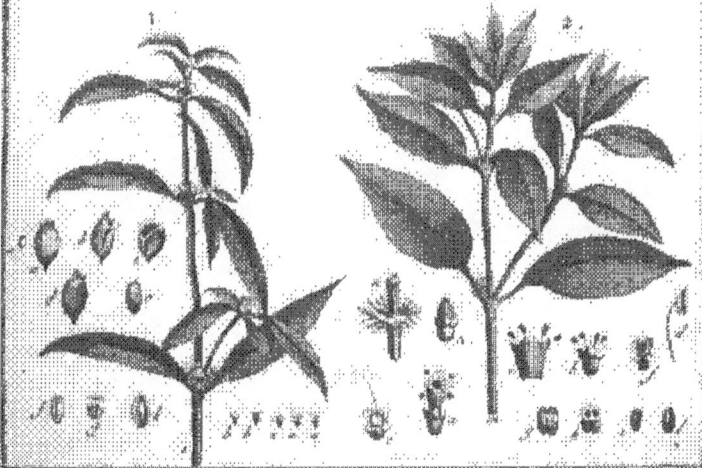

HISTOIRE NATURELLE, *Botanique ?*

Diodia *Diode*.

Paraméa *Aramner*.

Mitchella *Mitchelle*.

HISTOIRE NATURELLE, *Botanique*).

Coccocypsilum. *Cocipsile*

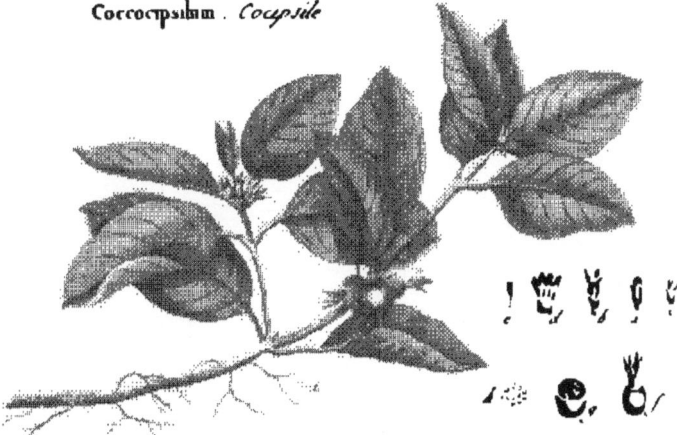

Nacibea. *Nacibe*

Tontanea. *Tontane*

HISTOIRE NATURELLE, *Botanique*.

Coussarea. *Coussari*.

Patabea. *Patabea*.

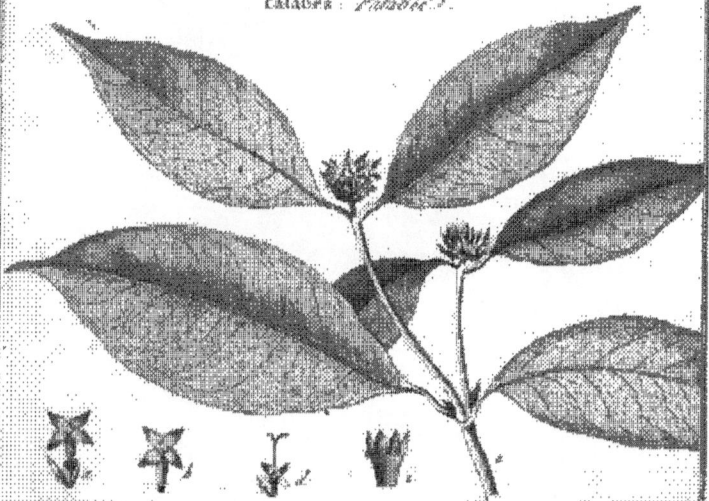

HISTOIRE NATURELLE, *Botanique*.

Malanca . *Malani*

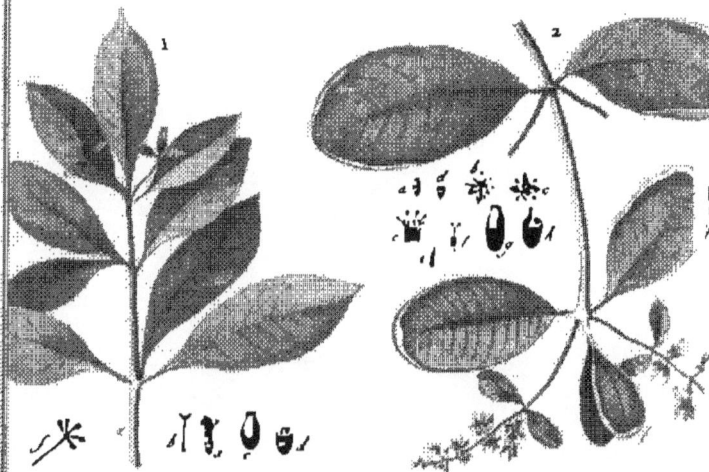

Ixora . *Ixore* .

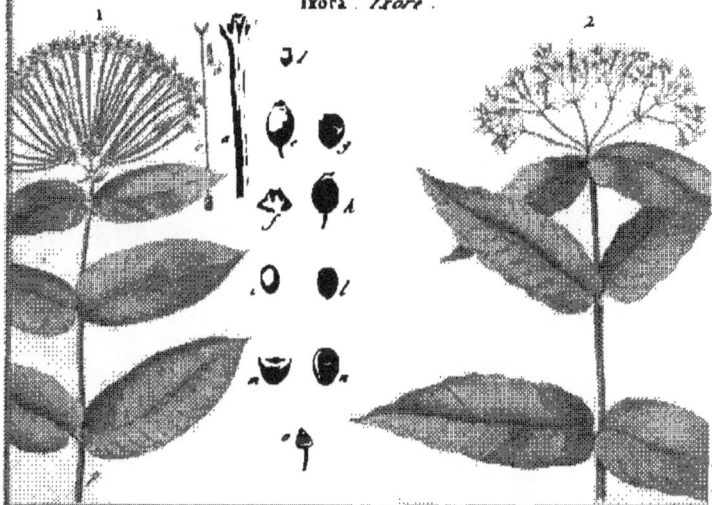

HISTOIRE NATURELLE, *Botanique* .

Catesbiea. *Catesbée.*

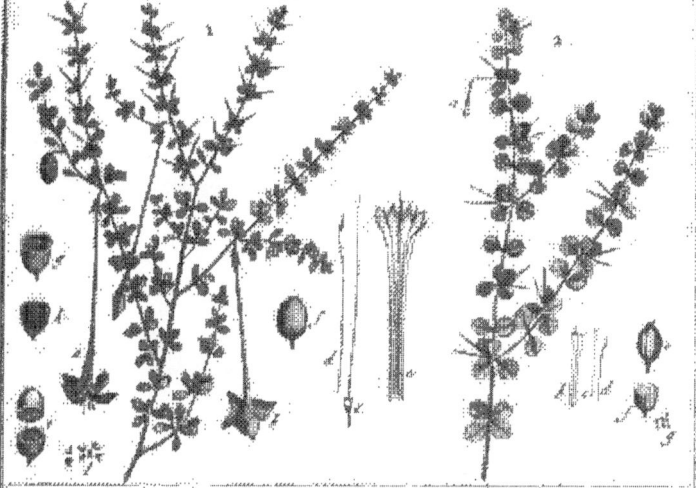

Forneha. *Fernel.*

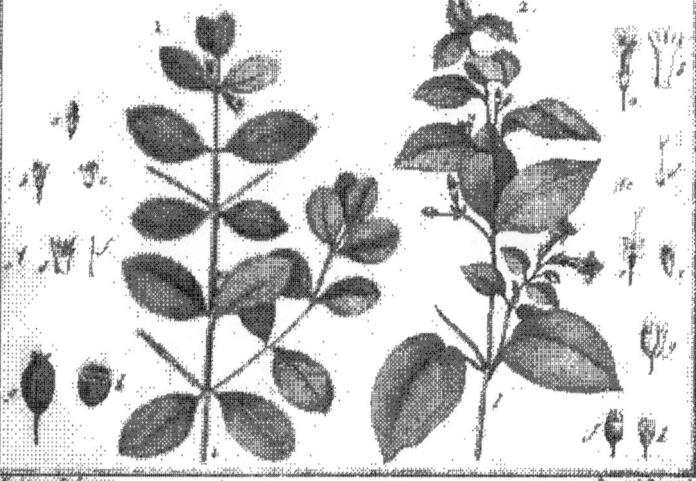

HISTOIRE NATURELLE, *Botanique.*

Myonima   *Myonime*.

Pyrosima   *Pyrosire*.   Perama   *Perame*.

Pl. 69

Budleia. *Budleye.*

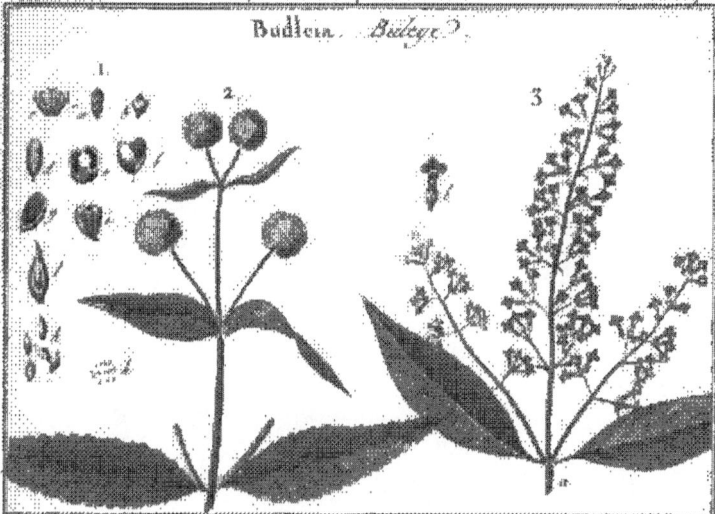

Callicarpa. *Callicarpe.*

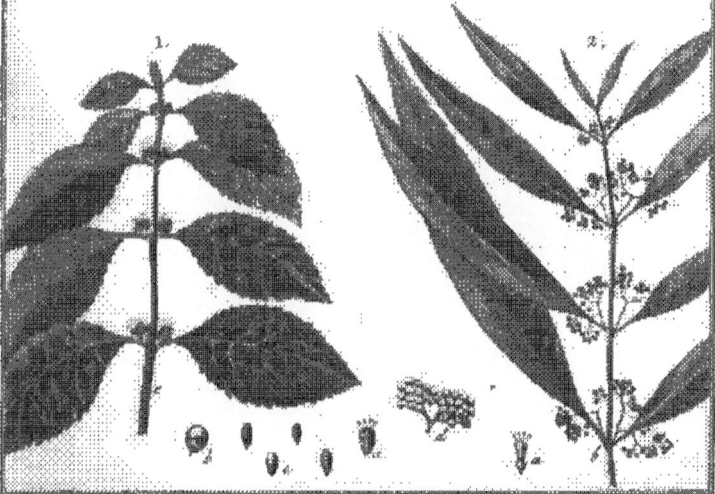

HISTOIRE NATURELLE, *Botanique.*

Œgiphila.   *Œgiphile?*

Nigrina. *Nigrine.*

Curtisia. *Curtis.*

Nuxia. *Nuxier.*

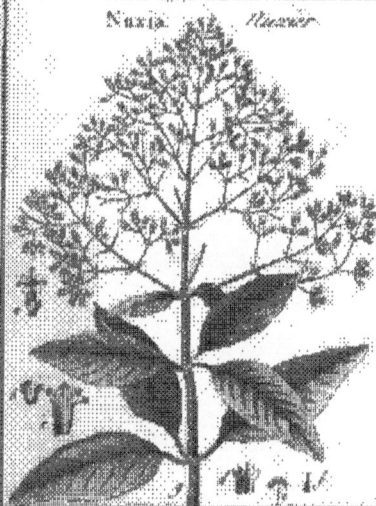

Polypremum. *Polyprème.*

HISTOIRE NATURELLE, *Botanique.*

Pouteria. *Pouterier.*

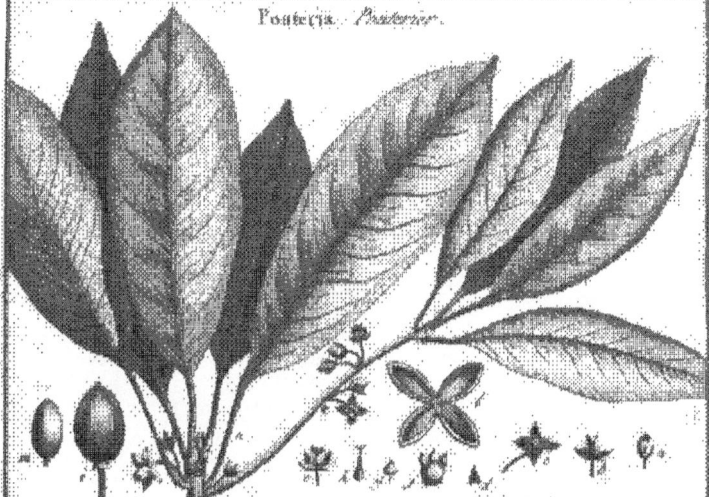

Mayepea. *Mayepe.*

Eleagnus . *(Chalef)*

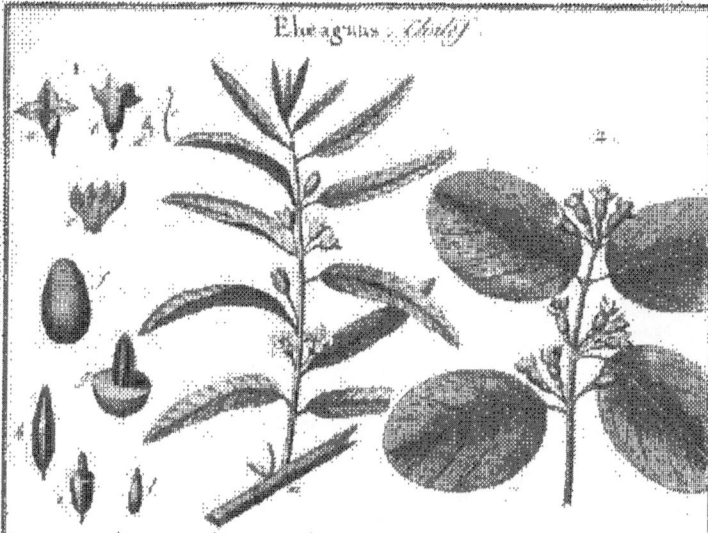

Gosocarpus . *(Gomozype)*   Fusanus . *(Fusion)*

HISTOIRE NATURELLE, *Botanique* .

Cornus . *Cornouiller* .

Samara .

Sirium . *Santalit* .

Macpouria *Macouria*

Roussea *Roussea*

Trapa *Mare*

HISTOIRE NATURELLE, *Botanique.*

Hydrophylax.

Hatogia. *Hatogia.*

Myginda. *Myginda.*

Comètes. *Comete.*

Ammannia. *Ammane*

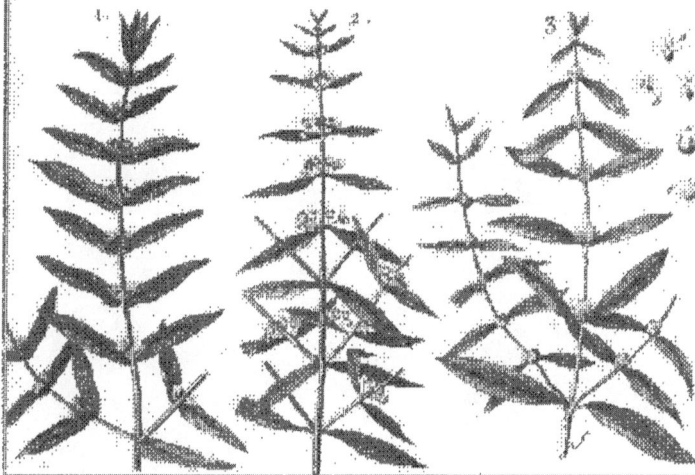

Isnardia. *Isnard*.   Ludwigia. *Ludwige*.

 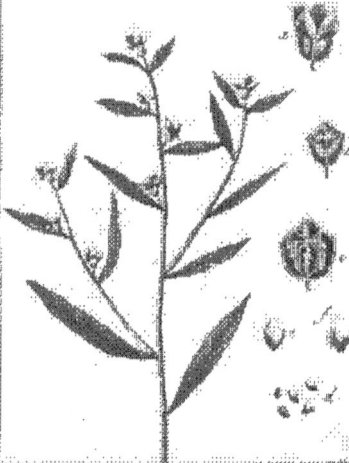

HISTOIRE NATURELLE, *Botanique*.

Struthiola. *Struthiole*

Blæria. *Blairie*

Penœa. *Sarcocolier*

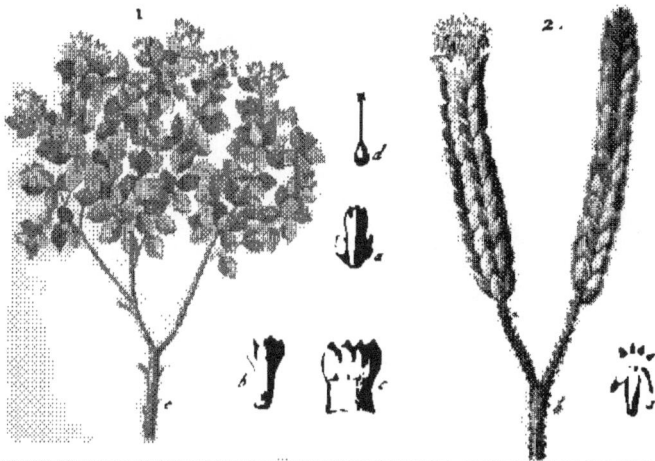

1.

2.

Siphonanthus. *Syphonanthe*.

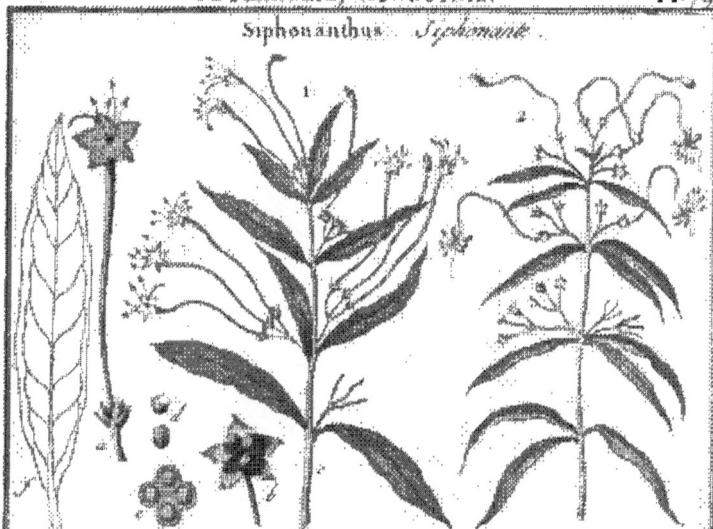

Houstonia. *Houstone*.   Coutoubea. *Coutoubée*.

HISTOIRE NATURELLE, *Botanique*.

Exacum. *Gratianelle.*

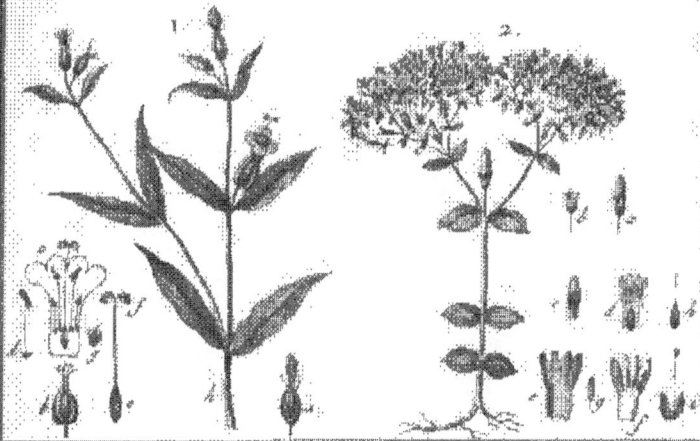

Tachia. *Tachi.*

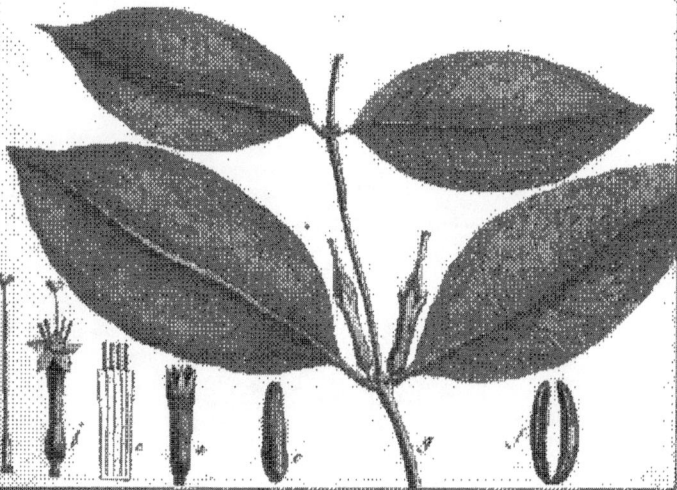

Rochamon.

Salvadora. *Solvadore*

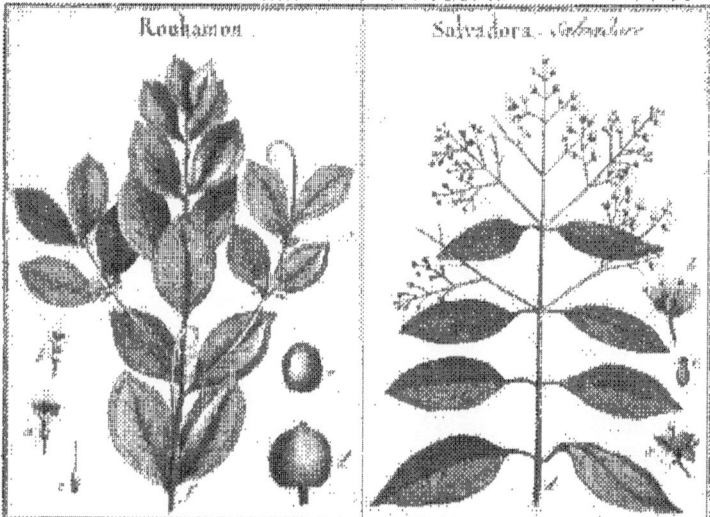

Rivina. *Rivine*.

HISTOIRE NATURELLE, *Botanique.*

Witheringia

Aquartia. *Aquart*.

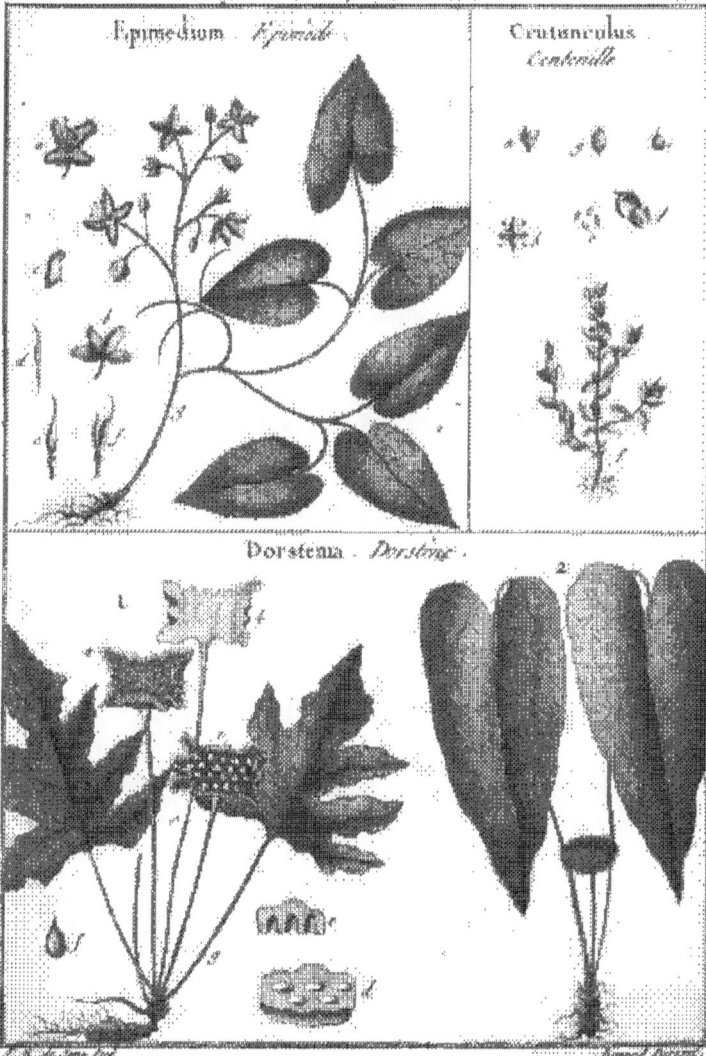

Epimedium. *Epimède.*

Crutenculus. *Centenille.*

Dorstenia. *Dorstène.*

HISTOIRE NATURELLE, *Botanique.*

Cissus. *Achil*.

1.

2.

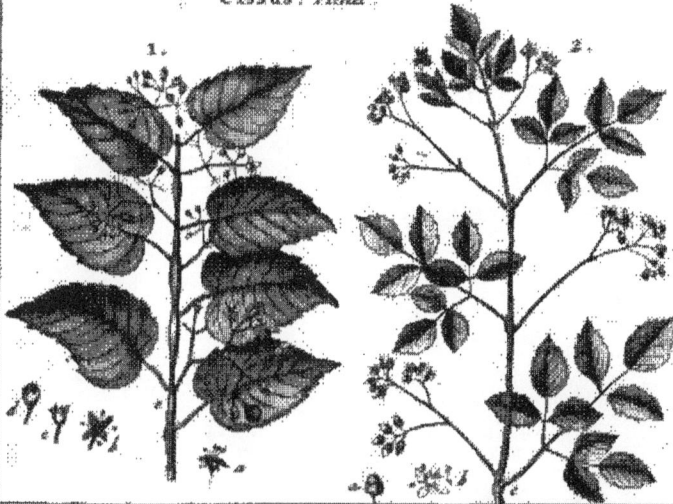

Fagara. *Fagarier*.

Ptelea.

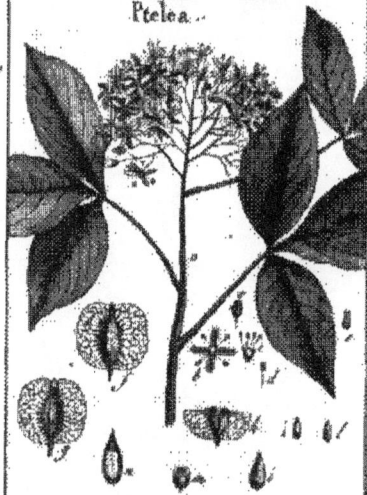

Spielmannia. *Spielmane*.　　　Scoparia. *Scopaire*.

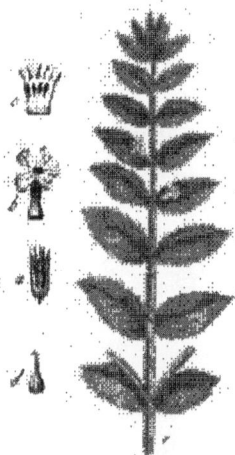

Plantago. *Plantain*.　　　Sanguisorba. *Sangsorbe*.

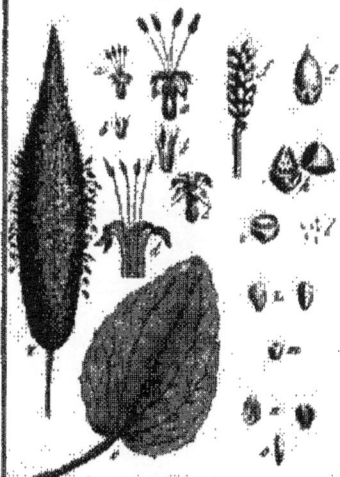

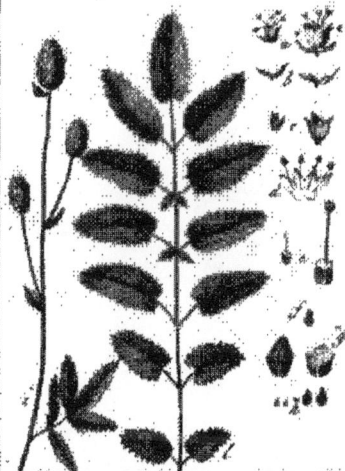

Rosier Del.　　　　　　　　　　　Renard Direxit.

HISTOIRE NATURELLE, *Botanique*.

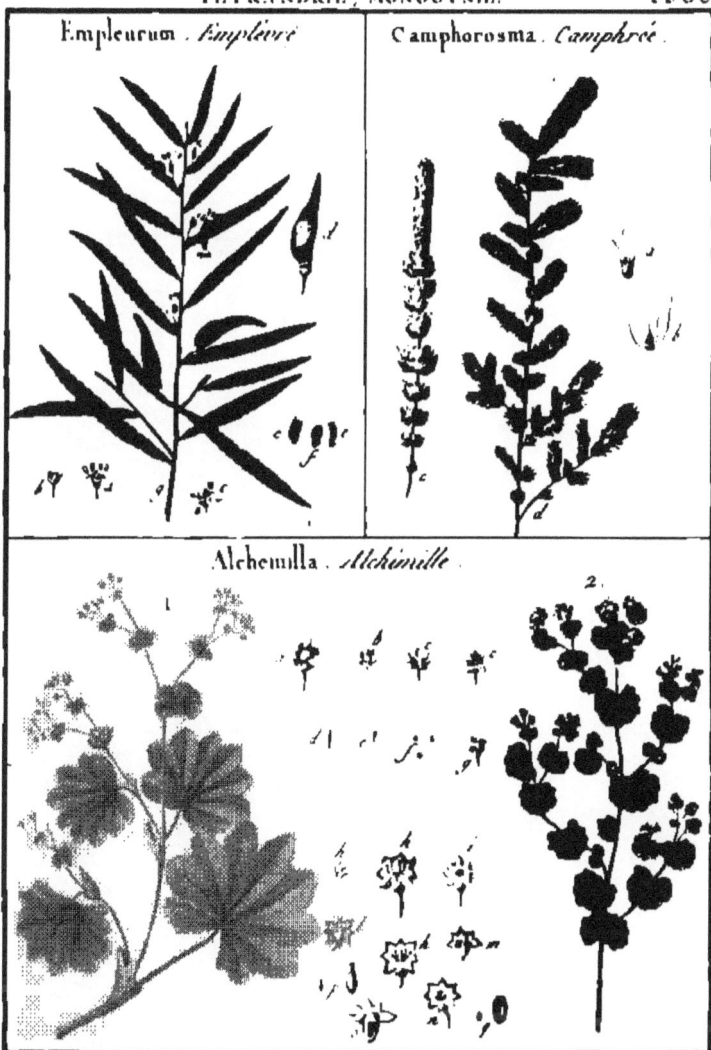

Empleurum. *Empleuré*

Camphorosma. *Camphrée*

Alchemilla. *Alchimille*

Bufonia   *Bufone.*

Aphanes. *Percepier.*   Goniosia *Goniossie.*

J. E. de Sève Del.   Bouard Direxit

HISTOIRE NATURELLE, *Botanique.*

Pl 88

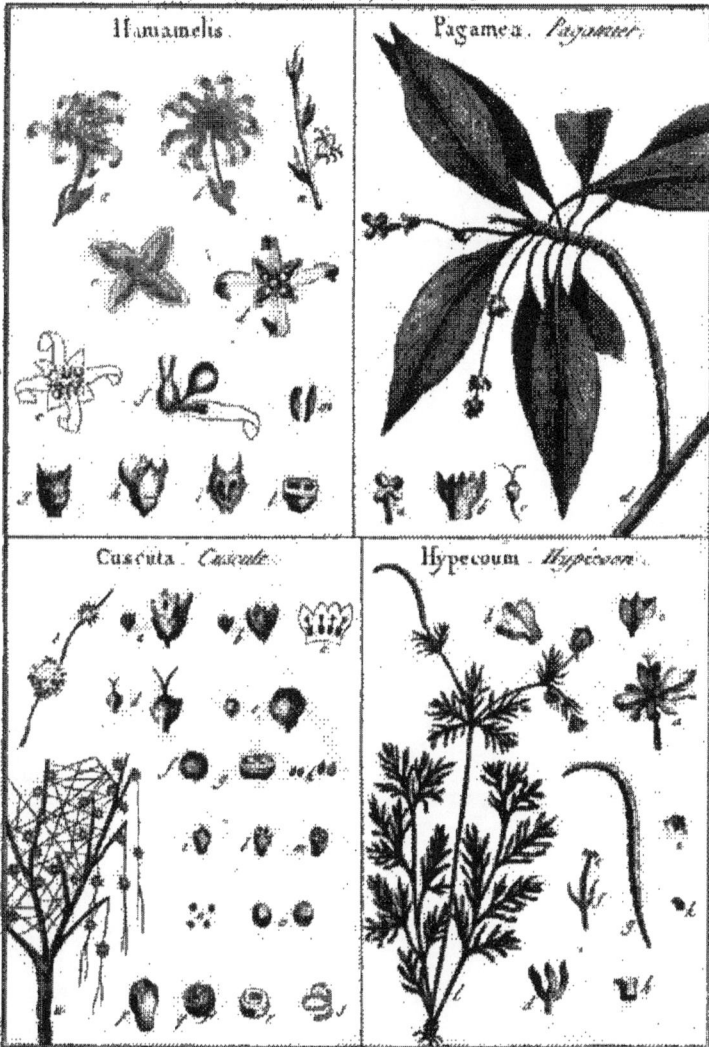

Hamamelis.

Pagamea. *Pagamier*.

Cuscuta. *Cuscute*.

Hypecoum. *Hypecoon*.

J. R. de Sève Del.

Bernard Direx

HISTOIRE NATURELLE, *Botanique.*

Ilex. *Houx.*

Coldenia. *Coldéme.*

Potamogeton. *Potamot.*

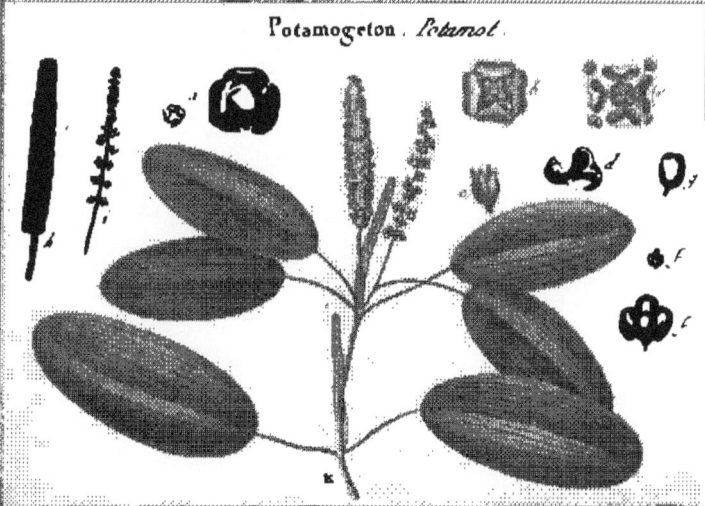

HISTOIRE NATURELLE, *Botanique*

Ruppia. *Ruppie.*

Sagina. *Sagine.*

Tillæa. *Tillée.*

Heliotropium. *Héliotrope.*

Myosotis. *Myosote.*

Lithospermum. *Grémil.*

HISTOIRE NATURELLE, *Botanique*

Cynoglossum Cynoglosse.

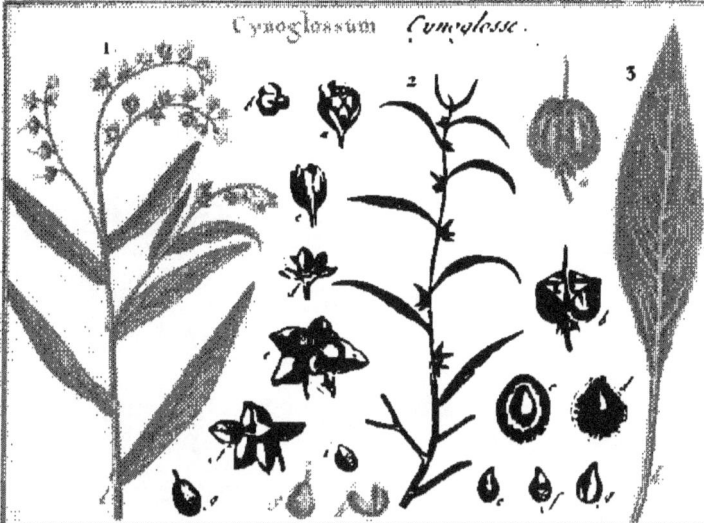

Anchusa Buglose.

Lycopsis Lycopside.

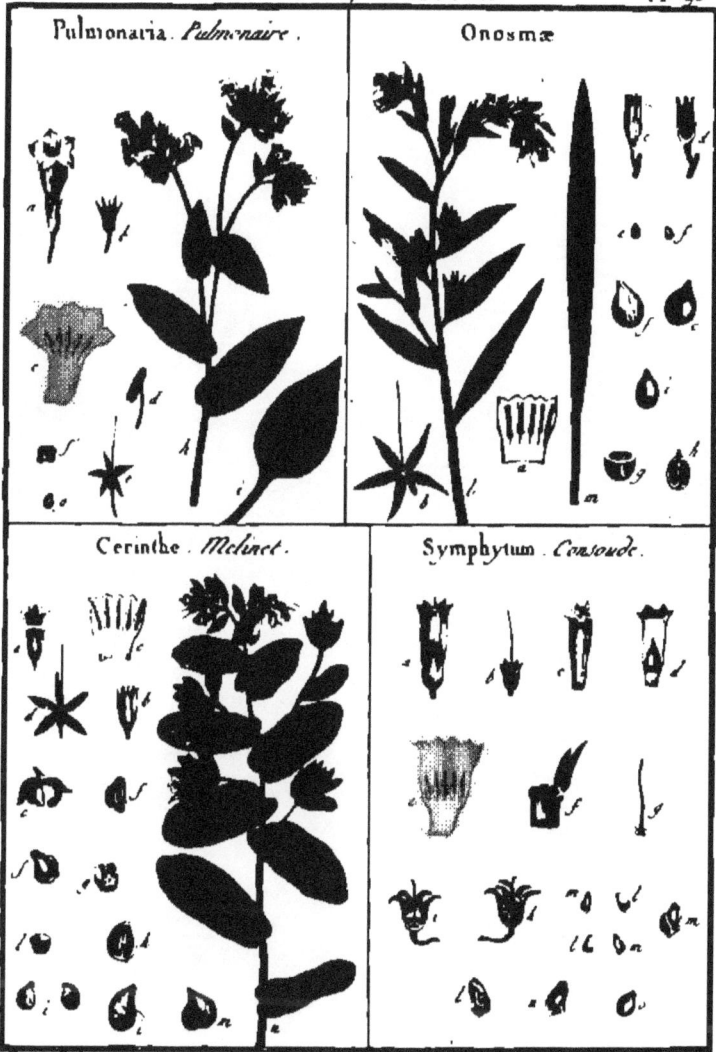

Pulmonaria. *Pulmonaire.*

Onosmæ

Cerinthe. *Melinet.*

Symphytum. *Consoude.*

Kisser Del.

Bernard Direxit.

HISTOIRE NATURELLE, *Botanique.*

Borago. *Bourache.*

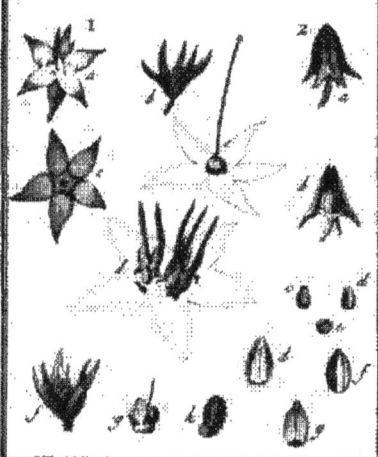

Asperugo. *Rapette.*

Echium. *Vipérine.*

Tournefortia. *Pittone.*

Messerschmidia. *Arguzie.*

Varonia. *Monjoli.*

HISTOIRE NATURELLE, *Botanique.*

Cordia. *Sebestier*.

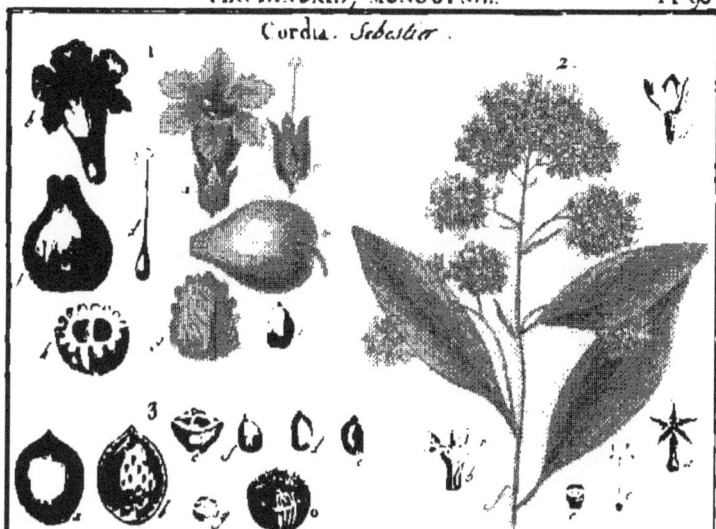

Ehretia. *Cabrillet*.

Patagonula. *Patagonule*.

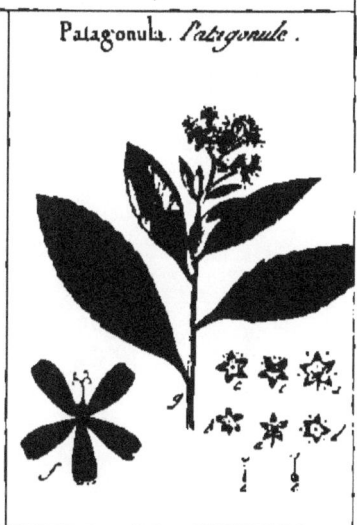

Hydrophyllum. *Hydrophylle.*

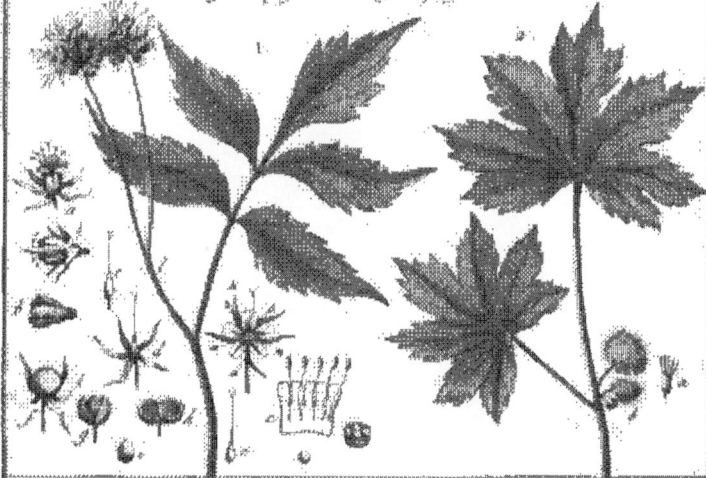

Ellisia. *Ellise.*

Nolana. *Nolane.*

HISTOIRE NATURELLE, *Botanique.*

Primula. *Primevère.*

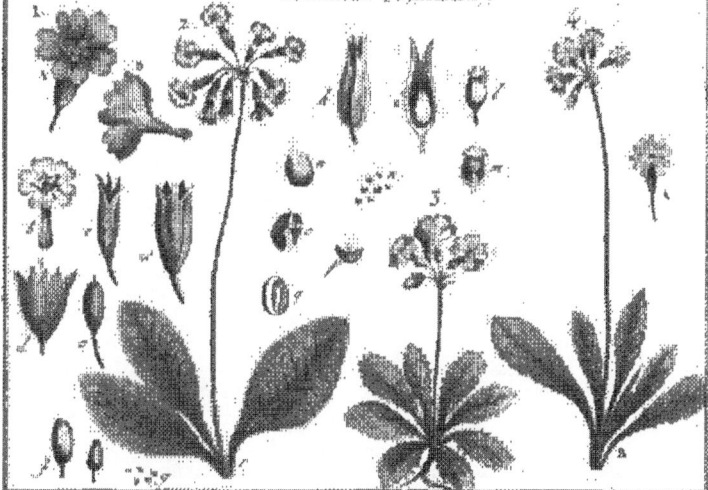

Androsace. *Androsace.*

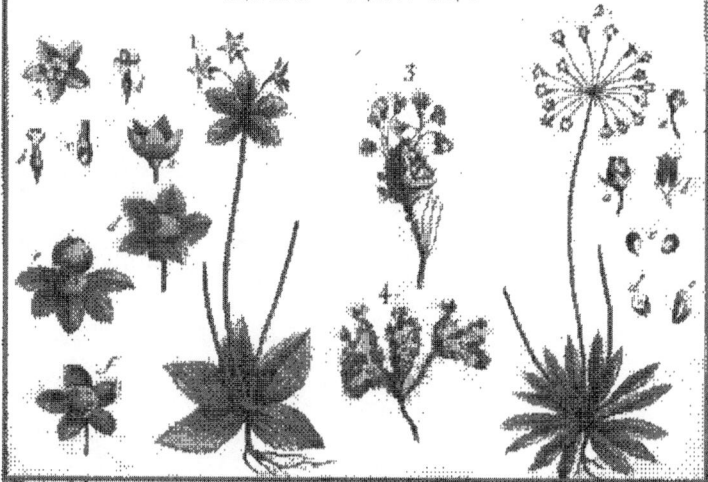

HISTOIRE NATURELLE, *Botanique.*

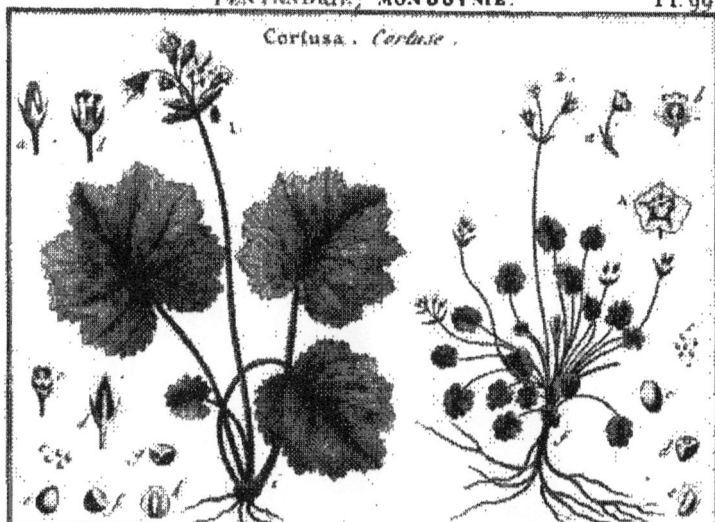

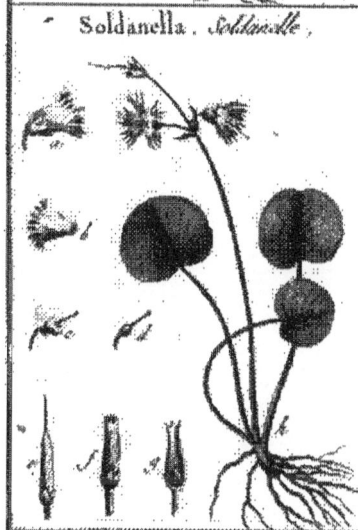

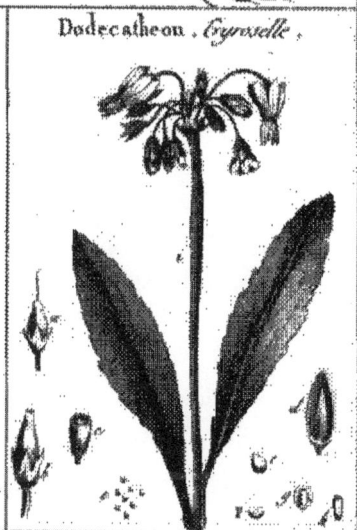

Cortusa. *Cortuse*.

Soldanella. *Soldanelle*.

Dodecatheon. *Gyroselle*.

Pl. 100

Cyclamen. *Cyclame*.

Hottonia. *Hottone*.

Menyanthes. *Méniamthe*.

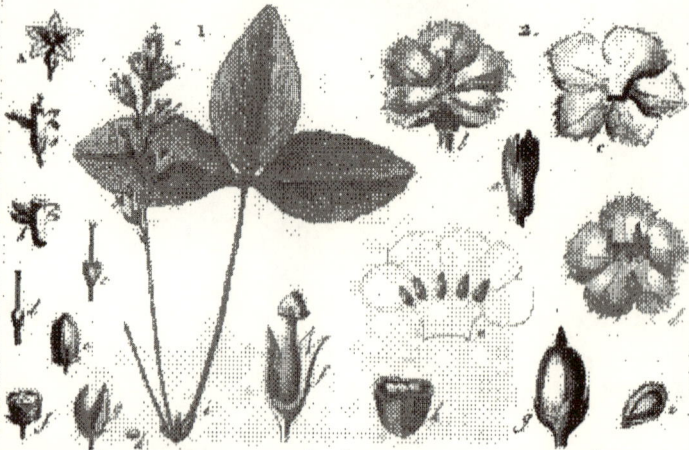